Christian FG Schendera

Deskriptive Statistik verstehen

UVK Verlagsgesellschaft mbH · Konstanz
mit UVK/Lucius · München

Dr. Christian FG Schendera ist SAS / SPSS Experte, Statistical Analyst und Scientific Consultant. Mehr Informationen zum Autor finden Sie auf Seite 382.

Abbildungen

Die Abbildungen des Buches finden Sie in Teilen auch online unter
🖰 **www.uvk-lucius.de/schendera**.

Online-Angebote oder elektronische Ausgaben sind erhältlich unter www.utb-shop.de.

Bibliografische Information der Deutschen Bibliothek
Die Deutsche Bibliothek verzeichnet diese Publikation in der
Deutschen Nationalbibliografie; detaillierte bibliografische Daten
sind im Internet über <http://dnb.ddb.de> abrufbar.

Das Werk einschließlich aller seiner Teile ist urheberrechtlich geschützt.
Jede Verwertung außerhalb der engen Grenzen des
Urheberrechtsgesetzes ist ohne Zustimmung des Verlages unzulässig und
strafbar. Das gilt insbesondere für Vervielfältigungen, Übersetzungen,
Mikroverfilmungen und die Einspeicherung und Verarbeitung in
elektronischen Systemen.

© UVK Verlagsgesellschaft mbH, Konstanz und München 2015

Lektorat: Rainer Berger
Umschlagmotiv: © sukruengshop – fotolia.com
Einbandgestaltung: Atelier Reichert, Stuttgart
Druck und Bindung: fgb · freiburger graphische betriebe, Freiburg

UVK Verlagsgesellschaft mbH
Schützenstr. 24 · 78462 Konstanz
Tel. 07531/9053-0 · Fax 07531/9053-98
www.uvk.de

UTB-Nr. 3969
ISBN 978-3-8252-3969-5

utb 3969

Eine Arbeitsgemeinschaft der Verlage

Böhlau Verlag · Wien · Köln · Weimar
Verlag Barbara Budrich · Opladen · Toronto
facultas · Wien
Wilhelm Fink · Paderborn
A. Francke Verlag · Tübingen
Haupt Verlag · Bern
Verlag Julius Klinkhardt · Bad Heilbrunn
Mohr Siebeck · Tübingen
Nomos Verlagsgesellschaft · Baden-Baden
Ernst Reinhardt Verlag · München · Basel
Ferdinand Schöningh · Paderborn
Eugen Ulmer Verlag · Stuttgart
UVK Verlagsgesellschaft · Konstanz, mit UVK/Lucius · München
Vandenhoeck & Ruprecht · Göttingen · Bristol
Waxmann · Münster · New York

Vorwort

> „Wenn man mir die Freude am Fußball nimmt,
> hört der Spaß bei mir auf."
> Thomas Häßler

Was für ein Sommer!

Deutschland ist Fußballweltmeister, Miro Klose ist nun alleiniger Rekordtorschütze bei Fußballweltmeisterschaften, und Manuel Neuer erhielt den Goldenen Handschuh als bester Torhüter des Turniers. Deutschland überholte außerdem mit 223 Treffern bei Weltmeisterschaften den bisherigen Rekordhalter Brasilien, und führt wegen der Siege v.a. in der WM-Endrunde seitdem auch die Weltrangliste an.

Man darf mit einiger Berechtigung annehmen, dass Fußball, mindestens jedes Wochenende, umso mehr an internationalen Wettbewerben wie z.B. Champions League, Europa- oder Weltmeisterschaft, deutlich beliebter als Mathematik und Statistik sein könnte. Was liegt da näher, als die Faszination am Fußball auch ein wenig auf die deskriptive Statistik scheinen zu lassen? Umso mehr, da das DFB-Team während der WM Big-Data-Analysen einsetzte, die eben auch auf deskriptiver Statistik basiert (vgl. SAP News, 2014; Stier, 2014). Die deskriptive Statistik ist ebenfalls ein Teamsport: Sie funktioniert nach Regeln, nach Erfolgen (Titeln, Renommee, Punkten oder Toren), erfordert Koordination und Zusammenspiel, die Leistungen Einzelner tragen zum Ganzen bei, und sie kann auch eine breite Öffentlichkeit haben, z.B. in der Gestalt eines anspruchsvollen Publikums oder des Teams selbst. Also, los geht's...

Dieses Schema gibt den Aufbau des Buches wieder:

	Inhalt	Ziel
1	**Deskriptive Statistik**	Überblick Disziplin
2	*„Heimspiel"* **Grundlagen** innerhalb einer Datentabelle	Beispiel: Bundesligatabelle Zahlen, Ziffern und Werte Messniveaus Konsequenzen des Messniveaus
3	*„Vor dem Anpfiff"* *Vor* dem **Beschreiben** außerhalb einer Datentabelle	Datenerhebung Verborgene Strukturen Datenqualität Strukturierung und Verarbeitung Werte und Missings
4	*„Das Herz"* **Maßzahlen**	Mengen / Anteile Lage-, Streu-, Formmaße Grenzen und Bereiche ROC Zeit Prozesse
5	*„Für das Auge"* **Tabellen und Grafiken**	Tabellenkonstruktion: 0×– bis höher klassierte Tabellen Grafiken: je nach Daten, Zweck (Aussage) und Skalenniveau
6	*„Dream-Team"* **Datenqualität**	Vollständigkeit Einheitlichkeit Doppelte Fehlende Werte Ausreißer Plausibilität
7	*„Jonglieren"*	Gewichte Zahlen als Text
8	*„Werkzeuge"* **Einführungen**	SAS Enterprise Guide (kurz: EG) IBM SPSS Statistics (kurz: SPSS)
9	**Literatur**	

Kapitel 1 geht in Abschnitt 1.1 zunächst der Frage nach: Was ist deskriptive Statistik? Deskriptive Statistik ist ein Teilbereich der Statistik und darin die regelgeleitete Anwendung eines Methodenkanons auf u.a. numerische oder Textdaten. Das Beherrschen der deskriptiven Statistik ist *auch* Kompetenz. Anschließend geht Abschnitt 1.2 darauf ein, was deskriptive Statistik *nicht* ist: Deskriptive Statistik ist *keine* explorative Analyse, konfirmatorische Analyse oder Inferenzstatistik. Deskriptive Statistik kommt auch nicht ohne Qualität und Hintergrundinformation über die Daten aus. Auch ist sie keine Projektionsfläche willkürlicher Auslegungen oder Spielball hemmungslosen Verallgemeinerns.

Kapitel 2 stellt die Grundlagen der deskriptiven Statistik als ein „Heimspiel" vor. Mit einem Heimspiel ist gemeint: Man spielt mit dem eigenen Team im eigenen Stadion vor eigenem Publikum. Man kennt sich bestens aus. Die Grundlagen der deskriptiven Statistik sind bekannt, man ist bestens vorbereitet. Abschnitt 2.1 beginnt daher mit einer der am häufigsten betrachteten Tabellen in Deutschland, nämlich einer Bundesligatabelle. Das Ziel ist, anhand dieser Tabelle die wichtigsten Grundbegriffe der deskriptiven Statistik zu erläutern. Fußball erklärt also die deskriptive Statistik. Abschnitt 2.2 beginnt mit der Erläuterung des Inhalts von Datentabellen und geht auf Begriffe wie z.B. Zahlen, Ziffern und Werte anhand von Beispielen aus dem Fußball ein. Abschnitt 2.3 geht anschließend mit der Frage: „Was hat Messen mit meinen Daten zu tun?" auf das sog. Messniveau einer Variablen über. Anhand der Bundesligatabelle werden Messniveaus und ihre grundlegende Bedeutung für jede (nicht nur deskriptive) Statistik erläutert. Abschnitt 2.4 hebt die Konsequenzen des Messniveaus für die praktische Arbeit mit Daten hervor. Begriffe wie z.B. Genauigkeit, Reliabilität und Validität sowie Objektivität werden z.B. mittels Torjägern veranschaulicht. Heimspiel bedeutet auch, dass man es durch eine gute Vorbereitung selbst in der Hand hat, auch ein anspruchsvolles Auswärtsspiel in die Kontrollierbarkeit und Niveau eines Heimspiels zu wandeln. Der Fokus von Kapitel 2 ist *daten-nahe*, und beschränkt sich daher auf Information *in* einer Datentabelle. Kapitel 3 beschreibt dagegen den *Kontext* von Daten, also Information, die man nicht notwendigerweise durch das Analysieren einer Datentabelle erfährt.

Kapitel 3 stellt grundlegende Fragen zusammen, die *vor* der Durchführung einer deskriptiven Statistik geklärt sein sollten. Den Anfang macht Abschnitt 3.1, der fragt: Wie wurden die Daten erhoben?

und stellt damit z.b. Fragen nach dem Messvorgang. Abschnitt 3.2 stellt Fragen nach verborgenen Strukturen, wie z.b. Ziehung und Auswahlwahrscheinlichkeit. Anhand von Entdeckungsreisenden in Sachen Fußball wird erläutert, was eine naive von einer systematischen Ziehung und Gewichtung von Daten unterscheidet. Aber selbst wenn diese Frage zufriedenstellend geklärt ist, ist damit noch nicht selbstverständlich, dass eine deskriptive Statistik erstellt werden kann. Abschnitt 3.3 fragt nach der Fitness der Daten (Darf eine deskriptive Statistik überhaupt erstellt werden?) und stellt mehrere mögliche Spielverderber vor. Abschnitt 3.4 ist eine Art Exkurs („Auszeit") und stellt Strukturen von Datentabellen vor, welche technische Eigenschaften (Attribute) sie haben und wie sie u.a. von Software verarbeitet werden. Abschnitt 3.5 widmet sich abschließend der womöglich spannendsten Frage: Was kann ich an meinen Daten beschreiben? Die Antwort darauf *muss* lauten: „Es kommt darauf an…"

Kapitel 4 beschreibt (*endlich!*) die Reise ins Herz der deskriptiven Statistik. Abschnitt 4.1 erläutert Maße für das Beschreiben von Mengen und Anteilen: Summe ($\sum$), Anzahl (N, n) und Häufigkeit (h, f, H, F). Abschnitt 4.2 erläutert die gebräuchlichsten Maße für das Beschreiben des Zentrums einer Verteilung (Lagemaße): Modus (D), Median (Z), Mittelwert ($\bar{x}$). Zur Illustration des Effekts von Missings sind die Beispiele für Lagemaße *ohne* und *mit* Missings berechnet. Abschnitt 4.3 erläutert die gebräuchlichsten Maße für das Beschreiben der Abweichung vom Zentrum einer Verteilung (Streuungsmaße): Spannweite R, Interquartilsabstand, Varianz, Standardabweichung, und Variationskoeffizient. Auch die Beispiele für Streuungsmaße sind *ohne* und *mit* Missings berechnet. Abschnitt 4.4 erläutert die gebräuchlichsten Maße für das Beschreiben der Abweichung von der Form einer Normalverteilung (Formmaße): Schiefe und Exzess. Abschnitt 4.5 erläutert das Beschreiben von Grenzen und Bereichen anhand von Quantilen (u.a. Median, Quartile, Dezentile) als eine Art Kombination aus Lage- und Streumaß. Abschnitt 4.6 erläutert das Beschreiben von Treffern, z.B. bei Wetten mit *zwei* Ausgängen („hopp oder topp"). Für einen „Wettkönig" werden für Wetten mit *vier* Ausgängen Sensitivität, Spezifität, ROC/AUC sowie Gewinn-Verlust-Matrix ermittelt. Abschnitt 4.7 stellt drei Möglichkeiten für das Beschreiben von Zeit vor: das geometrische Mittel (4.7.1), die Regressionsanalyse (4.7.2) sowie die Methode der exponentiellen Glättung als Trend bzw. Prognose (4.7.3). Bevor es an die praktische deskriptive Statistik geht, veranschaulicht Abschnitt 4.8, dass wer sich in der deskriptiven Statistik auskennt, auch andere als die „üblichen" Visualisierungen „lesen" kann. Deskriptive Statistik eben als Kompetenz. Abschnitt 4.8 stellt das Beschreiben von Prozessen vor, z.b. Funnel Charts (Trichterdiagramme usw.) für z.B. Pipelines. Abschnitt 4.9 verschafft einen schnellen Überblick, wo die meisten dieser Maße im SAS Enterprise Guide (4.9.1) und in IBM SPSS Statistics zu finden sind (4.9.2).

Kapitel 5 beschreibt die Grundlagen der Struktur und Interpretation von Tabellen und Grafiken zur Visualisierung von Daten. Abschnitt 5.1 beginnt beim Grundsätzlichen und erläutert die Konstruktion von 0- bis n×klassierten Tabellen; darunter Ausrichtung, Verschachtelung, die Vor- und Nachteile von Tabellen und wie mit SAS und SPSS 0- bis n×klassierte Tabellen erzeugt werden können. Abschließend wird eine einfache 0×(gesprochen: „nullfach") klassierte Tabelle vorgestellt. Eine solche Tabelle ist *nicht* nach einer Klassifikationsvariablen strukturiert. Abschnitt 5.2 beginnt mit den Grundlagen einer 1×klassierten Tabelle und geht dann zu spezielleren Themen über. Anhand *einer* Klassifikationsvariablen auf *Nominalniveau* werden die Grundlagen 1×klassierter Tabellen erläutert (5.2.1); an einer Klassifikationsvariablen auf *Ordinalniveau* werden Besonderheiten wie z.B. Ranginformation (5.2.2) oder Missings (5.2.3) vertieft. Unterabschnitt 5.2.4 erläutert eine 1×klassierte Tabelle für Variablen auf *Intervallniveau*, z.B. eine Mittelwerttabelle. Abschnitt 5.3 geht auf 2×klassierte Tabellen über, darin definieren *zwei* Kategorialvariablen eine Tabelle. Trotz komplexerer Tabellenstrukturen kommen mathematisch gesehen dieselben Rechenoperationen zum Einsatz. 5.3.1 beschreibt detailliert die Anforderung und Interpretation einer Kreuztabelle, u.a. Zellhäufigkeit und -prozente sowie Spalten- und Zeilenhäufigkeit und -prozente. Unterabschnitt 5.3.2 erläutert eine Tabelle, die wie eine Kreuztabelle strukturiert ist, jedoch die Werte einer dritten Variablen auf Intervallskalenniveau als Mittelwerte wiedergibt. Abschnitt 5.4 behandelt die Kommunikation von Werten und Daten mittels Diagrammen. Die Unterabschnitte sind anwendungsorientiert auf bestimmte Aussagen ausgerichtet: Wiedergabe von Datenpunkten (einzelne Werten einer Variablen, z.B. univariates Dot-Plot; vgl. 5.4.2), Wiedergabe von zusammengefassten Werten einer Variablen (vgl. 5.4.3, z.B. Balkendiagramm; ggf. gruppiert nach einer zweiten Variablen), Wiedergabe von bivariaten Messwertpaaren (z.B. eines Streudiagramms; vgl. 5.4.4) sowie Aggregierung und Gruppierung zweier Variablen und andere Fälle (z.B. Butterfly-Plot, vgl. 5.4.5). Allem voran geht ein Crashkurs (Übersicht) mit Tipps (Dos), was man tun sollte und was besser nicht (Don'ts; vgl. 5.4.1).

Kapitel 6 vertieft das Thema der Datenqualität. Letztlich sind Datenqualität *und* deskriptive Statistik ein *Dream-Team*. Nur mit geprüfter Datenqualität macht eine deskriptive Statistik Sinn. Für jeden „Spielverderber" werden Sie seine besondere Bedeutung (um nicht zu sagen: *Gefahr*) und meist mehrere unkomplizierte Maßnahmen zur Prüfung kennenlernen. Der Umgang mit einem gefundenen Fehler hängt dabei von Art und Ursache des Fehlers ab. Die Systematik des Vorgehens orientiert sich an Schendera (2007). Abschnitt 6.1 beginnt, wenig überraschend, mit der Vollständigkeit. Abschnitt 6.2 geht zur Einheitlichkeit über. Abschnitt 6.3 behandelt doppelte (Doubletten) und Abschnitt 6.4 fehlende Werte (Missings). Abschnitt 6.5 stellt das Überprüfen auf Ausreißer vor; genau betrachtet wird bei Ausreißern auch die Gültigkeit eines Erwartungshorizonts geprüft. All dieses Prüfen von Datenqualität strebt (zunächst) das Ziel der Plausibilität an. Abschnitt 6.6 schließt mit Maßnahmen zur Prüfung der Plausibilität (Daten sollten unbedingt auf Plausibilität geprüft werden!). Abschnitt 6.7 schließt mit konkreten Trainingseinheiten zur Prüfung von Datenqualität.

Kapitel 7 schließt die Einführung in die deskriptive Statistik mit zwei spezielleren Anwendungen des Umgangs mit deskriptiven Statistiken: dem praktischen Umgang mit Gewichten (vgl. 7.1) und dem Umgang mit Zahlen beim Abfassen von Texten (vgl. 7.2). Abschnitt 7.1 führt in das Erstellen einer deskriptiven Statistik unter Einbeziehung von *Gewichten* ein. Gewichte haben einen großen Einfluss bei der Ermittlung deskriptiver Statistiken. Unterabschnitt 7.1.1 wird zuerst den Effekt von Gewichten an Beispielen aus dem Fußball, der Politik, und der Wirtschaft veranschaulichen. Gewichtete Ergebnisse sind nur mit Kenntnis der dahinterstehenden Annahmen und Interessen nachvollziehbar. Unterabschnitt 7.1.2 wird den Effekt von Gewichten an zahlreichen Streu- und Lagemaßen veranschaulichen. Unterabschnitt 7.1.3 wird als „Hintergrundbericht" die Frage klären: Was sind eigentlich Gewichte? Dabei wird auf die Funktion und Varianten von Gewichten eingegangen, von selbstgewichteten Daten über Designgewichte (disproportionale Ansätze) bis hin zur Poststratifizierung. Abschnitt 7.2 führt in das Verfassen einer deskriptiven Statistik als Text ein, und stellt u.a. Empfehlungen zusammen, wann eine Zahl als Ziffer („Zahl") und wann als Zahlwort („Text") geschrieben werden sollte. Unterabschnitt 7.2.1 stellt den Umgang mit allgemein gebräuchlichen Zahlen vor. Unterabschnitt 7.2.2 behandelt den Umgang mit präzisen Maßen bzw. Messungen. Unterabschnitt 7.2.3 schließt mit Symbolen und Statistiken.

Kapitel 8 bietet zwei Kurzeinführungen in zwei der bekanntesten Werkzeuge für das Erstellen einer deskriptiven Statistik, den Enterprise Guide von SAS und SPSS Statistics von IBM. Die Berechnungen und Visualisierungen erfolgten mit dem Enterprise Guide 6.1, SAS v9.4, sowie SPSS v22. Die Zitate am Anfang eines jeden Kapitels sind überwiegend Michael Schaffraths (2013[2]) „Fußball ist Fußball" entnommen.

Zu Dank verpflichtet bin ich für Freundschaft, fachlichen Rat und/oder auch einen Beitrag in Form von Syntax, Daten und/oder auch Dokumentation unter anderem: Prof. William Greene (NYU Stern), Prof. em. Gerd Antos (Martin-Luther-Universität Halle-Wittenberg), Prof. Mark Galliker (Universität Bern, Schweiz), Roland Donalies (SAS Heidelberg), Ralph Wenzl (Zürich). Bei Sigur Ros, Jónsi und Alex sowie auch bei Walter Moers (Zamonien) bedanke ich mich für die langjährige künstlerische Inspiration. Meiner Frau Yun danke ich für ihre Geduld, Weitsicht und für ihr Verständnis.

Mein Dank gilt Patric Märki und Markus Grau von SAS Switzerland (Wallisellen) für die großzügige Bereitstellung von SAS Software und technischer Dokumentation. Herrn Rainer Berger vom UVK Verlag danke ich für das Vertrauen, dieses Buch zu veröffentlichen, sowie die immer großzügige Unterstützung. Stephan Lindow (Hamburg) entwarf diverse Grafiken. Falls in diesem Buch noch irgend etwas unklar oder fehlerhaft sein sollte, so liegt die Verantwortung alleine beim Autor.

An dieser Stelle möchte ich mich auch für die positiven Rückmeldungen und Vorschläge zu meinen weiteren Veröffentlichungen bedanken, u.a. zu SQL (2012, 2011), zur Clusteranalyse (2010), Regressionsanalyse (2014[2]), zur Datenqualität (2007), zu Syntaxprogrammierung mit SPSS (2005) sowie einführend in die Datenanalyse und Datenmanagement mit dem SAS System (2004). Die wichtigsten Rückmeldungen, Programme und Beispieldaten stehen auf der Webseite des Autors *www.method-consult.ch* zum kostenlosen Download bereit.

Hergiswil/Haikou, Februar 2015

Dr. CFG Schendera

Inhalt

Vorwort 5

1	Deskriptive Statistik: Was ist deskriptive Statistik?	17
1.1	Was ist deskriptive Statistik?	19
1.2	Was ist deskriptive Statistik *nicht*?	25
2	Ein Heimspiel: Grundlagen der deskriptiven Statistik	30
2.1	Fußball erklärt die deskriptive Statistik. Oder umgekehrt … ?	31
2.2	Zahlen, Ziffern und Werte: Grundbegriffe	32
2.3	Messniveau einer Variablen: oder: Was hat Messen mit meinen Daten zu tun?	39
2.3.1	Nominalskala	43
2.3.2	Ordinalskala	47
2.3.3	Intervallskala	52
2.3.4	Verhältnisskala	54
2.3.5	Absolutskala	56
2.3.6	Weitere Skalenbegriffe	58
2.4	Konsequenzen des Messniveaus für die praktische Arbeit mit Daten	62
3	Vor dem Anpfiff: Was sollte ich vor dem Beschreiben über die Daten wissen?	66
3.1	Das Spiel beginnt: Wie wurden die Daten erhoben?	68
3.2	Was sind verborgene Strukturen? Ziehung und Auswahlwahrscheinlichkeit: Ein Stadion als eigene Welt	74
3.3	Sind die Daten fit: Darf eine deskriptive Statistik überhaupt erstellt werden?	85
3.4	Auszeit: Was sind Datentabellen? Am Beispiel einer Bundesligatabelle	94
3.5	Was kann ich an meinen Daten beschreiben? Ein big picture …	101

4	**Das Herz der deskriptiven Statistik: Maßzahlen**	110
4.1	Beschreiben von Mengen und Anteilen	115
4.2	Beschreiben des Zentrums: Lagemaße	124
4.3	Beschreiben der Streuung: Streumaße	129
4.4	Beschreiben der Form: Formmaße	133
4.5	Beschreiben von Grenzen und Bereichen	135
4.6	Beschreiben von Treffern: ROC! ROC!	143
4.6.1	Wetten, dass? Maßzahlen	145
4.6.2	ROC'n'Roll: Interpretation von ROC-Kurven	153
4.7	Beschreiben von Zeit	160
4.7.1	Maß: Geometrisches Mittel	162
4.7.2	Funktion: Regressionsfunktion	163
4.7.3	Trends: Zeitreihen und Prognosen	167
4.8	Beschreiben von Prozessen, z.B. Pipelines	177
4.9	SAS und SPSS für die deskriptive Statistik	184
4.9.1	SAS Menüs und Prozeduren: Übersicht	184
4.9.2	SPSS Menüs und Prozeduren: Übersicht	187
5	**Für das Auge: Tabellen und Grafiken**	190
5.1	Strukturieren von Information, am Beispiel von Tabellen	191
5.1.1	Vor- und Nachteile von Tabellen	192
5.1.2	Ausrichtung und Dimensionalität von Tabellen	194
5.1.3	Ein einfaches Beispiel: 0×klassierte Tabellen	200
5.2	1×klassierte Tabellen: Grundlagen und Vertiefungen	202
5.2.1	Grundlagen: Eine Variable auf Nominalniveau	203
5.2.2	Vertiefung I: Eine Variable auf Ordinalniveau (Ranginformation)	207
5.2.3	Vertiefung II: Kategorialvariablen mit Lücken (Missings)	215
5.2.4	Metrische Variablen: 1×klassiert (Mittelwerttabellen)	219
5.3	Höher klassierte Tabellen und mehr	221
5.3.1	Eine Kreuztabelle: Zwei Kategorialvariablen	221

5.3.2	Ein weiteres Beispiel: Zwei intervallskalierte Variablen 2×klassiert	228
5.4	Grafiken: Kommunikation über das Auge	230
5.4.1	Crashkurs und Dos and Don'ts	231
5.4.2	Datenpunkte: Einzelne Werte (univariat)	240
5.4.3	Aggregierung und Gruppierung *einer* Variablen	246
5.4.4	Messwertpaare: Streudiagramme und mehr	256
5.4.5	Ein Ausblick: Weitere Varianten	261
6	Dream-Team: Datenqualität *und* Deskriptive Statistik	265
6.1	Vollständigkeit	267
6.2	Einheitlichkeit	269
6.3	Doppelte (Doubletten)	271
6.4	Fehlende Werte (Missings)	273
6.5	Ausreißer	276
6.6	Plausibilität	280
6.7	Trainingseinheiten	284
7	Jonglieren mit Zahlen als Gewicht und Text	286
7.1	Deskriptive Statistik mit Gewichten	286
7.1.1	Deskriptive Maße mit Gewicht	288
7.1.2	Hintergrund: Was sind eigentlich Gewichte?	292
7.1.3	Die Macht von Gewichten: Ihre Folgen	305
7.2	Wie schreibe ich eine deskriptive Statistik? Zahlen im Text	312
7.2.1	Allgemein gebräuchliche Zahlen	313
7.2.2	Präzise Zahlen und Messungen	316
7.2.3	Symbole und Statistiken	317
8	Werkzeuge: Einführung in EG und SPSS	322
8.1	SAS Enterprise Guide	323
8.1.1	Start des Enterprise Guide	324
8.1.2	Der Arbeitsbereich: Fenster in das Datenmeer	327
8.1.3	Die Datentabelle	328

8.1.4	Attribute und ihre Funktionen	333
8.2	IBM SPSS Statistics	355
8.2.1	Start von SPSS	355
8.2.2	Fenster „Datenansicht"	356
8.2.3	Fenster „Variablenansicht"	359

Ihre Meinung zu diesem Buch... 381
Über den Autor 382

Literatur 383
Index 389

# 1 Deskriptive Statistik: Was ist deskriptive Statistik?

> „Entscheidend is auf'm Platz."
> Adi Preißler

Dieses Kapitel geht in Abschnitt 1.1 der Frage nach: Was ist deskriptive Statistik? Deskriptive Statistik ist ein Teilbereich der Statistik und darin die regelgeleitete Anwendung eines Methodenkanons auf u.a. numerische oder Textdaten. Das Beherrschen der deskriptiven Statistik ist auch *Kompetenz*. Anschließend geht Abschnitt 1.2 darauf ein, was deskriptive Statistik *nicht* ist: Deskriptive Statistik ist keine explorative Analyse, konfirmatorische Analyse oder Inferenzstatistik. Deskriptive Statistik kommt auch nicht ohne Qualität und Hintergrundinformation über die Daten aus. Auch ist sie keine Projektionsfläche willkürlicher Auslegungen oder Spielball hemmungslosen Verallgemeinerns.

Die deskriptive Statistik ist ein Teilbereich der Statistik (vgl. Schulze, 2007; von der Lippe, 2006). Als eine allgemeine Definition könnte man die Statistik als die wissenschaftliche Anwendung mathematischer Prinzipien auf die Sammlung, Analyse und Präsentation (alpha)numerischer Daten verstehen. Teilbereiche der *Statistik* sind u.a. die Theoretische und Mathematische Statistik, darin eingebettet als Unterbereich die *Angewandte Statistik* (darin die Deskriptive Statistik und Inferenzstatistik) und darin wiederum als Unterbereich eingebettet der Bereich der *Datenanalyse* mit der explorativen und der konfirmatorischen Analyse.

In der folgenden Abbildung sind Bezüge zur Nachbarin der Statistik, der *Wahrscheinlichkeit* ausgeschlossen, z.B. bei der Inferenzstatistik (vgl. Mosler & Schmid, 2003), um die Hinführung zur deskriptiven Statistik stromlinienförmig zu gestalten. Anmerkungen zur Wahrscheinlichkeit und der damit verbundenen Unsicherheit (als wahrscheinlichkeitstheoretisches Konzept) sind bei der Deskriptiven Statistik nicht nötig (und aus diesem Grund auch in der eingangs allgemeinen Definition von Statistik nicht erwähnt). Was ist nun eine deskriptive Statistik? Eine erste Antwort ist: ein Methodeninstrumentarium, das auf Daten unabhängig von Erhebung (online, POS, Fragebogen, Interview, Beobachtung, Experiment, Simulation), Studiendesign (Querschnitt, Längsschnitt, Panel usw.), Ziehungsart oder Umfang (Stichprobe, Vollerhebung) angewandt wird. Als weitere Antwort verdeutlicht diese Grafik den Stellenwert der deskriptiven Statistik: Wer die deskriptive Statistik als Teilbereich der angewandten Statistik beherrscht, hat damit auch das Werkzeug für die explorative Datenanalyse (klassisch: Tukey, z.B. 1980, 1977) *und* auch eine der zentralen Voraussetzungen vor der Durchführung einer inferenzstatistischen Analyse. Die Übergänge zwischen deskriptiver Statistik, explorativer und konfirmatorischer Datenanalyse sowie Inferenzstatistik werden sich dabei (wie so oft) als fließend herausstellen (vgl. Behrens, 1997; Cochran, 1972, 19). Gigerenzer (1999, 606ff.) zählt deskriptive Statistiken zu den wichtigsten Methoden aus der „Werkzeugkiste" für das Prüfen von Hypothesen. Während Tukey (1977) eine explorative Analyse als „attitude", als Einstellung, bezeichnet, werden wir hier sagen: Eine deskriptive Statistik ist *auch* Kompetenz.

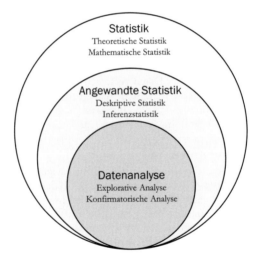

Abb. 1: Die Deskiptive Statistik als Teilbereich der Statistik

1.1 Was ist deskriptive Statistik?

Was ist der Sinn von deskriptiver Statistik? Die deskriptive (auch: darstellende, beschreibende) Statistik ist die Vorstufe und das Fundament jeder professionellen Analyse von Daten. Die deskriptive Statistik ist dabei keineswegs ignorierbar oder trivial. Im Gegenteil, ihre Funktionen sind vielfältig, ihre Maßzahlen sind allgegenwärtig, und ihre Bedeutung kann nicht hoch genug eingeschätzt werden. Die deskriptive Statistik ist die Grundlage und in vielen Fällen die Voraussetzung für den sinnvollen Einsatz der Inferenzstatistik. Je nach Datenart kann sie diese ggf. sogar ersetzen. Eine deskriptive Analyse geht einer professionellen Datenanalyse, sei sie nun inferenzstatistisch oder nicht, immer voraus. Im ersteren Falle gilt: Keine Inferenzstatistik ohne deskriptive Statistik!

Die deskriptive Statistik besitzt zahlreiche wichtige Funktionen:

- **Methoden und Kennziffern**: Die grundlegende Funktion der deskriptiven Statistik als *Disziplin* ist, ein Instrumentarium an Methoden und Kriterien zur statistischen oder visuellen (1) Reduktion von Daten und (2) Beschreibung durch z.B. Kennziffern, Tabellen oder Graphiken bereitzustellen. Die *explorative* Datenanalyse verwendet meist dieselben Methoden und Kriterien, hat jedoch das Ziel, anhand v.a. visueller Analyse der Daten *neue* Annahmen und Hypothesen über Strukturen, Ursachen oder Zusammenhänge aufzustellen (vgl. Behrens, 1997). Die im Weiteren beschriebenen Funktionen beziehen sich auf die deskriptive Statistik als *Methode*.

- **Datenreduktion**: Die grundlegende Funktion der deskriptiven Statistik als Methode ist die *Datenreduktion*, also die Reduktion von unüberschaubaren Mengen an Daten auf wenige, aber überschaubare Kennzahlen, Tabellen oder z.B. Graphiken, und damit auch die *Beschreibung* durch sie (vgl. auch Ehrenberg, 1986). Das Ziel der deskriptiven Statistik ist *nicht* der inferentielle Schluss auf eine nicht-verfügbare, hypothetische Grundgesamtheit.

- **Zusammenfassen**: Zahlreiche Einzelwerte können in einem einzelnen Wert zusammengefasst werden. Die Anzahl aller Einwohner eines Landes kann z.B. in einem einzigen Summenwert ausgedrückt werden. Auf diese Weise kann eine unübersehbare Menge an Daten übersichtlich aufbereitet werden.

- **Beschreiben**: Die Information zahlreicher Einzelwerte kann durch einen einzelnen Wert beschrieben werden. Das durchschnittliche Alter aller Einwohner eines Landes kann z.b. durch einen einzelnen Mittelwert beschrieben werden.
- **Strukturieren**: Für das Strukturieren zahlreicher Einzelwerte gibt es verschiedene Möglichkeiten: z.B. über Häufigkeitstabellen, Streudiagramme oder Maßzahlen, ggf. zusätzlich unterteilt (aggregiert) nach einer sog. Gruppierungsvariablen. All diese Möglichkeiten können Strukturmerkmale von Daten (also ihrer Verteilung) deutlich machen. Je nach Datenmenge und -verteilung können bestimmte Ansätze geeigneter sein als andere. Bei sehr großen Datenmengen sieht man z.B. bei Graphiken u.U. nur noch „schwarz". Häufigkeitstabellen geraten oft unübersichtlich. Letztlich verbleiben oft nur (gruppierte) Maßzahlen in Kombination mit Grafiken.
- **Herausheben**: Die wesentliche Information soll hervorgehoben werden. Gegebenenfalls erforderliche Vereinfachungen sollen den Informationsgehalt der deskriptiven Statistik so wenig als möglich einschränken. Ein klassisches Beispiel ist z.B., dass bei der Angabe eines Mittelwerts immer auch eine Standardabweichung angegeben werden sollte, um anzuzeigen, ob der Mittelwert tatsächlich die einzelnen Daten angemessen repräsentiert oder ob sie substantiell von ihm abweichen (was eben die mit angegebene Standardabweichung zu beurteilen erlaubt).
- **Grundlegen**: Die deskriptive Statistik ist oft die Wirklichkeit hinter innovativ klingenden Verfahren. Googles MapReduce ist z.B. aus der Sicht der deskriptiven Statistik nichts anderes als umfangreiche Freitexte in einzelne Elemente (z.B. Worte) zu zerlegen, diese zu sortieren und abschließend ihre Häufigkeit zu ermitteln. Das Umwandeln des Freitexts in die Wortliste wird als Erzeugen der „Map" bezeichnet, und das Auszählen und Ersetzen vieler gleicher Worte durch einen Repräsentanten und die dazugehörige Häufigkeit als das „Reduce". „MapReduce" mag interessanter klingen als „Auszählen von Zeichenketten" (vgl. z.B. Schendera, 2005, 133–136 zur Analyse von Text mit SPSS v13). Zentral für das verteilte Text Mining auch sehr großer Datenmengen sind jedoch die Prinzipien der deskriptiven Statistik und die erscheint spätestens jetzt so richtig spannend. Wer weiß, welche Geheimnisse andere Data-Mining-Verfahren verbergen...

- **Schließen**: *Im Allgemeinen* ist mittels der deskriptiven Statistik nur der Schluss auf die Stichprobe möglich, an der die Daten erhoben wurden; mittels Inferenzstatistik ist dagegen auch der Schluss von der Stichprobe auf die Grundgesamtheit möglich (u.a. Zufallsziehung vorausgesetzt). Die deskriptive Statistik *kann* die schließende Statistik allerdings ersetzen, und zwar dann *und nur dann(!)*, wenn es sich bei den Daten um eine *Vollerhebung* handelt, z.B. bei Daten einer Volkszählung oder auch um unternehmensinterne Kundendaten in einem DWH. In diesem Falle, *und nur in diesem Falle(!)*, kann auf die Inferenzstatistik verzichtet werden. Stammen die Daten aus einer Vollerhebung, ist jegliche deskriptive Statistik gleichzeitig auch eine Beschreibung einer (verfügbaren!) Grundgesamtheit; Inferenzschlüsse auf diese Grundgesamtheit sind somit nicht mehr erforderlich (dies kann auch Konsequenzen für die Wahl der Formeln haben). *Nur in diesem Fall* ist mittels der deskriptiven Statistik auch die Überprüfung von Hypothesen möglich (jedoch nicht im strikt inferenzstatistischen Sinne). Bei einer Stichprobe beschränkt sich die Aussage also *im Allgemeinen* auf die *beschriebenen* Daten; bei einer Vollerhebung gilt die Aussage auch für die Grundgesamtheit (*weil* die beschriebenen Daten die Grundgesamtheit *sind*). An dieser Stelle eröffnet sich ein fließender Übergang zur konfirmatorischen Analyse, die in Form der Abweichung der Daten von einem Modell zwar einen Modelltest darstellt, jedoch keinen Hypothesentest im inferenzstatistischen Sinne.
- **Screening**: Die deskriptive Statistik beschreibt die Daten, so wie sie sind. „as is" wird in der IT oft dazu gesagt. Dies bedeutet auch, dass die deskriptive Statistik gegebenenfalls auch Fehler in den Daten erkennen lassen kann (vgl. Schendera, 2007). Was also an dieser Stelle hervorgehoben werden sollte: Die Funktionen des Aggregierens, Beschreibens, Heraushebens bzw. Schließens sind dieser Funktion als Priorität und in der Zeit nachgeordnet. Die beste Beschreibung nützt leider nur wenig, wenn sie noch auf fehlerhaften Daten beruht. Das Screening mittels deskriptiver Statistik ist also ein mehrfach durchlaufener Prozess: Am Anfang wird keine Qualität von Daten vorausgesetzt (sie wird jedoch überprüft) („vorläufige deskriptive Statistik"), sie sollte jedoch am Ende des Screenings geprüft und schlussendlich als gegeben vorliegen („finale deskriptive Statistik").

- **Kommunikation von Vertrauen**: Während die Funktion des Screenings ein iterativ durchlaufener *Prozess* ist, ist die resultierende Datenqualität am Ende dieses Prozesses *auch* ein *Wert* mit der Funktion des Kommunizierens von Qualität und Vertrauen in die Daten. Die Funktion dieses Wertes ist, dass sich Leser und Anwender auf Maßzahlen und Aussagen auf Basis der deskriptiven Statistik verlassen können.
- **Unterstützung der Datenanalyse und Inferenzstatistik**: Die („finale") deskriptive Statistik unterstützt die Datenanalyse (v.a. explorative und konfirmatorische Analyse) und die Inferenzstatistik in mehrerer Hinsicht: z.b. um (1) sich einen ersten Eindruck von Voraussetzungen der Daten (z.b. Verteilungsform) zu verschaffen, (2) z.b. deskriptive Statistiken zu erzeugen, die konfirmatorische oder inferenzstatistische Analysen nicht standardmäßig ausgeben, (3) ihre Daten und Analysen besser nachzuvollziehen, und (4) (ggf. unterstützt durch einen eher explorativen Zugang) letzten Endes zusätzliche Hinweise für das weiteres Vorgehen aufzudecken.

Die statistische Beschreibung mittels deskriptiver Statistik kann auf unterschiedliche Weise erfolgen:

- **Maßzahlen**: Maßzahlen reduzieren die Information unübersehbarer Datenmengen auf wenige Zahlen, die bestimmte Facetten dieser Datenmenge möglichst gut beschreiben. Man kann sich das so vorstellen, dass eine einzelne Maßzahl nur eine „Perspektive" auf die Daten ist, z.B. ihr Durchschnitt. Um nun die Daten auch aus anderen Blickwinkeln „betrachten" zu können, werden daher mehrere Maßzahlen berechnet, z.B. auch ihre Streuung. Dadurch wird auch einem möglichen Informationsverlust durch die Datenreduktion vorgebeugt. Maßzahlen werden in Lage-, Streu- und Formparameter unterteilt, z.B. Mittelwert (MW) und Standardabweichung (SD).

    > ✍ Beispiel
    > Daten a: 2, 2, 2 MW = 2,0, SD = 0,0
    > Daten b: 1, 2, 3 MW = 2,0, SD = 1,0
    > Daten c: 0, 2, 4 MW = 2,0, SD = 2,0

- **Tabellen**: Daten können in Tabellenform nonaggregriert (Rohdaten), aggregiert (z.B. Häufigkeitstabellen), kreuztabelliert oder hochverschachtelt wiedergegeben werden. Ist die gewählte Tabellenstruktur (z.B. uni-/multivariat und/oder ein-/mehrdimensional) der konkreten Datenverteilung angepasst, wird die Information großer Datenmengen überschaubar wiedergegeben, oft z.B. in Kombination mit Grafiken.

- **Grafiken**: Daten können auch in grafischer Form als „fixierte Bilder" wiedergegeben werden. Hier stellt der Forschungsbereich der visuellen Statistik bzw. der statistischen Visualisierung vielfältige Diagrammvarianten zur Verfügung, von nonaggregrierten, aggregierten, gruppierten bis hin zu uni-/multivariaten und/oder ein-/mehrdimensionalen Diagrammformen. Angefangen von Balken-, Kreis- und Liniendiagrammen bis hin zu Streu-, Bubble- oder Mosaik-Diagrammen, um nur einige zu nennen (vgl. 5.4).
- **Animationen**: Daten können auch als „bewegte Bilder" wiedergegeben werden. Der Phantasie sind hier keine Grenzen gesetzt: angefangen von animierten Standardgrafiken über Cockpits und Dashboards (v.a. für Unternehmen) bis hin zu (ggf. sogar in Echtzeit aktualisierten) Visualisierungen von Kunden-, Warenbzw. Nutzungsströmen, die fast schon an Videoclips grenzen.

Empfehlungen, welche Darstellungsform den anderen vorgezogen werden können, lassen sich nicht allgemeingültig aussprechen. Die Übersichtlichkeit und damit auch ihr Informationsgehalt werden letztlich auch von der konkreten empirischen Verteilung und der Relevanz der jeweiligen Kenngrößen mitbestimmt. Die Kombination von Maßzahlen und Grafiken (Visualisierungen) gilt i. Allg. als das aufschlussreichste Vorgehen.

Was sind die Voraussetzungen einer erfolgreichen deskriptiven Statistik?

- **Daten**: So banal das klingen mag, eine deskriptive Statistik ist nicht ohne Daten, also Werte, möglich. Die untere Datenmenge liegt je nach deskriptiver Maßzahl zwischen N=0 (z.B. Summe) und um N=5 (z.B. für bestimmte Verfahren aus der Zeitreihenanalyse). Nach oben gibt es keine Grenze außer der Leistungsfähigkeit des Analysesystems selbst. Metadaten, also Informationen über Daten, erleichtern die Arbeit mit Daten ungemein. Zu den Informationen zum *Erheben bzw. Definieren* von Daten gehören z.B. semantische Definitionen (inkl. Ein- und Ausschlusskriterien), Informationen zur Datenquelle (Ort, Anzahl) oder auch zum Erhebungsmodus (Kunden- bzw. Haushaltsbefragungen) usw. (vgl. Schendera, 2007, 393–395).

- **Vollständigkeit**: Die deskriptive Statistik setzt die Vollständigkeit der zu beschreibenden Daten voraus. Damit ist nicht gemeint, dass Daten aus einer Vollerhebung stammen sollen, sondern dass alle Daten einer zu beschreibenden Stichprobe oder Vollerhebung auch tatsächlich vollständig vorhanden sind. Vollständigkeit ist eines der grundlegenden Kriterien für Datenqualität und damit auch für die deskriptive Statistik – vielleicht mit der Präzisierung, dass es sich dabei um die *richtigen* Daten handeln muss.

- **Datenqualität**: Datenqualität ist *die* zentrale Voraussetzung für die deskriptive Statistik (i.S.e. „finalen deskriptive Statistik"). Deskriptive Statistik auf der Basis fehlerhafter Daten kann nicht hinreichend die gemessenen Entitäten beschreiben und kann einer (Selbst-)Täuschung gleichen. Datenqualität stellt sicher, dass sich Anwender auf Maßzahlen und Aussagen verlassen können. Auf Datenqualität wird einführend in Abschnitt 3.3 und ausführlich in Kapitel 6 eingegangen.

- **Messniveau**: Die deskriptive Statistik setzt die Kenntnis der Messeinheiten der zu beschreibenden Daten voraus. Erst Messeinheiten und das zugrunde liegende Referenzsystem machen aus Zahlen erst Werte, die Zustände, Unterschiede oder auch Veränderungen *korrekt* zu beschreiben und vor allem auch zu interpretieren erlauben. Eine der ersten Fragen, die man sich bei der Beschreibung von Daten stellen sollte, ist: In welcher Einheit sind diese Zahlen und wie sind sie zu interpretieren? Messeinheiten werden in Abschnitt 2.2 vorgestellt.

- **Erhebung**: Die deskriptive Statistik kann auf Daten jeglicher Ziehungsart und jeden Umfangs angewandt werden; es empfiehlt sich jedoch die Klärung der Umstände ihrer Erhebung. „Erhebung" umfasst drei thematisch verschiedene Aspekte, die aber oft zusammen auftreten, nämlich *Art, Umfang* und *Design* einer Erhebung: (1) Vor dem Erzeugen einer deskriptiven Statistik ist es notwendig zu prüfen, ob die Daten aus Vollerhebungen oder Stichproben stammen. (2) Stammen die Daten aus einer Vollerhebung, ist jegliche deskriptive Statistik gleichzeitig auch eine Beschreibung der Grundgesamtheit. Stammen die Daten aus einer Stichprobe, so sind u.a. das Verhältnis Ziehungs- und Erhebungsgesamtheit und die Abhängigkeit der statistischen Signifikanz vom ggf. nicht unerheblichen N zu beachten (vgl. z.B. Schendera, 2007, 395, 406). Bei der „Grauzone", wenn sich die Größe der Stichprobe einer Vollerhebung, also einer Grundgesamtheit annähert, stehen Anwender letztlich vor der Wahl, ihre Daten als Grundgesamtheit oder Stichprobe zu definieren. Die Merkmale einer (Zufalls-)Stichprobe werden mit zunehmender Größe derjenigen der Grundgesamtheit immer ähnlicher (Gesetz der großen Zahl). (3) Mit dem Design einer Erhebung ist gefordert, dass eine Zufallsziehung vorliegt und dass im Falle ungleicher Auswahrscheinlichkeit der Fälle ihre Gewichte (idealerweise im selben Datensatz) vorliegen und ihre Ermittlung als Erhebungsdesign dokumentiert ist (vgl. 3.2 und 7.1).

- **Gewichte**: Üblicherweise wird jeder Wert in der deskriptiven Statistik mit dem Gewicht 1 in die Analyse einbezogen. Ein Gewicht von 1 bedeutet, dass dieser Wert nur einen Fall repräsentiert, also nur für sich selbst steht. Je nach Analysekontext ist es sehr gut möglich, dass ein Fall jedoch nicht nur für sich selbst alleine steht, sondern für mehrere andere. In diesem Fall wird diesem Fall explizit ein anderes Gewicht zugewiesen, z.B. 10. Ein Wert mit dem Gewicht 10 repräsentiert daher zehn Fälle, und nicht nur einen. Gewichte werden aus diversen Gründen vergeben, z.B. um Auswahlwahrscheinlichkeiten (z.B. Oversampling) anzugleichen. Eine der ersten Fragen, die man sich bei der Beschreibung von Daten stellen sollte, ist: Sind die Daten gewichtet oder nicht? Falls die Daten gewichtet sind, wo sind die Gewichte dokumentiert und abgelegt? Zwei Abschnitte mit zwei völlig unterschiedlichen, aber einander ergänzenden Schwerpunkten führen in die deskriptive Statistik unter Einbeziehen von Gewichten ein. Abschnitt 3.2 richtet zunächst die Aufmerksamkeit auf Designstrukturen, Auswahlwahrscheinlichkeiten und Zufallsziehung. Abschnitt 7.1 befasst sich genauer mit der Herleitung von Gewichten und veranschaulicht das Berechnen deskriptiver Maße unter Zuhilfenahme von Gewichten.

1.2 Was ist deskriptive Statistik *nicht*?

Die deskriptive Statistik wird, eventuell abgesehen von der zugrunde liegenden Mathematik oder Statistik, überwiegend als recht unproblematisch vermittelt. Die Erfahrung zeigt, dass in der praktischen Anwendung der deskriptiven Statistik oft etwas großzügig (meist unbedacht) mit dem Sinn, aber vor allem mit den *Grenzen* der deskriptiven Statistik umgegangen wird. Was sind erfahrungsgemäß häufige Fallstricke bei der Arbeit mit der deskriptiven Statistik?

- **Kein Plan:** Keinen Plan zu haben, kann manchmal etwas Befreiendes an sich haben; bei der Erstellung einer deskriptiven Statistik könnte dies u.U. zu heiklen Situationen führen. Nach allgemeiner Erfahrung *ist* die deskriptive Statistik ein *unterschätztes* Instrumentarium an Methoden, Kriterien und Voraussetzungen. Keinen Plan zu haben, meint weniger die Anforderung einer deskriptiven Statistik „auf Knopfdruck", sondern, dass dabei wesentliche Hintergrundinformationen (Metadaten) über die Daten nicht bekannt sind oder berücksichtigt werden. Hilfreiche Stichworte für einen Plan können z.B. sein: Vollerhebungen vs. Stichproben; falls Stichproben: Ziehungs-/Erhebungsgesamtheit (inkl. Ausfälle), Ein-/Ausschlusskriterien, Erhebungsdesign (Strukturen, Ziehungsplan, Gewichte, usw.), Variablen (Definitionen, Messniveaus, Einheiten, Maße, usw.), Analysepläne (Designstrukturen, Klassifikationsvariablen), (Grad der) Datenqualität oder auch, *wie* Zahlen im Text dargestellt werden sollen. Abschnitt 7.2 stellt diverse Vorschläge für das Schreiben von „zahlenlastigen" Texten zusammen.

- **Verwechslung:** Explorative Analyse, konfirmatorische Analyse und Inferenzstatistik haben andere Ziele wie die deskriptive Statistik – die deskriptive Statistik reduziert und beschreibt die Daten, *so wie sie sind*. Mit einem Quentchen Salz könnte man vielleicht sagen: Die deskriptive Statistik ist daten-geleitet, die konfirmatorische Analyse ist modell-geleitet, die Inferenzstatistik ist hypothesen-geleitet und die explorative Analyse ist neugierdegeleitet: Die explorative Analyse sucht nach *neuen* Strukturen und Zusammenhängen in den Daten (meist *auch* mit den Methoden der deskriptiven Statistik!). Die konfirmatorische Analyse prüft, ob die Verteilung der Daten *vorgegebenen* Modellen folgt (Modelltests). Die Inferenzstatistik schließt über Hypothesentests *von Stichproben auf Grundgesamtheiten*.

- **Sicherheit:** Die deskriptive Statistik beschreibt die Daten, so wie sie sind. Nicht weniger, aber auch nicht mehr. Dies bedeutet auch, dass die deskriptive Statistik keine „Sicherheit" von Aussagen einzustellen bzw. zu errechnen erlaubt, wie z.B. Alpha, p-Werte, „Fehler" usw. Auf der einen Seite braucht es diese Sicherheit auch gar nicht, weil keine Aussagen über Grundgesamtheiten getroffen werden. Auf der anderen Seite hilft eine kluge Kombination von Lage- mit Streumaßen abzusichern, dass sie eine Verteilung von Daten ohne substantiellen Informationsverlust repräsentieren.

- **Datenqualität:** Die deskriptive Statistik setzt Datenqualität voraus, z.b. vollständige und geprüfte Daten. Nur weil eine deskriptive Statistik „auf Knopfdruck" abgerufen werden kann, bedeutet dies nicht automatisch, dass die Daten auch in Ordnung sind. Das Resultat ist höchstens eine *vorläufige* deskriptive Statistik. Keine deskriptive Statistik ohne zuvor geprüfte Datenqualität. Dieses Thema ist so wichtig, das ihm eine Einführung (Abschnitt 3.3) und eine Vertiefung (Kapitel 6) gewidmet sind.

Erfahrungsgemäß ist die deskriptive Statistik eine erste Belohnung für die harte Arbeit des Erhebens, Eingebens, Korrigierens und oft auch häufig genug komplizierten Transformierens von Daten. In der IT werden diese oft auch als ETL-Prozesse bzw. -Strecken abgekürzt („Extract", „Transform", „Load"). Entsprechend groß ist die Begeisterung, erste Einblicke in den (wünschenswerten) Erfolg der ganzen Unternehmung haben zu können. Wie die Erfahrung zeigt, treten an dieser Stelle gleich mehrere Fehler bei der Interpretation der deskriptiven Statistik auf. Um sie besser auseinanderhalten zu können, werden sie separat dargestellt; allesamt könnte man sie als Varianten des Über- bzw. Fehlinterpretierens der deskriptiven Statistik zusammenfassen:

- **Projektionsfläche** (Messgegenstand): Eines der häufigsten, größten und unerklärlicherweise immer noch stiefmütterlich behandelten „Fettnäpfchen" ist, den in der deskriptiven Statistik wiedergegebenen Daten Bedeutungen zu unterstellen, die gar nicht Gegenstand der Messung waren. Oft werden z.B. *sozio*demographische Variablen (z.B. Alter, Geschlecht, Einkommen) erhoben, und dann in der Gesamtschau als z.B. *psycho*logische Merkmale (z.B. „extrovertierter Konsumhedonist") überinterpretiert (vgl. Schendera, 2010, 20–21). Diese verkaufsfördernde bzw. arbeitserleichternde, jedoch an (Selbst-)Täuschung grenzende Unsitte ist leider nicht selten anzutreffen und keinesfalls auf eine bestimmte Disziplin beschränkt. Beispiele sind allgegenwärtig. In anderen Forschungsfeldern kann man es durchaus erleben, dass deskriptive Statistiken zu *Einstellungen* zum Lernen erhoben, aber als *Kognitionen* interpretiert werden (was inhaltlich etwas völlig anderes ist).

- **Hemmungsloses Verallgemeinern** (Merkmalsträger): Ein- und Ausschlusskriterien legen die Stichprobe, ggf. auch die Grundgesamtheit fest, auf die die deskriptive Statistik verallgemeinert werden kann. Mit dem „hemmungslosen Verallgemeinern" ist ein Interpretieren über diese Grenzen hinaus gemeint. Häufige Verstöße sind z.b. (1) die deskriptive Statistik einer *Stichprobe* als die einer *Grundgesamtheit* zu überinterpretieren. Die deskriptive Statistik einer Stichprobe kann *nicht* auf eine Grundgesamtheit verallgemeinert werden. Aussagen über die Grundgesamtheit, allein auf der Grundlage von *Stichproben*daten, sind ohne Absicherung nicht zulässig. (2) Zu den Verstößen zählt auch, die deskriptive Statistik einer Teilmenge (z.b. alte Menschen) auch für andere Teilmengen (z.b. junge Menschen) zu verallgemeinern. (3) „Projektion" ist z.b. die nicht seltene Praxis, z.b. bei der Korrelations- oder auch der Trendanalyse, die deskriptive Statistik über den Bereich der erhobenen Werte hinaus zu interpretieren.

- **jumping to conclusions** (Extrapolieren und Schlussfolgerung innerhalb einer Erwartungshaltung, dem „frame"): Der Begriff „jumping to conclusions" drückt, meine ich, schön aus, wie man bei der Interpretation der deskriptiven Statistik aus Begeisterung, und damit fehlender Zurückhaltung, leider vorschnellen Schlüssen über die darin wiedergegebenen Daten verfallen kann. Dieses „jumping to conclusions" ist, meiner Erfahrung mit Statistik-Einsteigern nach, eine Erscheinungsform des *gezielten Suchens* von Zusammenhängen oder Unterschieden innerhalb eines Frames. Dieses Phänomen lässt sich wohl am besten als kognitiver Ersatz eines erwartungsgeleiteten Hypothesentests umschreiben. Bei der Überinterpretation der deskriptiven Statistik (vor allem anhand von Stichproben) werden Unterschiede oder Zusammenhänge „gesehen", die in Wirklichkeit in den beschriebenen Daten gar nicht vorkommen. Das „jumping to conclusions" ist an sich gesehen nichts Schlechtes; allerdings sollte man diese „Schlussfolgerungen" nicht als abgesichertes Ergebnis eines „Hypothesentests" missverstehen, sondern als noch zu prüfende spekulative Annahme, die explizit einem echten Hypothesentest unterzogen werden sollte.

- **Der blinde Fleck** (Schlussfolgerung außerhalb eines Frames): Während ein erwartungsgeleiteter „Hypothesentest" dazu führt, dass „große" Unterschiede (die gar nicht so groß sind) zwischen deskriptiven Parametern oft überschätzt werden, bezieht sich der „blinde Fleck" auf Phänomene, die außerhalb der eigenen Erwartungshaltung (frame) liegen (Schendera, 2007, 165–169). Hier tritt der gegenteilige Effekt auf: Erwartungswidrige Effekte werden oft erst gar nicht wahrgenommen, geringe Unterschiede dagegen oft leider unterschätzt. Erfahrungsgemäß werden bei der Interpretation oft andere relevante Aspekte übersehen, z.B. die unterschiedliche Größe der miteinander verglichenen Gruppen (vgl. dazu auch die Stichworte Designstruktur, Auswahlwahrscheinlichkeit und Gewichtung).

Die deskriptive Statistik hat ihre Grenze eindeutig dann erreicht, sobald es nicht mehr um das Beschreiben einer Stichprobe, sondern um das Ziehen von Schlüssen über eine Grundgesamtheit geht, z.B. in Gestalt von Hypothesentests, Punkt- oder Intervallschätzungen. Ausgehend von *Stichproben* erlaubt die deskriptive Statistik keine Aussagen zur Grundgesamtheit. Die Inferenzstatistik wird in diesem Buch nicht behandelt; ich erlaube mir für ausgewählte Verfahren z.B. auf Schendera (2014², 2010) zu verweisen.

Diese Einführung in Sinn und Grenzen der deskriptiven Statistik fokussiert grundlegende Konzepte. Abgeschlossen werden soll mit einem Hinweis darauf, dass manche der erwähnten Begriffe, wie z.B. „Grundgesamtheit", „Zufallsstichprobe" und m.E. vor allem „Repräsentativität" deutlich komplexer sind, als sie in dieser notwendigerweise vereinfachenden Darstellung womöglich anmuten (vgl. Prein et al., 1994). Allerdings beziehen sich Diskussion und Konzepte auf die Gültigkeit des Schlusses von einer „repräsentativen" Zufallsstichprobe auf eine unbekannte Grundgesamtheit, was nicht Aufgabe der deskriptiven Statistik und damit auch nicht Gegenstand dieser Einführung ist.

2 Ein Heimspiel: Grundlagen der deskriptiven Statistik

> „Fußball ist einfach, deshalb ist es ja so kompliziert."
> Berti Vogts
>
> „Der Fußball ist einer der am weitesten verbreiteten religiösen Aberglauben unserer Zeit. Er ist heute das wirkliche Opium des Volkes."
> Umberto Eco
>
> „The best thing about being a statistician is that you get to play in everyone else's backyard."
> John Tukey, Bell Labs, Princeton University

Mit einem Heimspiel ist gemeint: Man spielt mit dem eigenen Team im eigenen Stadion vor eigenem Publikum. Man kennt sich bestens aus. Die Grundlagen der deskriptiven Statistik sind bekannt, man ist bestens vorbereitet. Heimspiel bedeutet also auch: Durch eine gute Vorbereitung hat man es selbst in der Hand, auch ein anspruchsvolles Auswärtsspiel in die Kontrollierbarkeit und Niveau eines Heimspiels zu wandeln.

Der Fokus von Kapitel 2 beschränkt sich daher auf Informationen *in* einer Datentabelle. Informationen, die man nicht notwendigerweise durch das Analysieren einer Datentabelle erfährt, also den *Kontext* von Daten, beschreibt dagegen Kapitel 3. Abschnitt 2.1 beginnt daher mit einer der an Wochenenden wohl am häufigsten gesehenen Tabellen im deutschen Fernsehen, nämlich einer Bundesligatabelle. Das Ziel ist, anhand dieser Tabelle die wichtigsten Grundbegriffe der deskriptiven Statistik zu erläutern. Fußball erklärt also die deskriptive Statistik. Abschnitt 2.2 beginnt mit dem Erläutern des Inhalts von Datentabellen und erläutert Begriffe wie z.B. Zahlen, Ziffern und Werte an Beispielen aus dem Fußball. Anschließend geht Abschnitt 2.3 mit der Frage: „Was hat Messen mit meinen Daten zu tun?" auf das sog. Messniveau einer Variablen ein. Anhand der Bundesligatabelle werden Messniveaus und ihre grundlegende Bedeutung für jede (nicht nur deskriptive) Statistik erläutert. Abschnitt 2.4 hebt die Konsequenzen des Messniveaus für die praktische Arbeit mit Daten hervor. Begriffe wie z.B. Genauigkeit, Reliabilität und Validität sowie Objektivität werden z.B. mittels Torjägern veranschaulicht.

Ein Heimspiel: Grundlagen der deskriptiven Statistik

2.1 Fußball erklärt die deskriptive Statistik. Oder umgekehrt ... ?

> „Fussball ist ding, dang, dong. Es gibt nicht nur ding."
> Giovanni Trappatoni

Man darf wahrscheinlich mit einiger Berechtigung annehmen, dass Fußball, zumindest jedes Wochenende, deutlich beliebter als Mathematik und Statistik sein könnte. Was liegt da näher, als die Faszination am Fußball auch ein wenig auf die deskriptive Statistik scheinen zu lassen? Im Folgenden wird die Abschlusstabelle der Bundesligasaison 2011/2012 wiedergegeben. Die Tabelle enthält die Spalten „Platz", „Verein", „Spiele", „S", „U", und „N" (jeweils für Sieg, Unentschieden oder Niederlage), „Tore" sowie „Diff" und „Pkt".

Platz	Verein	Spiele	G	U	V	Tore	Diff	Pkt
1.	Borussia Dortmund	34	25	6	3	80 : 25	55	81
2.	FC Bayern München	34	23	4	7	77 : 22	55	73
3.	FC Schalke 04	34	20	4	10	74 : 44	30	64
4.	Borussia Mönchengladbach	34	17	9	8	49 : 24	25	60
5.	Bayer 04 Leverkusen	34	15	9	10	52 : 44	8	54
6.	VfB Stuttgart	34	15	8	11	63 : 46	17	53
7.	Hannover 96	34	12	12	10	41 : 45	-4	48
8.	VfL Wolfsburg	34	13	5	16	47 : 60	-13	44
9.	SV Werder Bremen	34	11	9	14	49 : 58	-9	42
10.	1. FC Nürnberg	34	12	6	16	38 : 49	-11	42
11.	1899 Hoffenheim	34	10	11	13	41 : 47	-6	41
12.	SC Freiburg	34	10	10	14	45 : 61	-16	40
13.	1. FSV Mainz 05	34	9	12	13	47 : 51	-4	39
14.	FC Augsburg	34	8	14	12	36 : 49	-13	38
15.	Hamburger SV	34	8	12	14	35 : 57	-22	36
16.	Hertha BSC Berlin	34	7	10	17	38 : 64	-26	31
17.	1. FC Köln	34	8	6	20	39 : 75	-36	30
18.	1. FC Kaiserslautern	34	4	11	19	24 : 54	-30	23

Abb. 2: Abschlusstabelle der Bundesligasaison 2011/2012

Das Ziel ist, anhand dieser Tabelle die wichtigsten Grundbegriffe der deskriptiven Statistik zu erläutern. Mit bestimmten Rängen gehen besondere Regelungen für sportliche Erfolge bzw. Misserfolge ein: Die ersten drei Mannschaften qualifizieren sich direkt für die Champions League. Die Mannschaft auf Platz 4 nimmt an der Champions-League-Qualifikation teil. Die Mannschaften auf Platz 5 bis 7 qualifizieren sich für die Europa League. Die Mannschaft auf Platz 16 kommt in die Relegation zur 2. Liga. Die beiden letzten Mannschaften steigen in die 2. Liga ab.

2.2 Zahlen, Ziffern und Werte: Grundbegriffe

> „Ich bin jetzt seit 34 Jahren Trainer, da habe ich gelernt,
> dass zwei und zwei niemals vier ist."
> Leon Beenhakker

Der Inhalt von Datentabellen besteht überwiegend aus Zahlen, Ziffern und Werten.

Zahlen

Die Menge der Zahlen wird, vereinfacht ausgedrückt, in Ganzzahlen und Bruchzahlen unterteilt. Ganz- und Bruchzahlen können jeweils als Quotienten $Q = p / q$ (wobei p und q Ganzzahlen, und $q \neq 0$) ausgedrückt werden. Der Unterschied zwischen Ganzzahlen und Bruchzahlen wird i. Allg. anhand zweier Aspekte beschreiben:

- Der Quotient Q von Ganzzahlen besitzt keinen Rest, hat also keine Nachkommastellen. Der Quotient Q von Bruchzahlen hat dagegen einen Rest.
- Von Bruchzahlen wird gesagt, dass sie nicht in der Natur vorkommen. Ganzzahlen werden daher auch als „natürliche" Zahlen bezeichnet.

Ganzzahl

Die ganzen Zahlen (Quotienten ohne Nachkommastellen) umfassen alle Zahlen: ..., -3, -2, -1, 0, 1, 2, 3, ... Alternative Bezeichnungen für Ganzzahl sind „Natürliche Zahl", „Zählzahl" oder „Integer".

Ein Heimspiel: Grundlagen der deskriptiven Statistik   33

Menge	Bezeichnung
..., -3, -2, -1, 0, 1, 2, 3, ...	Ganzzahlen
1, 2, 3, ...	Positive Ganzzahlen
..., -3, -2, -1	Negative Ganzzahlen
0, 1, 2, 3, ...	Nonnegative Ganzzahlen
..., -3, -2, -1, 0	Nonpositive Ganzzahlen

Ganze Zahlen sind eindeutig geordnet. Ganze Zahlen können dadurch eindeutig untereinander verglichen werden. Der Wert 0 weist dabei mehrere Besonderheiten auf. 0 ist die einzige Ganzzahl, die weder positiv noch negativ ist. Gemäß dieser Auffassung ist 0 ein Element der Ganzzahlen; Einigkeit besteht in diesem Punkt in der Mathematik jedoch nicht. Als Zählwert bedeutet 0, dass keine Elemente (z.B. innerhalb einer Menge) vorhanden sind. Eine Zahl, die daher ungleich 0 ist, wird daher auch als non-null bezeichnet. Ein 0 kann zugleich nonpositiv wie auch nonnegativ sein (s.u.).

Die oben wiedergegebene Abschlusstabelle der Bundesligasaison 2011/2012 enthält ausschließlich Ganzzahlen als Daten. Die obigen Ausführungen sollten ausreichen, den Typ der dargestellten Ganzzahlen interpretieren zu können. Die Spalte „Platz" ist z.B. eine positive Ganzzahl; es gibt theoretisch keinen Platz 0 (einen negativen Wert gibt es in dieser Spalte ebenfalls nicht). Vergleichbar sieht es bei der Spalte „Spiele" aus; am letzten Spieltag scheint „Spiele" eine positive Ganzzahl zu sein. Betrachtet man jedoch den ersten Spieltag, ändert sich die Sichtweise: Werden Spiele, wie in der Bundesliga meist üblich, auf Freitag, Samstag und Sonntag verteilt, so steht bei manchen Mannschaften bis zum letzten Spiel unter „Spiele" der Wert 0. Die Spalte „Spiele" ist z.B. eine nonnegative Ganzzahl; es gibt theoretisch einen Platz 0 (einen negativen Wert gibt es in dieser Spalte nicht). Dasselbe gilt für die Spalten „S", „U", und „N" (jeweils für Sieg, Unentschieden oder Niederlage): Mannschaften können (zumindest für eine Weile) keine Siege, Unentschieden oder auch Niederlagen erleben. Die Spalte „Tore" enthält, von einem Doppelpunkt getrennt, die Anzahl der geschossenen bzw. kassierten Tore. Wir überspringen der Einfachheit halber diese Spalte und schauen uns die abgeleitete Spalte „Diff" an, die Differenz aus den geschossenen bzw. kassierten Toren. Die Abschlusstabelle der Bundesligasaison 2011/2012 zeigt in der Spalte „Diff" positive wie auch negative Werte. Theoretisch ist damit auch eine

Differenz von 0 möglich; „Diff" enthält daher Daten vom Typ Ganzzahlen. Die verbleibende Spalte „Pkt" ist vom Typ her eine nonnegative Ganzzahl; es kann theoretisch Mannschaften geben, die eine Zeitlang nur verlieren und keine Punkte mitnehmen. An dieser Stelle klammern wir der Einfachheit halber Spezialregelungen aus, wie z.b. Punktabzüge. Unser Ziel ist das Erklären der Grundlagen der deskriptiven Statistik (und weniger des professionellen Fußballs als Wissenschaft, vgl. z.B. Jütting, 2004). Je nach Umständen können Punktabzüge als drastische Sanktionsmaßnahme durchaus zu negativen Punkteständen führen.

Bruchzahl

Eine Bruchzahl ist eine Zahl, deren Quotient Q = p / q einen Rest ungleich 0 aufweist. Ein Bruch ist genau dann gleich Null, wenn p = 0 und q ≠ 0. Solange die Länge der Nachkommastellen nicht unendlich oder nichtperiodisch ist, werden diese Bruchzahlen zu den rationalen Zahlen gezählt. Besitzt der Quotient Q = p / q einen Rest mit unendlichen (z.B. bei der Eulerschen Zahl, e oder Pi, µ) oder periodischen (z.B. 2/3 = 0,67) Nachkommastellen, so wird diese Bruchzahl zu den sog. irrationalen Zahlen gezählt. Ein Bruch wird in der sog. Inline-Schreibweise z.B. als Q = p / q , klassisch dagegen als

$Q = \frac{p}{q}$ geschrieben. p ist dabei der Zähler, q der Nenner.

Die Tabelle zur Bundesligasaison 2011/2012 enthält ausschließlich Ganzzahlen. Bruchzahlen im Zusammenhang mit Bundesligaspielen findet man häufig im Zusammenhang mit Performanzstatistiken, z.B. zur Torgefährlichkeit, Passgenauigkeit, Zweikampfstärke usw. Aus der Bundesligatabelle lassen sich allerdings unkompliziert beispielhafte Bruchzahlen herleiten. Werden z.B. für Borussia Dortmund die durchschnittliche Anzahl der geschossenen Tore pro Spiel ermittelt, so ergibt sich über

- *Q = 80 / 34* als Bruchzahl
- der Wert 2,353 (gekürzt),
- 2,35294117647059 (weniger gekürzt) bzw.
- 2,352941176470588235294117647059 (noch weniger gekürzt).

Solche scheinbaren „Präzisionsexzesse" können im Analysealltag durchaus ein Thema sein. Daher gleich ein paar Hinweise dazu:

Bei Brüchen werden die Konzepte von Genauigkeit und Präzision relevant. Die **Genauigkeit** (accuracy) einer Zahl ist durch die Anzahl von signifikanten Ziffern rechts von der Dezimalinterpunktion definiert. Die **Präzision** (precision) einer Zahl ist durch die Anzahl von signifikanten Ziffern insgesamt definiert. Bei der Addition bzw. Subtraktion wird die Anzahl der signifikanten Ziffern im Ergebnis durch den Wert mit der kleinsten Anzahl an signifikanten Ziffern bestimmt.

> ✋ Beispiele
> Die Summe aus 1,2 + 1,24 + 1,248 ergibt theoretisch im Ergebnis den Wert 3,688. Dieser Wert ist jedoch scheinbar auf vier Stellen genau. Aufgrund der kleinsten Anzahl an signifikanten Ziffern beschränkt der Wert 1,2 die Anzahl von signifikanten Ziffern im Ergebnis auf eine Stelle nach dem Komma. Die Summe 1,2 + 1,24 + 1,248 sollte daher nur auf eine Stelle nach dem Komma gerundet als 3,7 ausgedrückt werden. Bei der Multiplikation und Division gilt Ähnliches. Die Genauigkeit des Produkts aus zwei oder mehr Zahlen hängt von der Anzahl signifikanter Ziffern rechts von der Dezimalinterpunktion im kleinsten Wert ab. Das Produkt aus 1,2 x 1,24 sollte daher auf eine Stelle nach dem Komma gerundet als 1,5 und nicht als 1,488 angegeben werden.

Zu den Ziffern nach dem Interpunktionszeichen bei numerischen Werten sollte vielleicht noch ergänzend gesagt werden, dass mittels sog. Formate eingestellt werden kann, mit wie vielen Nachkommastellen die Zahlen angezeigt werden sollen. Standardmäßig werden Zahlen von -9999,99 bis 99999,99 dargestellt. Die Einstellung der Anzahl von Dezimalzellen bezieht sich dabei nur auf die Anzeige. Numerische Werte werden von der Software so präzise wie möglich, mit derzeit bis zu 32 Nachkommastellen, gespeichert.

Ziffern

Im letzten Abschnitt zu Bruchzahlen war von Ziffern die Rede. Was sind Ziffern? Ziffern stellen Zahlen dar. Die Dezimalziffern 1, 4 und 8 stellen z.B. zusammen die Zahl 1,488 aus dem vorangehenden Abschnitt dar. Die Ziffern 1, 4 und 8 wurden deshalb präzisierend als Dezimalziffern bezeichnet, weil sie und die im Beispiel beschriebene Zahl aus dem Dezimalsystem (Zehnersystem) stammen. Dieses Zahlensystem heißt Dezimalsystem, weil es zehn Ziffern (0 bis 9) umfasst bzw. die Zahl 10 zur Basis hat. Dieselbe Zahl kann, weil es neben dem Dezimalsystem weitere Zahlensysteme gibt, durchaus durch verschiedene Ziffern dargestellt werden.

Die Bundesligatabelle ist, mit Ausnahme des Alphabets (für die Vereinsnamen), ausschließlich im Dezimalsystem. Wir werden daher auf andere Beispiele ausweichen müssen. Die folgende Tabelle stellt bspw. die Ziffernfolgen „1000" und „10" in ausgewählten Zahlensystemen dar (Dezimal, Hexadezimal, Dual-Binär, Wissenschaftliche Notation, Römisch). Darüber hinaus gibt es diverse weitere Zahlensysteme, z.B. Oktal.

🖐 Beispiel
Darstellung der Ziffernfolge „1000" und „10" in verschiedenen Zahlensystemen:

Zahlensystem	„1000"	„10"
Dezimal	1000	10
Hexadezimal (ASCII)	3E8	A
Dual-Binär	1111101000	1010
Wissenschaftliche Notation	1,00E+03	1,00E+01
Römisch	M	X

Umgekehrt stellen dieselben Ziffernfolgen in verschiedenen Zahlensystemen meist verschiedene Zahlen dar. „1000" im dual-binären System bedeutet z.B. 8 im Dezimalsystem. Im Zweifel lohnt es sich nachzufragen, in welchem Zahlensystem die Daten abgelegt sind. Dass Daten ausschließlich im Dezimalsystem abgelegt sind, ist *nicht* selbstverständlich, z.B. in der Informatik. (Lateinische) Buchstaben können demnach durchaus auch für Zahlen im Dezimalsystem stehen.

Was sind nun Buchstaben? Mehrere Buchstaben (oder auch nur einer) stellen Texte (allgemeiner: Zeichen, Codes) dar, um Bedeutungen bzw. Information zu vermitteln. Die Gesamtheit aller Buchstaben bildet wiederum ein Alphabet einer Sprache; eine Menge an Buchstaben bildet (in zunehmender Länge geordnet) Zeichen, Zeichenketten oder auch Texte. Mehrere Zeichen können Zeichenketten bilden, mehrere Zeichenketten wiederum Texte. Der Einfachheit halber wird in diesem Buch der Begriff „String" für einzelne oder mehrere Zeichen, also für Zeichen oder Zeichenketten verwendet. Wie an den Zeichen im Hexadezimalsystem zu erkennen, können Strings ausschließlich aus Buchstaben bestehen, z.B. der Code „A" für 10 oder auch aus Buchstaben mit Ziffern gemischten Zeichenfolgen bestehen, z.B. „3E8" für 1000. Strings können i. Allg. annähernd beliebige Zeichen (einschließlich Zahlen) enthalten. Groß- und Kleinbuchstaben („X" vs. „x") werden dabei als verschiedene Buchstaben interpretiert, was bei bestimmten Operationen, z.B. dem Sortieren, dazu führen kann, dass Groß- und Kleinbuchstaben unterschiedlich verarbeitet werden. Beim Sortieren können (z.B. je nach Sortierschlüssel) kleingeschriebene Strings (z.B. „string") je nach Software vor oder auch hinter großgeschriebene Strings (z.B. „STRING") sortiert werden. Strings werden je nach Software als eigener Datentyp interpretiert und auch als alphanumerisch, „Character" oder „Text" bezeichnet.

Werte

Werte unterscheiden sich von Zahlen dadurch, dass bei ihnen ein Referenzsystem hinzukommt, in anderen Worten: ein Messvorgang und eine Maßeinheit. Zahlen können für sich alleine stehen, z.B. bei rein mathematischen Operationen. Bei reinen Additionen, wie z.B. 1 + 1 = 2, kann ohne Weiteres auf eine Maßeinheit verzichtet werden. *Werte* sind dagegen das Ergebnis einer in Zahlen („quantitativ") gemessenen bzw. zugeschriebenen Eigenschaft einer definierten Entität. Nicht Zahlen, sondern erst Werte erlauben Zustände, Unterschiede oder auch Veränderungen innerhalb eines Referenzsystems zu beschreiben. Erst die Beziehung Referenzsystem-Messung-Messwert ermöglicht es, Zahlen nicht nur auszuwerten, sondern als (Mess-)Werte auch zu verstehen. Eine der ersten Fragen, die sich ein Data Analyst bei der Beschreibung von Daten stellen sollte, ist: In welcher Einheit sind diese Zahlen und wie sind sie zu interpretieren? Die Einheiten und Hinweise zur korrekten Interpretation sollten in Metadaten, Projektdokumentation oder zumindest in Spaltenüberschriften von Datentabellen hinterlegt sein. Man stelle sich z.B. die Bundesligatabelle ohne Überschriften vor. Data Analysten, die keine Erfahrung mit Fußballkennwerten haben, werden vermutlich erst einmal fluchen: Sie verlieren Zeit, da sie sich auf die Suche nach einer Dokumentation, anstelle der eigentliche Analyse der Daten machen müssen. Etwas extremer wäre es übrigens bei Tabellen der englischen Premier League, hier sind diese Daten (z.B. Tore, Punkte usw.) zusätzlich nach Heim- und Auswärtsspiel unterteilt. Eine Tabelle sollte eigentlich selbsterklärend sein, ist es aber leider nicht immer.

Beispiele, bei denen eine deskriptive Statistik von Daten ohne Einheiten (also reine Zahlen) geradezu hochgradig riskant sein kann, sind z.b. Währungen, KPIs, medizinische Dosierungen, oder auch psychometrische Skalenwerte (z.B. IQ). Bei dosiskritischen Medikamenten ist z.B. die genaue Einheit einer Zahl unbedingt zu beachten. Dieselbe Zahl kann bei unterschiedlichen Einheiten völlig verschiedene Dosen bedeuten, z.B. 15 mg (=1,5ml) im Vergleich zu 15 ml (150 mg) (vgl. Schendera, 2007, 212). Erst wenn Maßeinheit, Messvorgang und Referenzsystem geklärt sind, können Werte beschrieben und interpretiert werden.

🖉 Beispiel
Werte in verschiedenen Referenzsystemen:

Beispiel	Referenzsystem	Maßeinheit und Beispiele für Werte
Physik	Gewicht Länge Zeit	kg, gr km, m, mm yyyy, mm, dd; h, m, s; Kalendertage.
Finance	Währungen: Euro, Dollar Ratings: Moody's, Fitch, S&P	€, $ Caa1, CCC+, CCC (long-term, „substantial risks").
Psychometrie	Stanford-Binet: IQ Intelligenz-Struktur-Test: für 15–60-Jährige: I-S-T 2000R, für 15–25-Jährige: I-S-T 2000 Schweizer Version: IST 2000R CH	Testwerte pro Modul bzw. Skala. Beispiel: 60 ist das Maximum der Skala „Numerische Intelligenz".

Medizin	Body-Mass-Index	BMI
	Blutdruck (systolisch, diastolisch)	mm Hg
	Dosierungen, z.B. Insulin	IE bzw. i.e. (Internationale Einheit).

Anders ausgedrückt: Erst wenn Maßeinheit, Messvorgang und Referenzsystem geklärt sind, können Zahlen anhand von Ziffern beschrieben und als Werte interpretiert werden. Was als selbstverständlich erscheint, ist es nicht: Die NASA verlor z.B. sogar einen Satelliten, weil die einen Ingenieure mit metrischen Einheiten arbeitete, die anderen jedoch mit englischen Einheiten. Dazu später mehr.

Gerade bei der Analyse von Daten internationaler Unternehmen ist auch auf das korrekte Format von Kalenderdaten zu achten. Es gibt derzeit mindestens drei, die europäische (TT.MM.JJJJ), die internationale (JJJJ.MM.TT) und die amerikanische Datumskonvention (MM.TT.JJJJ). Berechnungen (z.B. Differenzen) auf der Basis nicht korrekt interpretierter Kalenderdaten führen zwangsläufig zu fehlerhaften Ergebnissen. Diese Konvention ist dabei nicht der einzige Fallstrick; dazu kommen die Stellen der Jahresangabe, der Interpunktion, eine uneinheitliche zeitliche Granularität und natürlich auch allgemeine Datenfehler (z.B. Schendera, 2007, 62–66).

2.3 Messniveau einer Variablen: oder: Was hat Messen mit meinen Daten zu tun?

„Wir müssen jetzt mit dem Boden auf den Füßen bleiben."
Jürgen Röber

Der Inhalt von Datentabellen besteht nicht nur aus Zahlen, Ziffern und Werten, die Daten besitzen auch ein Messniveau. Was bedeutet das für mich? Daten sind immer das Resultat von Messungen. Messungen können auf unterschiedlichen Niveaus vorgenommen werden. Das Messniveau ist *wichtig*. Das Messniveau sagt mir,

40 Deskriptive Statistik

- wie viel und welche Information (z.B. anhand welcher Maße) ich aus den Daten herausholen kann,
- welche Aussagen ich mittels der deskriptiven Statistik treffen kann (und welche nicht),
- welche Grafiken und Tabellen zur Visualisierung infrage kommen (und welche weniger geeignet sind) und zu guter Letzt,
- welches inferenzstatistische Verfahren für meine gewählte Hypothese zulässig ist.

> ✤ Nochmals: Das Messniveau ist wichtig! Wozu?
>
> Kenne ich das Messniveau der auszuwertenden *Daten*, weiß ich, mit welchen passenden Maßen und Verfahren ich sie auswerten kann. Kenne ich das zugrunde liegende Messniveau der Maße und Verfahren, weiß ich, welche Daten ich damit auswerten kann. Die Kenntnis des Messniveaus ist wichtig für die *Passung* zwischen Daten und Maß bzw. Verfahren.

Für eine souveräne deskriptive Statistik schadet es also ganz und gar nicht, wenn das Messniveau der Daten selbst und die Grundlagen des Messens (zumindest in Grundzügen) bekannt sind. Was nun „Messen" ist, versucht die Messtheorie als eine Art „Brücke" zwischen der „wirklichen" Welt und der Welt der „Zahlen" zu definieren.

- Messen ist demnach das Zuweisen von Zahlen zu Gegenständen, die eine bestimmte, empirisch beobachtbare Eigenschaft aufweisen. Eine gemessene Temperatur erhält z.B. eine bestimmte Gradzahl, eine bestimmte Laufstrecke erhält eine bestimmte Längenzahl.
- Jedem Element aus dem empirischen Relativ wird dabei genau ein Element aus der Menge aller Zahlen (*numerisches Relativ*) zugeordnet. Die Laufstrecke A bekommt nur die Zahl A zugewiesen, aber nicht B oder C.
- Zahlen (im sog. numerischen Relativ) müssen dabei dieselben Eigenschaften ausdrücken wie die beobachtbaren Gegenstände (im sog. empirischen Relativ). Wenn also die Laufstrecke A kleiner als Laufstrecke B ist, dann hat auch die zugewiesene Zahl für A kleiner als die für B zu sein.

Das Ziel ist, dass *ein numerisches Relativ ein empirisches Relativ strukturtreu abbildet*. Sobald ein empirisches System auf ein numerisches

System in der Weise eindeutig abgebildet wird, dass die empirischen Relationen innerhalb des empirischen Systems in den numerischen Relationen des numerischen Systems erhalten bleiben, liegt eine sog. Skala vor. *Messen ist also die Bestimmung der Ausprägung einer Eigenschaft eines (Mess-)Objekts und die regelgeleitete Zuordnung von Zahlen zu Messobjekten.* Liegt eine Skala vor, kann sie verschiedenen Messniveaus (Skalentypen) zugeordnet werden. Ein Messniveau kann anhand von Metadaten, Projektdokumentation, oder, falls nicht vorhanden, anhand messtheoretischer Grundlagen mittels eines gesunden Menschenverstands in Erfahrung gebracht werden. Die Kenntnis der Skaleneigenschaften ist entscheidend. Jedes Skalenniveau macht erst bestimmte Maßzahlen, Grafiken oder auch statistische Verfahren sinnvoll. Auch Maße und Verfahren der deskriptiven Statistik setzen jeweils ein bestimmtes Messniveau voraus.

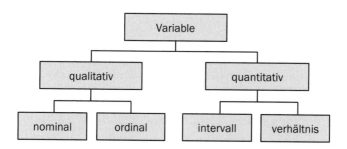

Abb. 3: Eine Systematisierung von Skalen- bzw. Messniveaus

In der Abbildung steigt das Skalenniveau von links („nominal") nach rechts („verhältnis") an. „verhältnis" ist darin das höchste Skalenniveau, „nominal" das niedrigste Skalenniveau. Jedes höhere Skalenniveau enthält auch die Merkmale der jeweils niedrigeren Niveaus. Je höher also das Skalenniveau, umso mehr Information bzw. komplexere Aussagen lassen sich mit einem geeigneten Maß bzw. Verfahren (z.B. der deskriptiven Statistik) „herausholen". Welche, werden die Abschnitte 2.3.1 bis 2.3.6 erläutern.

✋ Risiken:
Informationsverlust, Unsinn und Klassierungen

Bei der Passung der Skalenniveaus der Daten und der Maße bzw. Verfahren sind u.a. drei Risiken zu vermeiden: der Informationsverlust, der errechnete Unfug und versteckte Klassierungen.

- **Informationsverlust**: Für „niedrige" Skalen konzipierte Maße (z.B. Modus) oder Verfahren (z.B. Häufigkeitsanalyse) können zwar auch auf höher skalierte Daten (z.B. Intervallniveau) angewendet werden, eben weil diese auch die Eigenschaften der niedrigeren Variablenniveaus (z.B. Nominalniveau) mit enthalten. Man muss sich aber klar sein, dass dies mit einem Informationsverlust verbunden ist: Der Informationsverlust besteht darin, dass „niedrigere" Maße oder Verfahren außer Häufigkeit und Modus keine Aussagen über (je nachdem) größer / kleiner, Differenzen oder auch Verhältnisse erlauben, *obwohl* dies mit den vorliegenden Daten (z.B. auf Intervallniveau) möglich wäre, jedenfalls mit Maßen und Verfahren *ab* dem Intervallniveau.

- **„Errechneter Unfug"**: Umgekehrt darf ich z.B. aus Daten auf Nominalniveau keinen Mittelwert bilden, weil dazu u.a. mindestens das Intervallniveau erforderlich ist. Abschnitt 2.3.1 wird anhand von Rückennummern veranschaulichen, warum das Berechnen eines Mittelwerts aus Trikotnummern zwar mathematisch möglich, aber konzeptionell sinnfrei ist.

- Gemeinerweise können ausgerechnet in Intervalldaten klassierte Extremwerte enthalten sein, z.B. anstelle der Werte 95, 96, 97 und 98 einfach die Information „>94". Hier sollten die Aufmerksamkeitsglocken Alarm schlagen: Diese *Kategorisierung* hebt die Gleichheit der Abstände auf; es handelt sich also nicht mehr um ein Intervall-, sondern um ein Ordinalniveau. Ist dieser Hinweis sogar noch als Text hinterlegt, handelt es sich womöglich sogar nur noch um ein Nominalniveau.

Liegt also eine Skala vor, kann sie verschiedenen Niveaus (Skalentypen) zugeordnet werden. Das Bestimmen des Typs einer Skala, und die Zuordnung der Art und Menge der zulässigen Transformationen wird als „Eindeutigkeitsproblem" bezeichnet. Als die am wenigsten eindeutige Skala gilt die Nominalskala (nur die eindeutige Zuordnung von Zahlen bzw. Namen zu Entitäten ist zulässig). Weitere Skalen sind die Ordinalskala (zstzl. größer-kleiner-Relation), Intervallskala (zstzl. Äquidistanz der Ränge) und die Verhältnisskala (zstzl. mit Nullpunkt).

Es gibt prinzipiell unendlich viele zulässige Transformationen und daher Möglichkeiten, weitere Skalenniveaus zu definieren. Je spezieller die zulässigen Transformationen sind, desto kleiner ist die Klasse gleichwertiger Skalen und desto größer ist die Eindeutigkeit einer Skala. Man sollte das Skalenniveau der vorliegenden Daten rechtzeitig vor einer deskriptiven Statistik abklären. In dieser Einführung werden einzelne grundlegende Konzepte (z.B. Messung und Skalierung, vgl. z.B. Nachtigall & Wirtz, 2008; Velleman & Wilkinson, 1993; Gigerenzer, 1981; Orth, 1974) nur gestreift, daraus soll jedoch keinesfalls nicht der Schluss abgeleitet werden, dass diese weniger relevant seien.

2.3.1 Nominalskala

Die Nominalskala gilt als die am wenigsten eindeutige Skala. Ihr Vorteil ist jedoch: Alle Daten besitzen auf jeden Fall das Nominalniveau, seien sie auch vom Format String/Text, Datum/Uhrzeit, oder auch beliebige Zahlen.

- **Definition**: Messungen auf einer Nominalskala liegen dann vor, wenn die Ausprägungen von Merkmalen (1) gleichwertig, (2) Unterschiede oder Gemeinsamkeiten in den Ausprägungen der Merkmale feststellbar sind und wenn sich diese Ausprägungen zugleich (3) *nicht* in eine natürliche Rangfolge bringen lassen. Ein Merkmal kann anhand des Urteils „gleich" oder „ungleich" diskreten, exklusiv-disjunkten Ausprägungen (syn.: Klassen, Kategorien) zugeteilt werden. Ein Wert kann in eine und nur in eine Kategorie fallen.
- **Mögliche Aussagen**: Gleichheit / Verschiedenheit: Zwei (oder mehr) einzelne (oder auch Gruppen von) Merkmalsträger(n) haben entweder das gleiche oder ein verschiedenes Merkmal.

44 Deskriptive Statistik

- **Beispiele**: *Merkmal:* Fußballverein, *Werte:* BVB, FCB, HSV, S04, usw.; *Merkmal:* Rückennummer im Fußball, *Werte:* 1, 7, 13 usw.; *Merkmal:* Trikotfarbe, *Werte:* Schwarzrot, schwarzgelb, blauweiß usw.
- **Transformation**: eindeutige 1:1-Zuordnung („eineindeutig"), Umbenennung
- **Mögliche Maße**: *Modus:* Der Modus (Lagemaß) gibt die Häufigkeiten in der jew. Klasse, und auch ihre Lage an. Bei vielen gleich oder ähnlich besetzten Klassen ist der Modus oft wenig hilfreich. *Mengen, Anzahl, Häufigkeiten, Prozente* (absolut, relativ). Für Nominaldaten gibt es kein Streumaß.
- **Zulässige Rechenoperation**: Zählung (N/n, h/H, f/F; Anzahl, Häufigkeit (absolut/relativ) bzw. Prozentanteile.

Welche Spalten aus der Bundesligatabelle enthalten Daten auf Nominalniveau? Das Kriterium, das zu erfüllen ist, lautet: Kategorien, die verschieden sind (sich aber nicht in eine Rangreihe bringen lassen). Einfach ist dies bei der Spalte „Verein". Die Spalte „Verein" besitzt das Nominalniveau. Es ist die Aussage möglich: Alle 16 Vereine haben unterschiedliche Namen. Wie sieht es mit der Spalte „Platz" aus? Hier lässt sich die Aussage treffen: Alle 16 Vereine befinden sich auf unterschiedlichen Plätzen. Die Spalte „Platz" besitzt (mindestens!) das Nominalniveau (dass Daten das Nominalniveau besitzen, schließt nicht aus, dass sie noch andere Skalenniveaus vorweisen können). Die Spalte „Spiele" ist ebenfalls auf dem Nominalniveau (mindestens!); es ist die Aussage möglich: Alle 16 Vereine besitzen dieselbe Anzahl an Spielen. Die Spalte „Tore" ist ebenfalls auf dem Nominalniveau, weil sie die Aussage erlaubt, die Torverhältnisse aller 16 Vereine sind verschieden. Wie steht es z.B. mit den Spalten „S", „U", und „N"? Jede der drei Spalten lässt die Aussage zu, dass die sechzehn Vereine teils dieselbe, teils eine unterschiedliche Anzahl an Siegen, Unentschieden oder Niederlagen aufweisen. Die Spalten „S", „U" und „N" sind jeweils (mindestens!) auf dem Nominalniveau. Um es kurz zu machen: *Jede* Datenspalte besitzt auf jeden Fall das Nominalniveau. Spannend wird es an der Stelle: Welches andere Messniveau besitzt eine Datenspalte noch?

▶ **Exkurs**
Mathematik mit Rückennummern: Sinn und Unsinn

Bei nominalskalierten Daten werden für die Kategorien eines Merkmals oft Namen, Abkürzungen oder Zahlen vergeben. Ein oben genanntes Beispiel war z.b. das der Fußballvereine. Fußballvereine können z.b. ganz ausgeschrieben angegeben werden, z.b. als „Hamburger SV", als „HSV" (Textkode) oder auch als Zahlenkode, z.b. 12 (hier willkürlich gewählt). Ein analoges Beispiel wären die üblicherweise maximal zweistelligen Rückennummern von u.a. auch Fußballspielern. Die Rückennummern sind auf den Trikots angebracht, damit sie von Schiedsrichtern, Zuschauern und Spielern besser auseinandergehalten werden können.

Früher war eine Rückennummer an eine bestimmte Position in der Mannschaft gebunden. Ein klassisches Beispiel ist der Torhüter, der typischerweise die Nummer 1 trägt. Gegenwärtig ist eine Rückennummer frei wählbar, sofern sie nicht bereits vergeben oder aus anderen Gründen nicht vergeben werden kann. Beim 1. FC Köln wird z.b. Lukas Podolskis Rückennummer 10 nicht mehr vergeben (es sei denn, er kehrt eines Tages zurück); bei Arsenal trägt Podolski derzeit die Nummer 9. Der BVB vergibt derzeit nicht die Rückennummer 17, die BVB-Legende Leonardo Dedé getragen hatte. Bei Hannover 96 wird die 1 zum Gedenken an Robert Enke nicht mehr vergeben. Bei vielen Clubs, z.b. dem 1. FC Kaiserslautern, ist das Trikot mit der Rückennummer 12 für die Fans des Vereins reserviert. Die einmal gewählte Nummer ist immer dem gleichen Spieler zugeordnet, solange er im Verein spielt. Spieler, die in einen anderen Verein wechseln, erhalten dort eher selten dieselbe, sondern i. Allg. eher eine andere Rückennummer. Kommen sie jedoch in ihren Verein zurück, erhalten sie oft wieder die gleiche Nummer wie vor ihrem Weggang. Ein aktuelles Beispiel ist Claudio Pizarro vom FC Bayern, der nach seiner Rückkehr von Werder Bremen wieder die Nummer 14 wie vor seinem Wechsel nach Bremen trägt.

Rückennummern von außergewöhnlichen Spielern werden z.T. gesperrt und nicht mehr vergeben. Der argentinische Verband stellte z.b. bei der FIFA erfolgreich den Antrag, die Nummer 10 zur Erinnerung an ihren Star Diego Maradona nicht mehr vergeben zu dürfen.

Rückennummern sind typische Nominaldaten: Verschiedene Nummern bedeuten verschiedene Spieler. Damit Spieler auseinandergehalten werden können, werden in einer Mannschaft weder zweimal dieselben Rückennummern vergeben, noch darf ein Spieler mit mehreren Rückennummern auflaufen. Die Rückennummern bei Bayern München in der Saison 2011/2012 waren z.b. folgendermaßen vergeben.

Tabelle: Rückennummern beim Bayern München

- **Tor:** 1 Manuel Neuer, 22 Tom Starke, 24 Maximilian Riedmüller, 32 Lukas Raeder
- **Abwehr:** 4 Dante, 5 Daniel van Buyten, 13 Rafinha, 17 Jérôme Boateng, 21 Philipp Lahm, 26 Diego Contento, 28 Holger Badstuber.
- **Mittelfeld:** 7 Franck Ribéry, 8 Javier Martínez, 10 Arjen Robben, 11 Xherdan Shaqiri, 23 Mitchell Weiser, 27 David Alaba, 30 Luiz Gustavo, 31 Bastian Schweinsteiger, 36 Emre Can, 39 Toni Kroos, 44 Anatoli Timoschtschuk
- **Angriff:** 9 Mario Mandzukic, 14 Claudio Pizarro, 20 Patrick Weihrauch, 25 Thomas Müller, 33 Mario Gomez

Keine Rückennummer ist zweimal vergeben und kein Spieler besitzt mehrere Rückennummern. Nominalskalierte Daten werden auch als *qualitative* Daten bezeichnet, weil sich die Werte nur in einer Qualität (z.b. „rot") unterscheiden können. Keine Ausprägung nominal gestufter Daten kann als größer, höher oder kleiner als eine andere bezeichnet werden. Nominale Kodes, wie z.B. Rückennummern, drücken damit nur den Unterschied in einer Qualität (dem Spielernamen) aus, aber keine quantitativen Unterschiede zwischen ihnen.

Die einzelnen Qualitäten (Abstufungen) in nominalskalierten Daten sind gleich relevant. Die Abstufungen nominal skalierter Daten brauchen damit auch nicht „lückenlos" sein. In den Rückennummern der Saison 2011/2012 „fehlen" u.a. die Nummern **2, 6** oder **12**. Das darf so sein. Die einzige Anforderung an nominalskalierte Daten ist, dass sie als verschieden oder gleich zu identifizieren erlauben; sie brauchen nicht die Anforderung „lückenlos" erfüllen. Die einzige zulässige mathematische Operation ist das Zählen, wie häufig die jeweilige Qualität in den Daten vorkommt. Bei Rückennummern wäre das Ergebnis für jeden Bayern-Spieler dasselbe, nämlich $f=1$. Ginge man nach den Vornamen, wäre das Ergebnis für „Mario" $f=2$. Der Modus liegt bei „Mario" (Mandzukic bzw. Gomez), alle anderen Vornamen haben den Wert $f=1$. Einen Mittelwert aus Trikotnummern (z.B. des 1. FC Bayern München) zu berechnen, wäre zwar mathematisch möglich, jedoch ziemlich sinnfrei, weil es dem Berechnen eines Durchschnittswerts aus Spielernamen entspräche.

Exkurs ◄

2.3.2 Ordinalskala

Wie lässt sich am besten in einen Abschnitt zum Ordinalniveau einführen? Man macht es spannend! Wie lautete die zentrale Aussage zum Nominalniveau? *Jede* Datenspalte besitzt auf jeden Fall das Nominalniveau. Spannend ist also an dieser Stelle: Welches andere Messniveau besitzt eine Datenspalte noch? Der nächstmögliche „Kandidat" wäre das Ordinalniveau. Ist das wirklich so einfach...?

- **Definition**: Messungen auf einer Ordinalskala liegen dann vor, wenn neben Gleichheit / Verschiedenheit (Eigenschaft der Nominalskala) zusätzlich größer / kleiner-Relationen feststellbar sind. Sobald Werte in einer Rangfolge angeordnet werden können, z.B. nach Erfolgen, Geschwindigkeit, Mengen, Größe, Stärke usw., handelt es sich um ordinalskalierte Daten. Die Abstände zwischen den einzelnen Rängen müssen nicht notwendigerweise gleich sein (Äquidistanz). Der absolute Abstand zwischen den Rängen ist für die *Definition* nicht wichtig, oft aber für die *Analyse* und Interpretation.
- **Mögliche Aussagen**: Größer-/kleiner-Relation: Zwei (oder mehr) einzelne (Gruppen von) Merkmalsträger(n) haben ein größeres, kleineres oder auch ein gleich großes Merkmal.
- **Beispiele**: *Merkmal:* Bundesligen, *Werte:* 1. Liga, 2. Liga, 3. Liga usw.; *Merkmal:* Bundesliga, *Werte:* 1. Rang, 2. Rang, 3. Rang usw.; *Merkmal:* Sportliche (Miss-)Erfolge, *Werte:* Champions League (CL) Teilnahme, CL Qualifikation, UEFA Cup, „Mittelfeld", Relegation, Abstieg.
- **Transformation**: streng monoton steigend.
- **Mögliche Maße**: *Lagemaße:* Minimum, Maximum, Median (bei einer ungeraden Zahl an Abstufungen beobachtet), Quantile, Modus. *Streumaße:* Spannweite ohne R, Interquartilsabstand, Quantildifferenzen.

- **Zulässige Rechenoperation**: f (Anzahl, frequency) bzw. Prozentanteile. Es wird besonders auf die ausführlichen Hinweise unter „Mathematische Transformationen" und „Kodierungen" verwiesen.
- **Besonderes**: *Ranking Scales:* Ranking von Ligen, Teams, Spielern (MVP); *Rating Scales:* Rating von Finanzprodukten („AAA", „AA+", „AA" usw. (z.B. S&P), Bonität von Schuldnern, Schulnoten („sehr gut", „gut" etc.), Zustimmung („sehr", „überwiegend" usw.).

Welche Spalten aus der Bundesligatabelle enthalten Daten auf Ordinalniveau? Das Kriterium, das zu erfüllen ist, lautet: Kategorien, die verschieden sind und sich in eine Rangreihe bringen lassen. Einfach ist es bei der Spalte „Platz". Anhand der möglichen Aussage lässt sich der Schluss ziehen: Jeder der Plätze nimmt im Vergleich zu allen anderen einen besseren und/oder auch einen schlechteren Rang in der Tabelle ein. Der 1. Platz ist z.B. besser als der 2. Platz und 3. Platz usw., der 2. Platz ist z.B. besser als der 3. und 4. Platz usw. (jedoch schlechter als der 1. Platz) usw. Die Spalte „Platz" besitzt *auch* ein Ordinalniveau. Wie sieht es mit der Spalte „Verein" aus? Die Qualität der Vereinsnamen ist unterschiedlich („1. FC Köln" ist nun einmal ein anderer Vereinsname als z.B. „Borussia Mönchengladbach"), sie lässt sich aber nicht in eine Rangfolge bringen (die unterschiedlichen Ränge der Vereine werden durch die Spalte „Platz" ausgedrückt). Die Spalte „Verein" besitzt also nur das Nominalniveau, aber nicht das Ordinalniveau. Ob die Spalte „Platz" auch das Intervallniveau besitzt, wird im nächsten Abschnitt diskutiert. Die Spalten „Spiele", „S", „U", „N", „Diff" und „Pkt" sind jeweils auf dem Ordinalniveau (mindestens!); es ist die Aussage möglich: Jeder der 16 Werte über Spiele, Siege, Unentschieden, Niederlagen, Tordifferenz oder Punkte ist im Vergleich zu den jeweils anderen Werten größer, kleiner oder z.T. auch gleich. Interessant ist nun die Spalte „Tore", sie beschreibt genau betrachtet das Verhältnis aus den geschossenen bzw. kassierten Toren. Um uns die Arbeit zu erleichtern, betrachten wir einfach zwei gleiche Differenzwerte, nämlich die Tordifferenz von -4 bei Hannover 96 und Mainz 05, und bewegen uns von dort zu den Torverhältnissen. Bei Hannover 96 finden wir 41:45 Tore, bei Mainz 05 dagegen 47:51. Die Torverhältnisse sind also verschieden, so gesehen können wir *keine* eindeutige größer/kleiner-Relation für die Spalte „Tore" festhalten. Man könnte sich jetzt umständlich mit

Zusatzannahmen behelfen, dass die Anzahl der geschossenen Tore wichtiger sei usw. Wir aber machen es unkompliziert: Die Spalte „Tore" enthält keine „richtigen" Zahlen, sondern Zahlenpaare, die wir weiterhin auf das Nominalniveau beschränken. Mit der Aussage „ungleich" sind 41:45 bzw. 47:51 eindeutig differenziert, nämlich als ungleiche Abfolge von Zeichen („gleich" i.S.e. Ergebnisses einer Rechenoperation haben wir per definitionem ausgeschlossen). An dieser Stelle können wir ein Zwischenfazit treffen: „Verein" und „Tore" beschränken sich auf das Nominalniveau. Spannend wird es nun für die übrigen Daten: Welche Spalte besitzt auch das Intervallniveau?

▶ Exkurs: Besondere Hinweise

- **Rating / Ranking Scales**: Bei Ordinalskalen wird zwischen Rating und Ranking Scales unterschieden (Lorenz, 1992, 12ff.). Bei Ranking Scales wird eine diskrete Anzahl von Objekten anhand eines Kriteriums bzw. der Intensität eines Merkmals in eine Rangfolge gebracht. Beispiele für Ranking Scales sind z.B. Ligen (1. Liga, 2. Liga, 3. Liga usw.), Teams (1. Platz, 2. Platz usw.), Spieler (wichtigster Spieler, MVP). Bei Rating Scales wird anhand einer Berechnungsvorschrift eine Prüfung und Bewertung („Rating") vorgenommen und ein Punktwert vergeben, der letztlich über den Rang entscheidet. Beispiele für Rating Scales sind z.B. Ratings von Finanzprodukten („AAA", „AA+", „AA" usw. (z.B. Standard & Poor's), Bonität von Schuldnern („uneingeschränkt kreditwürdig", „eingeschränkt kreditwürdig", „nicht kreditwürdig", Schulnoten („sehr gut", „gut" etc.), Zustimmung („sehr", „überwiegend" usw.).

- **Mathematische Transformationen I: Differenzen?** Bei Ordinalskalen ist man oft bereits versucht, mathematische Operationen, wie z.B. Differenzen, zu bilden. Nehmen wir der Plakativität halber an, wir wollen zwischen den Rängen „Champions League (CL) Teilnahme" und „UEFA Cup" eine mathematische Differenz gemäß der Logik $B - A = C$ bilden? Ja! wird jemand rufen, in der CL geht es um mehr Geld! Die Differenz ist sozusagen der Unterschied im (auch!) materiellen Anreiz. Leider nein, muss man dem entgegenhalten: Denn: Mit diesem Einwand wurde flugs die *Einheit* der Differenz gewechselt: Waren es in der ursprünglichen Formulierung unterschiedlich bedeutsame sportliche Erfolge, wechselt der Einwand auf eine monetäre

Einheit, z.B. Euro, und diese sind mindestens auf dem Intervallniveau (auf denen tatsächliche Differenzen zulässig sind). Eine Differenz aus zwei ordinalen, *qualitativ verschiedenen* Rängen zu bilden, ist üblicherweise sehr sehr schwierig herzuleiten bzw. zu interpretieren. Ein Sinn einer mathematischen Differenz aus den ordinalen Rängen „Champions League (CL) Teilnahme" und „UEFA Cup" erschließt sich z.B. nicht.

- **Mathematische Transformationen II**: Quotienten? Zulässige Operationen sind *f* (Anzahl, frequency) bzw. Prozentanteile. Aus mathematischer Sicht sind bei der Ordinalskala nur mathematische Transformationen zulässig, die nicht die Abfolge der bezeichneten Objekte ändern. Die Bildung von Differenzen, Quotienten, Summen oder Mittelwerten mittels Ordinalskalen ist methodisch gesehen nicht sinnvoll und kann u.U. sogar irreführend sein. Dazu ein kleines Beispiel mit Schulnoten (ja, Schulnoten sind auf der Ordinalskala!) von vier SchülerInnen A, B, C und D: Haben A und D dieselbe Schulnote, z.B. „1" [„sehr gut"], so haben sie auch dieselbe Leistung gezeigt (gleiche Zahl = gleiche Qualität [auf derselben Stufe]). Hat B z.B. „2" [„gut"], eine kleinere Schulnote wie C, „3" [„befriedigend"], so hat B eine bessere als C gezeigt (ungleiche Zahlen = Qualität in unterschiedlichen Abstufungen; je kleiner die Zahl, desto besser die Qualität). Wird versucht, aus den qualitativen Rangurteilen eine Differenz zu bilden, z.B. „sehr gut" – „gut" bzw. „gut" – „befriedigend", so ist es *nicht* möglich, eine Aussage über den *präzisen* Leistungsunterschied abzuleiten (*keine Differenz* möglich; dies würde Äquidistanz voraussetzen). Daraus folgt, dass auch nicht gesagt werden kann, dass ein „sehr gut" doppelt so gut ist wie ein „gut" oder sogar dreimal so gut wie ein „befriedigend" (*kein Quotient* möglich). Werden für A, B, C und D anhand von Kodes die Leistungsunterschiede ermittelt, so begint man oft eine unzulässige Informationsanreicherung der Messskala. Diese Diskussion wird bei den „Kodes" fortgesetzt.
- **Kodierungen I: Numerisch**: Für die Kodierung der Ausprägungen von Ratingskalen, z.B. Schulnoten („sehr gut", „gut", usw.), Zustimmung („sehr", „überwiegend", usw.) oder Zutreffen („trifft sehr zu", „trifft zu" usw.), werden üblicherweise Zahlen vergeben (meist 1 bis 4 bzw. 6, je nach Rangskala). Das Problem der zugewiesenen numerischen Skala ist, dass sie meist über regelmäßige Abstände verfügt. Das gilt auch für scheinbar

alternative Kodierungen, wie z.B. 2, 4, 6 usw., 10, 20, 30 usw. oder auch 11, 12, 13 usw. In allen Fällen wurde die original „qualitative" Ordinalskala unzulässigerweise um die Information der Äquidistanz angereichert. Das Problem ist: Diese Kodierungen suggerieren, dass die Abstände zwischen den quantitativen Stufen (1, 2, 3, usw.) exakt gleich sind, obwohl sie es faktisch nicht sind („sehr gut", „gut", „befriedigend" usw.). Die Methodenforschung bemüht sich zwar um den Nachweis, dass sich Skalen mit *wenigen qualitativen* Rängen in etwa den Abständen zwischen den quantitativen Stufen *annähern*. Als eine echte Lösung des Problems von Ordinalskalen erschließt sich dies jedoch nicht. Unkonventionellere Kodierungen (wie z.B. 1, 8, 13, 27) zu wählen, ist ebenfalls keine befriedigende Lösung, weil die jeweils gewählte quantitative Kodierung außerdem einen Einfluss auf die erzielten Statistiken haben kann. Wenn Mittelwerte unbedingt mit Ordinaldaten berechnet werden müssen (was z.B. oft Auswertungsmanuale psychometrischer Skalen verlangen), so sollte zumindest der Effekt verschiedener Kodierungen überprüft und ausgeschlossen werden.

- **Kodierungen II: String / Text**: Ränge können auch direkt, alphanumerisch, als Text an die Software übergeben werden. In diesem Falle sollten Text-Rangfolgen auf mögliche Sortierfehler geprüft werden. Korrekt und konsistent wäre z.B. eine Text-Rangfolge wie z.B. „klein", „mittel" oder „riesig" (konsistente Rangreihe: k < m < r). Inkorrekt, weil inkonsistent, wäre z.B. eine Text-Rangfolge wie z.B. „schwach", „mittel" oder „stark" (inkonsistente Rangreihe: s > m < s).

Exkurs ◀

🖐 Tipp!

Vermeiden Sie alphanumerische Kodierungen, z.B. von Bewertungen („schwach", „mittel", „stark" oder „high", „average" und „low") oder z.B. von Monaten (z.B. „Jan", „Feb", „Mar" usw.) oder Jahreszeiten („Frühling", „Sommer" usw.). Alphanumerisch sortiert würde z.B. „mittel" zwischen „schwach" und „stark", „high" zwischen „average" und „low", „Apr" *vor* „Feb" oder auch der „Herbst" *vor* „Sommer" usw. sortiert werden.

Ordinalskalierte Variablen erlauben im Gegensatz zu nominal skalierten Variablen schon Aussagen i.S.v. größer oder kleiner, aber das um *wie viel* besser, größer, stärker oder intensiver kann erst ab dem Intervallskalenniveau numerisch, also quantitativ, ausgedrückt wiedergegeben werden.

Ordinaldaten sind heikel für die deskriptive Statistik (und nicht nur dort). Die Empfehlung ist, sofern möglich, Daten für u.a. Differenz- oder Mittelwerte nur ab Intervallskalenniveau zu erheben (damit wäre eine Mittelwertbildung zulässig).

2.3.3 Intervallskala

Während die Abstände der einzelnen Ränge also bei Ordinalskalen noch nicht gleich sind, unterscheidet sich die Intervallskala darin, dass die Ränge auf ihrer Skala gleiche Abstände aufweisen (Äquidistanz). Gleiche Abstände bedeuten, dass ab nun Differenzen gemessen werden können. Daher kann erst ab dem Intervallskalenniveau das um *wie viel* besser, größer, stärker oder intensiver usw. in Zahlen ausgedrückt werden.

- **Definition**: Messungen auf einer Intervallskala liegen dann vor, wenn neben Gleichheit/Verschiedenheit (Eigenschaft der Nominalskala), größer/kleiner-Relationen (Eigenschaft der Ordinalskala) auch die Größe von Unterschieden feststellbar ist.
- **Mögliche Aussagen: Äquidistanz**: Die Differenzen von zwei (oder mehr) einzelner (oder auch Gruppen von) Merkmalsträgern sind gleich (oder auch ungleich).
- **Beispiele**: *Merkmal:* Temperatur. Ein Unterschied zwischen 4 und 8 Grad Celsius ist gleich groß wie zwischen 20 und 24 °C; *Merkmal:* Uhrzeiten (Zeitmessungen): Die Differenz zwischen 20:15 und 21:45 ist genauso groß wie zwischen 18:00 und 19:30; *Merkmal:* Bundesligapunkte: Der Unterschied zwischen 81 und 73 Punkten ist genau so groß wie zwischen 48 und 40.
- **Transformation**: linear.
- **Mögliche Maße**: *Lagemaße:* Mittelwert, Minimum, Maximum, Median (auch berechnet), Quantile, Modus. *Streumaße:* Standardabweichung, Varianz, Spannweite R, Interquartilsabstand, Quantildifferenzen.
- **Zulässige Rechenoperation**: numerische Differenzen, Mittelwert; f (Anzahl, frequency) bzw. Prozentanteile.

Welche Spalten aus der Bundesligatabelle enthalten Daten auf Intervallniveau? Das Kriterium, das zu erfüllen ist, lautet: Kategorien, die verschieden sind, sich in eine Rangreihe bringen lassen und deren Abstände genau gemessen werden können. Tricky ist es bei der Spalte „Platz". Einerseits ließe sich argumentieren: Der Abstand zwischen den Rangwerten 1 und 3 erscheint genauso groß wie zwischen den Rangwerten 5 und 7 bzw. größer als zwischen den Rangwerten 5 und 6. Damit besäße die Spalte „Platz" also *auch* ein Intervallniveau. Andererseits wäre es nicht weniger plausibel zu argumentieren: Die Rangwerte sind in Wirklichkeit nur „Kodes", deren Abstände in Wirklichkeit auch unterschiedliche Punktzahlen aufweisen können (vgl. „Pkt"). Der Abstand zwischen den Plätzen 1 und 2 (8 Punkte) ist größer als zwischen den Plätzen 4 und 5 (4 Punkte) bzw. größer als zwischen den Plätzen 5 und 6 (1 Punkt). Damit besäße die Spalte „Platz" weiterhin „nur" ein Ordinalniveau. Der Unterschied zwischen Ordinalniveau (auf der Basis von Kodes) und Intervallniveau (auf der Basis von Werten) lässt sich über den Rückgriff auf Informationen „außerhalb" der betreffenden Ordinaldaten differenzieren. Die Spalte „Platz" hat damit zwei Gesichter: Die numerischen Kodes haben (selbstverständlich) Intervallniveau. Die Ränge, die diese Kodes repräsentieren, weisen jedoch keine äquidistanten Abstände auf, sind also (weiterhin) Ordinalniveau. Für welche Interpretation man sich nun entscheidet, liegt im Ermessen des Anwenders. Für uns, so legen wir jetzt fest, besitzt die Spalte „Platz" weiterhin „nur" Ordinalniveau. Die Spalte „Verein" besitzt, wie wir wissen, nur das Nominalniveau. Wie sieht es mit den Spalten „Spiele", „S", „U", „N", „Diff" und „Pkt" aus? Nehmen wir zunächst die Spalte „Spiele". Der Unterschied zwischen 34 und 34 Punkten ist jeweils exakt gleich groß. Springen wir gleich zur Spalte „Pkt". Der Unterschied zwischen 81 und 73 Punkten ist genau so groß wie zwischen 48 und 40 Punkten, aber größer als zwischen 31 und 30 Punkten. Die Spalten „Spiele" und „Pkt" besitzen also *auch* ein Intervallniveau. Die Spalte „Tore" besitzt, nach unserem Dafürhalten, nur das Nominalniveau. Wie es mit den Spalten „S", „U", „N" und „Diff" aussieht, überlassen wir bis zum nächsten Abschnitt vertrauensvoll der Kompetenz der werten Leserinnen und Leser. Das Zwischenfazit an dieser Stelle lautet: „Verein" und „Tore" beschränken sich auf das Nominalniveau. Alle anderen Spalten besitzen neben dem Ordinalniveau *auch* das Intervallniveau.

Während das Ordinalniveau nur aussagt, dass etwas besser oder schlechter sei, erlaubt ein Intervallniveau auch auszusagen, um wie viel besser ein Wert ist. Gemeinsam von Ordinal- und Intervallniveau ist die Aussage, dass etwas gleich bzw. nicht verschieden ist. Ein Intervallniveau wird nicht mehr als diskret, sondern als kontinuierlich bezeichnet. Ab intervallskalierten Variablen wird auch von quantitativen Variablen gesprochen.

2.3.4 Verhältnisskala

- **Definition**: Messungen auf einer Verhältnisskala liegen dann vor, wenn neben Gleichheit / Verschiedenheit (aus: Nominalskala), größer / kleiner-Relationen (aus: Ordinalskala), die Größe von Unterschieden (aus: Intervallskala) auch ein eindeutiger Nullpunkt vorliegt. Weiter unten finden sich weitere Hinweise zum Nullpunkt.
- **Mögliche Aussagen**: Gleichheit von Verhältnissen: Die Verhältnisse von zwei (oder mehr) einzelnen (oder auch Gruppen von) Merkmalsträgern sind gleich (oder auch ungleich).
- **Beispiele**: *Merkmal:* Nährwert in der Ausprägung kJoule: Ein Gericht mit 2400 kJ hat doppelt so viele kJoule wie ein Gericht mit 1200kJ; *Merkmal:* Gewässertiefe ab NN (Normalnull) in Metern: 40 m ist doppelt so tief wie 20 m; *Merkmal:* Ein Spielereinsatz von 30 Minuten ist halb so lang wie der Einsatz eines Spielers von 60 Minuten.
- **Transformation**: proportional.
- **Mögliche Maße**: *Lagemaße:* Geometrisches Mittel, Mittelwert, Minimum, Maximum, Median (auch berechnet), Quantile, Modus. *Streumaße:* Variationskoeffizient, Standardabweichung, Varianz, Spannweite R, Interquartilsabstand, Quantildifferenzen.
- **Zulässige Rechenoperation**: Quotienten; Multiplikation mit einer Konstanten ungleich Null; numerische Differenzen, Mittelwert; f (Anzahl, frequency) bzw. Prozentanteile.
- **Besonderes**: Nullpunkte, Temperaturen.

✋ Besondere Hinweise
Nullpunkt
Der eindeutige Nullpunkt kann von einem willkürlich festgesetzten Nullpunkt dadurch unterschieden werden, dass es keine Werte geben kann, die unter diesem Nullpunkt liegen.

Beispiele für absolute Nullpunkte:

- Ein Mittagessen kann nicht minus kJ aufweisen.
- Ein Mensch kann kein negatives Gewicht aufweisen (auch wenn ein Blick auf die Badezimmerwaage einen anderen Eindruck vermitteln sollte).
- Ein Fußballspiel kann nicht weniger als 0 Minuten dauern (eigentlich auch nicht weniger als 90 Minuten).

Beispiele für willkürlich gesetzte Nullpunkte:

- Eine Fußballmannschaft sollte keinen negativen Punktestand aufweisen; wegen Sanktionsmaßnahmen kann dies trotzdem passieren. „Punktestand" besitzt daher einen *willkürlichen* Nullpunkt.
- Ein explizit eingerichtetes Überziehungslimit sorgt dafür, dass ein Konto nicht in die „roten Zahlen" gerät. Ist dieses Limit deaktiviert, könnte das Konto evtl. überzogen werden. „Kontostand" besitzt daher einen *willkürlichen* Nullpunkt.

Temperaturen
Es gibt Temperatureinheiten mit und ohne Nullpunkt:

- Kelvin: Kelvin besitzt einen Nullpunkt. Kelvin besitzt daher eine Verhältnisskala. Die Aussage „400 Kelvin ist doppelt so warm wie 200 Kelvin" ist sinnvoll, da keine Werte unter 0 Kelvin vorkommen können.
- Celsius / Fahrenheit: Celsius bzw. Fahrenheit besitzen keinen Nullpunkt. Celsius bzw. Fahrenheit besitzen daher „nur" eine Intervallskala. Die Aussage „24 °C ist doppelt so warm wie 12 °C" ist nicht sinnvoll, weil Temperaturen in Celsius auch unter Null vorkommen können.

Welche Spalten aus der Bundesligatabelle enthalten Daten auf Verhältnisskalenniveau? Diese Frage lässt sich einfach beantworten, indem sie umformuliert wird: Welche Spalten aus der Bundesligatabelle auf Intervallniveau enthalten einen Nullpunkt? Das Kriterium, das zu erfüllen ist, lautet: Kategorien, die verschieden sind, sich in eine Rangreihe bringen lassen, Abstände genau messbar sind und die einen Nullpunkt aufweisen. Die Spalte „Verein" besitzt, wie wir wissen, nur das Nominalniveau; für „Platz" haben wir uns für das Ordinalniveau entschieden, für „Tore" für Nominalniveau. Wie sieht es mit den Spalten „Spiele", „S", „U", „N", „Diff" und „Pkt" aus? Nehmen wir zunächst die Spalte „Spiele". Die Spalte „Spiele" besitzt z.B. einen Nullpunkt, enthält also *auch* das Verhältnisskalenniveau. Der Unterschied zwischen 34 und 34 Punkten ist jeweils exakt gleich groß. Springen wir gleich zur Spalte „Pkt". Der Unterschied zwischen 81 (Dortmund) und 73 (Bayern) Punkten (8 Punkte) ist genau doppelt so groß wie zwischen 64 (Schalke) und 60 (Gladbach) Punkten (4 Punkte), und mehr als doppelt so groß wie so groß wie zwischen 42 (Wolfsburg) und 40 (Bremen) Punkten (2 Punkte). Die Spalten „Spiele" und „Pkt" besitzen also *auch* ein Verhältnisniveau. Die Spalte „Tore" besitzt, nach unserem Dafürhalten, nur das Nominalniveau. Die Spalten „S", „U", und „N" besitzen einen Nullpunkt, sind daher *mindestens* auf Verhältnisniveau. Die Spalte „Diff" hat keinen Nullpunkt und besitzt damit „nur" das Intervallniveau. Das Zwischenfazit an dieser Stelle lautet: „Verein" und „Tore" beschränken sich auf das Nominalniveau, „Platz" auf das Ordinalniveau. Die Spalten „Diff" besitzt das Intervallniveau. Alle anderen Spalten („Spiele", „S", „U", „N" und „Pkt") besitzen mindestens *auch* das Verhältnisniveau.

Zur Erinnerung: Erst verhältnisskalierte Daten (mit Nullpunkt) erlauben die Aussage, dass ein Wert doppelt so groß sei wie ein anderer Wert. Intervall- und verhältnisskalierte Variablen bilden zusammen mit der Absolutskala die höchste Variablengruppe, die der metrischen Variablen.

2.3.5 Absolutskala

- **Definition**: Messungen auf einer Absolutskala liegen dann vor, wenn ein Nullpunkt und eine natürliche Maßeinheit gegeben sind.
- **Mögliche Aussagen**: Gleichheit / Ungleichheit von Häufigkeiten (Zähldaten).

Ein Heimspiel: Grundlagen der deskriptiven Statistik 57

- **Beispiele**: *Merkmal:* Bundesligapunkte: Schalke 04 (64) hat mehr als doppelt so viele Punkte wie Herta BSC (31); *Merkmal:* Aufstellungen: Die Aufstellung des SC Freiburg umfasst genauso viele Spieler wie die von Hannover 96 (11); *Merkmal:* Unentschieden: Borussia Dortmund hat in der Saison 2011/2012 mehr Unentschieden (6) als der VfL Wolfsburg (5).
- **Transformation**: keine.
- **Mögliche Maße**: Häufigkeit (Zähldaten).
- **Zulässige Rechenoption**: Ermittlung von Häufigkeiten.

Welche Spalten aus der Bundesligatabelle enthalten Daten auf Absolutskalenniveau? Von allen Spalten aus der Bundesligatabelle müssen nur noch „Spiele", „S", „U", „N" und „Pkt" festgelegt werden. „Verein" und „Tore" besitzen Nominalniveau, „Platz" Ordinalniveau, und „Diff" Intervallniveau. Das Kriterium, das zu erfüllen ist, lautet: Kategorien, die verschieden sind, sich in eine Rangreihe bringen lassen, deren Abstände genau gemessen werden können, einen Nullpunkt *und* eine natürliche Maßeinheit besitzen. Eine Absolutskala liegt also dann vor, wenn ein Nullpunkt und eine natürliche Maßeinheit gegeben sind. Eine natürliche Maßeinheit weisen z.B. Zähldaten auf, z.B. Seitenzahlen in einem Buch oder Anzahl von Zuschauern in einem Stadion. So gesehen ist es bei „Spiele", „S", „U", „N" und „Pkt" insgesamt einfach: Alle fünf verbleibenden Spalten *zählen* etwas ab Null: „Spiele" zählt die Anzahl der Spiele bis Saisonende. „S", „U", und „N" zählen die Anzahl der Siege, Unentschieden und Niederlagen bis zum Saisonabschluss. „Pkt" zählt die Anzahl der erzielten Punkte. Das abschließende Fazit lautet: „Verein" und „Tore beschränken sich auf das Nominalniveau, „Platz" auf das Ordinalniveau. Die Spalten „Diff" besitzt das Intervallniveau. Die Spalten „Spiele", „S", „U", „N" und „Pkt" besitzen *auch* das Absolutniveau.

Merkhilfe
Mit „Nein" sagen weniger mit Skalen plagen:

[1] Lässt sich das Merkmal in eine von Daten beschriebene Rangfolge bringen? **Nein**: Nominalskala

[2] Sind die Abstände zwischen zwei Rängen auf der Skala immer gleich (darf man also u.a. Differenzen bilden)? **Nein**: Ordinalskala

[3] Hat die Skala einen eindeutigen Nullpunkt (darf man also u.a. Mittelwerte bilden)? **Nein**: Intervallskala

[4] Hat die Skala keinen Nullpunkt (darf man also u.a. Proportionen bilden)? **Nein**: Verhältnisskala

[5] Hat die Skala Einheiten, z.B. €, PS, Kilometer? **Nein**: Absolutskala

2.3.6 Weitere Skalenbegriffe

Neben den vorgestellten gibt es viele weitere *Skalen*, z.B. die Hyperordinalskalen (Rangordnung der Objektdifferenz), oder auch logarithmische Intervallskalen. Es gibt auch zahlreiche *Oberbegriffe* für Skalen, die hier kurz stichwortartig abgehandelt werden sollen; dazu gehören z.B. binäre (zweistufige Skalen), dicho- bzw. polytome (zwei- bzw. mehrstufige Skalen), diskrete (diskontinuierliche) vs. stetige (kontinuierliche) Skalen (vgl. anschließende Erläuterungen), kategoriale Skalen (zwei- bis mehrstufige Skalen), metrische Skalen (ab einschl. Intervallskala), qualitative / quantitative Skalen (vgl. anschließende Erläuterungen). Oft wird die Eigenschaft der Skala auf die betreffende Datenspalte bzw. Variable sprachlich verallgemeinert. Wurde z.B. eingangs gesagt, die Spalte „Verein" besitze das Nominalniveau, so wird häufig stattdessen kürzer gesagt, z.B. die nominalskalierte bzw. Nominalvariable „Verein". Die nachfolgenden Erläuterungen drücken nun genau dasselbe aus; sie beziehen sich in ihrer Formulierungen nicht auf die Skala, sondern auf die Datenspalte (Variable) mit dieser Skala.

Qualitative und quantitative Variablen: Art der Ausprägungen

Qualitative Variablen

Qualitative Variablen lassen sich in ihren Ausprägungen nur durch ihre Art oder ihren Rang unterscheiden. Qualitative Variablen sind nominal- oder ordinalskalierte Variablen, da diese nur in einer Qualität oder ihrem Rang unterschieden werden können.

> ✋ Beispiele
>
> Spielart: „Auswärtsspiel", „Heimspiel", „Freundschaftsspiel", „Geisterspiel" usw.
> Schulnoten: „sehr gut", „gut" etc.

Quantitative Variablen

Quantitative Variablen sind Variablen ab dem Intervallniveau, die auf der Basis einer numerischen Skala mit einem einheitlichen Abstandsmaß genau geordnet werden können.

> ✋ Beispiele
>
> Punktestand (z.B. zur Winterpause).
> Alter (z.B. in Jahren).
> Temperaturen (z.b. in C).

Diskrete und stetige Variablen:
Anzahl theoretisch möglicher Ausprägungen

Diskrete Variablen sind Variablen, die nur eine überschaubare, begrenzte Anzahl von Werten aufweisen. Stetige Variablen sind dagegen Variablen, die eine unübersehbare, unbegrenzte Anzahl von Werten aufweisen. Zu den diskreten Skalen werden üblicherweise Nominal- und Ordinalvariablen gezählt. Diskrete Skalen werden oft als Klassifikationsvariablen verwendet. Diskrete Skalen werden auch als topologische Skalen bezeichnet.

Intervall-, Verhältnis- und Absolutvariablen werden üblicherweise zu den stetigen Skalen gezählt (können jedoch auch als stetig skaliert definiert werden). Stetige Skalen werden bevorzugt als abhängige Variablen in Kausalmodellierungen verwendet. In der Praxis können stetige Variablen auch wie diskrete Variablen behandelt werden, z.B. eine Altersangabe in Jahren als Klassifikationsvariable (bei einer überschaubaren Anzahl an Werteausprägungen). Stetige Skalen werden auch als kontinuierliche bzw. Kardinalsskalen bezeichnet.

Diskrete Variablen

Diskrete Variablen sind Variablen, die nur eine überschaubare, begrenzte Anzahl von Werten aufweisen. Diskrete Variablen können nur bestimmte Werte annehmen, aber nicht jeden beliebigen. Es handelt sich damit um abzählbar viele Werte.

▶ Beispiele

Fußballmannschaft: Anzahl von Spielern pro Team: Die Anzahl der Spieler ist auf 11 begrenzt und kann als diskret gelten.

Ticketkauf: Am Ticketschalter enthält man immer nur diskrete Stückzahlen, z.B. 3 oder 4 Tickets, aber z.B. niemals 3,43 Tickets.

Anzahl der Tore in einem Spiel: Die Anzahl der Tore in einem Fußballspiel (zumindest der Gegenwart) gilt generell als überschaubar und damit als diskret.

Stetige Variablen

Stetige Variablen sind Variablen, die im Prinzip eine unübersehbare, unbegrenzte Anzahl von Werten aufweisen können, auch in einem begrenzten Wertebereich.

▶ Beispiele

Spieldauer: Die Dauer eines Spieles ist üblicherweise auf 90 Minuten plus Nachspielzeit begrenzt. Die Werte bis zum Abpfiff sind aber nicht notwendigerweise überschaubar, da die Ausprägungen theoretisch unendlich genau sein können. Professionelle „Live-Ticker" können bis auf Sekundenbruchteile genau sein, sofern es denn erforderlich ist. Die Dauer eines Spieles ist eine stetige Variable.

Public-Viewing-Besucher: Die Anzahl von Besuchern beim Public Viewing oder von Fanmeilen kann, bei ansprechenden Turnieren und einer günstigen Außenwitterung, oft nicht mehr genau gezählt werden, sondern ist nur noch als eine unübersehbare Anzahl darstellbar. Die Anzahl von Besuchern beim Public Viewing wird daher als stetige Variable betrachtet.

Anzahl der Zuschauer in einem Fußballspiel: Obwohl die Anzahl der maximal möglichen Zuschauer in einem Stadion auf einen bestimmten Wert begrenzt ist, können die möglichen Zuschauerzahlen unter diesem Wert theoretisch unendlich fein gemessen werden. Die Anzahl der Zuschauer in einem Fußballspiel ist eine stetige Variable.

Das Verhältnis der Skalenniveaus untereinander

Die Skalenniveaus sind hierarchisch geordnet. Jedes höhere Skalenniveau erfüllt auch die Anforderungen aller niedrigeren Niveaus. Die Nominalskala enthält nur die eindeutige Zuordnung nach „gleich" / „ungleich". Die Ordinalskala enthält zstzl. die größer-kleiner-Relation. Die Intervallskala enthält zstzl. die Äquidistanz der Ränge. Die Verhältnisskala enthält zstzl. einen Nullpunkt. Die Absolutskala enthält zstzl. eine natürliche Maßeinheit.

Je höher also das Skalenniveau, umso mehr Information lässt sich mit einem geeigneten statistischen Verfahren aus den Daten ableiten. Für „niedrige" Skalen konzipierte Verfahren können auch auf höher skalierte Variablen angewendet werden (weil diese auch die Eigenschaft der niedrigeren Skalenniveaus mit enthalten). Allerdings ist dies mit einem Informationsverlust verbunden. Für Ordinaldaten konzipierte Verfahren können z.B. auch auf intervallskalierte Variablen angewendet werden, weil diese ebenfalls die größer/kleiner-Eigenschaft (neben der Nominalinformation) enthalten. Der Informationsverlust besteht darin, dass ein Ordinalverfahren für intervallskalierte Variablen nur die größer/kleiner-Relation (neben der Nominalinformation) erfasst, aber nicht mehr das Ausmaß der Unterschiede.

Voreinstellungen der verschiedenen Analysesoftware

Stringvariablen (syn.: alphanumerisch, „Character" oder Text) werden üblicherweise als Nominalniveau interpretiert. Interessant wird es bei neu angelegten numerischen Variablen. Bestimmte Datenmerkmale führen dazu, dass die jeweilige Analysesoftware automatisch ein Skalenmessniveau zuweist. SPSS weist z.B. *automatisch* das Intervallskalenniveau zu, wenn z.B. die betreffende Variable mindestens 24 (Voreinstellung) gültige, eindeutige Werte aufweist (bei weniger als 24 gültigen Werten weist SPSS nicht das Ordinal-, sondern das Nominalniveau zu). Enthält die betreffende Variable das Format „Dollar", „Spezielle Währung" oder auch „Datum" oder „Uhrzeit" (jedoch nicht bei MONTH und WKDAY), so weist SPSS ebenfalls automatisch das Intervallskalenniveau zu.

Auch bei anderer Gelegenheit, z.B. der Migration von Daten aus einer Datenhaltung in eine andere, stellen Anwender nach dem Einlesen von Fremddaten fest, dass die numerischen Daten bereits vor bzw. während dem Einlesen fälschlicherweise als Strings definiert worden waren. Um ausgewertet werden zu können, müssen diese

Daten zuvor das richtig Messniveau oder zumindest den korrekten Datentyp erhalten. Ein Umdefinieren des Typs von hunderten oder tausenden von Datenspalten „per Hand" kommt für gewiefte Anwender selbstverständlich nicht infrage und kann mit Makroprogrammierungen ausgesprochen elegant gelöst werden (für SAS: vgl. Schendera, 2012, 2011; für SPSS: vgl. Schendera, 2007, 2005).

2.4 Konsequenzen des Messniveaus für die praktische Arbeit mit Daten

Die Bedeutsamkeit des Messniveaus hat Konsequenzen für die praktische Arbeit mit Daten:

- *Sind die Daten bereits erhoben,* so gilt: Je höher das Skalenniveau, desto mehr Informationen lassen sich mit dem jeweils geeigneten Verfahren aus den Daten gewinnen. Stehen Anwender vor der Wahl zwischen Daten, die dasselbe Konstrukt auf einem hohen und einem niedrigen Skalenniveau beschreiben, dann sollten die Daten mit dem höheren Messniveau in der Analyse vorgezogen werden.

   > Beispiel
   > Der Ausgang eines Fußballspiels kann als Sieg, Unentschieden oder Niederlage beschrieben werden, also z.B. auf Ordinalniveau. Der Ausgang eines Fußballspiels kann aber auch in Tordifferenzen gemessen werden, z.B. +2, 0, -1. Es liegt auf der Hand, dass die Mannschaft, die mehr Tore geschossen hat, auch den Sieg davongetragen hat. Allerdings sind Tordifferenzen auf Intervallniveau und erlauben damit mehr (ggf. auch inhaltlich andere) Information auszudrücken.

- *Sind die Daten noch nicht erhoben,* gelten folgende Daumenregeln für das Erheben von Daten. Generell gilt: Idealerweise sollten die Daten auf einem möglichst hohen Skalenniveau erhoben werden. Anstelle von Sieg, Unentschieden oder Niederlage könnte z.B. der Ausgang eines Fußballspiels in Tordifferenzen gemessen werden.

   [1] Falls Kausalrelationen modelliert werden sollen, so sollten v.a. die abhängigen Variablen auf einem möglichst hohen Skalenniveau gemessen werden.

[2] Falls Kausalrelationen modelliert werden sollen und die abhängigen Variablen sind kategorial skaliert, so sollte sichergestellt sein, dass v.a. die relevanten Ausprägungen gemessen werden.

[3] Ein hohes Skalenniveau kann mittels Operationen des Daten-Managements (vgl. Schendera, 2005, 2004) technisch unkompliziert auf ein niedrigeres Skalenniveau vereinfacht werden (da es dieses ja enthält), allerdings immer begleitet von den Risiken des Informationsverlusts bzw. der Informationsverzerrung (vgl. Schendera, 2010, 14–15); umgekehrt bedarf es sehr überzeugender Argumente, ein niedrigeres Skalenniveau auf ein höheres Niveau anzuheben.

Während und nach dem Messen sollte gewährleistet sein, dass die Daten möglichst zuverlässig, also fehlerfrei, erhoben wurden. Für die Diskussion der Genauigkeit von Messungen und ihrer Verallgemeinerbarkeit gibt es mehrere, eher technische Begriffe, die im Folgenden erläutert werden sollen.

▶ Beispiele

Eindeutigkeit: Das Messergebnis ist eindeutig. Wird z.B. der Ausgang eines Fußballspiels protokolliert, so sollte „Unentschieden" tatsächlich dafür stehen, dass keine der beiden Mannschaften gewonnen hat (und z.B. nicht dafür, dass man nicht weiß, welche). „Unentschieden" in einer zweiten, völlig anderen Bedeutung...

Genauigkeit: Das Messergebnis ist möglichst genau. Auch sollte z.B. der Ausgang eines Fußballspiels (Sieg, Unentschieden, Niederlage) möglichst genau gemessen werden, z.B. in Toren, z.B. +2, 0, -1. Was natürlich nicht passieren sollte, ist, dass man anstelle von +2 dann -2 Tore protokolliert (sog. Protokollfehler). Man sagt auch: Die Güte einer Messung ist möglichst hoch. Die Güte (Genauigkeit) kann dabei in Reliabilität und Validität differenziert werden.

Objektivität: Das Messergebnis ist objektiv. Der Ausgang eines Fußballspiels sollte z.B. unabhängig davon gemessen werden, ob man Fan des einen oder anderen Teams ist. Nur weil die eigene Mannschaft z.B. sich wacker, aber vielleicht vergeblich gegen einen glänzend aufgelegten Gegner schlägt (vielleicht sogar in einem ausverkauften Auswärtsspiel), bedeutet dies nicht, dass damit dem Gegner in der Messung der verdiente Sieg unterschlagen werden darf.

Reliabilität (Zuverlässigkeit, Wiederholbarkeit): Das Messinstrument kommt bei wiederholten Durchgängen immer zum selben Ergebnis. Eine Torkamera wird eine bestimmte Ballposition, auch wenn sie mehrfach vorkommt, *immer* genau daraufhin beurteilen können, ob der Ball vor, auf oder hinter der Linie war. Das Messinstrument und die Messung sind hoch zuverlässig.

Validität (Richtigkeit, Gültigkeit): Das Messinstrument misst das, was es messen soll. Torkameras sind z.B. eine *Messmethode* und wurden speziell dafür entwickelt, zu erfassen, ob ein Ball hinter der Linie war oder nicht. Torkameras sind damit als Messmethode in Bezug auf die Beurteilung, ob ein Ball vor, auf oder hinter der Linie war, hoch valide. Das Messinstrument und damit die Messung sind hoch valide. Was für Schiedsrichter aus dem oft schnellen und unübersichtlichen Spielgeschehen heraus nicht im selben Maße gelten kann. Was für manche allerdings wiederum den Charme des Spiels ausmacht… Torkameras sind allerdings nicht valide in Bezug auf die Beurteilung, ob dem Tor ein Regelverstoß voranging (Abseits, Foul usw.). Dafür wurden sie aber auch nicht entwickelt… Daran schließt sich nun eine Differenzierung in interne und externe Validität an, nämlich die *Schlussfolgerungen* anhand der erzielten Ergebnisse.

Die **interne Validität** drückt z.B. aus, ob die Messung für die eigentliche Fragestellung gültig ist. Der Ausgang eines Fußballspiels (Sieg, Unentschieden, Niederlage) sollte möglichst so gemessen werden, dass vom Ergebnis her auch auf das untersuchte Konstrukt zurückgeschlossen werden kann. Aus der Differenz geschossener Tore kann z.B. auf Sieg usw. geschlossen werden. *Tore* sind also eine gültige Messung dafür, wer dieses Spiel (nicht) *gewonnen* hat. Mit Konstrukten wie z.B. *Passgenauigkeit, Zweikampfstärke* oder *Stadiongröße* wäre dieser Schluss nicht richtig bzw. gültig. Die **externe Validität** drückt dagegen aus, ob die Messung an der Stichprobe auf die Grundgesamtheit verallgemeinert werden kann. Ein Ergebnis kann z.B. dann verallgemeinert werden, wenn die Stichprobe alle Merkmale einer *repräsentativen Zufallsstichprobe aufweist,* oder wenn die Stichprobe z.B. die Grundgesamtheit *ist*, z.B. bei einer Vollerhebung. Man stelle sich die Frage, ob und wann es Sinn macht, Messungen mit geringer interner Validität auf externe Validität zu prüfen...

🖐 Merkhilfe
Was haben Objektivität, Reliabilität und Validität mit Torjägern zu tun? Meine Güte!

Werden sich u.a. Ali Daei, Pelé, Lionel Messi, Gerd Müller, Uwe Seeler oder Zlatan Ibrahimović wundern, dass sie in einem Buch zur deskriptiven Statistik erwähnt werden (vgl. Gisler, 2013)? Vermutlich nicht. **Objektivität**: Der Ball ist hinter der Linie. Torkamera, Schiedsrichter, Zuschauer, und auch der Gegner sind sich einig. Die *Güte* von Torschützen wird mittels zwei weiterer Kriterien beurteilt: **Hohe Validität** (Gültigkeit, Richtigkeit) bedeutet, dass ein Torjäger bei jedem Schuss ins Tor trifft, also bei jedem Versuch einen Treffer erzielt. Hohe **Validität** bedeutet allerdings nicht, dass ein Torjäger den Schuss dabei immer an dieselbe Stelle platzieren muss. Der Ball landet manchmal in der linken oberen Torecke, manchmal in der Mitte, knapp unter der Latte usw. Hauptsache, er ist drin... Würde ein Torjäger dagegen immer an dieselbe Stelle im Tor treffen, sozusagen als „Markenzeichen", wäre dies gleichzeitig auch eine hohe **Reliabilität** (Zuverlässigkeit, Präzision). **Hohe Validität und hohe Reliabilität** machen zusammen die *Güte* eines Torjägers aus. Einen Spieler, der immer das Tor verfehlt, und das auch noch in alle Himmelsrichtungen, kann man alleine wegen seiner geringen Validität und Reliabilität kaum als Torjäger bezeichnen. Besser sieht es bei Spielern aus, die ziemlich reliabel *auf den Punkt* zielen, manchmal eben doch nicht genau genug („knapp vorbei") und manchmal doch. Beim Elfmeter schadet eine etwas reduzierte Reliabilität nicht (der Torhüter muss ja wirklich nicht *genau* wissen, wohin sie zielen werden), beim Messen allerdings schon. Da will man das Ausmaß *zufälliger Fehler* so gering wie möglich halten. Hauptsache, es wird überwiegend ins Tor getroffen, der *systematische Fehler* ist also so gering wie möglich. Was haben wir gelernt? **Hohe**

> **Güte: Hohe Reliabilität** (=geringer zufälliger Fehler, =Präzision) **+ hohe Validität** (=geringer systematischer Fehler, =Richtigkeit).

✋ Für die Fußballfans unter uns

Hohe Reliabilität („immer auf den Punkt") + hohe Validität („immer ins Tor") = hohe Genauigkeit.
Objektivität: „eindeutig hinter der Linie".

Mit diesen abschließenden Ausführungen zur Bedeutsamkeit des Messniveaus soll dazu übergeleitet werden, was man sonst noch alles *vor* dem Beschreiben von Daten wissen sollte.

3 Vor dem Anpfiff: Was sollte ich vor dem Beschreiben über die Daten wissen?

> „Wir stellen Fragen, ohne uns durch Antworten irritieren zu lassen."
> Werner Hansch

Eine deskriptive Statistik kann durchaus mit Fußball als Leistungssport verglichen werden. Es braucht viel Training, um eine gewisse Fitness zu erlangen, es ist oft genug ein Kampf gegen die Zeit und es braucht viel Vorbereitung und Erfahrung, um z.B. ein versuchtes Foulspiel seitens der „Gegner" (wie z.B. verborgene Strukturen oder suboptimale Datenqualität) rechtzeitig erkennen und souverän damit umgehen zu können. Ist ein entsprechendes Niveau erreicht, bringt der eigene souveräne Auftritt das Team mit einer Galavorstellung vor einem erwartungsfrohen Publikum weiter. Damit es bei bester Vorbereitung und Motivation keine Überraschungen gibt, v.a. von der unangenehmen Sorte, stellt Kapitel 3 verschiedene Fraugen zusammen, die *vor* der Durchführung einer deskriptiven Statistik geklärt sein sollten.

Kapitel 3 erweitert dabei den Blick auf Informationen *außerhalb* einer Datentabelle, den *Kontext* der Daten, also Informationen, die man nicht notwendigerweise durch das Analysieren einer Datentabelle erfährt. Den Anfang macht Abschnitt 3.1, der fragt: „Wie wurden die Daten erhoben?" und stellt damit z.b. Fragen nach dem Messvorgang. Abschnitt 3.2 stellt Fragen nach verborgenen Strukturen, wie z.b. Ziehung und Auswahlwahrscheinlichkeit. Anhand von Entdeckungsreisenden in Sachen Fußball wird an einem Beispiel einer Befragung im Fußballstadion erläutert, was eine naive von einer systematischen Ziehung und Gewichtung von Daten unterscheidet. Aber selbst wenn diese Frage zufriedenstellend geklärt ist, ist damit noch nicht selbstverständlich, dass eine deskriptive Statistik erstellt werden kann. Abschnitt 3.3 fragt nach der Fitness der Daten („Darf eine deskriptive Statistik überhaupt erstellt werden?") und stellt mehrere mögliche Spielverderber vor. Abschnitt 3.4 ist eine Art Exkurs („Auszeit") und stellt Strukturen von Datentabellen vor, welche technische Eigenschaften (Attribute) sie haben und wie sie u.a. von Software verarbeitet werden. Abschnitt 3.5 widmet sich abschließend der womöglich spannendsten Frage: „Was kann ich an meinen Daten beschreiben?" Die Antwort darauf *muss* natürlich lauten: „Es kommt darauf an…"

Checkliste

Überblick über die Datenhaltung

- Wer ist verantwortlich für die Haltung der Daten? z.B. Datenbankadministratoren
- Wer ist verantwortlich für die Daten in der Haltung? z.B. Data Provider

Überblick über die Entstehung der Daten

- Messung: Gegenstand, Einheit, Instrument, Messvorgang, Merkmalsträger
- Ziehung: Vollerhebung/Stichprobe, Strukturierung nach Strata (syn.: Segmenten) und Fällen (Anzahl, Gewichte), Berücksichtigung eines Zufallsprinzips

Überblick über die Fitness der Daten:

- Grundlegende Kriterien sind: Vollständigkeit, Einheitlichkeit, Doppelte, Missings, Ausreißer, Plausibilität
- Erfahrene Spieler wissen: *Diese* „Gegner" sind gefährlich.

Überblick über die Strukturen einer Tabelle
- **Senkrecht**: Spalten
- **Waagerecht**: Zeilen
- **In der Überschneidung**: Zellen
- **Zellen**: Einträge, Missings (Datenlücken)

3.1 Das Spiel beginnt: Wie wurden die Daten erhoben?

> „Es gibt nur einen Ball. Wenn der Gegner den Ball hat, stellt sich die Frage, warum hat er den Ball?"
> Giovanni Trappatoni

Wie eingangs bereits angedeutet, unterscheiden sich Werte von Zahlen dadurch, dass bei ihnen ein Referenzsystem hinzukommt, in anderen Worten: ein Messvorgang und eine Maßeinheit. Werte (z.B. zugewiesene Zahlen) beschreiben etwas:

- den gemessenen Gegenstand: Werte repräsentieren den Messgegenstand, das gemessene Merkmal. Die Anzahl an Zuschauern in einem Stadion z.B. die Größe des Stadions, die Attraktivität der angesetzten Begegnung oder auch die Verfügbarkeit der Tickets auf dem Markt.
- die Einheit der Messung: Im Allgemeinen werden in einem Stadion während der Spiele über ein Jahr hinweg eine Menge Getränke verkauft. Die Menge der verkauften Getränke kann z.B. in Tanks, Fässern, Hektolitern, Litern oder auch Getränken (z.B. Anzahl der Pils oder Halben) und entsprechend in einer anderen Einheit und damit auch einem anderen Skalenniveau ausgedrückt werden.
- das eingesetzte Messinstrument: also die Technik, mit der die Daten erhoben wurden. Der Getränkeverkauf kann z.B. mit ver-

schiedenen Instrumenten erfasst werden: Die Menge der leeren Tanks könnte z.b. mittels *Beobachtung* erfasst werden. Die Menge der Fässer kann z.b. anhand von Lieferscheinen (*Protokolle*) zwischen Stadion und Brauerei gemessen werden. Die Anzahl von Hektolitern oder Litern kann z.b. anhand von *Messfühlern* an Tankleitungen im Leitungsnetz erhoben werden. Der Verkauf konkreter Getränke, z.B. Premium- oder Spezialitäten-Bier kann z.B. über das Instrument der *Kassenbelege* genau erfasst werden, darin z.B. auch die Anzahl Pils oder Halbe usw. *Befragungen* (z.B. Fragebögen oder Interviews) können ebenfalls die Anzahl konsumierter Getränke erfassen.

> **Beispiele**
> Je nach Qualität des Messinstruments ist die Messung entsprechend präzise: Messfühler sollen bis auf Milliliter genau messen können, eine Messung fällt entsprechend sehr präzise aus. Das Zählen von Tanks oder Tanklastwagen erscheint ähnlich präzise, bis auf die Ausnahme der Konsequenz eines Messfehlers: Wird z.B. ein Tank beim Zählen per Beobachtung übersehen, fällt die Messung des Getränkeverkaufs insgesamt deutlich ungenau aus. Schwierig ist das Instrument der Befragung, z.B. mit Fragebogen oder Interview. Um z.B. die Getränkemenge über ein Jahr hinweg genau zu erfassen, müsste *jeder* Stadionbesucher einzeln befragt werden. Abgesehen von solch logistischen Problemen sind möglicherweise ergebnisverfälschende Risiken der Instrumente nicht auszuschließen. Wird in anonymen *Fragebögen* eventuell die Wahrheit gesagt, so wird die Anzahl der konsumierten (v.a. alkoholischen) Getränke im *Interview* (erst recht im Beisein von Frau, Freundin oder auch Freunden und Helfern) tendenziell niedriger angegeben, als sie wirklich war. Die Umfrageliteratur kennt zahlreiche erklärungsrelevante Effekte, z.B. der vorhandenen oder getrübten Erinnerung, der sozialen Erwünschtheit oder auch des gewieften Hindurchschlawinerns.

- die vorgenommene Messung: Werte repräsentieren den Messvorgang. Ein Messvorgang ist das Zuweisen von Eigenschaften. Ob das Messen von Eigenschaften überhaupt ohne Weiteres möglich ist, ist wissenschaftstheoretisch höchst umstritten und längst nicht so eindeutig, wie es vielerorts behauptet wird. Können Maße wie z.B. Tore, Spielanteile oder Ballbesitz tatsächlich

die Leistungsunterschiede zwischen zwei Mannschaften wiedergeben oder sagen sie etwas über den Rangplatz einer Mannschaft in der Tabelle aus? Die Diskussion des Messvorgangs wird v.a. bei der Interpretation wieder wichtig.
- den bzw. die Träger des gemessenen Gegenstands bzw. Merkmals: Werte repräsentieren die sog. *Merkmalsträger*. Anders ausgedrückt, Merkmalsträger (und damit die an ihnen vorgenommenen Messungen) repräsentieren *Annahmen* über die Gruppen, zu denen sie gehören (oder eventuell eben auch nicht).

Dieser Punkt ist von besonderer Bedeutung für die Interpretation der deskriptiven Statistik und wird in einem eigenen Abschnitt (vgl. 3.2) erläutert und im Abschnitt für die deskriptive Statistik mit Gewichten (vgl. 7.1) vertieft werden.

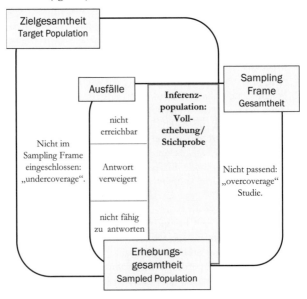

Abb. 4: Das Verhältnis von Erhebungsgesamtheit, Zielgesamtheit und Inferenzpopulation

Die Frage danach, wie die Daten erhoben wurden, ist auch eine Frage nach der sog. (Zufalls-)Ziehung von Daten. Dazu soll kurz in

Konzepte und Vokabular der Umfrageforschung eingeführt werden (siehe Abb. 4: vgl. Lohr, 2010, 3–4; Schnell et al., 1999, 253–255; klassisch: Cochran, 1972, 20–24).

Analysten, die mit Datentabellen arbeiten, können dieses Schema in etwa so verstehen und ihre Ergebnisse entsprechend einordnen:

✋ Das Schema

Eine Datentabelle enthält die Messwerte der Erhebungsgesamtheit (sofern die Ausfälle als kontrollierte Missings im Datensatz hinterlegt sind), ansonsten nur der Inferenzpopulation. Wenn also ein Sampling Frame eine Zielgesamtheit annahmengeleitet perfekt definiert (und damit weder Over- noch Undercoverage zu verzeichnen sind), und wenn die konkrete Erhebung keine Ausfälle hat, dann entspricht die Inferenzpopulation (sei es Vollerhebung, sei es Stichprobe) der Erhebungsgesamtheit, und diese wiederum der Zielgesamtheit. Missings (Ausfälle) sind ein Hinweis darauf, dass die Inferenzpopulation womöglich nicht deckungsgleich mit der Erhebungsgesamtheit ist, was eine gewisse Zurückhaltung bei der Interpretation der erstellten deskriptiven Statistik nahelegt.

- Die **Grundgesamtheit** (Population, population) ist die vollständige Menge aller Merkmalsträger, aus der die Stichprobe gezogen werden soll. *Beispiel*: Fans im Stadion. Die *Stichprobe* (sample) ist eine Teilmenge der Elemente der Grundgesamtheit. Elemente einer Stichprobe sollten i. Allg. nach dem Zufallsprinzip gezogen werden. Im Beispiel ist dies eine (zufällig gezogene) *Auswahl* der Fans im Stadion.

- Bei einer **Vollerhebung** werden alle Elemente der Grundgesamtheit erhoben, bei einer **Teilerhebung** nur eine Teilmenge (vgl. Stichprobe). *Beispiel*: alle Fans im Stadion (Vollerhebung), ausgewählte Fans im Stadion (Teilerhebung).

- Eine Grundgesamtheit ist oft in immerwährender Veränderung, und daher schwierig zu erfassen. Die Grundgesamtheit wird daher i. Allg. *vor* Erhebungen und Analysen annahmengeleitet als **Zielgesamtheit** (Zielpopulation, target population, *angestrebte* Grundgesamtheit; s.u.) präzisiert, für die die Aussagen gelten sollen. *Beispiel*: Fans am 02.05.1984 im Gelsenkirchener Parkstadion beim 6:6 n.V. zwischen Schalke 04 und Bayern München (DFB-Pokal, Halbfinale).

- Die Gesamtheit, aus der die Stichprobe gezogen wird (**Erhebungsgesamtheit**), sollte idealerweise deckungsgleich sein mit der Gesamtheit, über die Aussagen getroffen werden sollen (Zielgesamtheit). Erhebungsgesamtheit *(Auswahlgesamtheit, sampled population)* umfasst alle möglichen Elemente, denen der Sampling Frame die Chance gibt, in die Stichprobe gezogen zu werden. Die *Zielgesamtheit* umfasst alle möglichen Elemente, für die entsprechende Annahmen, Theorien und Schlüsse gelten sollen. Ist die Erhebungspopulation nur eine Teilmenge der Zielpopulation, gelten die Schlüsse nur für die Erhebungspopulation, nicht die Zielpopulation. Ein Auseinanderklaffen zwischen *Erhebungs-* und *Zielgesamtheit* kann z.B. dann passieren, wenn entweder wichtige Facetten der Zielgesamtheit nicht im Sampling Frame eingeschlossen („undercoverage") oder massive Ausfälle während des Samplings zu beklagen sind (vgl. Schema). *Beispiel:* Die Aussagen sollen für Fans im Stadion gelten (Grundgesamtheit). Die Erhebung wird auch an anwesenden Fans im Stadion vorgenommen (Erhebungsgesamtheit); allerdings sind v.a. Fans von auswärts noch nicht im Stadion, da sie noch im Stau oder in den Einlasskontrollen stecken. Die Erhebungsgesamtheit ist quantitativ (*N*) und qualitativ (*Bias*) nur eine Teilmenge der Ziehungsgesamtheit; die Schlüsse können nur für die Erhebungsgesamtheit, nicht die Ziehungsgesamtheit gelten. Die sog. Inferenzpopulation ist die Stichprobe im engeren Sinne, nämlich die Erhebungsgesamtheit abzüglich der Ausfälle.

- **Merkmalsträger** (Beobachtungseinheit, observation unit, element) sind Elemente der Grundgesamtheit und individuelle Träger des zu erhebenden Merkmals, i. Allg. sind Einzelpersonen die *feinste Einheit* einer Erhebung. *Beispiel:* Ein einzelner Fan auf einem nummerierten Sitzplatz im Stadion ist ein Element.

- **Sampling Units** (Ziehungseinheiten, -ebenen): Wenn Einzelpersonen als feinste Einheit zur Ziehung nicht zur Verfügung stehen, kann auf eine höhere Ebene gewechselt werden, z.B. Familien, Haushalte, Wohnblöcke oder Orte (in denen wiederum Personen leben und zufällig erhoben und befragt werden können). *Beispiel:* Ein nicht nummerierter Tribünenbereich kann eine *gröbere* Sampling Unit sein, aus der wiederum einzelne Fans zufällig erhoben werden.

Was Sie vor dem Beschreiben der Daten wissen sollten

- **Sampling Frame (Ziehungsliste)**: Datenbank, Liste, Karte von Observation bzw. Sampling Units einer Grundgesamtheit, aus denen eine Stichprobe gezogen werden kann. *Beispiel*: Mittels eines elektronischen Ticketsystems könnten z.B. Fans auf nummerierten Sitzplätzen per Zufallsgenerator für eine Erhebung ausgewählt und später im Stadion angesprochen werden.
- **Ausfälle** sind Merkmalsträger, die zur Befragung aus einem Sampling Frame ausgewählt wurden. Ein Merkmalsträger wird zum Ausfall, wenn Merkmalsträger nicht erreichbar waren, nicht antworten konnten oder wollten. Würden Merkmalsträger thematisch zur Studie passen, waren aber gar nicht im Sampling Frame enthalten (und konnten daher auch nicht daraus zufällig gezogen werden), dann handelt es sich um ein sog. Undercoverage.
- **Zufallsprinzip**: Eine Zufallsziehung ist, wenn jedes Element dieselbe Chance hat, in eine Stichprobe gezogen zu werden. *Beispiel*: Ein Zufallsgenerator schließt z.B. bestimmte Präferenzen oder Abneigungen bei der (Nicht-)Auswahl von Elementen bei der Ziehung im Stadion aus.

✋ Checkliste

„Sampling Talk":
Kenne ich zentrale Begriffe?

- Grundgesamtheit, Zielgesamtheit, Erhebungsgesamtheit
- Vollerhebung, Teilerhebung, Stichprobe
- Sampling Frame, Over-, Undercoverage, Ausfälle
- Observation Units (Person), Sampling Unit (Haushalt)
- Zufallsprinzip…

„Data Know":
Was weiß ich über die Messung der Daten?

- Messgegenstand: Was messen die Daten?
- Messeinheit: In welcher Einheit sind die Daten?
- Messinstrument: Mit welcher Methode wurde gemessen?
- Wie präzise ist das Instrument? Welche Konsequenzen haben Messfehler?

- Messvorgang: Erfasst die Messung tatsächlich den Gegenstand?
- Merkmalsträger: Wie wurden die Merkmalsträger für die Messung ausgewählt?

3.2 Was sind verborgene Strukturen? Ziehung und Auswahlwahrscheinlichkeit: Ein Stadion als eigene Welt

„Ball rund, Stadion rund, ich rund."
Tschik Cajkovski

Fußballstadien sind ein eigener Mikrokosmos, eine eigene Welt. Wer den Aufbau eines Fußballstadions versteht, der versteht auch grundlegende Prinzipien der Statistik. Um den Bogen vom Besuch eines Fußballstadions zur Statistik zu schlagen, stellte ich im vorangegangenen Abschnitt einige Grundbegriffe vor. Ich rücke sie nun in den Zusammenhang, um zwei besondere Aspekte herauszuarbeiten, die man ebenfalls vor dem Erstellen einer deskriptiven Statistik wissen sollte. Bei diesen Aspekten handelt es sich um Strukturen, die entweder gar nicht in der Datentabelle enthalten (Ziehung und Auswahlwahrscheinlichkeit; vgl. 3.2) oder nur mittels Zusatzinformation nachvollziehbar sind (Gewichtung; vgl. 7.1), also um teilweise oder sogar ganz *verborgene* Strukturen.

Werte repräsentieren (unter anderem) den mittels Instrumenten gemessenen Gegenstand bzw. das erhobene Merkmal von sog. Merkmalsträgern. Es stellt sich dabei zwar auch die Frage, **wer** die Merkmalsträger sind (dies kann i. Allg. durch die Analyse der erhobenen Merkmale beantwortet werden). Es stellt sich *vor allem* die Frage, **wie** gerieten die Merkmalsträger in die Messung? *Wie* also wurden die Merkmalsträger für die Messung ausgewählt?

> 🖐 Besondere Hinweise
>
> Die folgenden Ausführungen sind als eine eher informelle Einführung in die Grundlagen von Designstrukturen, Stichprobenziehung und Gewichtung zu verstehen. Forschungs-

technisch soll damit zunächst die Aufmerksamkeit auf die notwendig sorgfältige *Interpretation* von Designs, Ziehung und Gewichtung gerichtet werden. Die Einführung wird daher zunächst die Aufmerksamkeit auf das notwendige *Hinterfragen* und *Nachvollziehen* des Entstehungszusammenhangs der zu beschreibenden Daten lenken.

Man stelle sich eine Welt vor, vielleicht ein eigener Planet oder eine Insel, auf der sich das ganze Leben ausschließlich auf den Rängen innerhalb eines Fußballstadions abspielt. Es gibt sozusagen nur den Planeten oder die Insel, und darauf nur ein Fußballstadion. Für manche Fußballfans ist dies bereits heute gelebte Realität. Für diese und unseren Schwenk hin zur Statistik setzen wir jetzt die bedeutungsvollen Worte: *Außerhalb des Stadions existiert nichts.*

Man stelle sich nun vor, Entdeckungsreisende landen auf dieser für manche paradiesischen Insel, haben vielleicht sogar etwas von Fußball gehört (oder verwechseln es womöglich noch mit Football, es sei verziehen), und möchten nun mehr über die Besucher dieses einzigen Stadions auf der Insel des „Großmutterlands des Fußballs" in Erfahrung bringen. Wissbegierig wie Entdeckungsreisende nun mal sind, begeben sie sich schnurstracks ins Stadion, um sich vor Ort einen unmittelbaren Eindruck der örtlichen Gebräuche zu verschaffen. Anders ausgedrückt: Das Ziel ist, etwas über *alle* Fans im Stadion zu erfahren, z.B. welcher Mannschaft sie anhängen, ob sie lieber sitzen oder aktiv Choreographien mitgestalten, wie hoch ihr Einkommen ist usw.

Der Einfachheit halber möchten wir jetzt für den Zeitpunkt des Besuchs annehmen, dass im Stadion die Begegnung nur zweier Mannschaften angesetzt ist, die der „Roten" gegen die „Gelben". Aus Gründen der Fairness sei kein Team genannt. Der Phantasie des im Allgemeinen nicht nur einem Team anhängenden Lesers sei es überlassen, ob es sich bei den Spielern (je nach Spielzeit) im roten Trikot um Manchester United, Arsenal, Bayern München, den FC Thun oder um Kaiserslauterns „rote Teufel" handeln könnte. Bei den Spielern im gelben Trikot könnte es sich um Borussia Dortmund, die Berner Young Boys oder auch um den Villarreal CF handeln, wenn denn die Frage geklärt wäre, wie auf einer Insel mit nur einem Stadion mit Heim- und Auswärtstrikots verfahren wird.

Nehmen wir ebenfalls der Einfachheit halber einen prototypischen Aufbau eines Fußballstadions mit insgesamt 100.000 Plätzen an: Mit einer teuren Haupttribüne (39.000 Plätze), mit noch teureren VIP-Plätzen und Lounges nahe der Haupttribüne (ca. 1.000 Plätze), einer v.a. für Familien günstigeren Gegentribüne (40.000 Plätze) sowie zwei Nord- bzw. Südtribünen für die etwas aktiveren Fans („roter" und „gelber" Block) mit je 10.000 Plätzen. Nehmen wir nun weiter an, dass in diesem Stadion ausschließlich nummerierte Sitzplätze verkauft werden und dass Haupt- und Gegentribüne, VIP-Plätze und die beiden Nord- und Südtribünen jeweils eigene Eingänge haben.

Den Entdeckungsreisenden ist klar, dass sie nicht die Zeit und Ressourcen haben, jeden einzelnen Fan im Stadion zu befragen. Eine sog. Vollerhebung ist also aufgrund von Zeit- und Kostenüberlegungen nicht möglich. Wenn also schon nicht alle Fälle aus der Grundgesamtheit befragt werden können, also alle Fans im Stadion, verbleibt nur der Weg, eine Teilmenge zu befragen, eine sogenannte Stichprobe. Je kleiner nun die Teilmenge aus der Gundgesamtheit, also die Stichprobe ist, umso höher sind die Anforderungen an Strukturgleichheit, Zufälligkeit der Ziehung und Repräsentativität. Was dies im Detail bedeutet, erleben die eingangs eingeführten Entdeckungsreisenden.

> 🖐 Richtig erkannt!
>
> Experten am Ball und im Sampling haben richtig erkannt: Diese Einführung mit dem *Fokus auf Designstruktur, Auswahlwahrscheinlichkeit und Zufallsziehung* unterscheidet nur zwischen Stichprobe und Grundgesamtheit. Warum diese *Vereinfachung*? Diese Vereinfachung betont eine mögliche *Komplikation*: Wenn ein Analyst vor möglicherweise schlecht oder überhaupt nicht dokumentierten Daten Dritter sitzt, kann nur dann zwischen Zielgesamtheit und Erhebungsgesamtheit unterschieden werden, **wenn** Informationen dazu vorliegen. Solange keine weitere Information über die Ziehung (z.B. Sampling Frame, Ziehungsplan und -vorgang) vorliegen, solange ist davon auszugehen, dass die Daten die *Erhebungsgesamtheit* oder die *Inferenzpopulation* abbilden, bis konkrete Informationen belegen, dass es sich um die *Zielgesamtheit* handelt. Diese Unterscheidung spielt eine zentrale Rolle bei der *Interpretation* einer deskriptiven Statistik, nicht bei ihrer Erstellung.

Man stelle sich nun vor, einer der Entdeckungsreisenden betritt nun das Stadion durch den Eingang für den roten Block, genießt in der Nähe einer Grill-Station („Wurstbude") das Spiel und befragt bei dieser Gelegenheit einige noch ansprechbare, noch nicht zu heisere Fans.

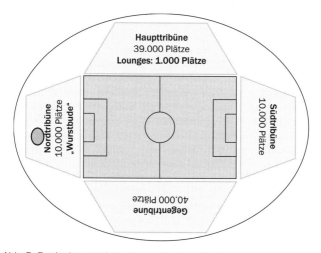

Abb. 5: Entdeckungsreisende: nur im roten Block

Zurück daheim bereitet er eine deskriptive Statistik auf, präsentiert seine Ergebnisse als für alle Besucher des Stadions gültig und bekommt einen dezenten Hinweis: Wenn das Ziel ist, etwas über *alle* Fans im Stadion zu erfahren, können Daten, die ausschließlich im roten Block erhoben wurden, vermutlich nicht auf alle anderen Tribünen verallgemeinert werden. Die Merkmale der Fans im gelben Block oder auch die im VIP-Bereich unterscheiden sich vermutlich z.B. darin, welcher Mannschaft sie anhängen oder wie hoch ihr Einkommen ist. Wenn sich die Fans im Stadion auf möglicherweise *qualitativ* verschiedene (Haupt-/Gegentribüne, VIP-Plätze, Nord-/Südtribüne) Strata verteilen, dann sollte auch in jedem Stratum, also in jeder Tribüne und in den VIP-Plätzen, befragt werden.

✋ Sampling I: Strata vs. Cluster

Das Szenario eines Stadions ist ideal zum Erläutern des Unterschieds zwischen einem stratifizierten und einem Cluster Sampling. Ist eine Grundgesamtheit (z.B. Stadion) in mehrere natürliche Bereiche (z.B. Tribünen) ohne Überlappung unterteilt, werden diese als Strata (syn.: Schichten, Segmente) bezeichnet. Auch Fanangehörigkeit oder Geschlecht können ggf. Strata sein, sofern man nur je einer Ausprägung angehört. Beim stratifizierten Sampling werden die Fälle aus einer Grundgesamtheit von *Strata* gezogen (vgl. Lohr, 2010, 73ff). Die Gesamtheit der Strata (Tribünen) bildet wiederum die Grundgesamtheit (Stadion) ab. Sollen z.B. Fälle aus *allen* Strata zufällig erhoben werden (entweder, um die Strukturen der Grundgesamtheit abzubilden, oder auch, die Fälle der Strata miteinander zu vergleichen), handelt es sich um ein **stratifiziertes** Sampling. Das Ziehen aus allen Strata verhindert eine unausgeglichene Verteilung. Beim Cluster Sampling (vgl. Lohr, 2010, 165f.) werden dagegen die Fälle aus einer Grundgesamtheit von natürlichen Gruppen (*Clustern*) gezogen. Sollen z.B. die Strukturen der Grundgesamtheit abgebildet werden, werden dazu Fälle aus möglichst vielen homogenen Gruppen erhoben, von denen jeweils angenommen wird, dass sie intern so verschieden (heterogen) sind, dass sie jeweils ein Mini-Abbild der Fans im Stadion repräsentieren. Die Gesamtheit der Cluster bildet somit ebenfalls die Grundgesamtheit (Verteilung der Fans im Stadion) ab. Nehmen wir z.B. an, dass eine Begegnung ausschließlich von Musikvereinen gebucht wurde, und dass niemand Mitglied in zwei Musikvereinen zugleich ist (Nichtüberlappung!). Die Musikvereine befinden sich geschlossen im elektronischen Ticketsystem; ihre Mitglieder halten sich aber je nach Präferenz *verteilt* im Stadion auf. Das **Cluster** Sampling zieht nun über das Ticketsystem zufällig aus *allen* Clustern (Musikvereinen) einige wenige. Im *ein*stufigen Clustering werden *alle* Fälle aus den gezogenen Clustern direkt weiterverarbeitet; das zweistufige Clustering zieht Fälle zufällig in einem zweiten Schritt aus den ausgewählten Clustern. Das Ziehen aus wenigen (v.a. geographischen) Clustern

Was Sie vor dem Beschreiben der Daten wissen sollten 79

> verringert (Reise-)Kosten. Der Unterschied ist also: Das stratifizierte Sampling basiert auf *strukturierenden Strata*, das Cluster Sampling dagegen auf *nichtstrukturierenden Clustern*. Das stratifizierte Sampling verwendet auch *alle* Strata (Tribünen), das Cluster Sampling dagegen nur *ausgewählte* Cluster (Musikvereine). Es gibt viele weitere Sampling-Techniken. Gute wie auch weniger gute (vgl. „Sampling II")…

Die Entdeckungsreisenden sind lernfähig, teilen sich für einen zweiten Anlauf auf und es betritt je einer Haupttribüne, Gegentribüne, Nord- und Südtribüne und den VIP-Bereich. Jeder genießt in der Nähe einer Catering-Station das Spiel und befragt bei dieser Gelegenheit eine zufällig sich ergebende, in etwa gleiche Anzahl an umstehenden Fans (symbolisiert durch die gleiche Größe der Kreise). Zurück daheim fassen sie die in fünf Tribünen erhobenen Daten in eine Tabelle zusammen und bereiten sie als eine deskriptive Statistik über alle Besucher des Stadions auf.

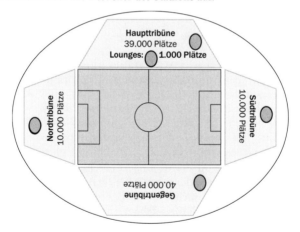

Abb. 6: Entdeckungsreisende: in allen Blöcken nahe einer „Wurstbude"

Bei dieser Gelegenheit fällt eine Besonderheit auf: Das Ziel ist, etwas über *alle* Fans im Stadion zu erfahren. Etwas über *alle* Fans erfahren zu wollen, bedeutet, alle Fans *gleichermaßen* zu befragen. Wenn sich die Fans im Stadion gleichzeitig auf möglicherweise *quantitativ* unterschiedlich große Strata (40.000, 39.000, 10.0000,

10.000, 1.000) aufteilen, kann z.B. auch die unterschiedliche Größe der Strata berücksichtigt werden.

✋ Beispiele

Gleich große Auswahlwahrscheinlichkeit: *Ein* Weg ist z.B., für unterschiedlich große Tribünen (Strata) unterschiedlich große Fangruppen (Stichproben) zu befragen. Anstelle von 40.000, 39.000, zweimal 10.0000, und 1.000 könnten z.B. 40, 39, zweimal 10, und 1 Fan befragt werden. Gemäß der Inverse der Auswahlwahrscheinlichkeit beträgt das Gewicht jedes einzelnen befragten Fans 1000. Ein einzelner Fan und seine Merkmale repräsentieren jeweils 1000 Fans aus dem jeweiligen Stratum. Werden z.B. 80, 78, zweimal 20 und 2 Fans befragt, beträgt das Gewicht jedes einzelnen befragten Fans 500. Auch gleich große Gewichte (jedoch ungleich 1) sollten für das Ermitteln einer deskriptiven Statistik in die Analyse einbezogen werden.

Gleiche große Stichproben: Ein *anderer* Weg besteht darin, für unterschiedlich große Tribünen (Strata) gleich große Fangruppen (Stichproben) zu befragen, diese (wegen ihrer ungleich großen Auswahlwahrscheinlichkeit) auch unterschiedlich zu gewichten. Werden z.B. anstelle von 40.000, 39.000, zweimal 10.0000 und 1.000 jedes Mal 100 Fans befragt, so betragen die Gewichte 400, 390, 100, und 10; in jeder Tribüne (Stratum) repräsentiert ein einzelner Fan eine *unterschiedliche* Anzahl an Fans. Werden z.B. 20 Fans befragt, so betragen die Gewichte 2.000, 1.950, 500 und 50. Auch ungleich große Gewichte sollten für das Ermitteln einer deskriptiven Statistik bekannt sein und in die Analyse einbezogen werden.

Ungleich große Auswahlwahrscheinlichkeit und ungleich große Stichproben: Ein *dritter* Weg ist z.B., vor allem kleinere, seltenere und/oder wichtigere Strata besonders zu gewichten, entweder z.B. durch höhere Ziehungszahlen oder, falls schwierig zu erbringen, durch höhere Gewichtungen. Nehmen wir der Einfachheit halber an, dass die *vermutete* Kaufkraft eines VIP-Gastes höher ist als die anderer Fans (womit keinesfalls zum Ausdruck gebracht werden soll, dass VIPs keine Fans seien, und „normale" Fans keine vergleichbare Kaufkraft besäßen). Werden z.B. anstelle von 40.000, 39.000, zweimal 10.0000, und 1.000 z.B. 40, 39, zweimal 10 und 20 Fans aus dem VIP-Bereich befragt, so beträgt das Gewicht der VIP-Fans 5, und das der übrigen Fans 1.000. Auch in diesem Falle sollten die ungleich großen Gewichte bekannt sein und in das Ermitteln einer deskriptiven Statistik einbezogen werden.

Die Entdeckungsreisenden sind lernfähig und versuchen nun jeweils in der Nähe einer Catering-Station (man hat ja schon Kontakte geknüpft) einen dritten Anlauf und erheben eine bestimmte Anzahl an umstehenden Fans (symbolisiert durch die unterschiedliche Größe der Kreise).

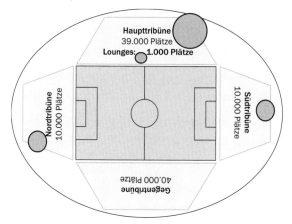

Abb. 7: Entdeckungsreisende: in allen Blöcken (disproportional)

Wurden die erhobenen Daten als eine deskriptive Statistik über alle Besucher des Stadions zusammengefasst, fiel in der Besprechung das Stichwort „Wurstbude" und eine weitere Besonderheit fiel auf: Das Ziel ist, etwas über *alle* Fans im Stadion zu erfahren, bedeutet nicht: alle Fans im Stadion *im Umfeld einer Wurstbude*. Dieser Umstand kann so verstanden werden, dass die Auswahl an Merkmalsträgern nicht *zufällig* war, sondern von der Tatsache abhängig, dass sie sich im Umfeld einer Wurstbude aufhielten. Möglicherweise sind Fans, die sich außerhalb des „Dunstkreises" einer Wurstbude aufhalten, Träger ganz anderer Merkmale, z.B. VIPs, Vegetarier oder Selbstversorger.

✋ Sampling II: Konvenienz

Wird *nicht* nach einem *Zufallsprinzip* erhoben, sondern nur wegen der opportunen Verfügbarkeit von Fällen, dann handelt es sich um eine sog. Konvenienz-Stichprobe (vgl. Lohr, 2010, 5–6). Der „Preis" solcher Stichproben ist, dass sie keinerlei Gewährleistung dafür bieten, dass sie die Grundgesamtheit repräsentieren, aus der sie gezogen wurden, z.B. indem sie u.a. einen Bias kontrollieren. Im Gegenteil sind solche Stichproben anfällig für Effekte wie z.B. das Simpson-Paradox (Simpson, 1951). Aus **Konvenienz-Stichproben** können daher *keine* Schlussfolgerungen über eine Grundgesamtheit abgeleitet werden. Auch die Berücksichtigung von Gewichten vermag keine „vergeigte" Zufallsziehung zu retten. Konvenienz-Stichproben sind, mit Einschränkung(!), vielleicht für Pilot- bzw. Teststudien geeignet.

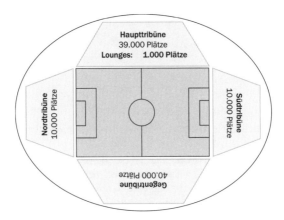

Abb. 8: Entdeckungsreisende: in allen Blöcken (proportional)

Die Entdeckungsreisenden sind lernfähig und greifen für eine völlig zufällige Ziehung der Fans im Stadion auf das elektronische Ticketsystem des Stadions zurück. Für jede Tribüne lassen sie sich vom Ticketsystem nach einem Zufallsprinzip eine bestimmte Anzahl an Sitznummern ausgeben (symbolisiert durch die gleichmäßige Rasterung der Strata). Die einfallsreichen Entdeckungsreisenden suchen während des Spiels die Fans an den zufällig gezogenen Platznummern auf. Sie befragen die Fans danach, z.B. welcher Mannschaft sie anhängen, ob sie lieber sitzen oder aktiv Choreographien mitgestalten, wie hoch ihr Einkommen ist usw.

In der Besprechung wurde nichts gefunden, das dagegen sprach, dass die erhobenen Daten (je nach Strata) auf einem Zufallsprinzip basieren, und dass eine deskriptive Statistik auf alle Besucher des Stadions verallgemeinert werden könnte. Mit dieser Feststellung verabredeten sich die Entdeckungsreisenden auf das nächste Spiel und die nächste erkenntnistheoretische Diskussion an den liebgewonnenen „Wurstbuden". Eine erste Hürde ist genommen, eine weitere folgt…

☝ Merkhilfe: Alles oder nicht?
Das Gewicht von Zufall, Strukturen und Gewichten

[1] Werden aus der Grundgesamtheit alle Fälle befragt (Vollerhebung, „alles")? **Nein („nicht alles")**: Stichprobe ziehen unter Berücksichtigung der Strukturgleichheit und der Auswahlwahrscheinlichkeit der Fälle.

[2] Werden die Fälle in den Stichproben nach dem Zufallsprinzip gezogen? **Ja**: *Gut*, man kann von einer *externen Validität* ausgehen (dazu später mehr) und es können auch statistische Schlüsse gezogen werden (Signifikanztest). Sind Fälle nach dem Zufallsprinzip gezogen, ist sicherheitshalber auszuschließen, dass die Ziehung *zufällige* (sic) Besonderheiten aufweist und als repräsentativ bezeichnet werden kann. **Nein**: *Nicht gut*; die Interpretation sollte diese Einschränkung herausstellen und insgesamt mit Zurückhaltung vorgenommen werden.

[3] Besteht die Grundgesamtheit aus zwei oder mehr Strata, die sich vermutlich in erhebungs- bzw. analyserelevanten Merkmalen unterscheiden? **Nein**: Die Ziehung der Stichprobe braucht weder diese Strukturen, noch die strukturbezogene Auswahlwahrscheinlichkeit der Fälle zu berücksichtigen. Für jeden Fall ist die Auswahlwahrscheinlichkeit dieselbe bzw. das Gewichte gleich 1; es kann auf das Gewichten bei der deskriptiven Statistik verzichtet werden (vgl. 7.1). **Ja**: Die Ziehung der Stichproben hat die Strukturen und die Auswahlwahrschein-

lichkeit der Fälle zu berücksichtigen und in sog. Gewichten abzulegen.

[4] Nur in dem Falle, wenn alle Gewichte gleich 1 sind, kann auf das Gewichten bei der deskriptiven Statistik verzichtet werden. Falls die Grundgesamtheit aus Strata besteht, in denen die Anzahl der Fälle gleich groß ist (gleiche Auswahlwahrscheinlichkeit): **a** gleich große Stichproben, gleich gewichtet (proportionaler Ansatz); **b** ungleich große Stichproben, ungleich gewichtet (N und Gewichte kompensieren sich; disproportionaler Ansatz). Falls die Grundgesamtheit aus Strata besteht, in denen die Anzahl der Fälle darin unterschiedlich groß ist (ungleiche Auswahlwahrscheinlichkeit): **a** proportional ungleich große Stichproben, proportional gewichtet; **b** gleich große Stichproben, unterschiedlich gewichtet (jew. disproportionale Ansätze).

▶ Checkliste
Was muss ich über die Erhebung der Daten wissen?

- Wer hat die Daten erhoben? Mittels welcher Methode wurden die Daten erhoben und erfasst? Mittels automatischer elektronischer Protokollierung oder händischer Eingabe (von z.B. einzelnen persönlichen Angaben oder kompletten Fragebogeninhalten)?

- Ziehung: Sind die Daten eine repräsentative Zufallsziehung oder sogar eine Vollerhebung?

- Datenstrukturen und Auswahlwahrscheinlichkeit: Weisen die Daten erhebungsrelevante Strukturen auf? Ist daher die Auswahlwahrscheinlichkeit dieselbe oder sind die Daten gewichtet? Falls die Daten gewichtet sind:

- Gibt es ein Erhebungsdesign? Warum und wie sind die Daten gewichtet? Wo sind die Ziehung und Gewichtung der Daten dokumentiert? Wo sind die Gewichte hinterlegt?

3.3 Sind die Daten fit: Darf eine deskriptive Statistik überhaupt erstellt werden?

> „Ich weiß nicht, ob Magath die Titanic gerettet hätte, aber wenigstens wären alle Überlebenden sehr fit gewesen."
> Jan-Aage Fjörtoft

Spielverderber gibt es viele auf dem Platz. Je nach Gusto sind es die fairen oder auch mal sich nicht auf der Höhe (des Balles) befindlichen Schiedsrichter oder die Spieler mit einem besonders guten oder auch ganz ganz schlechten Tag. Weitere vielversprechende Kandidaten können hyperaktive Fans mit einer nicht ganz in den Griff zu kriegenden Schwäche für Bengalos sein oder auch eine Choreographie, die noch nicht einmal auf einem Friedhof Beachtung finden würde. Der Platz kann ein Spielverderber sein, das Wetter, Flitzer, es gibt nichts, was es in diesem kleinen Kosmos nicht gibt.

Spielverderber gibt es auch in Daten. Ja, es ist nicht schön. Eine deskriptive Statistik setzt voraus, dass Daten überhaupt beschrieben werden *dürfen*. Wird dies nicht rechtzeitig geprüft, dann tritt ein abgewandeltes Axiom des „Weisen von der Bergstraße", Sepp Herberger, in Kraft:

> ✋ Axiom I
> **Nach der deskriptiven Statistik ist vor der deskriptiven Statistik.** Sepp Herberger war bekannt für seine sorgfältigen Analysen.

Das Original „Nach dem Spiel ist vor dem Spiel" ist ein *Ratschlag* und hebt hervor, dass ein nächstes Spiel unausweichlich ist und es deshalb ratsam ist, sich unabhängig vom Ausgang des vergangenen Spiels neu und optimal darauf einzustellen.

Was bedeutet nun das obige Axiom? Die Abwandlung „Nach der deskriptiven Statistik ist vor der deskriptiven Statistik" ist eine *Warnung* und betont: Eine nicht sichergestellte Datenqualität rächt sich durch wiederholte, unnötige Aufwände. Jede deskriptive Statistik lässt weitere Fehler entdecken, die Korrekturen, eine erneut erstellte deskriptive Statistik mit womöglich wieder neuen Fehlern, die womöglich erneute Korrekturen und unnötige Aufwände erforderlich machen. Datenqualität kommt daher vor Analysequalität.

86 Deskriptive Statistik

✋ **Axiom II**
„**Datenqualität ist zwar nicht alles, aber ohne Datenqualität ist alles nichts**" (Schendera, 2007, V).

Mit welchen Spielverderbern muss gerechnet werden, die eine deskriptive Statistik „zerschießen" können? Allen voran Fehler und Nachlässigkeiten in Vollständigkeit, Einheitlichkeit, kontrollierte Missings (fehlende Werte), (Vermeidung von) Doppelte, (Beurteilen von) Ausreißer und Plausibilität (Interpretierbarkeit). Vor dem Erstellen einer deskriptiven Statistik wird nahegelegt, das Einhalten dieser Qualitätsstandards zu prüfen, um unangenehmen Überraschungen vorzubeugen.

✋ **Axiom III**
Kein „Dirty Dancing" mit Dirty Data. Das Prüfen der Datenqualität ist aufwendig und kein Spaß. Aufwand und Komplexität der Prüfung der Datenqualität können die der Datenerhebung und Datenanalyse ohne Weiteres übersteigen. Die Kosten nicht geprüfter, schlechter Datenqualität schlagen in mehrfacher Höhe zurück, nach Redman (2004) z.B. in mindestens zehnfacher Höhe: Wenn z.B. Maßnahmen mit Daten, die in Ordnung sind, 1 Euro kosten, dann würden dieselben Maßnahmen mit Daten, die nicht in Ordnung sind, 10 Euro kosten. Nach Schendera können Kosten auch in 20-facher Höhe realistisch sein. Glücklich darf sich also schätzen, wem diese Mühe bereits abgenommen wurde. Die erforderlichen Ressourcen und Fähigkeiten sind nicht zu unterschätzen (vgl. Schendera, 2007, 8).

✋ **Warum ist das so aufwändig?**

Der höhere Aufwand bei der Datenqualität erklärt sich aus einem zentralen Unterschied zur Datenanalyse: Bei der Datenanalyse wird eine Zelle i. Allg. nur *einmal* aufgerufen, z.B. für eine deskriptive Statistik oder einen Hypothesentest. Bei der Datenqualität wird eine Zelle i. Allg. *mehreren* Operationen unterzogen, z.B. Prüfung und Korrektur auf Vollständigkeit, Einheitlichkeit, Doppelte, Missings usw. Der Unterschied zwischen Datenqualität und Datenanalyse besteht darin, dass eine *Zelle* mehrere und komplexere Prozesse durchläuft.

Dass schmutzige Daten verzerrte Ergebnisse nach sich ziehen, ist sachevident und wird z.b. in Schendera (2007) an zahlreichen Beispielen ausführlich veranschaulicht. „Schmutz" (als Metapher für Daten„verunreinigungen") lässt die eigentliche „Natur der Dinge" erst dann erkennen, wenn er entfernt wurde. Die Qualität von Daten ist dabei kein Selbstzweck, sondern dient der Erkenntnis und der Information, aber auch der Glaubwürdigkeit und wissenschaftliche Professionalität. Daten können auf verschiedenem Wege und auf unterschiedliche Weise verschmutzt sein (vgl. Schendera, 2007, passim). Ein einziger Fehler (z.B. „55" statt „5") reicht aus, die Ergebnisse einer deskriptiven Analyse völlig zu verzerren.

Nicht gegebene Vollständigkeit von Daten führt zu falschen Berichten und statistischen Analysen. Nicht gegebene Einheitlichkeit führt u.a. zu Problemen beim Zusammenfügen von Dateien. Doppelte schränken u.a. die Varianz ein (sog. Innerhalbgruppen-Doppelte) oder gefährden Tests auf Unterschiede zwischen Gruppen (sog. Zwischengruppen-Doppelte). Gefährlich an fehlenden Werten (Missings) sind inhaltliche Verzerrung (Bias), geringere statistische Power sowie ggf. unerwünscht berechnete deskriptive Parameter, sie können letztlich richtig viel Geld kosten. Ausreißer verstellen entweder den Blick auf die Realität oder sabotieren statistische Modellierungen. Ausreißer zwingen dazu, entweder die Theorien an echte Daten oder aber Daten an echte Theorien anzupassen. Zu guter Letzt kann man sich bei nicht gegebener Plausibilität natürlich auch unendlich blamieren (vgl. die Beispiele in Schendera, 2008, 2007). Aber auch ein gut aufbereiteter Datensatz kann noch unbrauchbar werden, etwa, wenn mangelnde Kommentierung bzw. ein fehlender Codeplan dazu führen, dass zu einem späteren Zeitpunkt nicht mehr rekonstruierbar ist, was bestimmte Messwerte eigentlich inhaltlich bedeuten. Diese Schwierigkeiten sind vermeidbar, wenn *von Anfang an* die Datenqualität geprüft und als gegeben dokumentiert wurde.

Diese kleine Einführung möchte nahelegen, vor dem Erstellen einer deskriptiven Statistik innezuhalten und abzuwägen, ob es nicht besser ist, die eigenen Daten (und womöglich umso mehr die Daten anderer) mit vorsichtshalber kritischen Augen zu prüfen. Wenn Ihre Daten bereits die erforderliche, idealerweise nachweisbare Datenqualität mitbringen (aber auch nur dann), dann können Sie den Schritt der Prüfung dieser Kriterien überspringen. Kapitel 6 wird veranschaulichen, wie Sie eine deskriptive Statistik als Prüfinstrument einsetzen können. Wenn man weiß, wonach man suchen soll und wie man es macht, lassen sich einige der vorgestellten Kriterien anhand einfacher Tests explorieren. Konsequenzen von suboptimaler Datenqualität können auf jeden Fall teuer oder einfach nur peinlich sein:

🖐 Beispiele

Vollständigkeit/Missings: Die Bundesagentur für Arbeit meldete z.b. in den Monaten Dezember 2006 bis April 2007 falsche Arbeitslosenzahlen. Ursache war, dass ein kompletter Datensatz verloren gegangen war.

Doppelte: Laut der „Süddeutschen Zeitung" vom 13.02.2014 hat das Bundeszentralamt für Steuern die 11-stellige persönliche Steueridentifikationsnummer, die eigentlich einzigartig wie ein Fingerabdruck sein soll, mehr als 164.400 Personen eine Ziffernfolge zugeteilt, die bereits vergeben war, oder dieselbe Nummer gleich zweimal.

Plausibilität: Der Spiegel veröffentlichte 2004 ein Hochschulranking, in dem er Einrichtungen sogar auf vorderen Rangplätzen präsentierte, die in Wirklichkeit gar nicht existierten. Bei den Informatikern boten z.b. die ersten drei Plätze den Diplom-Studiengang Informatik gar nicht an (zu weiteren lehrreichen Fehlern dieses „Rankings" vgl. Schendera, 2006).

Einheitlichkeit: Die NASA verlor am 23. September 1999 einen 125 Millionen Dollar teuren Satelliten, weil ein Team von Ingenieuren mit metrischen Einheiten arbeitete, ein anderes Team jedoch mit englischen Einheiten.

Plausibilität: Die WestLB entdeckte bei der Prüfung der Fusion zweier britischer TV-Geräte-Verleiher einen millionenschweren Rechenfehler. Der Fehler in der komplexen Transaktion habe über 500 Millionen (sic) Euro ausgemacht. Aufgrund falscher Daten überschätzte die britische Supermarktkette Tesco ihre Gewinnerwartung „nur" um rund 300 Millionen Euro. Im Zusammenhang mit von Dritten gefälschten Studiendaten verloren 2014 die Aktien des Biotec-Unternehmens **Evotec** zeitweise bis zu einem Viertel ihres Wertes.

Einheitlichkeit: Die FleetBoston Financial Corp. scheiterte z.B. 1996 trotz eines millionenschweren Budgets daran, Kundendaten zusammenzuführen, weil unterschätzt wurde, wie schwierig und zeitaufwendig es sein kann, Daten aus 66 Systemen zu vereinheitlichen und zusammenzuführen.

Korrektheit: Seit 2008 zirkulieren in Chile 50 Peso-Münzen, auf denen anstelle von CHILE nachlässigerweise CHIIE geprägt wurde. Es wurde entschieden, die Münzen nicht aus dem Verkehr zu ziehen, den Manager der staatlichen Münze allerdings schon. Im August 2014 wurden die beiden Satelliten Galileo Sat-5 und Sat-6 in der falschen Umlaufbahn ausgesetzt. Zu Ursache und Ausmaß des Schadens gibt es noch keine konkreten Zahlen.

Missings: Die Steuerbehörde von Alaska löschte z.B. im Juli 2006 versehentlich sowohl das Daten- wie auch das Backup-Laufwerk. 800.000 Dokumente mussten allesamt monatelang neu eingescannt, geprüft und bearbeitet werden.

Plausibilität: Die GEZ versandte z.B. Gebühren-Mahnbescheide nicht nur an Tote, sondern sogar an prominente Tote, z.B. an Friedrich Schiller oder den Rechenmeister Adam Ries (er prägte die Wendung „nach Adam Riese"). Ries ist allerdings seit 1559 nicht mehr in der Lage des mitunter zweifelhaften Vergnügens, Radio und Fernsehen zu konsumieren.

Plausibilität: Anfang 2014 sandte die Schweizer coop Bank (im mehrheitlichen Besitz der Basler BKB) bestimmte Kontoabschlüsse an die falschen Adressaten. Diese Fehlzustellungen erlaubten einen detaillierten Einblick in die Vermögens- und Einkommensverhältnisse Dritter, darunter u.a. Kontoauszug und die Steuerbescheinigung mit dem vorhandenen Kapital oder der Zinsausweis, über den allein sich Rückschlüsse auf die vorhandenen Mittel machen ließen. Dieser GAU löste aus: entrüstete Kunden, ein unangenehmes mediales Interesse und die Aufmerksamkeit von Bankenaufsicht und Staatsanwaltschaft u.a. wegen der fahrlässigen Verletzung des Bankgeheimnis. Nur wenige Wochen später erhielten hunderte Angestellte beim Wirtschaftsprüfer PricewaterhouseCoopers in Zürich die Lohnauszüge ihrer Kollegen und damit auch Einsicht in deren Lohn, Steuern und Sozialleistungen für das ganze Vorjahr…

Die Kriterien der Datenqualität hängen miteinander zusammen und bauen aufeinander auf. „Vollständigkeit", „Einheitlichkeit", „Doppelte" sowie „Missings" bilden dabei die unterste Ebene einer Kriterien-Hierarchie (z.B. Schendera, 2007, 4), die in „Plausibilität" mündet, einen Zustand („Reife", „Fitness", „Qualität") der Daten, der eine deskriptive Statistik überhaupt erst gestattet.

Vollständigkeit

Vollständigkeit definiert Schendera (2007, 3), dass die Anzahl der Daten in einem schlussendlich vorliegenden Analysedatensatz exakt der Summe der gültigen und fehlenden Werte in einer strukturierten Umgebung entspricht, also z.B. in einer Tabelle, Fragebogen, Teildatensätzen usw. Vollständigkeit ist *die* wichtigste Voraussetzung, mit der Präzisierung, es muss sich um den richtigen Datensatz handeln. Den falschen Datensatz (u.a. auf Vollständigkeit) zu überprüfen, ist einer der größten Fehler, die passieren können.

> ● Beispiel Fußball
> Ein Team auf dem Platz ist vollständig, wenn es zumindest anfangs aus 11 Spielern besteht. Scheidet ein Spieler wegen roter Karte oder Verletzung (nach Erschöpfung des Wechselkontingents) aus, setzt sich die Anzahl der Spieler aus den Spielern auf dem Platz und auf der Bank zusammen. Beide Werte zusammen, Spieler auf dem Feld (gültig), Spieler auf der Bank (missing), bilden den Referenzwert 11.

Missings

Missings sind fehlende Einträge (Zahlen, Strings) in einer Tabelle. Missings definiert Schendera (2007, 119) entsprechend so: Während Einträge die Anwesenheit einer Information anzeigen, repräsentieren Missings das Gegenteil, die Abwesenheit von Information. Der Umgang mit Missings ist durchaus komplex und hängt letztlich von Ursache, Ausmaß und u.a. auch Mustern der Missings ab. Missings können zu einem Verwechseln von theoretischem Maximum (Anzahl der Zeilen) mit der Anzahl der gültigen Werte (Schendera, 2007, 129ff.) verführen. Der Fehler kann z.B. bei der Berechnung des Mittelwerts zwei Gesichter annehmen: (i.) Wenn durch die Anzahl der theoretisch möglichen Fälle dividiert, jedoch als *Mittelwert* auf der Basis gültiger Fälle *interpretiert* wird. (ii.) Wenn durch die Anzahl der gültigen Fälle dividiert, jedoch als *Mittelwert* auf der Basis aller theoretisch möglichen Fälle *interpretiert* wird (vgl. Schendera, 2012, 32ff.). In den Abschnitten 4.2 und 4.3 wird der Einfluss von Missings auf Maß- und Streumaße veranschaulicht werden.

● Beispiel Fußball
Jeder Spieler, der wegen roter Karte oder Verletzung (nach Erschöpfung des Wechselkontingents) das Team verkleinert. Diese Spieler *fehlen* dem Team. Die Gründe für das Fehlen sind i. Allg. offiziell und kommuniziert.

Ausreißer

Ausreißer sind auffällige Werte, nicht notwendigerweise falsche Werte, sondern können u.U. auch Werte sein, die richtig und genau, aber erwartungswidrig sind (Schendera, 2007, 165). Ausreißer haben viele Gesichter. Ein typisches Beispiel sind z.B. extrem hohe Werte, wo nur niedrige erwartet werden. Dieser Typ Ausreißer gefährdet z.B. die Robustheit vieler statistischer Maße und Verfahren. Der Mittelwert sollte z.B. dann nicht berechnet werden, wenn solche Ausreißer vorliegen, weil er dadurch als Lokationsmaß für die eigentliche Streuung der Daten völlig verzerrt wird. Ausreißer sind immer vor einem Erwartungshorizont zu interpretieren. „Die Kunst besteht [bei Ausreißern] wahrscheinlich auch darin, von den eigenen Erwartungen abweichen zu können" (Schendera, 2007, 166).

● Beispiel Fußball
Die Summen, die auf dem internationalen Transfermarkt genannt werden, sind ein ideales Beispiel für Ausreißer. Für Cristiano Ronaldo, Gareth Bale bzw. Zinédine Zidane wurden (jeweils von Real Madrid) bezahlt: 94, 91 bzw. 73,5 Millionen Euro. Die Frage, die sich bei Ausreißern stellt, ist: Stimmt die Zahl nicht oder die Erwartungshaltung gegenüber dieser Zahl? Was bei Gehältern auf dem Transfermarkt eher nachvollziehbar ist, dient auch der Bekämpfung von Wettbetrug: Hier dienen u.a. auffällig hohe oder viele Wetten als Hinweise auf Spielmanipulation.

Einheitlichkeit

Einheitlichkeit hat wie Ausreißer viele Gesichter. Für Einträge in einer Datentabelle bedeutet Einheitlichkeit z.B., dass die Namen von Personen oder Orten gleich geschrieben werden. Für die weiteren Ebenen wie z.B. Datendatei, von numerischen Variablen, Labels für Variablen und Werte und besonders von ungewöhnlichen Abkürzungen (Akronymen) und Datumsangaben wird auf Schendera (2007, Kap. 4) verwiesen.

- **Beispiel Fußball**

  Ganz klar, die Farben einer Mannschaft (außer des Goalies). In der medialen Kommunikation (z.b. Nachrichten oder Übertragungen) z.b. auch einheitliche Abkürzungen der Namen der Fußballvereine: FCB kann für Bayern München und SVW für Sportverein Werder Bremen stehen. Einheitliche, aber *verschiedene* Abkürzungen *verschiedener* Teams erleichtern das Wiedererkennen und verringern die Verwechslungsgefahr.

Doppelte

Werte oder sogar komplette Datenzeilen werden als „Doppelte" (Doubletten, Duplikate) bezeichnet, wenn sie mehrfach vorkommen, obwohl sie es nicht dürfen. Doppelte schränken u.a. die Varianz ein und gefährden Tests auf Unterschiede zwischen Gruppen.

- **Beispiel Fußball**

  Doppelte Rückennummern gibt es in einer Mannschaft während eines Spiels i. Allg. nicht. Ein „Doppel-Pack" ist im Fußball gerne gesehen (wenn also ein Spieler *zwei* Tore schießt), diese Tore dürfen insgesamt zweimal gezählt werden. Unzulässig ist jedoch, wenn *ein* Tor doppelt gezählt wird. Solche unerwünschten Doppelten sind in Spielständen und in Datentabellen auszuschließen.

„Plausibilität"

Das Prüfen auf Plausibilität setzt das Einhalten *aller* bislang vorgestellten Kriterien voraus. Für alle bislang vorgestellten Kriterien gilt, dass Fehler zum Zeitpunkt einer Analyse auf jeden Fall nichts mehr im Datensatz verloren haben. Am einfachsten lässt sich Plausibilität über die Anwendung eines Ausschlusskriteriums prüfen. Dieses Vorgehen gleicht einem Hypothesentest, wobei das Ziel jedoch nicht das Annehmen/Verwerfen von statistischen Hypothesen, sondern das Anwenden von Prüfregeln zum Ausschließen bestimmter Ereignisse ist: Gibt es z.b. aktive Bundesligaspieler, die über 80 Jahre alt sind? Dieses Ereignis darf z.b. eigentlich nicht auftreten. Oder: Hat z.b. bei nur zwei in der Datei protokollierten Teams die Teamzugehörigkeit dennoch mehr als zwei Ausprägungen? Auch dieses Ereignis darf eigentlich nicht auftreten usw. Die Überprüfung auf Widerspruchsfreiheit unterstützt die inhaltliche Plausibilität der erfassten Daten.

● **Beispiel Fußball**

Europol berichtete zu Anfang 2013, dass es zwischen 2008 und 2011 mehrere hundert manipulierte Fußballspiele gegeben haben soll. Identifiziert werden diese Spiele u.a. über nichtplausibel viele Wetten oder nichtplausibel hohe Wetten. Werden bestimmte Schwellenwerte überschritten, lösen Prüfregeln einen Hinweis aus.

✋ Checkliste

Mit diesen Spielverderbern kann ich rechnen:

- Vollständigkeit
- Einheitlichkeit
- Doppelte
- Missings
- Ausreißer
- Plausibilität

Ein Spielverderber kommt selten allein, sondern bringt gern ungefragt „Freunde" zum „Dirty Data Dancing" mit. Da mich dieses Thema interessiert, weiß ich jetzt auch, dass z.B. Kapitel 6 in diesem Buch und Schendera (2007) weiterhelfen könnten.

3.4 Auszeit: Was sind Datentabellen? Am Beispiel einer Bundesligatabelle

> „Ich glaube, dass der Tabellenerste jederzeit den Spitzenreiter schlagen kann."
> Berti Vogts

Meist wird eine deskriptive Statistik durch Analysesoftware und nicht mehr von Hand ermittelt. – Obwohl gerade Letzteres bei nicht allzu großen Datenmengen viel zum Verständnis beitragen kann. – Analysesoftware erwartet wiederum, dass die Daten, für die die deskriptive Statistik ermittelt werden soll, in Form von Tabellen vorliegen. Was sind „Tabellen" eigentlich? Dieser Abschnitt führt am Beispiel der Tabelle der 1. Bundesliga am letzten Spieltag der Saison 2011/2012 („Abschlusstabelle") in sogenannte Datentabellen ein.

> ### Bestandteile einer Tabelle
> - **Senkrecht**: *Spalten:* Synonyme sind: Felder, Variablen, Attribute, columns, fields.
> - **Waagerecht**: *Zeilen:* Fälle, Datensätze, Tupel, Beobachtungen, observations, records, cases, rows.
> - **In der Überschneidung**: Zellen, Cells.
> - **In Zellen**: *Einträge* (Werte, Zahlen, Texte, Strings; Codes für Missings) bzw. *Missings* (Datenlücken).
>
> Eine Tabelle ist die Gesamtheit aller Zeilen, Spalten und Zellen. Synonyme sind: Datei, Datensatz, Datentabelle. Im Gegensatz zu eventuell anderen Terminologien ist mit „Datensatz" immer die *Gesamtheit* aller Zeilen gemeint (auch wenn eine Datei nur eine Zeile enthalten sollte).

Eine Datentabelle enthält in den *Spalten* i. Allg. die (verschiedenen) Werte zum selben Thema und in den *Zeilen* dieselben Merkmalsträger und die Werte verschiedener Themen. Zu den bekanntesten Datentabellen gehören z.B. die Ranglisten der 1. Bundesliga. Die nachfolgende Abbildung zeigt z.B. die Ränge am letzten Spieltag der Saison 2011/2012.

Platz	Verein	Spiele	G	U	V	Tore_1	Tore_2	Diff	Pkt
1.	Borussia Dortmund	34	25	6	3	80	25	55	81
2.	FC Bayern München	34	23	4	7	77	22	55	73
3.	FC Schalke 04	34	20	4	10	74	44	30	64
4.	Borussia Mönchengladbach	34	17	9	8	49	24	25	60
5.	Bayer 04 Leverkusen	34	15	9	10	52	44	8	54
6.	VfB Stuttgart	34	15	8	11	63	46	17	53
7.	Hannover 96	34	12	12	10	41	45	-4	48
8.	VfL Wolfsburg	34	13	5	16	47	60	-13	44
9.	SV Werder Bremen	34	11	9	14	49	58	-9	42
10.	1. FC Nürnberg	34	12	6	16	38	49	-11	42
11.	1899 Hoffenheim	34	10	11	13	41	47	-6	41
12.	SC Freiburg	34	10	10	14	45	61	-16	40
13.	1. FSV Mainz 05	34	9	12	13	47	51	-4	39
14.	FC Augsburg	34	8	14	12	36	49	-13	38
15.	Hamburger SV	34	8	12	14	35	57	-22	36
16.	Hertha BSC Berlin	34	7	10	17	38	64	-26	31
17.	1. FC Köln	34	8	6	20	39	75	-36	30
18.	1. FC Kaiserslautern	34	4	11	19	24	54	-30	23

Abb. 9: Ränge am letzten Spieltag der Saison 2011/2012

In dieser Datentabelle können Sie erkennen, dass die erste Zeile die Bezeichnungen der Spalten enthält, z.B. „Verein" für die Namen der Mannschaften, „Tore_1" für die geschossenen Tore oder auch „Punkte" für die erzielten Punkte. In den weiteren Zeilen sind die dazugehörigen Werte eingetragen, z.B. für den „Fall" Borussia Dortmund die Anzahl der Spiele (34), davon gewonnen (25), unentschieden (6) bzw. verloren (3), die geschossenen Tore (80) und die kassierten Tore (25), die Differenz daraus (55) sowie den Punktestand (nach 34 Spieltagen).

Für später ist wichtig zu wissen, dass Analysesoftware diese und andere Datentabellen immer *zeilenweise*, und *von oben nach unten* auswertet. Möchten Sie also einen Mittelwert der erzielten Tore von Borussia Dortmund, des FC Bayern, und von Schalke 04 usw. ermitteln, geht eine Analysesoftware standardmäßig die Einträge in der Spalte TORE_1 von 80 (Dortmund) bis 24 (Kaiserslautern) durch. Diese Vorgehensweise der Software hat natürlich Konsequenzen, wenn Sie Datentabellen *spaltenweise* analysieren wollen. Weiter unten werden drei Möglichkeiten vorgeschlagen, was Sie tun können, wenn Sie eine Datentabelle *spaltenweise* auswerten möchten.

- **Zeilen und Spalten**: Eine Tabelle enthält während einer Analyse in den *Spalten* **immer** nur die meist variierenden Werte zum selben Thema und in den *Zeilen* immer nur Werte, die zu einer Beobachtung gehören. Zurückübertragen auf die Bundesligatabelle bedeutet dies: Eine Mannschaft bildet eine Zeile und ist damit ein „Fall" bzw. eine „Beobachtung". Die verschiedenen Themen (z.B. gewonnene/verlorene Spiele, Tore, Punkte etc.) sind inhaltlich trennscharf auf verschiedene Spalten verteilt. Eine Mannschaft bildet eine Zeile und ist damit ein Fall bzw. eine Beobachtung. Anders ausgedrückt: In *einer* Spalte sind die verschiedenen Ausprägungen eines Themas festgehalten. Die Spalte „G" enthält z.B. verschiedene Werte für die Anzahl der gewonnenen Spiele. Eine Zeile sollte nicht verschiedene Inhalte enthalten, z.B. nach einer Reihe Werte für gewonnene Spiele die Werte für die verlorenen Spiele, ohne dass diese Inhalte über entsprechende Kodes oder Schlüssel identifizierbar sind. Die Zeile „Borussia Mönchengladbach" enthält z.B. alle Themen für dieselbe Mannschaft, also verschiedene Inhalte, die jedoch zum selben Gegenstand gehören.

- **Zellen I: Eine Information**: Eine Tabelle sollte pro Zelle immer nur eine eindeutige Information enthalten. Der VfB Stuttgart hat z.B. in der Spalte „Tore_1" (geschossene Tore) bzw. „Tore_2" (kassierte Tore) nur jeweils einen Wert (z.B. 63 bzw. 46). Was Sie also nicht machen sollten, sind z.B. mehrere Werte in eine Zelle einzutragen, z.B. in der Form „63,46". Je nach voreingestellter Interpunktion ihrer Analysesoftware können diese mittels eines Kommas getrennten Zahlen entweder als Kommazahl, also z.B. 63,46 oder sogar auch als Text fehlinterpretiert werden. Sie sollten z.B. auch nicht in einer Spalte *zwei* Werte eintragen und stattdessen diese *eine* Spalte mit *zwei* Überschriften versehen. Anhand der Tore könnte dies z.B. so aussehen: In der ersten Zeile steht „Tore: geschossen:kassiert" und in den Zellen für z.B. Dortmund, Bayern bzw. Schalke steht: „80:25", „77:22", und „74:44". Für einen Menschen sind diese Informationen als Zahlen und Verhältnisse intuitiv interpretierbar, für die Software, die die Analyse vornehmen soll, jedoch nicht. Analysesoftware würde diese Einträge ggf. als Text interpretieren und aus Text lassen sich keine Differenzen bilden. Für die weitere Analyse müssten diese „exotischen" Einträge über mitunter komplexes Daten-Management erst vorbereitet werden. Enthält eine Zelle einen Eintrag, wird er als *gültiger Wert* bezeichnet.

- **Zellen II: Eigenschaften**: Die Information in einer Zelle (sei es eine Zahl, sei es Text) hat auch bestimmte *Eigenschaften*, die sogenannten Attribute. Zu diesen Eigenschaften gehören u.a. die Unterscheidungen, ob es sich um Text oder eine Zahl handelt, ob es spezielle Zahlen sind (mit/ohne Nachkommastellen, Währung, Datumsformate) oder wie lang der Text ist. Woher soll es die Analysesoftware sonst wissen? Standardmäßig kann man jedoch davon ausgehen: Werden in einer Spalte nur Zahlen eingegeben, dann erkennt die Analysesoftware die Datenspalte automatisch als numerisch. Wird in einer Spalte an einer Stelle jedoch anstelle einer 0 (Null) versehentlich ein O (großes O) eingegeben, so wird die Analysesoftware die Datenspalte automatisch als Text interpretieren. Diese Eigenschaften (Attribute) werden in späteren Abschnitten vorgestellt werden.

- **Zellen III: Missings**: Enthält einen Zelle gar keinen Eintrag, fehlt also ein Wert, wird dieser Wert als *Missing*, als fehlender Wert, bezeichnet. Eine *leere* Zelle, eine Zelle, für die also keine Information (Zahl, Text) vorliegt, sollte in der Tabelle nicht leer bleiben, sondern kodiert werden (z.B. mit Kodes, die idealerweise den Grund für das Fehlen des betreffenden Wertes dokumentieren). Dadurch würde der Anwender wegen dieses Kodes *wissen, dass* an dieser Stelle eine *kontrolliert leere* Zelle vorkommt. Fehlen dann immer noch leere Zellen, so weiß die vorausschauende Anwenderin, dass es sich um echte Datenfehler handelt. Das Thema der Missings wird in den Abschnitten 6.4 sowie 4.2 und 4.3 wieder aufgenommen.

- **Schlüssel (Keys)**: Jede Zeile sollte mittels *mindestens* eines sog. Schlüssels (syn.: Primärschlüssel, Key, ID) eindeutig identifizierbar sein. Ein Schlüssel ist i. Allg. *unique* und identifiziert dadurch eindeutig eine Zeile in einer Tabelle; nicht ihre (relative) Position in der Tabelle, die sich durch Sortieren ja immer verändern kann. Im Beispiel der Bundesligatabelle kann z.B. die Spalte „Verein" zur zweifelsfreien Identifizierung der Zugehörigkeit der Inhalte der Zeile verwendet werden. Auch wenn z.B. die Datentabelle komplett „abwärts" sortiert wäre und es stünde daher z.B. der 1.FC Kaiserslautern an der ersten Zeile, so wüsste man immer noch, dass die Inhalte der Zeile des „Hamburger SV" zum HSV, die von „SV Werder Bremen" zu Werder Bremen usw. gehören. Soweit, so trivial. *Allerdings* eröffnet ein Schlüssel die Möglichkeit, die betreffende Datentabelle z.B. mit Bundesligatabellen aus anderen Spielzeiten zu verbinden, sofern immer dieselben Schlüssel unverändert verwendet werden. *Gleiche* Schlüssel (z.B. gleiche Abkürzungen für verschiedene Teams) führen allerdings nicht nur zu Verwechslungsgefahr, sondern auch zu fehlerhaften Ergebnissen beim Zusammenfügen. Da könnten über „SVW" die Daten des **S**portvereins **W**erder Bremen in diejenigen von **SV W**ehen Wiesbaden geraten. Schlüssel sind für das Joinen von zwei oder mehr Tabellen essentiell und dürfen daher weder gelöscht oder verändert werden (vgl. Schendera, 2011). Gäbe es keinen Schlüssel, z.B. keine Spalte „Verein", so wäre die Verknüpfung von Bundesligatabellen der Jahre 2011/12 und 2012/13 umständlich, die größerer Datenmengen vermutlich gar nicht mehr möglich.

Dieses Buch wird überwiegend die Begriffe *Datentabelle, Zeilen, Spalte* und *Zelle* verwenden. In anderen Anwendungsbereichen sind oft weitere Begriffsvarianten gebräuchlich. In SAS oder SPSS wird z.B. eine Datendatei als Datensatz, eine Datenzeile als Beobachtung und eine Datenspalte als Variable bezeichnet. In SQL wird z.B. eine Datentabelle als Tabelle, eine Datenzeile als Zeile und eine Datenspalte als Spalte bezeichnet. Die Bezeichnungen bei RDBMS lauten wieder etwas anders. Andere Modelle oder Modellierungssprachen verwenden wieder eine andere Terminologie.

Weiter oben wurde darauf hingewiesen, dass Analysesoftware Datentabellen immer *zeilenweise*, also von oben nach unten, auswertet. Möchten Sie also einen Mittelwert der erzielten Tore von Borussia Dortmund, des FC Bayern, und von Schalke 04 usw. ermitteln, geht die Analysesoftware standardmäßig die Einträge in der Spalte TORE_1 von 80 (Dortmund) bis 24 (Kaiserslautern) durch.

Allerdings sollten Sie damit rechnen, dass nicht alles, das unkompliziert zeilenweise berechnet werden kann, genauso unkompliziert spaltenweise berechnet werden kann. Möchten Sie z.B. die Datentabelle *spaltenweise* auswerten, kann die Situation etwas komplizierter werden. Nehmen wir der Einfachheit halber an, Sie möchten den Durchschnittswert aller Einträge in einer Zeile ermitteln. Also z.B. bei 1899 Hoffenheim usw. den Durchschnittswert aus den Einträgen in „G", „U", „V", „Tore_1" und Tore_2" sowie „Punkte": 10, 11, 13, 41, 47 sowie 41 (nicht, weil dies bei der Bundesligatabelle besonders viel Sinn macht, sondern nur um herauszufinden, ob es funktioniert). An dieser Stelle eröffnen Sich Ihnen nun zwei, eigentlich sogar drei Möglichkeiten:

- **Transponieren**: Beim Transponieren „drehen" Sie die komplette Datentabelle. Damit wären die Werte 10, 11, 13, 41, 47 sowie 41 wieder untereinander angeordnet und können wieder standardmäßig zeilenweise ausgewertet werden. Die Möglichkeit des Transponierens bietet sich vor allem dann an, wenn Sie weitere oder komplexere Analysen über größere Datenmengen vornehmen möchten, z.B. eine Q-Typ-Faktorenanalyse (das Analyseziel einer Typ-Q-Faktorenanalyse ist das Bündeln von Fällen, also eine Art Clusteranalyse; vgl. Schendera, 2010, 280ff.). In einer solchen Situation wird von einer normalen Datentabelle oft auch eine transponierte Version angelegt, um sich mühsames Hin- und Herüberlegen wie z.B. bei der zweiten Möglichkeit zu ersparen.

- **Spaltenweise Auswertungsfunktion**: Bei dieser Möglichkeit lassen Sie die Datentabelle in der ursprünglichen Ausrichtung; Sie drehen sie also nicht. Sie wählen für Ihre Analyse die gewünschte Auswertungsfunktion, z.B. in diesem Falle das *spaltenweise* Berechnen des Mittelwerts. Die Möglichkeit des Anwendens der korrekten Auswertungsfunktion ist vor allem dann von Vorteil, wenn das Transponieren nicht erforderlich oder extrem aufwendig ist, z.B. bei sehr umfangreichen Datenmengen oder komplexen Datenstrukturen. Sie können davon ausgehen, dass Analysesoftware zur deskriptiven Statistik mehr oder weniger denselben Funktionsumfang bereitstellen; nicht notwendigerweise bei den „höheren" Funktionen, die jedoch nicht Gegenstand dieser Einführung in die deskriptive Statistik sind.

- **In der vorrangig benötigten Ausrichtung anlegen**: Wenn Sie Ihre Datentabelle erst noch für die Dateneingabe anlegen, ist es eine Überlegung wert, kurz innezuhalten und festzulegen, ob die Datentabelle *für die Analyse* vorrangig zeilen- oder spaltenweise angelegt werden soll. Diese Situation kann vor allem beim Vorbereiten von Zeitreihendaten oder (zeitlich kürzeren) Messwiederholungen eintreten. Die Erfahrung zeigt allerdings, dass Tabellenausrichtungen, die für die Analyse geeignet sind, nicht immer auch *für die manuelle Dateneingabe* geeignet sein brauchen. Anwender mögen dies berücksichtigen.

Erfahrungsgemäß können Datentabellen in den unterschiedlichsten Formaten und Größenordnungen vorkommen. Von Text-Formaten (*.csv, *.dat, *.txt,), PC-Formaten (wie z.B. Microsoft Access bzw. Excel, Lotus 1-2-3, DBF, JMP, SPSS, Stata, Paradox, Por-Formaten) bis hin zu DBMS/DWH-Formaten (wie z.B. Aster, DB2, Greenplum, Informix, Microsoft SQL Server, MySQL, Netezza, ODBC, OLE DB, Oracle, SAS, Sybase, Teradata).

Datentabellen und Arbeitsmappen

In der Liste von Formaten zu Datentabellen sind u.a. auch Formate von Tabellenkalkulationsprogrammen aufgeführt. Die bekanntesten sind Microsoft Excel oder Lotus 1-2-3. Es gibt viele Gemeinsamkeiten von sog. Arbeitsmappen (z.B. EXCEL- oder LOTUS-Tabellen) mit echten Datentabellen (z.B. SAS Datei: Aussehen, Strukturierung oder auch gleichermaßen geeignet sein für kleinere Datenmengen mit *zentralen* Unterschieden: In einer Arbeitsmappe können alle Zellen unabhängig voneinander organisiert (z.B. sortiert) werden; in einer Datentabelle kann eine Spalte dagegen *nicht* unabhängig von den weiteren Einträgen in einer Zeile sortiert werden. Was dies bedeutet? Passt man beim Sortieren einer Arbeitsmappe nicht auf, können die Punkte von Bayern München durchaus beim HSV landen... In einer Arbeitsmappe können auch u.a. Formeln und Makros direkt hinterlegt werden, in den Zellen einer echten Datentabelle nicht. Dort sind sie z.B. in separaten Bibliotheken, Programmen oder Stored Processes hinterlegt, aber nicht in der Tabelle selbst. Weil nun die Zellen der Arbeitsmappe mehr als nur Daten enthalten (u.a. Formeln, Verweise usw.), sind sie in der Verarbeitung oft langsamer. Anwender unterschätzen die Arbeit mit Arbeitsmappen häufig genug derart, dass sie Fehler zulassen, die *Milliarden*

Dollar kosten, z.B. JPMorgan Chase beim Risk Monitoring oder auch Fannie Mae (CNN Money, 2013). Weil es hier um nicht unerhebliche Summen geht, stellen Banken nun zunehmend von Tabellenkalkulationsprogrammen auf professionelle Statistiksoftware um.

Die Größenordnungen können dabei von einigen KB auf PC Files bis hin zu PB auf Data Warehouses (DWH) reichen. Die Datentabellen können dabei durchaus so einfach strukturiert sein wie die eingangs vorgestellte Bundesligatabelle. Nur ein bisschen größer: Vom Data Warehouse von eBay ist z.B. bekannt, dass es bereits 2011 über 17 Trillionen Zeilen enthielt und um 150 Milliarden Zeilen täglich wuchs (vgl. Schendera, 2011, V). Bretting (2014, 29) sagt für 2020 ein Volumen von 44 Zetabyte als voraussichtliche Datenmenge im digitalen Universum vor. Allerdings gilt auch hier keine andere, sondern dieselbe deskriptive Statistik…

> ✋ Checkliste
>
> **Eine Tabelle besteht aus**
>
> - **senkrecht**: *Spalten:* Synonyme sind: Felder, Variablen, Attribute.
> - **waagerecht**: *Zeilen:* Fälle, Datensätze, Beobachtungen.
> - **in der Überschneidung**: Zellen.
> - **in Zellen**: *Einträge* (Werte, Zahlen, Text, *Codes* für Missings) bzw. *Missings* (Datenlücken).
>
> **Eine Tabelle enthält nicht**: Makros, Formeln, Verweise, Bilder usw.

3.5 Was kann ich an meinen Daten beschreiben? Ein big picture …

So, ich sitze nun vor meinen Daten… Es poppt die Frage auf: Was kann ich an meinen Daten beschreiben? Wurde ein Analyseplan (SOP, Standard Operation Procedure) erstellt, der idealerweise *vor* einer Erhebung *auch* die Analyse festlegt (vgl. auch Schendera, 2007, 393–404), *scheint* diese Frage bereits weitestgehend beantwortet:

102 Deskriptive Statistik

- Studienziele und zu prüfende Hypothese,
- Studien-/Analysedesign und ggf. Treatment,
- Ein- und Ausschlusskriterien von Fällen,
- Deskriptive und statistische Analysemethoden und –parameter,
- Primäre und sekundäre Analysedaten (Variablen),
- Festlegung der Rollen der Variablen: Klassifikation, Faktor usw.,
- Festlegung der beschreibenden Elemente: Parameter, Tabellen und Grafiken.

Allerdings: Die Annahme, eine deskriptive Statistik braucht sich auf die Analyse der in einer Tabelle *anwesender* (vorliegender) Daten zu beschränken, verkennt ihre Möglichkeiten. Tatsächlich kann eine deskriptive Analyse auch so ausgerichtet werden, dass sie auf die Beschreibung *abwesender* (ausgeschlossener) Information erweitert werden kann. In der Mitte dieses Unterkapitels findet sich ein Schaubild, das die Möglichkeiten der Analyse einer Datendatei aufzeigt, ab dem Moment, in dem man vor den Daten sitzt. Was wissen wir noch aus Abschnitt 3.1?

> *Wenn* ein Sampling Frame eine Zielgesamtheit annahmengeleitet perfekt definiert (und damit weder Over- noch Undercoverage zu verzeichnen sind) und *wenn* die konkrete Erhebung keine Ausfälle hat, dann entspricht die Inferenzpopulation (sei es Vollerhebung, sei es Stichprobe) der Erhebungsgesamtheit und diese wiederum der Zielgesamtheit.

Dieses Statement beschreibt ein Ideal. Was bedeutet das? Der Datensatz ist auf Abweichungen von diesem Ideal zu prüfen: Die erste Prüfung zielt auf die Prüfung folgender Frage ab: **Enthält die Datei Fälle, die zwar erhoben wurden, aber gar nichts mit dem Studienziel zu tun haben bzw. gegen Ein- bzw. Ausschlusskriterien verstoßen?**

> ✋ Beispiel
>
> Eine Analyse über Produkt A enthält auch Einträge zu einem (älteren) Produkt B. Eine Analyse von Daten aus 2014 enthält auch Daten aus 2012. Eine Studie zu Brustkrebs (von Frauen) enthält auch Daten von Männern usw.

Die erste Maßnahme ist, die inhaltlich nicht passenden Einträge aus der Datendatei zu filtern. Aus der Analyse über Produkt A sind die Einträge zu Produkt B auszufiltern. Für die Analyse der Daten aus 2014 sind die Daten aus 2012 auszufiltern. Für die Analyse des Brustkrebses von Frauen sind Daten von Männern auszufiltern. Dieser Schritt fokussiert zwar das Datenmanagement, vorranging das Ausfiltern von Daten, *kann* aber auch die Beschreibung des Overcoverage (der „zuviel", weil nicht inhaltlich passenden Daten) umfassen, falls dieser Anteil relevant werden könnte, z.B. für die Funktionsweise des Sampling Prozesses bzw. des Sampling Frames selbst. Der nächste Schritt beurteilt die Datentabelle daraufhin, ob sie Missings enthält oder nicht. Was wissen wir noch aus Abschnitt 3.1 über Missings?

> **Missings** (Ausfälle) sind ein Hinweis darauf, dass die Inferenzpopulation womöglich *nicht* deckungsgleich mit der Erhebungsgesamtheit ist, was eine gewisse Zurückhaltung bei der *Interpretation* der erstellten deskriptiven Statistik nahelegt.

Dass eine Datentabelle ohne Missings, also lückenlos ist, ist ebenfalls ein Ideal. Dies bedeutet: Der Datensatz ist auf Missings zu prüfen: Die zweite Prüfung zielt auf die naheliegende Frage ab:

Enthält die Datei Missings?

Enthält die Datentabelle keine Missings, kann mit der deskriptiven Analyse gemäß SOP fortgefahren werden. Jeder deskriptive Parameter basiert auf derselben Anzahl an Fällen. Enthält die Datentabelle dagegen Missings, eröffnen sich zwei grundlegende Möglichkeiten der deskriptiven Analyse *mit* Missings: In der *fallweisen* Variante wird eine deskriptive Analyse gemäß SOP *mit* Missings durchgeführt. Je nach Analyse werden Missing z.B. fallweise ausgeschlossen. Die deskriptiven Parameter basieren i. Allg. auf *nicht* derselben Anzahl an Fällen. In der *gruppenweisen* Variante wird als Ausfallanalyse eine *vergleichende* deskriptive Analyse von Fällen *mit* und Fällen *ohne* Missings durchgeführt. Das Ziel dieser speziellen Analyse ist, Hintergrundinformationen darüber zu erfahren, warum z.B. jemand nicht erreichbar war oder an einer Studie nicht teilnehmen konnte oder wollte.

So weit, so gut. Diese *drei* Möglichkeiten der Analyse (und eigentlich der Interpretation) bieten sich an, wenn *eine* Datentabelle vorliegt (abgesehen vom Beschreiben des Overcoverage): Deskriptive Analyse gemäß SOP *ohne* Missings, deskriptive Analyse gemäß SOP *mit* Missings und bei Interesse auch eine Ausfallanalyse. Mit *Interpretation* ist gemeint, dass die Datentabelle je nach Datenlage (und Sampling Frame) als Abbild der Inferenzpopulation, der Erhebungsgesamtheit oder sogar der Zielgesamtheit interpretiert werden kann. Umso mehr, wenn weitere, externe Datentabellen vorliegen.

> ☝ Beispiel
>
> Wird die Stichprobe z.B. anhand des Telefonbuchs gezogen, fallen z.B. diejenigen heraus, deren Anschluss gar nicht im Telefonbuch verzeichnet ist. Diese „Dunkelziffer" kann recht hoch sein. Früher wurden Stichproben z.T. unter Berücksichtigung der praktischen Erreichbarkeit mittels öffentlicher Verkehrsmittel gezogen. Konsequenterweise fielen diejenigen heraus, die außerhalb dieser Infrastruktur wohnten; Erhebungen hatten durchaus das Ergebnis, dass überwiegend die Stadtbevölkerung, aber nicht die Landbevölkerung erfasst wurde. Dies wäre vergleichbar damit, dass z.B. die Häufigkeit, mit der jemand im Internet Musik downloadet, nur an Personen untersucht werden soll, die einen eigenen Internetanschluss haben. Als ob Personen ohne einen eigenen Internetanschluss keine Musik aus dem Internet downloaden würden… Eine Untersuchung der Beliebtheit eines Songs, die auf Verkaufszahlen basiert, unterschlägt z.B. die „Dunkelziffer" getauschter Kopien. Auch diese kann recht hoch sein. Eine Untersuchung der Medienaffinität, die nach einem Zufallsprinzip Fälle zum Medienkonsum werktags und tagsüber erfasst, schließt die einkommensstärkste Schicht der Mediennutzer aus. Die arbeitet erfahrungsgemäß tagsüber…

Ein nächster möglicher Schritt kann sein zu prüfen, ob zusätzliche Daten in weiteren Datentabellen verfügbar sind. Woran erinnert das Stichwort „Undercoverage" aus Abschnitt 3.1?

Undercoverage bezeichnet die Situation, wenn wichtige Facetten der Zielgesamtheit nicht im Sampling Frame eingeschlossen sind, wenn also wichtige Informationen in der zu analysierenden Datentabelle fehlen. Diese Information befindet sich also nicht *in* der Datentabelle, sondern in ihrem *Kontext*.

Die vorliegende Datensituation ist also daraufhin zu prüfen, ob externe Informationen vorliegen, die helfen, diese im Sampling nicht abgedeckten Informationen in einer weiteren deskriptiven Analyse zu berücksichtigen. Idealerweise liegen Daten vor, welche die nicht erhobenen Daten abdecken, sozusagen genau das Undercoverage enthalten. Die Frage ist also:

Liegen weitere Datentabellen vor, z.B. zum Undercoverage?

Liegen weitere Datentabellen vor, können für die Analyse mehrere Datentabellen zusammengeführt werden. Das Schema der Analysemöglichkeiten geht dazu „zurück auf Los". Die verschiedenen Datentabellen können zunächst auf systematische Unterschiede verglichen werden (was aufgrund des vermuteten Undercoverage weniger überraschen sollte). Eine Überraschung wäre eher, wenn keine Unterschiede zutage träten… Anschließend böten sich jeweils die Möglichkeiten der deskriptiven Analyse gemäß SOP *ohne* bzw. *mit* Missings, einer Ausfallanalyse und ggf. einschließlich eines Vergleichs zwischen ursprünglicher Datentabelle und z.B. nachgeliefertem Undercoverage.

106 Deskriptive Statistik

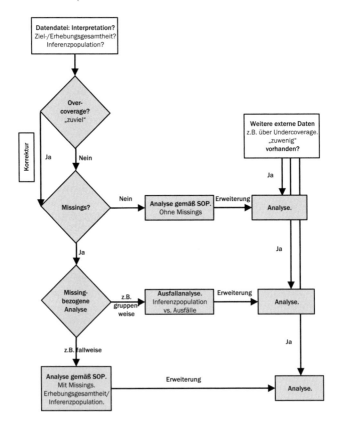

Abb. 10: Facetten der deskriptiven Analyse von Daten (Flussdiagramm)

Das Flussdiagramm schematisiert zusammenfassend eine mögliche Vorgehensweise für die deskriptive Analyse von Daten unter der Berücksichtigung von u.a. Missings und Gewichten.

Gehen wir zurück in das Stadion und betrachten ein Team auf dem Feld vor dem Anpfiff. Ob es gelb, rot, blau oder mausgrau ist, soll uns völlig gleich sein. Wir sind am Spiel interessiert. Nehmen wir nun an, dass das Spielfeld unser Datensatz ist, und das Team stellt die Daten dar, die wir auswerten wollen. Bei der Betrachtung eines

Teams während des Spiels, unserem Bild der Analyse von Daten, lassen sich drei grundlegende Szenarien unterscheiden.

> ✌ Szenario I: Team = Daten sind vollständig. **Prima!**
>
> Ein Team auf dem Platz ist vollständig, wenn es zumindest zu anfangs aus 11 Spielern besteht und es auch mit 11 Spielern beendet.
>
> Ein Datensatz gilt als vollständig, wenn er 11 Werte (seien es Zahlen, sei es Text) enthalten soll und auch tatsächlich enthält. Einen solchen Datensatz können Sie daran erkennen, dass jede Zelle der Datentabelle einen Wert enthält, also ausschließlich *gültige* Werte enthält.

Szenario II wird nun einen ersten Unterschied herausheben, nämlich, dass Teams und Datentabellen auch Lücken aufweisen können.

> ✌ Szenario II: Team = Daten sind unvollständig. **Warum?**
>
> Ein Team beginnt das Spiel anfangs mit 11 Spielern, es scheidet jedoch ein Spieler aus. Ein Team auf dem Platz beginnt vollständig, beendet das Spiel jedoch mit 10 Spielern (wenn es einen ganz schlechten Tag erwischt, mit noch weniger). Beide Werte zusammen, 10 Spieler auf dem Feld (gültig), 1 Spieler auf der Bank (fehlend, Missing), bilden in der Summe den Referenzwert 11. *Allerdings:* Zuschauern, die das Spiel nicht sahen, ist nicht bekannt, warum der Spieler auf der Bank ausschied (Gelb-Rote Karte, Rote Karte oder Verletzung nach Erschöpfung des Wechselkontingents) sind infrage kommende Erklärungen.
>
> Ein Datensatz gilt auch dann noch als *intern* vollständig, wenn die 11 Zellen der Tabelle anstelle von Zahlen oder Text auch gar nichts enthalten. Einen solchen Datensatz können Sie leicht daran erkennen, dass manche Zellen der Datentabelle keinen Wert enthalten, also *leer* sind. Ein Datensatz gilt allerdings als *extern* **unvollständig**, wenn er weniger *Zellen* enthält, als er enthalten sollte; z.B. wenn das Team mit 10 anstelle 11 Spielern angetreten wäre.

Szenario III wird nun einen weiteren dezenten Unterschied herausarbeiten, nämlich, dass ein Kode informiert, warum ein Spieler oder ein Wert fehlt.

✋ Szenario III: Team = Daten sind unvollständig. **Darum!**
Ein Team beginnt das Spiel anfangs mit 11 Spielern, es scheidet jedoch ein Spieler aus. Eine *Gelb-Rote Karte* ist die Ursache, die damit auch Zuschauer, die das Spiel nicht sahen, darüber informiert, warum der Spieler ausschied. Beide Werte zusammen, 10 Spieler auf dem Feld (gültig) und 1 *Grund*, warum der Spieler das Feld verließ), bilden in der Summe den Referenzwert 11. Im August 1986 soll es bei der Begegnung zwischen Club América (Mexico City) und Deportivo Guadalajara in der mexikanischen Primera División insgesamt 22 Rote Karten gegeben haben. Eine Rote Karte kann als Symbol, als *Kode* für den Grund des Fehlens auf dem Platz verstanden werden.

Ein Datensatz gilt als vollständig, wenn er 11 Werte (seien es Zahlen/Text) oder Kodes für Missings enthalten soll, und auch tatsächlich enthält. Einen solchen Datensatz können Sie daran erkennen, dass jede Zelle der Datentabelle einen Wert enthält. Die Zellen enthalten allerdings in Szenario III *gültige* Werte und *Kodes* für die Missings.

Diese drei Szenarien zeigen nun auf, was Sie an Ihren Daten beschreiben können. Szenario I ist der Idealfall (Gratulation!), Szenario II ist ein Übergang (keine Sorge, andere haben diese „Reise" auch geschafft) und Szenario III schlussendlich ist der Normalfall.

- Szenario I: **Komplette Datentabelle ohne Lücken und Kodes für Missings**: Es können die Einträge in den Zellen ausgewertet werden. Da keine Missings und auch keine Kodes für Missings vorkommen, spielen sie bei der Erstellung einer deskriptiven Statistik im Rahmen von Szenario I keine Rolle.
- Szenario II: **Datentabelle mit Lücken, also ohne Kodes für Missings**: Die Lücken (also die Abwesenheit von Information) sollten durch einen *Kode für den Grund* der Abwesenheit der Information ersetzt werden. Dieses Szenario ist eigentlich eine Prüfphase auf Datenqualität und wird in den Abschnitten 6.1 bzw. 6.4 erläutert werden. Ist dieser Schritt durchlaufen, ist man bei Szenario III angelangt.

- Szenario III: **Datentabelle mit Lücken, aber mit Kodes für Missings**: Die Datentabelle im Rahmen von Szenario III setzt sich aus vorhandenen Daten zusammen und auch aus der Information darüber, warum andere Daten nicht vorhanden sind.

Tabellen im Szenario III enthalten zwar im Verhältnis weniger Werte wie gleich große Tabellen im Szenario I, können aber, je nach Fragerichtung und der Verteilung der Daten ungleich interessantere Auskünfte geben. Ich komme nun zu meiner Ausgangsfrage zurück: Was kann ich an meinen Daten beschreiben?

- **Gültige (=anwesende) Werte in einer Tabelle**: Szenario I *muss*, Szenario III *kann* sich auf die deskriptive Analyse der vorliegenden Daten in der Tabelle beschränken. *Typische* Themen sind das Ermitteln deskriptiver Parameter (Lage-, Streuungs- und Formmaße), ihre Tabellierung und Visualisierung.
- **Missings (=Kodes für abwesende Werte) in einer Tabelle**: Szenario III *kann* sich (i.) ausschließlich mit der deskriptiven Analyse der abwesenden Daten befassen, und (ii.) mit der deskriptiven Analyse der abwesenden in Bezug auf vorhandene Daten. Eine *spezielle* Analyseperspektive eröffnen dabei die Missings: Sie erlauben u.a. einen möglichen Bias bei einer Erhebung z.B. im Rücklauf zu identifizieren, Antwortverweigerer zu charakterisieren, mögliche Variationsquellen z.B. beim Rechnen ohne bzw. mit Missings einzugrenzen usw. Erhellend ist oft auch, je nach Datenlage, der Vergleich von Teilstichproben ohne und mit verweigerten Antworten. Auch die Muster verweigerter Antworten können erhellend sein und u.a. Aufschlüsse geben über Fragebogen, Inhalt und Position der Item-Batterie, Erhebungsart (elektronisch), die befragte Person oder auch die Zuverlässigkeit der Datenübermittlungsprozesse einschl. Computern und Eingebern. Diese Fragen münden zwar auch wieder in die typischen deskriptiven Parameter, Tabellen und Visualisierungen, allerdings aus einer anderen Perspektive.

Ich hoffe, dass ich zeigen konnte, was man je nach Ausgangssituation an Daten beschreiben kann. Eine deskriptive Analyse kann sich, je nach Datenlage, auf die vorliegende Information in einer Datentabelle beschränken oder auch die Beschreibung scheinbar *abwesender* (vorenthaltender) Information einbeziehen. Das Prüfen der zu den Daten gehörenden „Hintergrundinformation" ist vor dem „Anpfiff" essentiell. Und, ja, „Anpfiff" hat mehrere Bedeutungen...

Zu guter Letzt stellt sich vermutlich nochmals die Frage: Für wen gilt denn jetzt meine deskriptive Statistik? Wir hatten dieses Thema übrigens bereits bei der internen und externen Validität...

- *Stammen die Daten aus einer Vollerhebung?* Falls ja, dann gilt die deskriptive Statistik für die Grundgesamtheit.
- *Stammen die Daten aus einer repräsentativen Zufallsstichprobe?* Falls ja, dann gilt die deskriptive Statistik sowohl für die Stichprobe wie auch die Grundgesamtheit.
- *Stammen die Daten aus einer „irgendeiner" Stichprobe?* Falls ja, dann gilt die deskriptive Statistik nur für diese Stichprobe, allerdings nicht für eine Grundgesamtheit.

4 Das Herz der deskriptiven Statistik: Maßzahlen

„Das Leben fängt an, wo Fußball aufhört."
Günter Netzer

Mit Kapitel 4 beginnt die Reise ins Herz der deskriptiven Statistik. Abschnitt 4.1 erläutert Maße für das Beschreiben von Mengen und Anteilen: Summe ($\sum$), Anzahl (N, n) und Häufigkeit (h, f, H, F). Abschnitt 4.2 erläutert die gebräuchlichsten Maße für das Beschreiben des Zentrums einer Verteilung (Lagemaße): Modus (D), Median (Z) sowie Mittelwert ($\bar{x}$). Beispiele für Lagemaße werden *ohne* und *mit* Missings berechnet. Abschnitt 4.3 erläutert die gebräuchlichsten Maße für das Beschreiben der Abweichung vom Zentrum einer Verteilung (Streuungsmaße): Spannweite R, Interquartilsabstand, Varianz, Standardabweichung und Variationskoeffizient. Auch die Beispiele für Streuungsmaße sind *ohne* und *mit* Missings berechnet.

Abschnitt 4.4 erläutert die gebräuchlichsten Maße für das Beschreiben der Abweichung von der Form einer Normalverteilung (Formmaße): Schiefe und Exzess. Abschnitt 4.5 erläutert das Beschreiben von Grenzen und Bereichen anhand von Quantilen (u.a. Median, Quartile, Dezentile) als eine Art Kombination aus Lage- und Streumaß. Abschnitt 4.6 erläutert das Beschreiben von Treffern, z.B. bei Wetten mit *zwei* Ausgängen („hopp oder topp"). Für einen „Wettkönig" bei Wetten mit *vier* Ausgängen werden Sensitivität, Spezifität, ROC/AUC sowie Gewinn-Verlust-Matrix ermittelt. Abschnitt 4.7 stellt drei Möglichkeiten für das Beschreiben von Zeit vor: das Geometrische Mittel (4.7.1), die Regressionsanalyse (4.7.2) sowie als Trend bzw. Prognose (4.7.3). Bevor es an die praktische deskriptive Statistik geht, veranschaulicht Abschnitt 4.8, dass, wer sich in der deskriptiven Statistik auskennt, auch andere als „übliche" Visualisierungen „lesen" kann. Deskriptive Statistik eben als Kompetenz. Abschnitt 4.8 stellt das Beschreiben von Prozessen mittels Funnel Charts (Trichterdiagramme usw.) vor. Abschnitt 4.9 verschafft einen schnellen Überblick, wo die meisten dieser Maße im SAS Enterprise Guide (4.9.1) und in IBM SPSS Statistics zu finden sind (4.9.2).

Auswahl: Das richtige Maß für jedes Skalenniveau

Die Information kleiner und großer Datenmengen lässt sich oft in wenigen statistischen Kenngrößen gut komprimieren und beschreiben. Die deskriptiven Parameter lassen sich in drei Gruppen unterteilen, in die Lage-, Streuungs- und Formmaße (vgl. auch Schendera, 2004, 292–367). Die *Lage*maße (4.1) beschreiben die Lage (auch: Lokation) der vorliegenden Datenmenge. Die *Streuungs*maße (4.2) sagen etwas über die Verteilung (Dispersion) der Daten um einen zentralen Wert herum aus. Formmaße beschreiben die Gestalt einer Verteilung und werden daher als Formmaße bezeichnet (zu Formmaßen vgl. Schendera, 2004, 342–344). Die zulässigen Lage- und Streuungsmaße hängen dabei vom jeweiligen Skalenniveau der Variablen ab. Die folgende Übersicht enthält die am häufigsten verwendeten deskriptiven Parameter. Die Parameter werden in den folgenden Kapiteln erläutert.

Die exemplarisch aufgeführten Formeln dienen dazu, einen ersten Eindruck von der Berechnung der deskriptiven Maße zu vermitteln. Bei der konkreten Ermittlung der Maße ist ggf. zwischen Varianten für Stichproben oder Grundgesamtheiten zu wählen.

✋ Beispiel
Übersicht zu wichtigen Lage- und Streuungsmaßen:

Skalenniveau*	Lagemaß	Streuungsmaß
N	Modus	–
O	Minimum, Maximum Median (bei einer ungeraden Zahl an Abstufungen beobachtet), Quantile (z.B. Quartile) Modus	Spannweite ohne R (Range ohne R) Interquartilsabstand Quantildifferenzen
I	Mittelwert Minimum, Maximum Median (auch berechnet) Quantile Modus	Spannweite R (Range R) Interquartilsabstand Quantildifferenzen Standardabweichung Varianz
V	Geometrisches Mittel Mittelwert Minimum Maximum Median (auch berechnet) Quantile Modus	Variationskoeffizient Spannweite R (Range R) Interquartilsabstand Quantildifferenzen Standardabweichung Varianz

*N=Nominal, O=Ordinal, I=Intervall, V=Verhältnis

Wann welche Lage- oder Streuungsmaße verwendet werden können, hängt bei höherskalierten Daten (also ab Ordinalniveau) u.a. von der Frage ab, was diese Werte repräsentieren sollen (welche

Interpretationen bzw. Aussagen dürfen zulässig sein), der Form der vorliegenden Verteilung (symmetrisch, bi- oder multimodal) und den besonderen Eigenschaften der einzelnen Maße selbst (z.B. sensitiv gegenüber Ausreißern, Errechnen vs. Ablesen etc.). Die Wahl der jeweiligen Lage- und Streuungsmaße hängt somit immer von den jeweiligen Daten und der untersuchten Fragestellung ab.

- In *Texten* können deskriptive Maße mittels griechischer und lateinischer Symbole unterschiedlich abgekürzt werden, je nachdem, ob es sich um eine Statistik für eine Stichprobe oder eine Grundgesamtheit handelt (auch die *Formeln* der Maße können sich für Stichprobe und Grundgesamtheit unterscheiden).
- In Abschnitt 7.2.3 stellt eine Tabelle die gebräuchlichsten Symbole für deskriptive Maße für Stichprobe und Grundgesamtheit zusammen.

Neben den deskriptiven Statistiken sollten idealerweise immer auch grafische Analysen vorgenommen werden. Idealerweise ergänzen der deskriptiv-statistische wie auch der grafisch-beschreibende Zugang einander in Richtung hoher Zuverlässigkeit. Bei übereinstimmenden Datenbeschreibungen ist sichergestellt, dass man den jeweils gewählten Zugang nicht überinterpretiert, was als Möglichkeit niemals völlig ausgeschlossen werden sollte. Bestimmte Parameter können eine komplexe Datenlage nicht immer angemessen beschreiben (z.B. bei multimodalen Verteilungen). Ergänzende grafische Verfahren helfen, Fehlschlüsse zu verhindern.

Das Verhältnis zwischen Lagemaßen und Streuungsmaßen

Das Verhältnis zwischen Lageparameter und Streuungsparameter lässt sich über das Gemeinsame und das Unterscheidende beschreiben. Das Gemeinsame von Lage- und Streuungsparametern sind die zu beschreibenden Daten. Daten besitzen immer Lage- *und* Streuungseigenschaften gleichzeitig. Man kann es sich am besten so vorstellen, dass Lage- und Streuungsparameter denselben Gegenstand, also dieselben Daten, aus verschiedenen Blickwinkeln darstellen. Die Informationen seitens Lage- *und* Streuungseigenschaften ergänzen einander. Einseitige Informationen, also auf der Grundlage von ausschließlich Lage- oder Streuungsparametern, sind nur mit äußerster Vorsicht zu handhaben. Der Unterschied zwischen Lage- und Streuungsparametern ist ihre jeweilige Perspektive, nämlich die der Lage (Zentrum) im Gegensatz zur Streuung (Abweichung). Lagemaße beschreiben im Wesentlichen das Zentrum einer Verteilung, Streuungsmaße beschreiben dagegen die Abweichung vom Zentrum einer Verteilung.

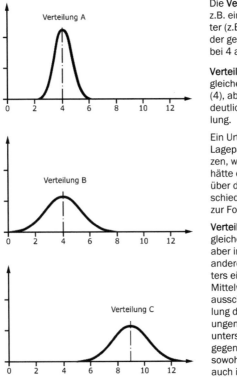

Die **Verteilung A** zeigt z.B. einen Lageparameter (z.B. Mittelwert) mit der gestrichelten Linie bei 4 an.

Verteilung B besitzt den gleichen Lageparameter (4), aber eine andere, deutlich breitere Verteilung.

Ein Urteil nur auf den Lageparameter zu stützen, weil er gleich ist, hätte einen Fehlschluss über die beiden verschiedenen Verteilungen zur Folge gehabt.

Verteilung C besitzt die gleiche Streuung wie B, aber in Gestalt eines anderen Lageparameters einen höheren Mittelwert (hier hätte die ausschließliche Beurteilung der gleichen Streuungen fatale Folgen). C unterscheidet sich gegenüber Verteilung A sowohl im Mittelwert wie auch in der Streuung.

Abb. 11: Verteilungen mit variierten Lage- und Streuparametern

In der Abbildung 11 zeigen die senkrechten Linien die Lagen an, während die Kurven die Streuungen repräsentieren. Man kann schön erkennen, dass die Daten gleichzeitig durch eine Linie und eine Kurve (also Lage- *und* Streuungsparameter) repräsentiert werden, und dass diese jeweils einen völlig anderen Informationsgehalt haben, der erst in der gegenseitigen Ergänzung angemessen die Verteilung der Daten wiedergibt.

4.1 Beschreiben von Mengen und Anteilen

> „Ihr Fünf spielt jetzt vier gegen drei."
> Fritz Langner
>
> „Zwei Chancen, ein Tor. Das nennt man wohl hundertprozentige Chancenverwertung."
> Roland Wohlfahrt

Eine Verteilung von Werten (unabhängig, ob es sich um Zahlen, Text, Tore oder Gelbe Karten handelt) kann als Menge (Summe, Anzahl bzw. absolute Häufigkeit) und in Form von Anteilen ([kumulierte] relative Häufigkeit, Prozent) beschrieben werden.

Beispiel
Übersicht zu wichtigen mathematischen Maßen:

Parameter	Modus	Anwendung	Skalenniveau*
Summe	Addition	Zusammenfassung als Summe	I
Anzahl, Häufigkeit	Zählung	Zusammenfassung als Anzahl, Dichte etc.	A
Relative Häufigkeit	Quotient	Vergleiche von Teilmengen	V
Prozent	Prozentbildung	Vergleiche von Teilmengen	V

* N=Nominal, O=Ordinal, I=Intervall, V=Verhältnis, A=Absolut

Summen ($\sum$)

Eine Summe ist (im Allgemeinen, aber nicht nur) das Ergebnis der Addition von zwei oder mehr Zahlen. Als Zeichen für eine Summe wird im Allgemeinen der große griechische Buchstabe $\sum$ (Sigma) verwendet.

- **Beispiel**: $\sum = 1 + 2 = 3$

Die Reihenfolge der Zahlen (Summanden) ist bei der Addition unerheblich: $\sum = 2 + 1 = 3$. Missings sind ohne Effekt bei der Summe (Beispiel: $\sum = 1 + 2 +$ _ $= 3$; „_" = Missing).

> ✋ Einheit der Summanden
>
> Bei der Summe ist *mathematisch* gesehen die Einheit der Summanden unerheblich; *praktisch* gesehen sollte die Einheit der Zahlen auf jeden Fall *einheitlich* sein. Es können problemlos 1 und 1 zusammengezählt werden: 1 + 1 = 2, allerdings nicht 1 € und 1 $: 1 € + 1 $ = ? Bei Summen auf der Basis von KPIs, Währungen, medizinischen Dosierungen, zeitbezogener (z.B. hh, mm, ss) oder u.a. physikalischer Größen (z.B. km, cm, mm) ist die Einheitlichkeit der Einheit sicherzustellen. Wenn Zahlen in € und $ auf eine gemeinsame Einheit umgerechnet werden, dann ist eine Summenbildung gar kein Problem.

Werden die einzelnen Zahlen bei der Addition gewichtet, indem sie zuvor mit einem Gewicht multipliziert werden, ergibt sich die sog. *gewichtete* Summe, z.B.
Summand$_1$×Gewicht$_1$ + Summand$_2$×Gewicht$_2$ = Summe $\sum$.

- **Beispiel**: $\sum = 1\times1 + 2\times1 = 3$ (s.o., jetzt mit Gewichten$_{1/2}$ =1)
- **Beispiel**: $\sum = 1\times1{,}2 + 2\times1{,}5 = 4{,}2$ (Gewichte$_{1/2}$ =1,2, 1,5)

Wird die gewichtete Summe durch die Summe der Gewichte dividiert, ergibt sich das gewichtete arithmetische Mittel.

- Die Summe ist bedeutsam, weil sie eine Teilfunktion komplexerer deskriptiver Parameter ist, z.B. des (gewichteten) Mittelwertes, und weil sie die Referenz („Basis") für die vergleichende Beurteilung von Teilsummen ist.
- **Skala**: Die Summe hat selbst keine Einheit und gilt als mindestens intervallskaliert (vgl. Addition). Summen können negativ sein.

Anzahl (N, n)

Eine **Anzahl** ist i. Allg. das Ergebnis einer Zählung, also ein Maß dafür, aus wie vielen Elementen eine betreffende Menge besteht. Für die Anzahl wird i. Allg. N bzw. n verwendet. Die Größe einer Stichprobe bzw. einer Grundgesamtheit an *Merkmalsträgern* ist immer in n (Stichprobe) bzw. N (Grundgesamtheit) als Maß für die analysierte Datenmenge (syn.: „statistische Masse") anzugeben.

- Die Anzahl ist bedeutsam, weil sie als Divisor ein entscheidendes Element vieler deskriptiver Parameter ist, z.B. des (gewichteten) Mittelwertes, und weil sie die gemeinsame Referenz („Basis") für die vergleichende Beurteilung von verschiedenen (Teil-)Häufigkeiten sein sollte. Bei der Beurteilung von Tabellen ist immer zunächst auf die Anzahl bzw. absolute Häufigkeit zu achten und davon ausgehend die jeweiligen Teilhäufigkeiten zu beurteilen.
- **Skala**: Die Anzahl hat selbst keine Einheit und gilt als absolutskaliert (vgl. Nullpunkt).

Die Reihenfolge der Elemente ist bei der Zählung unerheblich. Im Falle des nur ganzzahligen Zählens kann eine Anzahl immer nur ganzzahlige Werte größergleich 0 annehmen. Ein technisch synonymer Begriff zu Anzahl N ist die kumulierte absolute Häufigkeit H.

- **Beispiel**: {1, 2} N = 2. Die Klammer enthält zwei Elemente.

> **Angabe der Datengrundlage in *n* bzw. *N***
>
> Die Datenmenge, z.B. die Größe der Stichprobe bzw. Grundgesamtheit, ist immer als Anzahl (n bzw. N) anzugeben. Eine ausschließliche Angabe in Prozentwerten ist zu unterlassen. Indem sie eine (v.a. unterschiedliche) Basis kaschieren, können Prozentwerte keinen korrekten Eindruck von der absoluten Datenmenge vermitteln (vgl. Schendera, 2007, 397).

Häufigkeit (h, f, H, F)

Eine **Häufigkeit** (syn.: absolute Häufigkeit) repräsentiert *im Allgemeinen* ebenfalls die Anzahl von Elementen oder Ereignissen aus einer bestimmten Menge. Im Kontext von Wissenschaft und Forschung sind damit meist jedoch die Anzahl der verschiedenen *Merkmalsausprägungen* der Merkmalträger z.b. aus Stichprobe oder Grundgesamtheit gemeint.

- **Beispiel**: {1, 2} N = 2. Die Klammer enthält zwei *verschiedene* Elemente (Häufigkeit) bzw. *zwei* Elemente (Anzahl).

Je nach Kontext gibt es für Häufigkeit weitere Begriffsvarianten, z.b. *Dichte* für die Anzahl von Elementen innerhalb eines 2- oder 3-dimensionalen Raumes oder *Frequenz* für die Anzahl von Ereignissen innerhalb einer bestimmten Zeiteinheit. Die Häufigkeit gibt es in verschiedenen Varianten: absolut, relativ und diese beiden Varianten auch kumuliert.

- **Skala**: Die Häufigkeit hat selbst keine Einheit und gilt als absolut-skaliert (vgl. Nullpunkt).
- Die Häufigkeit ist bedeutsam, weil sie analog zur Anzahl als Divisor ein entscheidendes Element vieler deskriptiver Parameter ist, z.b. des (gewichteten) Mittelwertes, und weil sie die gemeinsame Referenz für die vergleichende Beurteilung von verschiedenen (Teil-)Häufigkeiten sein sollte. Bei der Beurteilung von Tabellen ist immer zunächst auf die absolute (Teil-)Häufigkeit zu achten, z.B. in den Randsummen, und davon ausgehend die jeweiligen Teilhäufigkeiten zu beurteilen.

Bei der Beurteilung von Teilmengen sind nun Besonderheiten zu beachten.

Absolute Häufigkeit von Teilmengen (h)

Lässt sich eine Gesamtmenge in *k* Teilmengen mit je gleichen Elementen unterteilen, dann ergeben umgekehrt die *k* Teilmengen (und ihre jeweiligen absoluten Häufigkeiten *h*) aufaddiert wieder die Gesamtmenge. Eine absolute Häufigkeit *h* einer Teilmenge repräsentiert also die Anzahl einer *Teilmenge* von *gleichen* Elementen oder Ereignissen aus einer Gesamtmenge, aus der diese Elemente oder Ereignisse stammen. Die verschiedenen Teilmengen sind jeweils diskrete, exklusiv-disjunkte Ausprägungen der Gesamtmenge. Ein

Fall kann also nur zu einer Teilmenge gehören. Die absolute Häufigkeit von Teilmengen wird üblicherweise mit h bezeichnet.

- **Beispiel$_A$**: {1, 2} h_1=1, h_2=1. Die Klammer enthält zwei verschiedene Elemente. Jede Teilmenge (1 bzw. 2) kommt nur einmal vor.

- **Beispiel$_B$**: {A, B, B, A} h_A=2, h_B=2. Die Klammer enthält vier Elemente, darin zwei Teilmengen, davon sind je zwei gleich. Beide Teilmengen kommen zweimal vor.

- **Beispiel$_C$**: {A, B, B, A, a} h_A=2, h_B=2, h_a=1. Die Klammer enthält fünf Elemente, darin drei Teilmengen. Die Teilmenge „a" kommt einmal vor.

Im Falle des nur ganzzahligen Zählens kann auch eine absolute Häufigkeit von Teilmengen immer nur ganzzahlige Werte größer gleich 0 annehmen. Die Summe aller Teilmengen ergibt den Wert der Gesamtmenge. Die Gesamtmenge von Teilmengen ist ein Spezialfall von Teilmengen, nämlich ihre Summe.

- Die absolute Häufigkeit h ist für Teilmengen besonders bedeutsam, weil sie auch (i.) *vorhandene Datenstrukturen* wiedergibt, und (ii.) über die Anzahl bzw. absolute Häufigkeit der jeweils wiedergegebenen Ereignisse bzw. Elemente in den Teilmengen ideal ist für den Vergleich von Teilmengen *innerhalb derselben* Gesamtmenge, aus der diese Elemente oder Ereignisse stammen. Kommt eine bestimmte Datenstruktur, also eine Teilmenge, nicht als absolute Häufigkeit vor, dann existiert sie entweder nicht in der untersuchten Datenmenge oder zumindest nicht als separate Teilmenge.

Vergleich von Teilmengen aus mehreren Gesamtmengen

Der Vergleich von Teilmengen aus *mehreren* Gesamtmengen setzt voraus, dass die Definition in beiden exakt dieselbe ist, und dass die verglichenen Gesamtmengen jeweils exakt gleich groß sind. Für den Vergleich von Teilmengen ungleich großer Gesamtmengen ist die absolute Häufigkeit dann nicht geeignet, wenn die Größe der Gesamtmengen die ihrer Teilmengen beeinflusst. Für den Vergleich von Teilmengen ungleich großer Gesamtmengen kann die absolute Häufigkeit dann geeignet sein, wenn die Größe der Gesamtmengen nur die *Anzahl* der Teilmengen beeinflusst (vgl. die Beispiele B und C: Beide Gesamtmengen unterscheiden sich zwar in Fällen, diese beschränken sich auf die Teilmenge „a").

Relative Häufigkeit von Teilmengen (f)

Die Größe einer Teilmenge kann nicht nur als absolute Anzahl (h), sondern auch in ihrer Relation zur Gesamtzahl N_{Gesamt} ausgedrückt werden. Eine *relative* Häufigkeit *f* repräsentiert also die Anzahl einer Teilmenge h von gleichen Elementen oder Ereignissen *relativ zur Gesamtzahl N* der Elemente oder Ereignisse in der Gesamtmenge, aus der diese stammen. Die verschiedenen Teilmengen sind jeweils diskrete, exklusiv-disjunkte Ausprägungen der Gesamtmenge. Ein Fall kann also nur zu einer Teilmenge gehören.

> Der Begriff **relative Häufigkeit** könnte anfangs irreführend sein. Die ermittelten Werte sind *keine* Häufigkeiten, sondern Quotienten oder Prozentwerte. Diese Quotienten oder Prozentwerte erlauben jedoch, absolute Häufigkeiten direkt miteinander in Beziehung zu setzen. Daher auch der Begriff *relative* Häufigkeit.

Unabhängig vom nur ganzzahligen Zählen nimmt die relative Häufigkeit von Teilmengen mit Ausnahme der Werte 0 und 1 ausschließlich die Form von Bruchzahlen an.

✋ Das ist relativ, aber absolut!

Die relative Häufigkeit *f* ist im Gegensatz zur absoluten Häufigkeit keine ganzzahlige Zahl (bei ganzzahligem Zählen), sondern ein Quotient *f* zwischen 0 und 1. Die Summe der Quotienten aller Teilmengen ergibt 1. Wird *f* mit 100 multipliziert, kann der Anteil der Teilmengen in Prozent (%) ausgedrückt werden. Die Summe aller Prozentwerte ergibt 100.

Der Quotient für die relative Häufigkeit einer Teilmenge wird berechnet über: $f = h / N$. Die relative Häufigkeit von Teilmengen wird entweder mit *f* (als Quotient) oder *vh* (als Prozent, %) bezeichnet.

- **Beispiel$_A$**: {1, 2} f_1=0,5, f_2=0,5. Die Klammer enthält zwei verschiedene Elemente. Der Anteil jeder Teilmenge (1 bzw. 2) ist gleich groß. 0,5 + 0,5 =1.

- **Beispiel$_B$**: {A, B, B, A} f_A=0,5, f_B=0,5. Die Klammer enthält vier Elemente, darin zwei Teilmengen, davon sind je zwei gleich groß. Der Anteil beider Teilmengen ist gleich groß.

- **Beispiel$_C$**: {A, B, B, A, a} f_A=0,4, f_B=0,4, f_a=0,2. Die Klammer enthält fünf Elemente, darin drei Teilmengen. Die Teilmenge „a" kommt einmal vor.

Mit 100 multipliziert, kann *f* in Prozent (%) ausgedrückt werden.

- **Beispiel$_A$**: {1, 2} f_1=50%, f_2=50%. 50% + 50% =100%.

- **Beispiel$_B$**: {A, B, B, A} f_A=50%, f_B=50%.

- **Beispiel$_C$**: {A, B, B, A, a} f_A=40%, f_B=40%, f_a=20%. 40% + 40% + 20%=100%.

> Der **Nachteil von relativen Häufigkeiten** ist: Die Quotienten bzw. Prozentwerte alleine geben keinen Aufschluss über die konkrete Datenbasis, z.B. N oder auch weitergehende Informationen, wie z.B. die Präzision einer Aussage. Aus absoluten Häufigkeiten alleine lassen sich Quotienten bzw. Prozentwerte erschließen, aber nicht umgekehrt. Beim Lesen von Tabellen ist also zuallererst auf das N zu achten. Sind nur Prozentwerte angegeben, sollten Alarmglocken klingeln…

- Die relative Häufigkeit ist ebenfalls für Teilmengen besonders bedeutsam. Wie die absolute Häufigkeit gibt sie auch (i.) *vorhandene Datenstrukturen* wieder und ist (ii.) ideal für den Vergleich der Anzahl bzw. absolute Häufigkeit der jeweils wiedergegebenen Ereignisse bzw. Elemente in den Teilmengen nicht nur *innerhalb* einer, sondern auch *mehrerer Gesamtmengen*. Kommt eine bestimmte Datenstruktur, also eine Teilmenge, nicht als relative Häufigkeit vor, dann existiert sie entweder nicht in der untersuchten Datenmenge oder zumindest nicht als separate Teilmenge. Ein Beispiel mit Wochentagen wird dieses Phänomen veranschaulichen (vgl. 5.2.2.).

✋ Vergleich von Teilmengen aus mehreren Gesamtmengen

Der Vergleich von Teilmengen aus *mehreren* Gesamtmengen setzt nur noch voraus, dass die Definition in beiden exakt dieselbe ist. Bei der relativen Häufigkeit können die verglichenen Gesamtmengen auch *ungleich* groß sein (wegen der Standardisierung der unterschiedlichen Mengen auf ein gemeinsames Referenzsystem von 0 bis 1).

✋ Beispiel: Vergleich zweier Torjäger beim Elfmeter

Es wird gerne diskutiert, welcher Torjäger bei einem Elfmeter treffsicherer ist. Wie so oft, kann es zwei verschiedene Sichtweisen geben, die dennoch beide richtig sein können. Gerd Müller ist z.B. in 427 Spielen 63-mal beim Elfmeter angetreten und hat davon 51-mal verwandelt (der Rest wurde gehalten bzw. verschossen). Lothar Matthäus hat dagegen z.B. in 464 Spielen nur 30-mal verwandelt, allerdings ist er auch nur 33-mal beim Elfmeter angetreten. Absolut betrachtet hat Gerd Müller häufiger getroffen als Lothar Matthäus (vgl. 51 > 30). Wird jedoch bei beiden das Verhältnis von verwandelten Elfmetern zur Anzahl der Elfmeter insgesamt berücksichtigt, ergibt sich, dass der Anteil an verwandelten Elfmetern bei Lothar Matthäus größer ist. Bei Gerd Müller ergibt sich als relative Häufigkeit verwandelter Elfmetern 0,81 aus 51 dividiert durch 63, bei Lothar Matthäus allerdings 0,91 = 30 / 33. Über eine Multiplikation mit 100 in eine Prozentzahl umgewandelt, hat Gerd Müller eine Quote von 81% verwandelter Elfmeter, Lothar Matthäus dagegen von 91%. Wie sehen nun die zwei verschiedenen Sichtweisen aus? *Absolut* betrachtet hat Gerd Müller mehr Elfmeter verwandelt (allerdings womöglich *auch*, weil er häufiger Gelegenheit dazu hatte). *Relativ* betrachtet, hat Lothar Matthäus aus weniger Gelegenheiten „mehr" gemacht (vgl. 91 % > 81 %; *vermutlich*, weil er insgesamt etwas treffsicherer zu sein scheint). Für die Frage, wer den *nächsten* Elfmeter schießen sollte, wird u.a. auch auf den Abschnitt 4.6 zum Beschreiben von Treffern und die Themen Sensitivität und Spezifität verwiesen.

Kumulierte absolute bzw. relative Häufigkeiten (H, F), Quotienten und Prozente

Kumulierte absolute bzw. relative Häufigkeiten, Quotienten und Prozente sind (mit Ausnahme des ersten Wertes) nichts anderes als Teilmenge für Teilmenge schrittweise aufaddierte Häufigkeiten, Quotienten und Prozente. Das Maximum der aufaddierten absoluten Häufigkeit h_{TM} bzw. N_{TM} ist das N der Gesamtmenge H_{GM} bzw. N_{GM}, das Maximum der aufaddierten Quotienten f_{TM} der relativen Häufigkeit ist 1 und das Maximum der aufaddierten Prozentwerte der relativen Häufigkeit ist 100.

- z.B. **Beispiel**$_C$: {A, B, B, A, a} f_A=40%, f_B=40%, f_a=20%.
- Kumulierte absolute Häufigkeiten **H**: aufaddierte absolute Häufigkeiten (in der o.a. Reihenfolge: **2**, **4** (2+2), **5** (2+2+1).
- Kumulierte relative Häufigkeiten **F**: aufaddierte relative Häufigkeiten (o.a. Reihenfolge: **0,4**, **0,8** (0,4+0,4), **1** (0,4+0,4+0,2).
- Kumulierte Prozentwerte: aufaddierte Prozentwerte (in der o.a. Reihenfolge: **40%**, **80%** (40%+40%), **100%** (40%+40%+20%).

Soweit, so unkompliziert. Allerdings: ...

> ✋ Kuddelmuddel durch Kumulierung? Sortierung!
>
> Kumulierte Werte werden (mit Ausnahme des ersten Wertes) Teilmenge für Teilmenge schrittweise über Addition errechnet. Die weitere, über Addition errechnete Werteabfolge wird dabei *im Wesentlichen* von Attributen der betreffenden Einträge in der Datentabelle mitbeeinflusst, z.B. ob es sich um Zahlen oder Buchstaben, oder auch um groß- oder kleingeschriebene Buchstaben handelt. Diese Attribute (und andere) beeinflussen die Ausgabe in die Datentabelle, z.B. die Sortierung. Eine andere Ursache kann der im Rechner hinterlegte Sortierschlüssel sein. Die Sortierung der *Datentabelle* ist i. Allg. nicht die Ursache für die Sortierung in einer Ergebnistabelle. Unterschiedlich sortierte Datentabellen führen i. Allg. zu gleich sortierten Ergebnistabellen.

In dieser Variante von Beispiel$_C$ ist *a* nicht die letzte, sondern die *erste* Teilmenge. Die absoluten und relativen Werte bleiben dieselben. Die *kumulierten* Werte fallen jedoch wegen der anderen Sortierung (z.B. nach Groß- und Kleinschreibung der Buchstaben) anders aus:

- z.B. **Beispiel**$_C$: {a, A, B, B, A} f_a=20%, f_A=40%, f_B=40%.
- Kumulierte absolute Häufigkeiten **H**: aufaddierte absolute Häufigkeiten (in der o.a. Reihenfolge: **1**, **3** (1+2), **5** (1+2+2).
- Kumulierte relative Häufigkeiten **F**: aufaddierte relative Häufigkeiten (o.a. Reihenfolge: **0,2**, **0,6** (0,2+0,4), **1** (0,2+0,4+0,4).
- Kumulierte Prozentwerte: aufaddierte Prozentwerte (in der o.a. Reihenfolge: **20%**, **60%** (20%+40%), **100%** (20%+40%+40%).

Achtung! Absolute und relative Häufigkeiten (Quotienten, Prozentwerte) sollten dann nicht berechnet werden, wenn der Umfang der Datentabelle erheblich ist und gleichzeitig die Merkmalsvariation im zu beschreibenden Feld minimal ist.

Beispiel: Es sollen absolute und relative Häufigkeiten für die Sitzplatznummern des *Estadio Azteca* in Mexiko-Stadt, des größten reinen Fußballstadions der Welt (mit 105.000 überdachten Sitzplätzen), berechnet werden. Sofern Sitzplätze nicht doppelt verkauft wurden (bei Fluggesellschaften trifft dies womöglich nicht zu), sind 105.000fach die absolute Häufigkeit 1 und die relative Häufigkeit 0,000009524 zu erwarten... Für Analysesoftware ist das kein Problem; die *Anwender* entscheiden, ob ein solches Ergebnis für sie Sinn macht.

4.2 Beschreiben des Zentrums: Lagemaße

„Wie so oft liegt auch hier die Mitte in der Wahrheit."
Rudi Völler

Lagemaße beschreiben im Wesentlichen das Zentrum einer Verteilung. Im Folgenden werden die gebräuchlichsten Lageparameter vorgestellt: der Modus, der Median und das arithmetische Mittel. Welche dieser deskriptiven Statistiken zur Beschreibung der Daten im Einzelnen herangezogen werden, hängt zuallererst von den formalen Voraussetzungen, also dem Skalenniveau und dem Verteilungstyp, und erst zuletzt von der inhaltlichen Fragestellung ab. Die Ergebnisse der vergleichenden Berechnungen für den Fall fehlender Werte (Missings) wurden mittels SAS v9.4 ermittelt. Das geometrische Mittel wird in einem eigenen Abschnitt bei den Maßen und Funktionen für den Faktor Zeit vorgestellt (vgl. 4.7.1).

Modus

Der Modus (syn.: D, Dichtemittel, Modalwert) gibt den Wert an, der in einer Reihe von Messwerten am häufigsten und u.U. repräsentativ bzw. typisch ist. Im Gegensatz zum Mittelwert (s.o.) ist der Modus nicht errechnet, sondern real vorhanden und konkret gemessen. Der Modus als „häufigster Wert" sagt aber nichts über die Verteilung und Richtung der anderen Werte aus. Der Modus wird oft verwendet, wenn die Berücksichtigung von Extremwerten nicht erforderlich ist, wenn z.B. nur die häufigsten, nicht aber die kleinsten oder größten Kundenwerte interessieren. Da für die Bestimmung des Modus allein die Häufigkeit der Werte maßgeblich ist, kann der Modalwert bei allen Skalierungsniveaus eingesetzt werden. Ein Modus macht i. Allg. aber nur Sinn, wenn mindestens ein Wert tatsächlich mehrfach in einer Verteilung vorkommt. Eine Betrachtung der Verteilung vor Ermittlung bzw. Verwendung des Modalwertes ist daher angebracht.

▶ Rechenbeispiel
Zahlenreihe ohne Missings: 1, 2, 2, 4, 5. Modus: 2.
Zahlenreihe mit Missings („_"): 1, 2, _, _, 5. Modus: _.

Die Zahlenreihe mit Missings zeigt, dass Missings bei der Ermittlung des Modus berücksichtigt werden.

Ein Modus sollte sich in der Verteilung deutlich abheben und in seiner Umgebung sollte sich eine erkennbare Konzentration finden und sich auf diesen Wert zuspitzen. Eine Verteilung kann (im Gegensatz zu Mittelwert und Median) *zwei* (oder mehr) solcher Parameter aufweisen, z.B. wenn es sich um eine zweigipflige Verteilung handelt, die sich in zwei (annähernd gleich großen) *Modi* ausdrückt. Eine *Bimodalität* kann auch als Hinweis daraufhin interpretiert werden, dass in der Stichprobe nicht eine, sondern zwei verschiedene Grundgesamtheiten enthalten sind. Bei Kundendaten könnten dies z.B. männliche oder weibliche Kunden sein oder auch verschiedene Kundentypen (z.B. trendy vs. konservativ). Falls eine Bimodalität vorliegt, sind die Daten genauer zu prüfen. Bei mehrgipfligen Verteilungen kann es sinnvoll sein, für alle lokalen Maxima einen Modalwert anzugeben.

Ein großer Nachteil des Modus ist, dass er kein errechneter Lageparameter ist. Ein Modus ist ziemlich unzuverlässig; er kann nämlich auch die Häufigkeit eines Extremwerts beschreiben (die Bezeichnung ‚zentrale Tendenz' einer Verteilung wäre dann ziemlich irreführend) und u.U. von Stichprobe zu Stichprobe erheblich schwanken.

Median

Der Median (syn.: Z, Zentralwert, Q2, Q50; auch, aber etwas irreführend, „mittelster Wert") hat über sich und unter sich gleich viele (nach der Größe geordnete) Einzelwerte. Die Daten zur Bestimmung des Medians müssen mindestens ordinalskaliert sein. Ist die Menge der Einzelwerte *ungerade*, teilt ein beobachteter Wert die Größenrangreihe der Werte; in diesem Fall ist der Median auch für Ordinaldaten geeignet. Ist die Menge dieser Werte *gerade*, wird aus den beiden mittleren Werten der Durchschnitt errechnet; in diesem Fall ist der Median erst für Daten auf Intervallskalenniveau geeignet.

▶ Rechenbeispiel
Zahlenreihe ohne Missings: 1, 2, 3, 4, 5. Median: 3.
Zahlenreihe mit Missings („_"):_, _, _, 1, 2. Median: 1,5 .

Die Zahlenreihe mit Missings zeigt, dass Missings bei der Ermittlung des Medians (SAS, Definition 5) nicht mitgezählt werden. Unabhängig davon, wie viele Missings eine Wertereihe enthielte, wird der Median nur auf der Basis der gültigen Werte (im Beispiel: N=2) ermittelt. Anders ausgedrückt: Selbst eine Million Missings hätte dasselbe Ergebnis zur Folge.

Der Median ist auch für Skalen geeignet, die nach oben bzw. unten nicht begrenzt sind. Bekannte, nach oben offene Skalen sind z.B. die Richterskala für die Intensität von Erdbeben oder die Scoville-Skala für die Schärfe von Paprikas (genauer: des Capsaicin-Anteils). Da der Median nur von der Anzahl der Merkmalswerte abhängt, erfolgt selbst bei sehr wenigen Werten keine Verzerrung durch extreme Werte (Ausreißer), sodass der Median einen besseren Eindruck von der Mitte vermittelt. Der Median eignet sich besser für schiefe (asymmetrische) Verteilungen als das arithmetische Mittel. Für Verteilungen mit nur wenigen Werten ist der Median nur bedingt sinnvoll.

Mittelwert

Die Summe aller Messwerte geteilt durch die Anzahl dieser Messwerte ergibt das arithmetische Mittel $\bar{x}$ (syn.: Durchschnitt, Mittelwert) und ist ein Maß für die ‚zentrale Tendenz' einer Verteilung:

$$\bar{x} = \frac{\sum_{i=1}^{n} x_i}{n}$$

Der **Mittelwert** dient der schnellen Orientierung über die quantitativen Wertausprägungen einer intervallskalierten Variablen. Dem Vorzug des Mittelwerts, jede beliebige Werteverteilung in einem einzigen Wert ausdrücken zu können, stehen mehrere (oft übersehene) Nachteile gegenüber.

Ein errechneter Mittelwert (z.B. 2,43 Kinder pro Familie) hat manchmal keine Entsprechung in der Wirklichkeit (z.B. es gibt nun mal keine „Komma-Kinder"). Errechnete Durchschnittswerte (z.B. „EUR 60.000 jährliches Pro-Kopf-Einkommen") können von jedem (wenn z.B. alle dasselbe verdienen), aber auch von keinem angegeben worden sein (wenn z.B. jemand sehr viel, alle anderen aber nur sehr wenig verdienen). Die wahre Verteilung kann kaschiert sein. Mittelwerte geben z.B. bi- oder multimodale Verteilungen nicht angemessen wieder. Technisch gesehen folgt daraus, dass Mittelwerte (vor allem bei kleinen Stichproben) für Ausreißer bzw. Extremwerte anfällig sind bzw. schiefe Verteilungen nicht angemessen repräsentieren.

Rechenbeispiel

Zahlenreihe ohne Missings: 1, 2, 3, 4, 5. Mittelwert: 3.
Zahlenreihe mit Missings („_"): 1, 2, 3, 4, _. Mittelwert$_{Divisor=4}$: 2,5; *aber*: Mittelwert$_{Divisor=5}$: 2.

Die Beispiele zeigen, dass je nach Vollständigkeit der Daten mit unterschiedlichen Varianten des Mittelwerts zu rechnen ist: Enthält eine Zahlenreihe *keine* Missings, basiert der Mittelwert in Zähler *und* Nenner auf den vollständigen Daten und ergibt 3. Enthält eine Zahlenreihe *dagegen* Missings, basiert der Mittelwert entweder auf einem Nenner (Divisor) der beobachteten gültigen (aber *unvollständigen*) Daten (N=4) und ergibt 2,5. *Oder* der Mittelwert basiert auf dem theoretisch möglichen Maximum der Anzahl der Daten (N=5) und ergibt 2 (wenn sie also vollständig wären, aber es tatsächlich nicht sind). *Oder* der Mittelwert basiert auf einem ganz anderen, allerdings konzeptionell erforderlichen Divisor (z.B. 10)...

Auch bei der Interpretation einer Verteilung nur durch einen Mittelwert ist Vorsicht angebracht. Jedem Mittelwert muss daher auch ein Abweichungsmaß (Streuung) beigefügt werden. Weil der Mittelwert sensitiv ist für die Abstände der Messungen (im Gegensatz zum Median) und damit mehr Information als der Median repräsentiert, ist er bedeutsam für viele inferenzstatistische Verfahren. Die Berechnung des arithmetischen Mittels setzt mindestens eine Intervallskalierung des Merkmals voraus.

Ein Mittelwert sollte dann *nicht* berechnet werden, wenn die Verteilung intervallskalierter Daten mehrgipflig, asymmetrisch oder an einem Ende offen ist, bei bestimmten Zeitreihendaten, wenn die Daten ordinalskaliert sind oder wenn eine extrem kleine Stichprobe vorliegt. Wenn Ausreißer vorliegen, sollte der Mittelwert ebenfalls nicht berechnet werden, weil er dadurch als Lokationsmaß für die eigentliche Streuung der Daten verzerrt werden wird. Bei der Berechnung eines Mittelwerts sollte darauf geachtet werden, dass sie die vorgegebene Problemstellung genau umsetzt; allzu leicht kann es passieren, dass das arithmetische anstelle des gewichteten oder auch des harmonischen Mittels berechnet wird (vgl. Schendera, 2004, 322–325).

> ### Der LIBOR, die wichtigste Zahl der Welt
>
> Der wichtigste Spieler auf dem Platz mag für viele der Libero sein, als wichtigster *Wert* gilt jedoch der LIBOR. Der LIBOR basierte lange Zeit auf einer Selbstauskunft der weltgroßen Banken an die British Bankers Association (BBA): „Zu welchem Zinssatz können Sie heute morgen in vernünftigem Umfang bei einer anderen Bank Geld ausleihen?" Die BBA streicht aus den berichteten Zinssätzen jeweils Minimum und Maximum und berechnet für die verbleibenden Werte den Mittelwert, den LIBOR-Zins („London Interbank Offered Rate"). Am LIBOR orientieren sich die Zinsen fast aller Finanzgeschäfte. Ab ca. 2005 sprachen sich jedoch Banken ab und meldeten der BBA nur Zinssätze, die ihnen nützlich erschienen. Mit diesen Angaben wurden die Berechnungen der

BBA jahrelang manipuliert und die eigenen Gewinne gesteigert. Die beteiligten Banken sind verdächtigt, mit zwei Tricks *Milliarden* an unberechtigten Gewinnen eingefahren zu haben: Das Kartell *erhöht* den LIBOR: Alle verloren, die sich (nun teureres) Geld liehen. Das Kartell senkt den LIBOR (v.a. in der Finanzkrise 2008): Alle verloren, die (nun billigeres) Geld angelegt hatten, einschließlich Kommunen, die Kredite mit Zinsswaps abgesichert hatten (STERN, 2012).

4.3 Beschreiben der Streuung: Streumaße

„Man muss nicht immer die absolute Mehrheit hinter sich haben, manchmal reichen auch 51 Prozent."
Christoph Daum

*Lage*maße beschreiben im Wesentlichen das Zentrum einer Verteilung, geben aber nicht darüber Auskunft, wie weit die Werte von diesem Zentrum abweichen. Maße, die diese Abweichung vom Zentrum einer Verteilung beschreiben, sind die sog. *Streuungs-* oder Dispersionsmaße.

Die folgenden Streuungsmaße sind mit Ausnahme des Ranges nur für intervallskalierte Daten geeignet; der Range kann im Prinzip schon auf Ordinalniveau angewandt werden. Es werden folgende Streuungsmaße vorgestellt: der Range, der Interquartilsabstand, die Varianz, die Standardabweichung und der Variationskoeffizient. Die Ergebnisse der vergleichenden Berechnungen für den Fall fehlender Werte (Missings) wurden mittels SAS v9.4 ermittelt

Spannweite R

Die Spannweite R (auch: Variationsbreite V, Range R) wird durch die Breite des Streubereichs, genauer: durch den größten und kleinsten Wert einer Verteilung bestimmt.

$R = x_{max} - x_{min}$

> ✍ Rechenbeispiel
>
> Zahlenreihe ohne Missings: 1, 2, 3, 4, 5. Spannweite: 4.
> Zahlenreihe mit Missings („_"): 1, 2, 3, _, 5. Spannweite: 4.

R basiert auf allen Werten einer Verteilung. Ein Ausreißer reicht aus, um dieses Streuungsmaß erheblich zu verzerren. Auffällig hohe R-Werte sind Hinweise darauf, dass Ausreißer vorliegen, v.a. dann, wenn mehrere Messwertreihen mit anderen Streubreiten zum Vergleich vorliegen.

Interquartilsabstand

Ebenfalls über den Streu*bereich* informiert der Interquartilsabstand (syn.: Interquartilsrange, IQR). Seine Grenzen, die Quartile Q_1 bzw. Q_3, werden wie der Range von Ausreißern verzerrt.

$$I_{50} = Q_3 - Q_1$$

Q_1 gibt die Grenze des I. Quartils (25%-Grenze) an. Q_3 gibt die Grenze des III. Quartils (75%-Grenze) an. Der Interquartilsbereich gibt die Differenz, die Breite dieses Bereiches zwischen diesen beiden Grenzwerten an. In diesem Bereich liegt in etwa die Hälfte aller Beobachtungen. Das Verhältnis von Q_1 zu Q_3 kann damit auch einen Hinweis auf Ausreißer geben. Range und Quartile informieren nur über den Streu*bereich*, nicht jedoch über das *Ausmaß* der Streuung.

Varianz

Die Varianz drückt die *summierte* Abweichung (Variabilität) der Messwerte um den auf ihrer Grundlage berechneten Mittelwert aus.

Die Varianz basiert auf der Abweichung der einzelnen Messwerts vom berechneten Mittelwert. Für jeden Messwert gibt es eine entsprechende Abweichung. Eine Abweichung ist positiv, falls die Abweichung über dem Mittelwert liegt, und negativ, falls sie darunter liegt. Die Summe aller Abweichungen vom Mittelwert ergibt notwendigerweise Null. Die Varianz s_x^2 ist also die Summe aller quadrierten Entfernungen der jeweiligen Messwerte vom Mittelwert, geteilt durch die um 1 verminderte Anzahl der Messwerte. Je größer die Variabilität um den Mittelwert in der Datenmenge ist, umso größer ist auch die Varianz. Der Wert 0 zeigt demgegenüber an, dass überhaupt keine Variabilität vorliegt.

> ✋ Rechenbeispiel
> Zahlenreihe ohne Missings: 1, 3, 5. Varianz: 4.
> Zahlenreihe mit Missings: 1, _, 5. z.B. Varianz: 8.

Die Quadrierung wird nur vorgenommen, um die gegenseitige Aufhebung von positiven und negativen Zahlen zu verhindern. Ausreißer bedingen jedoch auch Ausreißerabweichungen und können wegen der Gewichtung die Varianz verzerren, v.a. wenn mehrere Ausreißer in den Daten vorkommen. Vor der Berechnung einer (un-)auffälligen Varianz ist eine Verteilung auf Ausreißer zu untersuchen. Auffällig hohe Varianzen sind durch Ausreißer verzerrt, die überprüft werden sollten.

$$s_x^2 = \frac{SQ}{FG} = \frac{\sum_{i=1}^{n}(x_i - \overline{x})^2}{n-1} \quad \left(= \frac{\sum_{i=1}^{n}(x_i)^2}{n-1} - \overline{x}^2 \right)$$

Zur Interpretation bzw. zum Vergleich verschiedener Varianzen wird auf die Ausführungen zu den Standardabweichungen und auf ein ausführlich gerechnetes Beispiel unter 4.5 verweisen.

Standardabweichung

Die Standardabweichung (auch als Streuung bezeichnet) wird üblicherweise aus der Varianz abgeleitet. Die Standardabweichung drückt die *durchschnittliche* Variabilität der Messwerte um den auf ihrer Grundlage berechneten Mittelwert aus.

Die Standardabweichung ist die positive Wurzel der Varianz und hat damit im Gegensatz zur Varianz wieder dieselbe Dimension der Daten, aus denen sie errechnet wird (vgl. Abschnitt 4.5 für ein Rechenbeispiel). Auch hier gilt: Je größer die Variabilität um den Mittelwert, umso größer ist die Standardabweichung. Eine kleine (große) Standardabweichung weist darauf hin, dass die einbezogenen Werte nahe am (fern vom) Mittelwert liegen. Der Wert 0 zeigt an, dass keine Variabilität vorliegt.

> 👋 Rechenbeispiel
>
> Zahlenreihe ohne Missings: 1, 3, 5. Standardabweichung: 2.
> Zahlenreihe mit Missings: 1, _, 5. z.B. Standardabweichung: 2,83.

Je weniger Extremwerte in einem Datensatz vorkommen, umso geringer wird die Standardabweichung.

$$s_x = \sqrt{s_x^2} = \sqrt{\frac{\sum_{i=1}^{n}(x_i - \bar{x})^2}{n-1}}$$

Eine Standardabweichung kann nicht direkt beurteilt werden; es ist der Rückgriff auf weitere Informationen bzw. Transformationen erforderlich. Die wichtigste Zusatzinformation liefert der Mittelwert; daneben ist der empirische bzw. theoretisch mögliche Range der vorliegenden Messwerte informativ. Der Vergleich mehrerer Standardabweichungen muss immer den jeweiligen Mittelwert mit einbeziehen. Verschiedene Standardabweichungen basieren jedoch nur ausnahmsweise auf identischen Mittelwerten, sodass sie nur in den seltensten Fällen direkt miteinander verglichen werden können. Zwei identische Standardabweichungen (auch: Varianzen) können dann miteinander verglichen werden (auch wenn der Mittelwert verschieden ist), wenn die Daten zuvor einer z-Transformation unterzogen wurden. Auffällig hohe (z-standardisierte) Standardabweichungen können durch Ausreißer verzerrt sein, die überprüft werden sollten. Abschnitt 4.5 zeigt, dass eine Standardabweichung mehr kann als nur die Streuung einer Verteilung zu beschreiben: Eine Standardabweichung hilft auch Grenzen zu setzen. Eine weitere Maßzahl für den Vergleich zweier Verteilungen auf der Basis der Standardabweichung ist der Variationskoeffizient.

Variationskoeffizient

Die Standardabweichung ist ein Maß für die *absolute* Variabilität innerhalb eines Datenbereiches. Die *relative* Variabilität ist jedoch ein bedeutsameres Maß und wird durch den Variationskoeffizienten ausgedrückt. Der Variationskoeffizient (CV, coefficient of variation; z.T. auch als Variabilitätskoeffizient V bezeichnet) ist eine einfache Maßzahl für den direkten Vergleich zweier Verteilungen. Der CV basiert auf der Relativierung der Standardabweichung einer Stichprobe am jeweiligen Mittelwert. Beim Variationskoeffizienten werden die Standardabweichung in den Zähler, das arithmetische Mittel in den Nenner eingesetzt und mit 100 multipliziert (manche CV-Formeln enthalten nicht die Multiplikation).

$$cv = \frac{s}{|\bar{x}|} \qquad \text{bzw.} \quad cv_{\%} = \frac{s}{|\bar{x}|} \cdot 100\,\%$$

✋ **Rechenbeispiel**

Zahlenreihe ohne Missings: 1, 3, 5. CV: 66,67.
Zahlenreihe mit Missings: 1, _, 5. z.B. CV: 94,28.

Je höher CV ist, umso größer ist die Streuung. Hohe CV-Werte sind Hinweise darauf, dass die Verteilung durch Ausreißer verzerrt ist (v.a. im Vergleich mit anderen Messwertreihen). Im Gegensatz zur Standardabweichung als ein Maß für die *absolute* Variabilität gibt CV die *relative* Variabilität innerhalb eines Datenbereiches an (vgl. auch Schendera, 2004). Der Variationskoeffizient sollte nur für Variablen verwendet werden, die ausschließlich positive Werte enthalten. Der CV kann nicht bei einem Mittelwert gleich Null berechnet werden.

4.4 Beschreiben der Form: Formmaße

„Die Breite an der Spitze ist dichter geworden."
Berti Vogts

Die Maße der Schiefe und des Exzesses beschreiben die Form einer Verteilung und werden daher als Formmaße bezeichnet. Beide Maße beschreiben die *Abweichung* von der Normalverteilung. Sind γ bzw. η gleich Null, ist auch die Abweichung von der Normalverteilung gleich Null.

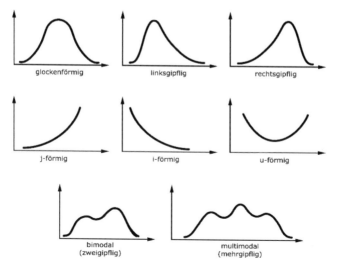

Schiefe

Die Schiefe γ (auch: g_1, skewness, Steilheit) einer Verteilung ist das Maß ihrer horizontalen Abweichung von einer Normalverteilung und gibt an, wie symmetrisch oder links- bzw. rechtsschief eine Kurve ist. Als rechtsschief gilt eine Verteilung dann, wenn die Verteilung nach rechts länger ausläuft als nach links (z.B. Lienert, 1973, 47–48). Als Heuristik kann auf besondere Relationen zwischen Mittelwert, Median und Modus zurückgegriffen werden.

$$\gamma = \frac{\sum_{i=1}^{n}(x_i - \overline{x})^3}{n\,s^3}$$

> ✋ **Interpretation der Schiefe-Statistik**
>
> - *Null:* Ist γ gleich Null, so ist die Verteilung total symmetrisch (oben links). *Prüfregel:* Mittelwert = Median = Modus. Ist die Schiefe einer Verteilung wesentlich von 0 verschieden, als Konvention gilt $\gamma \geq |1|$, so weicht die vorliegende Verteilung deutlich von der symmetrischen Gestalt der Normalverteilung ab.
> - *> 0:* Die Schiefe-Statistik zeigt eine rechtsschiefe (linksgipflige) Verteilung an (oben mitte). *Prüfregel:* Mittelwert > Median > Modus.
> - *< 0:* Die Schiefe-Statistik zeigt eine linksschiefe (rechtsgipflige) Verteilung (oben rechts). *Prüfregel:* Mittelwert < Median < Modus.
>
> Die Schiefe gilt als nur für unimodale Verteilungen geeignet.

Exzess

Der Exzess η (auch: g_2, curtosis, Kurtosis, Wölbung) einer Verteilung ist das Maß ihrer vertikalen Abweichung von einer Normalverteilung und gibt an, ob eine Verteilung breit- oder schmalgipflig ist.

$$\eta = \frac{\sum_{i=1}^{n}(x_i - \overline{x})^4}{n\,s^4} - 3$$

Die Formel für η unterscheidet sich von der für die Schiefe γ nur darin, dass der Exponent 4 statt 3 ist, und um die Korrektur um 3.

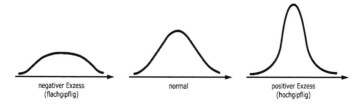

negativer Exzess (flachgipflig) — normal — positiver Exzess (hochgipflig)

✋ Interpretation der Exzess-Statistik

- *Null:* Ist η gleich Null, so besitzt die Verteilung die Form der Normalverteilung. Ist der Exzess einer Verteilung wesentlich von 0 verschieden, so ist das ein Hinweis darauf, dass die vorliegende Verteilung wesentlich von der Wölbung einer Normalverteilung abweicht.
- *> 0:* Die Exzess-Statistik zeigt eine hochgipflige Verteilung an; in diesem Fall gruppieren sich mehr Beobachtungen im Zentrum als bei der Normalverteilung.
- *< 0:* Die Exzess-Statistik zeigt eine flachgipflige Verteilung an; in diesem Fall gruppieren sich weniger Beobachtungen im Zentrum als bei der Normalverteilung.
- Der Exzess gilt als nur für unimodale Verteilungen geeignet.

4.5 Beschreiben von Grenzen und Bereichen

> „Was heißt hier ein Drittel der Nettoeinnahmen.
> Unter einem Viertel mache ich es nicht."
> Horst Szymaniak

Im Leistungssport im Allgemeinen und dem Fußball im Besonderen hört man Ausdrücke wie z.B. „obere Tabellenhälfte", „oberstes Leistungsdrittel", im „ersten Viertel", gemäß dem „80/20-Prinzip" oder auch „Top Ten". Auch diese umgangssprachlich anmutenden Ausdrücke sind nichts anderes als die Kommunikation deskriptiver

Statistiken. Daten können nämlich auch so beschrieben werden, dass ihre Verteilung anhand zweckmäßig erscheinender Grenzen bzw. Schwellen in Abschnitte (Hälften, Drittel usw.) eingeteilt wird. Um eine Verteilung von Messwerten in Abschnitte zu unterteilen, werden sogenannte Quantile eingesetzt.

Quantile

> ✋ Das Prinzip von Quantilen
>
> Vergleichbar zur relativen Häufigkeit wird die Breite einer Verteilung auf 100 bzw. 1 normiert und dann entweder die Anzahl, die Bereiche oder die Anzahl oder Position der Schwellen festgelegt, die diese Verteilung unterteilen sollen. Gebräuchliche Quantile sind z.B. 1 %, 5 %, 10 %, 25 %, 50 %, 75 %, 90 %, 95 %, und 99 %. Die Anzahl und Position von Quantilen ist jedoch frei wählbar.

Bestimmte Quantile kennen Sie vermutlich bereits: Im Abschnitt zu den Lagemaßen (vgl. 4.2) wurde der Median beschrieben. Der Median unterteilt eine Verteilung von Daten so, dass darüber und darunter gleich viele (nach der Größe geordnete) Werte liegen: „Kenne ich also den Median, weiß ich, welcher Wert die Mitte meiner Datenverteilung repräsentiert. Kenne ich dazu noch Minimum und Maximum dieser Verteilung, kenne ich auch die beiden *Bereiche*, in denen die obere und untere Datenhälfte liegt." Bei den Streumaßen (vgl. 4.3) wurde der Interquartilsabstand vorgestellt. Die Quartile Q_1 und Q_3 geben die 25 %- und die 75 %-Grenze an: „Kenne ich die Differenz zwischen den beiden Werten, die auf diesen Grenzen liegen, kenne ich die Breite der Streuung der Daten in diesem Bereich."

Die Interpretation von Quantilen entspricht der des Medians bzw. der Quartile, nur dass es eben mehr Quantile und Bereiche sind. Quantile werden u.a. in der Überlebenszeitanalyse eingesetzt, z.B. bei der Analyse von Ausfällen aus einer Ausgangsmenge innerhalb eines bestimmten Zeitintervalls (vgl. Schendera, 2014², 261).

> ✋ Quantile: Ein Hybrid aus Lage- und Streumaß
>
> Quantile sind eine Kombination aus Lage- und Streumaß. Einerseits identifizieren sie mittels Grenzen bzw. Schwellen die Lage von Werten auf den Quantilen einer Verteilung, anderer-

seits kann über ihre Differenz auch die Breite der Streuung zwischen ihnen analysiert werden. Quantile sind *errechnete*, keine beobachteten Werte. Quantile können Nachkommastellen aufweisen, auch wenn die zugrunde liegende Verteilung ganzzahlig ist.

Je nach gewünschter Feinheit bzw. Breite der Abschnitte gibt es verschiedene Typen von Quantilen: Quartile unterteilen die Verteilung in Viertel, die Dezentile in Zehntel und die Perzentile in Hundertstel. Die Quantile 1%, 5%, 10%, 25%, 50%, 75%, 90%, 95%, und 99% sind die i. Allg. gebräuchlichsten Quantile, um Verteilungen in festgelegten Bereichen gezielt zu untersuchen. Professionelle Software gibt diese bei der deskriptiven Statistik oft standardmäßig aus. Je nach Analyseziel können Quantile jedoch völlig frei festgelegt werden. Eine Näherungsformel wird weiter unten vorgestellt.

> **Quantile** informieren über *Grenzen* (Schwellen) von Verteilungen und über deren Differenz auch über die *Breite* des Streubereichs dazwischen, allerdings nicht über das *Ausmaß* der Streuung. Quantile unterteilen eine Verteilung so, dass gleichmäßig besetzte Intervalle konstruiert werden. Die auf diese Weise erzeugten Intervalle sind nicht notwendigerweise gleich breit. Für Verteilungen von Zeichen und Texten können keine Quantile ermittelt werden, zumindest nicht direkt.
>
> Quantile setzen voraus, dass die beschriebenen Werte eine gewisse Merkmalsvarianz aufweisen und idealerweise keine Konstanten sind.

Quantile geben Grenzen und Bereiche an, wobei gilt: $N_{Quantile} = N_{Bereiche} - 1$: Die Anzahl der Quantile ist immer um 1 niedriger als die Anzahl der gewünschten Intervalle. Die Intervalle sind immer gleichmäßig besetzt, nicht notwendigerweise gleich breit:

- Der Median teilt eine Wertemenge in zwei Gruppen ein. In den beiden Hälften links und neben des Medians liegen je 50% der Werte. Sind Minimum und Maximum bekannt, dann auch die Breite der jeweiligen Hälften der Verteilung.

138 Deskriptive Statistik

- Die drei Quartile (Q1: 25 %, Q3: 50 %, Q3: 75 %) zerlegen eine Verteilung in vier Intervalle. In diesen vier Intervallen liegen je 25 % der Messwerte.
- Neun Dezentile (10 % bis 90 %) zerlegen eine Verteilung in 10 Intervalle mit je ca. 10 % der Werte. Die 10 Gruppen haben gleiche oder fast gleiche Zeilenzahl. Die niedrigsten Werte stehen in der ersten Gruppe, die höchsten Werte stehen in der letzten Gruppe.
- 99 Perzentile zerlegen eine Verteilung in 100 Intervalle mit je ca. 1 % der Werte. Die 100 Gruppen haben gleiche oder fast gleiche Zeilenzahl. Die niedrigsten Werte stehen in der ersten Gruppe, die höchsten Werte stehen in der letzten Gruppe. Perzentilränge sind keine Prozentränge (s.u.)

✋ Beispiele wichtiger Quantile

Quantile (SAS, Definition 5) und exemplarische Beispiele

Quantil	Exemplarische Verteilungen A bis E:				
	A	B	C	D	E
100	100,0	1000,0	5000,0	3,24	30,0
99	99,5	990,5	4950,5	2,33	30,0
95	95,5	950,5	4750,5	1,61	29,0
90	90,5	90,5	4500,5	1,25	27,5
75 / Q3	75,5	750,5	3750,5	0,64	23,0
50 / Q2	50,5	500,5	2500,5	-0,02	15,5
25 / Q1	25,5	250,5	1250,5	-0,68	8,0
10	10,5	100,5	500,5	-1,31	3,5
5	5,5	50,5	250,5	-1,72	2,0
1	1,5	10,5	50,5	-2,40	1,0
0 / min	0	0	1,0	-3,42	1,0
N	100	1000	5000	2000	30

Legende: Die Spalte „Quantil" listet die gebräuchlichsten Quantile von 0 %, über 50 % (Median) bis zu 100 % anhand mehrerer Normalverteilungen auf. Rechts davon sind die Werte aus fünf beispielhaften Verteilungen A bis E auf den Positionen der jeweiligen Grenzen bzw. Schwellen abgetragen. Die Erläuterung der Rechenweise gemäß Definition 5 erklärt weiter unten, warum die Quantile trotz ganzzahliger Werte z.T. Nachkommastellen aufweisen.

Die Besonderheiten der fünf Verteilungen sind:
- **A**: 100 ganzzahlige Werte von 1 bis 100 in der Form 1,2,3,…, 100. Die Werte dieser Verteilung verteilen sich gleichmäßig und annähernd perfekt auf 100 Perzentile. Die Abstände sind zwecks Veranschaulichung noch regelmäßig.
- **B**: 1000 ganzzahlige Werte von 1 bis 1000 (vgl. A). Die Werte dieser Verteilung verteilen sich gleichmäßig auf 100 Perzentile. Die Abstände sind zwecks Veranschaulichung noch regelmäßig. Der Abstand zwischen 5% und 10% ist genauso groß wie der Abstand zwischen 90% und 95%, nämlich 50.
- **C**: 5000 ganzzahlige Werte von 1 bis 5000 (vgl. A). Die Werte dieser Verteilung verteilen sich gleichmäßig auf 100 Perzentile. Die Abstände sind zwecks Veranschaulichung noch regelmäßig. Der Abstand zwischen 5% und 10% ist genauso groß wie der Abstand zwischen 90% und 95%, nämlich 250.
- **D**: 2000 normalverteilte Zufallszahlen. Die Werte dieser Verteilung verteilen sich gleichmäßig auf 100 Perzentile. Die Abstände der Intervalle sind jedoch nicht mehr regelmäßig. Der Abstand zwischen 95% und 100% (1,63) ist z.B. viel größer als der Abstand zwischen 5% und 10% (0,41).
- **E**: 30 ganzzahlige Werte von 1 bis 30 (vgl. A). Was passiert, wenn 100 Perzentile auf eine Verteilung von 30 Werten verteilt werden sollen? Die Abstände sind regelmäßig. Der Abstand zwischen 0% und 10% ist genauso groß wie der Abstand zwischen 90% und 100%, nämlich 2,5. Darüber hinaus sieht es so aus, als ob die Werte (z.B. 30) mehrfach auf die Grenzen fallen; in Wirklichkeit ist es umgekehrt: Bestimmte Werte decken mehrere Quantile gleichzeitig ab. Wäre die Verteilung eine Konstante, wäre überall derselbe Wert angegeben.

SAS und SPSS kennen jeweils mehrere Methoden der Berechnung von Quantilen y. Bei SAS ist Methode 5 voreingestellt. SPSS verwendet als Default die Methode HAVERAGE. Bei Quantilen (v.a. ihrem Vergleich) sollte die Berechnungsmethode kommuniziert sein. Definition 5 entspricht der empirischen Verteilungsfunktion mit Mittelung (vgl. Schendera, 2004, 328–331). Für Definition 5 und auch die anderen Formeln gilt, dass von dem errechneten Wert q (vgl. Näherungsformel) der ganzzahlige Anteil als j und der Rest nach dem Komma als g bezeichnet werden. Die ranggordneten Daten aus der Verteilung werden $x_1, x_2,...,x_n$ gekennzeichnet. y bezeichnet die gewünschten Quantile. Handelt es sich bei j um eine gerade Zahl ($g = 0$), tritt die Formel y=½(x_j + x_{j+1}) in Kraft, ist j dagegen eine ungerade Zahl ($g > 0$), wird die Formel y=x_{j+1} aktiv. Die Rechenweise von Definition 5 erklärt, warum Quantile auch bei einer Verteilung ausschließlich ganzzahliger Werte dennoch Nachkommastellen aufweisen können.

> Beispiel: Eine Näherungsformel für Quantile (Quartile)
>
> Für die Berechnung von Quantilen gilt die Näherungsformel q = n α, wobei q den $q$ten Wert der ranggeordneten Datenreihe, n die Anzahl der Messwerte (n=30, vgl. Verteilung E) und α das gewünschte Quantil repräsentiert (hier 0,25, 0,50 und 0,75 für Q25, Q50, und Q75). Falls q nicht ganzzahlig ist, wird zur nächsthöheren Zahl aufgerundet. Die Berechnung des Q25 (unteres Quartil) für Daten aus Verteilung C (n=30) ergibt 30×0,25= 7,5 (aufgerundet 8). Der 8. Wert der geordneten Messwertreihe ist $q=8$. Die Berechnung des Q50 ergibt 30×0,5= 15 (keine Rundung erforderlich); in der geordneten Messwertreihe entspricht diesem 15 $q=15$ Wert. Die Berechnung des Q75 (oberes Quartil) ergibt 30×0,75= 22,5, aufgerundet 23; in der geordneten Messwertreihe entspricht $q=23$ dem 23. Wert.

Unterteilen Quantile eine Verteilung anhand zweckmäßig erscheinender Grenzen bzw. Schwellen in Abschnitte, ist man nicht mehr weit entfernt vom Erzeugen von Tabellen.

Grenzen setzen mit der Standardabweichung

Eine Standardabweichung kann mehr als nur eine Verteilung beschreiben. Nehmen wir als Beispiel folgende neun Werte: 11, 12, 12, 13, 13, 13, 14, 14, und 15. Da ihre Summe 117 ist, ergibt sich aus 117/9 als Mittelwert 13. Eine 13 ist also der *mittelste* und der *häufigste* Wert. Modus und Median sind also 13. Das sagt uns *was*? Wer es nicht mehr weiß, findet die Lösung unter 4.4. Die Relation dieser drei Kennziffern sagt bereits etwas über die Form der beobachteten Verteilung aus.

Interessant wird nun die Standardabweichung, wird sie in Bezug auf eine theoretische Verteilung gesetzt. Dazu kommen wir später. Zuvor: Wie wird die Standardabweichung für eine empirische Verteilung ermittelt, z.B. die beobachteten neun Messwerte?

Im **ersten Schritt** wird die Abweichung (Differenz) zwischen jedem einzelnen Messwert und des Mittelwerts aller Messwerte ermittelt. Einige Differenzen haben negative Vorzeichen.	11 - 13 = -2 15 - 13 = 2 12 - 13 = -1 12 - 13 = -1 14 - 13 = 1 14 - 13 = 1 13 - 13 = 0 13 - 13 = 0 13 - 13 = 0
Im **zweiten Schritt** wird die ermittelte Abweichung (Differenz) quadriert. Die Quadrierung führt u.a. auch dazu, dass die Vorzeichen nur noch positiv sind.	$-2 \times -2 = 4$ $2 \times 2 = 4$ $-1 \times -1 = 1$ $-1 \times -1 = 1$ $1 \times 1 = 1$ $1 \times 1 = 1$ $0 \times 0 = 0$ $0 \times 0 = 0$ $0 \times 0 = 0$
Im **dritten Schritt** werden quadrierten Werte aufaddiert. Der so entstandene Wert wird als Quadratsumme bzw. im Englischen als „sum of squares" bezeichnet.	4 + 4 + 1 + 1 + 1 + 1 + 0 + 0 + 0 = 12
Im **vierten Schritt** wird die Quadratsumme durch die Anzahl der (neun) Messwerte minus 1 (=8) dividiert. Der entstandene Wert ist die *Varianz* einer Verteilung von Messwerten.	12 / 8 = 1,5
Im **fünften und letzten Schritt** wird die Wurzel aus der Varianz gezogen. Der entstandene Wert ist die *Standardabweichung* einer Verteilung von Messwerten.	$\sqrt{1.5} = 1,22$

Diese Herleitung macht transparent, warum die Standardabweichung *Standard*abweichung heißt: Sie zeigt eine *standardisierte* Abweichung der Messwerte um den Mittelwert herum an. Eine kleine

142 Deskriptive Statistik

(große) Standardabweichung weist darauf hin, dass die einbezogenen Werte nahe am (fern vom) Mittelwert liegen.

Wie oben angekündigt, wird die Standardabweichung interessant, wird sie in Bezug auf eine *theoretische* Verteilung gesetzt. Kann z.B. angenommen werden, dass die beobachtete *empirische* Verteilung annähernd einer Normalverteilung folgt (diese Annahme kann z.B. mittels Formmaßen eruiert werden), erlaubt die Standardabweichung um den Mittelwert herum folgende Aufschlüsse über Grenzen und Bereiche einer Verteilung:

- Innerhalb einer Standardabweichung liegen ca. 68 % der Werte.
- Innerhalb zwei Standardabweichungen liegen ca. 95 % der Werte.
- Innerhalb drei Standardabweichungen liegen ca. 99 % der Werte.

✋ Beispiele

1 Standardabweichung:
13-(1×1,22) bis 13+(1×1,22) = 11,78 bis 14,22.
2 Standardabweichungen:
13-(2×1,22) bis 13+(2×1,22) = 10,56 bis 15,44.
3 Standardabweichungen:
13-(3×1,22) bis 13+(3×1,22) = 9,34 bis 16,66.

Wie kann diese Information interpretiert werden? Unter der *Annahme*, dass die empirische Verteilung einer Normalverteilung folgt, können für Mittelwert und Standardabweichung der n Werte folgende Schlüsse gezogen werden (n=9 Werte z.B.):

- Zwischen 11,78 und 14,22 liegen 68 % der Werte = 6,12 = 6.
- Zwischen 10,56 und 15,44 liegen 95 % der Werte = 8,55 = 8.
- Zwischen 9,34 und 16,66. liegen 99 % der Werte = 8,91 = 8.

Der Standardfehler: Die Streuung in der Grundgesamtheit

Dasselbe Prinzip wird bei der Beschreibung der *Grundgesamtheit* angewandt unter der Annahme, dass ihre Verteilung der Normalverteilung folgt. Angenommen, wir haben nicht nur eine Stichprobe auf der Basis von neun Werten, sondern zufällige 100 Stichproben mit je neun verschiedenen Werten. Die (durchschnittliche) Streuung der 100 einzelnen Stichprobenmittel um ihren Gesamtmittelwert wird jedoch nicht als Standardabweichung, sondern als Standardfehler bezeichnet. Der Standardfehler beschreibt dabei nicht die *beobachtete* Streuung einer *Stichprobe* auf der Basis von 900 Werten, sondern die *mögliche* Streuung um einen eigentlich unbekannten Parameter (Mittelwert) der *Grundgesamtheit* auf der Basis von z.B. 100 unabhängig gezogenen Stichproben (die sich im Gegensatz zu nur einer Stichprobe zusätzlich um den *Zufall* bei ihrer Ziehung voneinander unterscheiden). Der Standardfehler wird damit auch als Maß für die *Genauigkeit* des Mittelwerts als Schätzer zur Beschreibung der Grundgesamtheit interpretiert. Weil der Standardfehler u.a. vom Umfang der Stichproben und der Varianz in der Grundgesamtheit beeinflusst wird, ist in der deskriptiven Statistik die Standardabweichung dem Standardfehler vorzuziehen (vgl. Altman & Bland, 2005).

> ✋ Kurz und knapp
>
> Die **Standardabweichung** beschreibt die Streuung mehrerer Messungen aus einer *Stichprobe*, der **Standardfehler** die Streuung mehrerer Mittelwerte aus einer *Grundgesamtheit*. Anders ausgedrückt gibt die Standardabweichung die beobachtete durchschnittliche Abweichung der Messungen vom Stichprobenmittel ab, während der Standardfehler die wahrscheinliche durchschnittliche Abweichung der Stichprobenmittel vom Mittel der Grundgesamtheit anzeigt. Die Standardabweichung ist ein deskriptives, der Standardfehler ein inferenzstatistisches Maß.

4.6 Beschreiben von Treffern: ROC! ROC!

> „Ja gut, es gibt nur eine Möglichkeit:
> Sieg, Unentschieden oder Niederlage!"
> Franz Beckenbauer

Zum Fußball in England gehören die Wetten wie das Weihwasser in eine Kirche (zu den epistemologischen Implikationen vgl. u.a. Schümer, 1998: „Gott ist rund"). Bei den Buchmachern sind Wetten möglich auf das Ergebnis, Halbzeit/Endstand, Anzahl der Tore, Tore pro Halbzeit, Tor-Zeitpunkte, Torschützen, auf Sieg mit einer bestimmten Anzahl Tore Unterschied und vieles mehr. Können gewonnene Wetten (Treffer) und verlorene Wetten (Fehler, Irrtümer, Nieten, usw.) mittels der deskriptiven Statistik beschrieben werden?

Nehmen wir als Beispiel eine einfache Wette auf Sieg. Bei diesem Ereignis sind beim Abschluss einer Wette insgesamt *zwei* Ausgänge möglich. „Hopp oder topp", gewonnen oder verloren. Nehmen wir nun N=80 Wetten auf Sieg, wovon sich 35 Wetten als Treffer, als richtige Prognosen herausstellen. Das interessierende Ereignis „Sieg" wird (technisch) als Positiv bezeichnet.

- **Treffer**: Ereignis: „Sieg"
  Die Vorhersage ist richtig bzw. logisch „wahr". Die Wette ist gewonnen. Das Ereignis wird als True Positive (TP) gezählt.
- **Trefferquote**: TP / N = 35 / 80 = 0,44
  Optimum = 1 bzw. 100%. Die Trefferquote kann auch als Differenz zur Fehlerquote ermittelt werden.
- **Fehler**: Ereignis: „Kein Sieg"
  Die Vorhersage ist falsch bzw. logisch „falsch". Die Wette ist verloren. Das Ereignis wird als False Positive (FP) gezählt.
- **Fehlerquote**: FP / N = 45 / 80 bzw. 1-Trefferquote = 0,56
  Optimum = 0

Treffer- bzw. Fehlerquoten als Varianten der relativen Häufigkeit (vgl. Abschnitt 4.1) beschreiben jeweils den Anteil der Treffer bzw. Fehler an der Anzahl aller Versuche. Quoten haben allerdings einen entscheidenden Nachteil: Sie informieren nicht über die zentrale Bedeutung der Quote, nämlich den konkreten *Gewinn* bzw. *Verlust* über alle Versuche hinweg. Dazu später mehr.

> ▶ Wiederholung: Güte von Messungen
>
> Für Sensitivität und Spezifität ist die Güte (Genauigkeit) der Messung sehr wichtig (vgl. Abschnitt 2.4).
>
> **Reliabilität** (Zuverlässigkeit, Wiederholbarkeit): Das Messinstrument kommt bei wiederholten Durchgängen immer zum selben Ergebnis.
>
> **Validität** (Richtigkeit, Gültigkeit): Das Messinstrument misst das, was es messen soll. Daran schließt sich auch an, ob die Messung für die eigentliche Fragestellung gültig ist (interne Validität), und ob die Messung an einer Stichprobe auf die Grundgesamtheit verallgemeinert werden kann (externe Validität).

4.6.1 Wetten, dass? Maßzahlen

> „Glück und Pech liegen eng nebeneinander.
> Im Sport ist das der Unterschied zwischen Latte und Tor."
> Karl-Heinz Rummenigge

> „Ich sage immer:
> Das Wichtigste: Der Ball muss ins Tor."
> Otto Rehagel

Nehmen wir als Beispiel nun eine Wette auf *zwei* Ereignisse, auf Sieg oder Niederlage (der Einfachheit halber wird das Unentschieden ausgeschlossen). Bei diesen zwei Ereignissen sind beim Abschluss einer Wette insgesamt vier Ausgänge möglich. Nur „hopp oder topp", gewonnen oder verloren, reicht uns nicht. Wir wollen es genauer wissen:

- **Wette auf Sieg**: Ereignis: „Sieg" (=gewonnen, Treffer, Vorhersage richtig, TP; Erläuterung dieser Abkürzungen weiter unten).
- **Wette auf Niederlage**: Ereignis: „Niederlage" (=gewonnen, Treffer, Vorhersage richtig, TN).
- **Wette auf Sieg**: tatsächlich eintretendes Ereignis: „Niederlage" (=verloren, kein Treffer/Irrtum, Vorhersage falsch, FP).
- **Wette auf Niederlage**: tatsächlich eintretendes Ereignis: „Sieg" (=verloren, kein Treffer/Irrtum, Vorhersage falsch, FN).

✋ Zockers Irrtum

Wer glaubt: „Je länger man auf ein *zufälliges* Ereignis wartet, umso wahrscheinlicher wird es eintreten", verwechselt die Wahrscheinlichkeit eines einzelnen Ereignisses mit der einer Serie. Die Wahrscheinlichkeit z.B. eines einzelnen Münzwurfes (i.S.e. Manifestation eines Zufallsprozesses) ist *unabhängig* von den vorausgehenden bzw. anschließenden Würfen innerhalb einer Serie. Dasselbe gilt z.B. für Lottozahlen, Würfeln, Roulette usw. Fußball ist berüchtigt für das Bemühen des „Gesetzes der Serie" (Kammerer, 1919), das „verborgene" Gesetzmäßigkeiten zu entdecken erlaube.

Realiter ist es eher eine Theorie der selektiven Wahrnehmung: Mannschaften haben eine „Negativserie", sind gegen Lieblingsgegner zu Hause (oder auswärts) unbesiegt, haben nach eigener Führung nie verloren, sind „ewige Zweite", „unabsteigbar", wenn der Trainer seinen Glückspulli oder -schal usw. trägt. Für weitere Beispiele achte man nur auf die Anmoderation in der samstagabendlichen Sportschau. Der Fußballfreund mit Realitätsbezug weiß jedoch: „Der Ball hat kein Gedächtnis" (vgl. Heske, 2010, 41ff.).

Ist unser Sportsfreund mit Hang zum Glücksspiel an der Analyse seiner Vorhersagefähigkeiten interessiert, z.B. ist es eher die Vorhersage von Siegen oder die von Niederlagen, so bietet die deskriptive Statistik eine Gruppe von Maßen an, die speziell für die Beschreibung von korrekten und nicht korrekten Vorhersagen entwickelt worden waren.

Das gemeinsame Ziel dieser Kenngrößen ist, aus den relativen Häufigkeiten in einer vorliegenden Stichprobe eine allgemeine Einschätzung von Vorhersage bzw. Diagnostik von Ereignissen zu ermöglichen. Bestimmte Kenngrößen hängen jedoch direkt von der Merkmalsverteilung in der Stichprobe ab (vgl. Prävalenz). Zwischen verschiedenen Stichproben können sich Vorhersagewerte erheblich unterscheiden. Maßnahmen und Empfehlungen sind nur mit besonderer Zurückhaltung zu verallgemeinern. Für Freunde des gepflegten Wetteinsatzes gilt also: nicht von den Fähigkeiten anderer Wettkönige auf die eigenen schließen. Zunächst jedoch kurze Ausführungen zur Terminologie:

- **Positiv** =*Vorhergesagt* (z.B. *Sieg*) bzw. identifiziert (*Krankheit*).
- **Negativ**: Alternativereignis zum Sieg [=*Niederlage*] bzw. zur Krankheit (=*Gesundheit*).

Die Rollen als Positiv und Negativ implizieren v.a. eine kennzeichnende Fokussierung, weniger eine Bewertung. Die im Weiteren verwendeten Abkürzungen sind im Zusammenhang von Sensitivität und Spezifität international üblich und bei Berechnung und Interpretation hilfreich.

- **TP** [True Positive] = Sieg bzw. Krankheit korrekt vorhergesagt bzw. identifiziert.
- **TN** [True Negative] = Niederlage bzw. Gesundheit korrekt vorhergesagt bzw. identifiziert.
- **FP** [False Positive] = Sieg bzw. Krankheit *nicht* korrekt vorhergesagt bzw. identifiziert; Niederlage bzw. Gesundheit liegen stattdessen vor.

- **FN** [False Negative] = Niederlage bzw. Gesundheit *nicht* korrekt vorhergesagt bzw. identifiziert; Sieg bzw. Krankheit liegen stattdessen vor.

TP bedeutet also, dass eine Wette auf Sieg gewonnen wurde; TN bedeutet entsprechend, dass eine Wette auf Niederlage gewonnen wurde. FP und FN bedeuten, dass Wetten auf Sieg bzw. Niederlagen verloren wurden.

Unser Sportsfreund mit Hang zum glücksspielaffinen Nebenerwerb möchte nun seine seherischen Fähigkeiten anhand seiner Wetten auf Sieg oder Niederlage einer genaueren Prüfung unterziehen. Für diesen Zweck stellt er seine Prognosen mit mal eher günstigem, mal eher ungünstigem Ausgang in einer Kreuztabelle dar. In einer sogenannten Klassifikationstabelle (syn.: Kontingenztafel, Fehler- oder auch Konfusionsmatrix) werden die vorhergesagten und die tatsächlich eingetretenen Ereignisse eingetragen.

> 👆 **Ist das jetzt positiv oder negativ?**
>
> Ob nun eher Siege oder Niederlagen von Interesse sind, hängt von der Fragestellung ab und ist mathematisch gesehen unerheblich (wie man später auch an der Analyse sehen wird). Ist man z.b. eher an einer möglichst hohen *Zahl („viel") wahrscheinlich korrekt Positiver* (z.B. *Treffer*) interessiert, wie z.B. im Database Marketing oder bei Wetteinsätzen, ist eher der PPV relevant. Ist man dagegen eher an einer hohen *Fähigkeit („gut")* der Identifikation von Positiven interessiert, z.B. in der Betrugserkennung, bei gravierenden Diagnosen oder sicherheitsrelevanter Detektoren, wird auf hohe Sensitivität geachtet. Bei hoher Sensitivität verhindert man größere Risiken, indem man wahrscheinliche Fehlalarme im Falle ehrlicher Kunden, gesunden Patienten oder bloß Shampoo in der Handtasche in Kauf nimmt. Vor der Analyse der Tabelle sollte man sich auf das interessierende Ereignis festgelegt haben. Dies hat u.a. eine Bezeichnungs- und Interpretationskonvention zur Folge. Werden Positiv und Negativ vertauscht, dann auch die Werte von Sensitivität und Spezifität.

In unserem Beispiel sind Siege als das Positiv und Niederlagen als das Negativ definiert. Die Rollen als Positiv und Negativ implizieren v.a. eine kennzeichnende Fokussierung. Im medizinischen Kontext ist es üblich, als Positiv die Vorhersage von Krankheiten zu bezeichnen.

✋ Mit Abkürzungen für wichtige Maße (fett) und Hilfsmaße.

Vorhergesagte Ereignisse				
	Niederlage	Sieg		Maß
Tatsächliche Ereignisse — Niederlage	TN	FP	AN	SPEC
Tatsächliche Ereignisse — Sieg	FN	TP	AP	SENS
Maß	PNV	PPV		

Legende: T=true, F=false, P=positive, N=negative, PNV=Predicted Negative Values, PPV=Predicted Positive Values, AN=Actual Negative, AP=Actual Positive, SENS=Sensifity, SPEC=Specifity. Für die Ausrichtung einer solchen Klassifikationstabelle gibt es keine verbindlichen Konventionen. Anwender beachten bitte, dass eine solche Tabelle auch anders angeordnet sein kann (vgl. Schendera, 2004, 390–393).

Die einfachsten Maße für die Beschreibung der Anzahl korrekter bzw. nicht korrekter Vorhersagen sind (N ist die Anzahl aller Fälle):

- **Accuracy** = (TP + TN) bzw. (TP + TN) / N [Genauigkeit].
  Das Optimum ist 1 bzw. 100 %.
- **Error Rate** = (FP + FN) bzw. (FP + FN) / N.
  Das Optimum ist 0.

Accuracy und Error Rate gelten als eher unzuverlässige Maße für die prognostische Zuverlässigkeit. Auch wenn z.B. die Summe insgesamt sehr hoch ist und sich ggf. sogar dem Gesamt-N annähert, ist es bei asymmetrischen Verteilungen nicht ausgeschlossen, dass einer der Summanden bis zu 100% (nicht) korrekt vorhergesagt wird, der andere dagegen gegen 0. Als *allgemeines* Maß für die Genauigkeit bzw. Fehlerrate sind Accuracy und Error Rate daher eher unzuverlässig.

- **AP** = (TP + FN) [Prävalenz Positive in der Stichprobe].
- **AN** = (TN + FP) [Prävalenz Negative in der Stichprobe].

Die Prävalenz (Merkmalsverteilung) von Positiven bzw. Negativen in der Stichprobe beeinflusst direkt die Berechnung von PPV bzw. PNV. Beim Vergleich verschiedener Analysen ist auf eine vergleichbare Verteilung von Positiven bzw. Negativen zu achten.

Die wichtigsten Maße für die Voraussage von positiven Ereignissen sind:

- **Sensitifity** = TP / (TP+FN) [Sensitivität=Richtig-Positiv-Rate, Power; syn.: TPR, true positive rate, recall].

Unter der *Sensitivität* versteht man i. Allg. den Anteil der richtig vorhergesagten Positiven bzw. die *Fähigkeit*, mit der ein Positiv vorhergesagt wird. Sensitivität wird interpretiert als die Fähigkeit, korrekt positiv zu identifizieren. Die Sensitivität liegt zwischen 0 und 1 bzw. 100% (Optimum). Sensitivität ist das Maß eines *Tests* und seiner Fähigkeit, Positive korrekt zu identifizieren.

- **PPV** = TP / (TP+FP) [=Predicted Positive Values].

PPV (syn.: predictive positive value, positiver Vorhersagewert, prädiktiver Wert des positiven Befundes) gibt den Anteil von wahren Positiven an allen vorhergesagten Positiven an. PPV wird von der Prävalenz beeinflusst: Je häufiger das Ereignis in der Stichprobe vorkommt, desto wahrscheinlicher wird es angezeigt. Das Optimum ist 1 bzw. 100 %. PPV ist das Maß eines *Ereignisses* und wird als Wahrscheinlichkeit dafür interpretiert, dass wenn das Ereignis als Positiv identifiziert ist, es tatsächlich auch ein Positiv ist.

Die wichtigsten Maße für die Voraussage von negativen Ereignissen sind:

- **Specifity** = TN / (TN+FP) (Spezifität=Falsch-Positiv-Rate).

Unter der *Spezifität* versteht man i. Allg. den Anteil der richtig vorhergesagten Negativen bzw. die *Fähigkeit*, mit der ein Negativ vorhergesagt wird. Spezifität wird interpretiert als die Fähigkeit, korrekt negativ zu identifizieren. Die Spezifität liegt zwischen 0 und 1 bzw. 100% (Optimum). Spezifizität ist das Maß eines *Tests* und seine Fähigkeit, Negative korrekt zu identifizieren.

- **PNV** = TN / (TN+FN) [=Predicted Negative Values].

PNV (syn.: predictive negative value, negativer Vorhersagewert, prädiktiver Wert des negativen Befundes) gibt den Anteil von wahren Negativen an allen vorhergesagten Negativen an. PNV wird von der Prävalenz beeinflusst: Je häufiger das Ereignis in der Stichprobe vorkommt, desto wahrscheinlicher wird es angezeigt. Das Optimum ist 0. PPV ist das Maß eines *Ereignisses* und wird als Wahrscheinlichkeit dafür interpretiert, dass wenn das Ereignis als Negativ identifiziert ist, es tatsächlich auch ein Negativ ist.

Weitere wichtige Maße sind:

- $\alpha = 1 - \text{SPEC}$ bzw. FP / (FP + TN) [Fehler I. Art].
- $\beta = 1 - \text{SENS}$ bzw. FN / (TP + FN) [Fehler II. Art].

Es gibt noch weitere Maße und Begriffe, im Data Mining u.a. Fall-Out (syn.: FPR, false positive rate, 1-Specificity), Depth, Gain und Lift. Zu weiteren epidemiologischen und medizinstatistischen Maßzahlen (u.a. Inzidenz, Recall oder Präzision) und Modellen vgl. Rothman & Greenland (1998), Böhning (1998) oder Harms (1998).

> ✋ **Besondere Hinweise**
>
> **Prävalenz**: Alle wichtigen Maße (PPV, PNV, TP, FP, TN, FN, Accuracy und Error Rate) mit Ausnahme von Sensitivität und Spezifität hängen von der Prävalenz, also dem Auftreten von Ereignissen in der Stichprobe ab. Dies bedeutet auch, diese Maße (mit Ausnahme von Sensitivität und Spezifität) können durch Oversampling verzerrt sein.
>
> **PPV und PNV** sind Maße des *Ereignisses* und werden i. Allg. als Wahrscheinlichkeit dafür interpretiert, dass wenn ein Ereignis als Positiv (bzw. Negativ) identifiziert ist, es tatsächlich auch ein Positiv (bzw. Negativ) ist. Beide Maße hängen jeweils von der Zusammensetzung der Stichprobe ab: PPV hängt von der Anzahl der Positiven ab, PNV dagegen von der Anzahl der Negativen (vgl. Schendera, 2004, 391–392).
>
> **Sensitivität und Spezifität** sind Maße des *Tests* und reagieren gegenläufig: Das Optimieren der Sensitivität geht zulasten der Spezifität und umgekehrt. Eine Balance kann über optimale Cut-Offs bzw. Kostenmatrizen ermittelt werden. Sensitivität und Spezifität sind Maße der Fähigkeit des Tests und nicht Wahrscheinlichkeiten des Ereignisses. Beide Maße basieren auf der Bayes-Statistik (vgl. Marinell & Steckel-Berger, 2001).

Unser Sportsfreund prüft nun seine seherischen Fähigkeiten, indem er die Treffer und auch Irrtümer von Wetten (N=90) auf Sieg oder Niederlage in der Bundesligasaison 2013/2014 mittels Maßen der deskriptiven Statistik einer genaueren Prüfung unterzieht. Für

Das Herz der deskriptiven Statistik: Maßzahlen 151

diesen Zweck trägt er den Ausgang seiner Prognosen in eine Kreuztabelle ein.

✋ Beispiel: Wettkönig oder Buchmachers Freund? Teil 1
Mit Abkürzungen für wichtige Maße (fett) und Hilfsmaßen.

N=90		Vorhergesagte Ereignisse			Maß
		Niederlage	Sieg		
Tatsächliche Ereignisse	Niederlage	16	20	36	SPEC 0,44
	Sieg	24	30	54	SENS 0,56
		40	50		
Maß		PNV: 0,4	PPV: 0,6		

Die deskriptive Analyse der Treffer und Irrtümer ergibt folgendes Bild:

- **N** = 90.
- **Accuracy** = (20 +16) bzw. (20 + 16) / 90 = 36 bzw. 0,4
- **Error Rate** = (30 + 24) bzw. (30 + 24) / 90 = 54 bzw. 0,6.
- **AP** = TP + FN = 54.
- **AN** = TN + FP = 36.
- **Sensitifity** = TP / (TP+FN) = 30 / (30 + 24) = 0,56.
- **PPV** = TP / (TP+FP) = 30 / (30 + 20) = 0,6.
- **Specifity** = TN / (TN+FP) = 16 / (16 + 20) = 0,44.
- **PNV** = TN / (TN+FN) =16 / (16 + 24) = 0,4.
- **α** = 1 − SPEC bzw. FP / (FP + TN) = 0,56.
- **β** = 1 − SENS bzw. FN / (TP + FN) = 0,44.

Wie beschreiben nun die Maßzahlen der deskriptiven Analyse die seherischen Fähigkeiten unseres Wettkönigs? Die Error Rate ist höher als die Accuracy (0,6 > 0,4). Wird unser Freund des kalkulierten Glücksspiels samt seiner prognostischen Fähigkeiten als

Testinstrument verstanden, so zeigt die Sensitifity, dass seine *Fähigkeit*, Positive (Siege) zu identifizieren, etwas besser als die Ratewahrscheinlichkeit ist (0,56). Die Specifity als Maß seiner Fähigkeit, Negative (Niederlagen) zu identifizieren (0,44), ist etwas schlechter. Die Fähigkeit, Siege korrekt vorherzusagen, ist also besser ausgeprägt als die Fähigkeit, Niederlagen vorherzusagen. Entsprechend sagen PPV bzw. PNV als Maße der vorhergesagten *Ereignisse*, dass die Wahrscheinlichkeit eines Positivs (0,6), korrekt identifiziert zu sein, höher ist als das eines Negativs (0,4).

Unserem Sportsfreund könnte man bei Interesse vorschlagen, eine Validierung der ermittelten Maße vorzunehmen. Er könnte die ermittelten Maße seiner Prognosefähigkeiten anhand von Wettdaten aus früheren Bundesligasaisonen gegenprüfen und z.b. Sensitifity und Specifity für Prognosen in 2012/2013 zu ermitteln. Aufschlussreiche Ergebnisse können z.b. bessere Sensitifity und Specifity Maße oder aber eine Bestätigung der Tendenz, Siege besser als Niederlagen vorhersagen zu können, woraus nämlich für die Zukunft folgen könnte, weniger auf Niederlagen zu setzen und die eingesparten Ausgaben mehr Einsätzen auf Sieg zuzuteilen. Neben der Überprüfung des Tests ist es oft aufschlussreich, auch den getesteten *Gegenstand*, in diesem Falle Bundesligaspiele, auf Besonderheiten zu prüfen, die einen positiven bzw. negativen Einfluss auf das Wettergebnis haben könnten, z.B. die Einführung neuer Regeln oder innovativer Strategien im Fußball.

Man könnte nun meinen, diese Maßzahlen sollten scheinbar ernüchtern. Allerdings, diese rein formellen Maßzahlen berücksichtigen nicht den Inhalt, also den *Wert*, wie viel er gewonnen oder verloren hat. Bei der Beurteilung von Trefferquoten ist es also nur ein erster Schritt festzustellen, wie häufig (nicht) getroffen wurde. Im zweiten Schritt folgt die häufig interessantere *Analyse der Gewinne und Verluste*. Ein Weg, über den dies erfolgen kann, sind die ROC-Kurven und die darin variierten Cut-Offs (vgl. Zweig & Campbell, 1993).

Beispiel mit SAS

Zur Beurteilung der Genauigkeit seiner Vorhersagefähigkeiten berechnet unser Sportsfreund u.a. Sensitivität und Spezifität auf der Basis der protokollierten Treffer und Irrtümer der Wetten auf Sieg bzw. Niederlage (N=90).

```
data ROC ;
label PPV="Positiver Vorhersagewert"
      PNV="Negativer Vorhersagewert"
      Sensifity="Sensitivität"
      Specifity="Spezifität";
input TP FP TN FN  ;
AP = TP + FN ;
Sensifity = TP / (TP+FN) ;
PPV = TP / (TP+FP) ;
Specifity = TN / (TN+FP) ;
PNV = TN / (TN+FN) ;
datalines ;
30   20   16 24
;
run ;

proc print data=ROC noobs label ;
var AP Sensifity PPV  Specifity PNV ;
run;
```

AP	Sensitivität	positiver Vorhersagewert	Spezifität	negativer Vorhersagewert
54	0,55556	0,6	0,44444	0,4

Abb. 12: Deskriptive Statistiken einer Vorhersagefähigkeit (ROC-Analyse)

4.6.2 ROC'n'Roll: Interpretation von ROC-Kurven

ROC-Kurven sind nichts anderes als die Visualisierung von Maßen zur Beurteilung eines *Tests* zur Identifikation von *Treffern*, also seine Treffer- oder auch Vorhersagegenauigkeit (Zweig & Campbell, 1993). Der Begriff des „Treffers" ist von Anwendungsfeld von Anwendungsfeld verschieden und kann korrekt identifizierte Objekte, Signale, Ereignisse oder auch Fälle bedeuten. Damit einher geht auch die Vielfältigkeit des Begriffs des „Tests": Ein (dichotomer) Test kann sein: physikalische Schwellenwertüberschreitung, Expertenentscheidung (Beurteiler), Diagnostik (medizinisch, psychologisch usw.), bedingungsgeleitete Klassifikation (Bonität, Fraud usw.), Ergebnisse von probabilistischen Modellierungen (Credit Scoring, Credit Risk etc.) usw. Das disziplinübergreifende Anwendungsfeld erklärt auch Variationen der Abkürzung **ROC** (receiver operating characteristic, relative operating characteristic).

ROC-Kurven sind eine unkomplizierte und zugleich informative Visualisierung der Leistungsfähigkeit eines binären Klassifikationssystems. ROC-Kurven geben dabei den Anteil der TP an (TP+FN) [Sensitivität] als Funktion von 1-Spezifität (Fall-Out) wieder. ROC-Kurven basieren im Wesentlichen auf der Wiedergabe zweier bereits vorgestellter Treffermaße, der *Sensitivität* (auf der y-Achse) und der *Spezifität* (auf der x-Achse). Ganz genau betrachtet ist das Merkmal auf der x-Achse die 1-Spezifität (Fall-Out).

Weil sie ein intuitiv bedienbares Instrument der Trefferanalyse sind, erfreuen sich ROC-Kurven zunehmender Beliebtheit. ROC-Kurven werden verwendet für:

- Performanz von auf Dichotomien basierenden Klassifikationen prüfen,
- das beste Modell (Vorhersage, Identifikation, Klassifikation) auswählen (z.B. Kreditausfall, vgl. Krämer, 2004),
- Transparentmachen von Kosten/Nutzen-Verteilungen, sowie letztlich
- abgesicherte Entscheidungen zwischen Gewinn/Nutzen und Kosten/Risiken abzusichern (z.B. über Variation der Cut-Offs oder Kostenmatrizen).

🎸 Rock'n'Roll mit ROC:
Wie ist eine ROC-Kurve aufgebaut?

Die Grundstruktur einer ROC-Kurve besteht aus zwei gleichlangen Achsen und einer Diagonalen. *1-Spezifität* wird auf der x-Achse, und *Sensitivität* auf der y-Achse abgetragen. Die Gesamtfläche des Diagramms ist als 1 definiert, die *Diagonale* definiert 0,5 der Fläche. Die Performanz eines Tests (oder auch mehr) wird in einer entsprechenden Anzahl von Linien angezeigt. Diese Linien geben die Fähigkeit von zwei oder mehr Tests an. Die *1-Spezifität-Sensitivität-Linien* bzw. ihre Koordinaten werden für jede Ausprägung des Testwerts ermittelt. Basiert der Test nur auf binären Daten, werden nur drei *1-Spezifität-Sensitivität*-Punkte angezeigt (Beispiel); je größer die Merkmalvariation, desto kurvilinearer wird die angezeigte Funktion. Die *Fläche unter der Kurve (area under the curve, AUC)* ist ein Maß der ROC-Kurve selbst und gibt den Zusammenhang zwischen Teststatistik und Ereignis (Positiv/Negativ) an. Der Flächenanteil unter der Kurve sollte nicht unter 0,70 liegen. Unkompliziert kann das AUC für binäre Daten am Konkordanzindex c, abgelesen werden. Alternativen sind der Mann-Whitney-U-Test oder der Wilcoxon-Rangsummentest. Der komplizierte Weg führt über die Ermittlung von Trapezoiden auf Basis der beobachteten Punkte auf der Linie, der Berechnung ihrer Fläche und ihrer anschließenden Addition. Bei vielen verschiedenen beobachteten Punkten sollte man sich das nicht antun ... AUC ist nicht gleich Sensitivität und Spezifität.

Wie ist eine ROC-Kurve zu lesen? Der Fokus einer ROC-Kurve ist die Visualisierung der Leistungsfähigkeit von Tests. **Sensitivität und Spezifität**: Bei einem sehr guten Test erreichen Sensitivität und Spezifität das Optimum 1,0 bzw. 100. In diesem (Ideal-)Fall identifiziert der Test Positive und Negative fehlerfrei. Die Linie verläuft dabei im äußersten linken oberen Winkel des Diagrammes. Je weiter sich die ermittelten Linien von der Diagonalen entfernen, desto größer ist die Fläche unter der Kurve und somit auch die Sensitivität bzw. Trennschärfe des Tests. Die Aussage der **Fläche unter der Kurve (AUC)** gilt i. Allg. als Genauigkeit der ermittelten Teststatistik. Ein AUC von 1,0 (0) bedeutet, dass der Test perfekt (nicht) zwischen Positiv und Negativ zu unterscheiden erlaubt, d.h. dass der Test immer richtig (falsch) liegt. Werte gleich 0,5 bedeuten, dass der Test einem Raten entspricht; Werte unter 0,5 würden bedeuten, dass der Test sogar schlechter als zufälliges Raten wäre. Werte zwischen 0,70 und 0,80 gelten als akzeptabel. Werte zwischen 0,80 und 0,90 gelten als gut. Werte über 0,90 gelten als ausgezeichnet. AUC gilt mittlerweile als etwas unzuverlässig. Eine Erklärung sei, dass es einem einzelnen AUC-Wert nicht gelinge, zwei tendenziell gegenläufige Systeme angemessen zu repräsentieren.

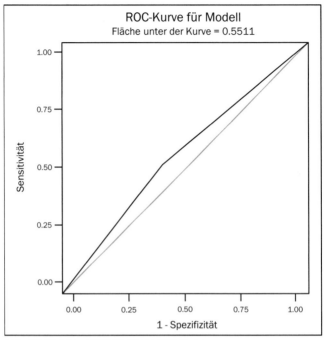

Abb. 13: Vorhersagefähigkeit als ROC-Kurve

Die ROC-Kurve verdeutlicht, dass unser Wettkönig kein besonders sensitives „Orakel" ist. Die Sensitivität liegt bei 0,56. Die Fläche unter der Kurve (area under the curve, AUC) erreicht entsprechend nur 0,55. Eine höhere Sensitivität erzielt i. Allg. auch eine größere Fläche. Weil die Daten auf einer Vierfeldertafel basieren, besteht die 1-Spezifität-Sensitivität-Linie nur aus drei Koordinaten.

Beispiel mit SAS

Zur Beurteilung der Genauigkeit seiner Vorhersagefähigkeiten visualisiert unser Sportsfreund eine ROC-Kurve auf der Basis der protokollierten Treffer und Irrtümer der Wetten auf Sieg bzw. Niederlage (N=90).

```
data ROC ;
        input VORHERSAGE   EREIGNIS N @@ ;
        datalines;
        0 1    20
        1 1    30
        0 0    16
        1 0    24
        ;
proc freq data=ROC;
        table VORHERSAGE*EREIGNIS;
        weight N ;
run ;
proc logistic data=ROC plots=roc ;
     model EREIGNIS/n=VORHERSAGE
              / outroc=roc1 roceps=0;
run;
```

Erläuterung: Der Data Step liest die Daten ein und legt sie in der SAS Tabelle ROC an. PROC FREQ ist ein Prüfschritt und stellt sicher, dass die Daten in PROC FREQ der benötigten Struktur entsprechen. Mittels PROC LOGISTIC und der Option PLOTS= ROC wird die Ausgabe von ROC-Kurven angefordert.

> ✋ **Voraussetzungen für die Berechnung von Sensitivität und Spezifität (ROC)**

[1] Sensitivität und Spezifität basieren auf Wertepaaren, von intervallskaliert bis ganzzahlig-binär-aggregiert. Die Daten können binär bis intervallskaliert sein. Die Datenstrukturen reichen also von Vierfeldertafeln (vgl. Beispiel) bis zu gruppierten Schätzern ermittelt auf der Basis komplexer multivariater Modellierungen.

[2] Die Definition von „Positiv" ist geprüft und festgelegt. Auf der Basis von Cut-Offs (C), die Testergebnisse und die tatsächlichen Zustandsvariablen einander gegenüberstellen, bestehen vier Möglichkeiten der Definition von „Positiv", die bei der Interpretation von Sensitivität und Spezifität zu berücksichtigen sind: (i.) Ein Testergebnis ist positiv, falls das Testergebnis $>= C$ ist, und ein Testergebnis ist negativ, falls das Testergebnis $< C$ ist. (ii.) Ein Testergebnis ist positiv, falls das Testergebnis $> C$ ist, und ein Testergebnis ist negativ, falls das Test-

ergebnis <= *C* ist. (iii.) Ein Testergebnis ist positiv, falls das Testergebnis <= *C* ist, und ein Testergebnis ist negativ, falls das Testergebnis > *C* ist. (iv.) Ein Testergebnis ist positiv, falls das Testergebnis < *C* ist, und ein Testergebnis ist negativ, falls das Testergebnis >= *C* ist.

[3] Verbundwerte (ties) zwischen TP und TN kommen nicht oder nur selten vor. Die Diagonale („Bezugslinie") gilt als Durchschnitt zweier theoretisch extrem verschiedener Verläufe (Zweig & Campbell, 1993, 566). Der Abstand und Winkel der Linie von der Diagonalen hängt von der Anzahl von Verbundwerten (Bindungen, Ties) in tatsächlichen positiven und tatsächlichen negativen Gruppen ab, und unterschätzt beim Vorliegen von Verbundwerten tendenziell diagnostisch genaue Tests.

Laut der reinen deskriptiven Statistik der Trefferanalyse scheint unser Freund der fußballaffinen Vorhersage kein besonders zuverlässiges Instrument zu sein. Die reinen Quoten haben dabei einen entscheidenden Nachteil: Quoten informieren nicht über ihre zentrale Bedeutung, z.B. den damit verbundenen *Gewinn* bzw. *Verlust*. Eine Trefferanalyse wird i. Allg. mit einer Gewinn-Verlust-Analyse abgerundet. Nehmen wir am Beispiel unseres Wettkönigs an, dass die durchschnittlichen Kosten für einen einzelnen Einsatz 10 Euro betragen. Bei 90 Wetteinsätzen kommt also ziemlich was zusammen… Der durchschnittliche Gewinn unseres Wettfreundes pro gewonnenem Spiel liegt bei (angenommenen) 25 Euro. Daraus lassen sich pro Ereignis (TP, FP usw.) die Gewinne und Verluste ermitteln und in eine Matrix eintragen.

- **TP** = 25 € Gewinn - 10 € Einsatz = 15 € Gewinn.
- **TN** = 25 € Gewinn - 10 € Einsatz = 15 € Gewinn.
- **FP** = 10 € Einsatz = -10 € Verlust.
- **FN** = 10 € Einsatz = -10 € Verlust.

Die daraus ermittelte Gewinn-Verlust-Matrix sieht so aus:

Beispiel: Wettkönig oder Buchmachers Freund? Teil 2
Gewinn-Verlust-Matrix 1

N=90		Vorhergesagte Ereignisse		
		Niederlage	Sieg	Summe
Tatsächliche Ereignisse	Niederlage	16 × 15	20 × -10	240 – 200 **40 €**
	Sieg	24 × -10	30 × 15	-240 + 450 **210 €**
				250 €

Der Gewinn insgesamt beträgt 250 Euro, nach Abzug aller Unkosten. Das Ergebnis ist insgesamt also gar nicht so übel. Diese Gewinn-Verlust-Matrix zeigt auch, dass die reine Information von Sensitivität, Spezifität sowie PPV und PNV zur Beurteilung eines Instruments nicht ausreichen. Wichtig ist auch das *Gewicht* der jeweiligen Treffer. Erst die Analyse der mit den Treffern verbundenen Gewinne/Verluste bzw. Nutzen/Risiken erlaubt, die Nützlichkeit eines Instruments zu beurteilen. Ein „Orakel", das neben viel Spaß an Fußball und Sportwette auch noch 250 Euro mehr in der Tasche hat, darf sich mit Fug und Recht als nützlich bezeichnen lassen.

Fällt z.B. der Faktor *Gewinn* jedoch niedriger aus, fällt die Gewinn-Verlust-Matrix entsprechend ungünstiger aus. Die (angenommenen) Eckwerte sind jetzt:

- **TP** = 20 € Gewinn – 10 € Einsatz = 10 € Gewinn.
- **TN** = 20 € Gewinn – 10 € Einsatz = 10 € Gewinn.

Die Gewinn-Verlust-Matrix dazu sieht jetzt so aus:

Beispiel: Wettkönig oder Buchmachers Freund?
Gewinn-Verlust-Matrix 2

N=90		Vorhergesagte Ereignisse		
		Niederlage	Sieg	Summe
Tatsächliche Ereignisse	Niederlage	16 × 10	20 × -10	160 - 200 **- 40 €**
	Sieg	24 × -10	30 × 10	-240 + 300 **60 €**
				20 €

Der Gewinn beträgt insgesamt noch 20 Euro, nach Abzug aller Unkosten. Würden sich bei gleichbleibender (Un-)Zuverlässigkeit des „Tests" die Gewinne also verringern bzw. die Kosten erhöhen, erhöht sich für einen Sportwetter auch das Risiko, schlussendlich „in die Miesen" zu geraten. Die zweite Gewinn-Verlust-Matrix zeigt eine deutlich schlechtere Gewinnlage, aber immer noch insgesamt eine schwarze Null, allerdings einschließlich einiger nichtmonetärer Gewinne: z.B. der Spannung beim Wetten. Und nebenbei auch etwas über Trefferanalysen und Gewinn-Verlust-Matrizen gelernt zu haben. Möglichkeiten des Optimierens sind:

- Allgemeine Zuverlässigkeit des Tests erhöhen (mehr TP, TN).
- Fokus der Zuverlässigkeit ändern (z.B. TP *oder* TN bevorzugen). Im Beispiel wurde festgestellt, dass die Fähigkeit, Siege korrekt vorherzusagen, besser ausgeprägt ist als die Fähigkeit, Niederlagen vorherzusagen.
- Gegenstand der Wette wechseln, von Bundesliga auf Premier League oder ggf. Zweite Liga (je nach Expertise).
- Hintergrundinformationen einholen: den Gegenstand, in diesem Falle Bundesligaspiele auf Besonderheiten zu prüfen, die einen positiven bzw. negativen Einfluss auf das Wettergebnis haben könnten, z.B. die Einführung neuer Regeln oder innovativer Strategien im Fußball. Und letztlich:
- das Sportwetten ganz sein zu lassen und die eingesparten Verluste anderweitig zu investieren.

Diese Maßnahmen sind angemessen, solange der „Test" nur einen Cut-Off mit nur einer dazugehörigen Gewinn-Verlust-Matrix hat. Besteht bei einem Instrument die Wahl zwischen *mehreren* Cut-Offs, wird der Vorgang der Bestimmung des idealen Cut-Offs etwas aufwendiger.

4.7 Beschreiben von Zeit

„Je länger das Spiel dauert, desto weniger Zeit bleibt."
Marcel Reif

In seiner einfachsten Form lässt sich der Faktor Zeit üblicherweise in zeitlich aufeinanderfolgenden Messungen erfassen. Das Ergebnis sind sogenannte Zeitreihen oder Zeitreihendaten. Die bislang vorgestellten deskriptiven Maße können auch auf Zeitreihendaten angewendet werden; selbstverständlich können Zeitreihendaten auch mit Summen, Mittelwerten oder Standardabweichung beschrieben werden. Die bislang vorgestellten deskriptiven Maße haben jedoch den entscheidenden Nachteil, dass sie z.B. bei Zeitreihendaten keinen **direkten Zusammenhang zum Faktor Zeit** abzubilden erlauben. Für die zusätzliche Beschreibung des Faktors Zeit sind mindestens *drei* Angaben erforderlich:

- die Messung zu einem bestimmten Zeitpunkt,
- der Zeitpunkt (yyyy, mm, dd; h, m, s; Kalendertage usw.),
- Information über die Abstände zwischen den Zeitpunkten bzw. Messungen (u.a. Regelmäßigkeit, Lückenlosigkeit).

Liegen nur die Messungen vor, allerdings keine Information über die Abstände zwischen den Messungen, ist die Beschreibung des Faktors dann möglich, wenn mit guten Gründen von regelmäßigen und lückenlosen Messungen ausgegangen werden kann. Abschnitt 4.7.1 stellt das Geometrische Mittel vor, das eine Zeitreihe i.S.e. durchschnittlichen Entwicklung über die Zeit hinweg in einem einzigen Maß auszudrücken erlaubt. Abschnitt 4.7.2 stellt die Regressionsanalyse vor, die eine Zeitreihe auf der Basis eines Kausalmodells in Form einer Funktion formalisieren kann. Abschnitt 4.7.3 beschreibt die Methode der exponentiellen Glättung, die eine Zeitreihe in Form eines Trends zu beschreiben erlaubt. Selbstverständlich steht es auch frei, Zeitreihendaten auch mit den üblichen Maßen, wie z.B. Summen, Mittelwerten oder Standardabweichung, zu beschreiben. Dieses Unterkapitel versteht sich als Hinweis, auf welche Weise Zeitreihen sonst noch beschrieben werden können. Das Thema SPC (Statistical Process Control) wird ggf. in erweiterten Auflagen vorgestellt werden.

Die Beschreibung des Faktors Zeit vor allem mittels Zeitreihen ist aller Erfahrung nach durchaus anspruchsvoll. Neben den bereits angesprochen Abständen (u.a. Regelmäßigkeit, Lückenlosigkeit) kommen typische Phänomene wie u.a. Trends, Saisonalität oder auch Kalendereffekte hinzu. Je nach angewandtem Verfahren kommen weitere verfahrensspezifische Herausforderungen hinzu, bei der vorgestellten Regressionsanalyse z.B. Multikollinearität oder auch Autokorrelation (vgl. Schendera, 2014[2]; Woolridge, 2003, v.a. Kap. 10 und 11; Cohen et al., 2003[3], Kap. 15; Chatterjee & Price, 1995[2], Kap. 7). Darüber hinaus könnten auch spezielle Verfahren der Zeitreihenanalyse ergiebig sein. Für weitere Analysemodelle (z.B. Dekomposition (u.a. X-12) oder Box-Jenkins-Modelle) und der vergleichenden Diskussion ihrer Angemessenheit für die jeweiligen Zeitreihen wird u.a. auf Hartung, 1999, Kap. XII; Yaffee & McGee (2000), Schlittgen (2001) und Schlittgen & Streitberg (2001) verwiesen.

4.7.1 Maß: Geometrisches Mittel

Das geometrische Mittel G (syn.: GM, $\bar{x}_G$) ist das einzige Lagemaß, das die durchschnittliche prozentuale (relative) Entwicklung, Steigerung oder Wachstum einer Größe im Zeitverlauf zu beschreiben erlaubt. Das geometrische Mittel wird z.B. verwendet, um den durchschnittlichen Betrag einer Veränderung zu ermitteln (vorausgesetzt, diese Veränderungen erfolgen mit einer relativen Konstanz und ohne extreme Sprünge). Das geometrische Mittel spielt v.a. bei Größen zu Wachstum, Entwicklung oder Steigerung (u.a. Leistung, Zinsen, BIP) eine Rolle und errechnet aus den aufeinanderfolgenden Ausprägungen einer Variablen die durchschnittliche *Rate* von Wachstum, Entwicklung oder Steigerung. Das geometrische Mittel basiert auf der *n*-ten Wurzel aus dem Produkt von *n* Proportionen (Raten). Diese *n* Raten werden auf der Basis von *n+1* Messwerten ermittelt. Der Vorzug des geometrischen Mittels ist, mehrere Messwertreihen besser miteinander vergleichen zu können.

> 💡 **Voraussetzungen des geometrischen Mittels**
> Die Werte müssen positiv und verhältnisskaliert sein. Um in Bezug auf den Faktor Zeit Sinn zu machen, sollten entweder die Abstände zwischen Messungen u.a. regelmäßig und lückenlos sein oder die Anwender prüfen, dass ein geometrisches Mittel auch bei unregelmäßigen und lückenhaften Messwertreihen sinnvoll ist.
>
> $$\bar{x}_G = \sqrt[n]{\prod_{i=1}^{n} x_i}$$

Beispiel: Ermittlung der durchschnittlichen Leistungssteigerung

Das folgende Beispiel wird das Zwei-Schritt-Prinzip des geometrischen Mittels erläutern. Zu einer Wertereihe mit *n* Werten wird eine Wertereihe mit *n-1* Proportionen ermittelt. Liegen die Proportionen bereits vor, entfällt dieser Schritt. Im zweiten Schritt wird aus diesen Proportionen das geometrische Mittel berechnet.

Im Fußball als Leistungssport werden v.a. Spitzenspieler in zahlreichen Leistungsparametern vermessen, z.B. Zweikampfstärke. Nehmen wir an, ein Fußballer hat folgende Zweikampfwerte (Prozent gewonnener Zweikämpfe).

▶ Das Zweitschritt-Prinzip des geometrischen Mittels

Saison	% Zweikämpfe	Rate
1	50	–
2	55	1,1
3	66	1,2
4	85,8	1,3

Die Zweikampfstärke eines Spielers in Saison 1 beträgt 50 % gewonnene Zweikämpfe. In der folgenden Saison erreicht der Spieler eine Zweikampfstärke von 55 %. Aus diesen beiden Werten kann eine erste Rate ermittelt werden. Die Steigerung beträgt 55 / 50 = 1,1. In Saison 3 erreicht der Spieler eine Zweikampfstärke von 66 %. Im Verhältnis zum Wert aus Saison 2 kann die nächste Rate ermittelt werden. Die Steigerung beträgt 66 / 55 = 1,2. In Saison 4 erreicht der Spieler eine Zweikampfstärke von 85,8 %. Im Verhältnis zum Wert aus Saison 3 beträgt die Steigerung 85,8 / 66 = 1,3.

Das geometrische Mittel G beantwortet nun die Frage nach der durchschnittlichen relativen Leistungssteigerung dieses Spitzensportlers. Werden die ermittelten Raten in die oben angegebene Formel eingetragen, ergibt sich als geometrisches Mittel:

$$\bar{x}_G = \sqrt[3]{1{,}2 \cdot 1{,}3 \cdot 1{,}4} = 1{,}1972 \approx 1{,}2.$$

Als Gegenprobe kann der Wert aus Saison 1 dreimal mit diesem durchschnittlichen Faktor multipliziert werden, also 50 × 1,1972 × 1,1972 × 1,1972. Wurde alles richtig gemacht, führt diese durchschnittliche Steigerungsrate wieder zum Wert in Saison 4, also 85,78.

4.7.2 Funktion: Regressionsfunktion

Dieser Abschnitt stellt die Regressionsanalyse vor, die eine Zeitreihe (oder auch mehr) auf der Basis eines Kausalmodells als eine Funktion zu beschreiben erlaubt.

Bei einer einfachen linearen Regression wird von einer unabhängigen Variable x auf eine abhängige Variable y geschlossen (gemäß der Gleichung $y = a + b*x + u_i$). Bei der Multiplen Regression werden die Werte der abhängigen Variable y durch die Linearkombination mehrerer unabhängiger Variablen x_1, x_2,... vorhergesagt (gemäß der Gleichung $y = a + b_1* x_{1i} + b_2 * x_{2i} + ... + b_n* x_{ni} + u_i$). y bezeichnet dabei die abhängige Variable. $x_{1,...n}$ bezeichnet die jeweilige unabhängige Variable im Modell; $b_{1,...n}$ bezeichnet ihr jeweiliges (nicht standardisiertes) Einflussgewicht (Regressionskoeffizient). i=1,2,3,...n spezifiziert die Anzahl der jeweiligen unabhängigen Variablen bzw. Einflussgewichte (Betas). a ist der Intercept bzw. Schnittpunkt der y-Achse. u_i bezeichnet einen zufälligen Störterm. e_i bezeichnet die Residuen.

> 🖐 Hauptaussagen: Kausalmodell und Funktion
>
> Die multiple Regression unterstellt ein multivariates Kausalmodell (z.B. 'x_1, x_2, x_3 verursachen y') und erlaubt damit eine Aussage darüber, (i.) inwieweit mehrere unabhängige Variablen einen Einfluss auf eine abhängige Variable ausüben könnten, und wie (ii.) dieses Modell in einer sog. Regressionsfunktion ausgedrückt werden kann.

Als Verfahrensalternativen gelten je nach Skalenniveau der abhängigen Variable z.B. die (Binäre, Multinomiale) Logistische Regression, die Ordinale Regression oder, je nach Analysemodell, die Pfad-, Diskriminanz- und (multivariate) (Ko-)Varianzanalyse.

Beispiel:
Ermittlung einer Regressionsfunktion

Das Beispiel beschreibt ökonometrische Importdaten für Frankreich aus den Jahren 1949–1959 (N=11) anhand einer Regressionsfunktion. Das Beispiel und die Daten wurden freundlicherweise von Prof. Samprit Chatterjee (New York) zur Verfügung gestellt (vgl. auch Schendera, 2014² bzw. Chatterjee & Price, 1995²).

Daten und Annahme: Die Variablen INPROD (Inlandproduktion), KONSUM (Konsum) und LAGER (Lagerhaltungen) haben einen Einfluss auf das Ausmaß der Importe (IMPORTE). Für andere Aspekte der Modellierung wird auf das Beispiel in Chatterjee & Price (1995²) verwiesen. Die Einheit ist in Milliarden Francs.

Jahr	Importe	InProd	Lager	Konsum
1949	15,9	149,3	4,2	108,1
1950	16,4	161,2	4,1	114,8
1951	19,0	171,5	3,1	123,2
1952	19,1	175,5	3,1	126,9
1953	18,8	180,8	1,1	132,1
1954	20,4	190,7	2,2	137,7
1955	22,7	202,1	2,1	146,0
1956	26,5	212,4	5,6	154,1
1957	28,1	226,1	5,0	162,3
1958	27,6	231,9	5,1	164,3
1959	26,3	239,0	0,7	167,6

Berechnung: Die Berechnung einer multiplen Regressionsanalyse per Hand ist nicht unmöglich, jedoch mühsam. Dieses Beispiel wird daher auf die Ausgabe der Regressionsfunktion und ihre Diskussion verkürzt. Zu einer ausführlicheren Darstellung der Berechnung mit SPSS und Diskussion u.a. des Umgangs mit Multikollinearität wird auf Schendera (2014²) verwiesen.

Ergebnis: Der Zusammenhang zwischen den unabhängigen Variablen INPROD und KONSUM ist beinahe perfekt positiv linear (0,997, p=0,000) und ist als Hinweis auf Multikollinearität zu verstehen (auch in einem Streudiagramm als annähernd perfekt linearer Zusammenhang klar zu erkennen).

Das ermittelte adjustierte R-Quadrat zeigt, dass der Anteil der erklärten Varianz fast vollständig erklärt wird (99,2 %). Anhand der ausgegebenen nichtstandardisierten Koeffizienten kann die Regressionsfunktion abgelesen werden.

Regressionsfunktion

IMPORTE = -10,128 - (0,051*INPROD) + (0,587*LAGER) + (0,287*KONSUM).

Der Wert -10,128 entspricht dem Intercept bzw. dem Schnittpunkt auf der y-Achse. Bei den Einflussgewichten handelt es sich um *nicht*standardisierte Regressionskoeffizienten. Mit diesen Gewichten werden die Daten für die Inlandproduktion, den Konsum und Lagerhaltungen eines Jahres multipliziert. Nicht standardisierte Regressionskoeffizienten sind v.a. für den Vergleich metrischer Variablen zwischen Stichproben/Populationen geeignet. Beim

Vergleich innerhalb einer Stichprobe/Population können sie ggf. ein völlig falsches Bild vom Einfluss der jeweiligen unabhängigen Variablen vermitteln.

Werden die Werte für INPROD, LAGER und KONSUM eines Jahres in diese Gleichung eingetragen, so lässt sich der entsprechende Wert für IMPORTE des entsprechenden Jahres ermitteln, *sofern die Modellierung, die in diese Regressionsfunktion führt, selbst keine Probleme aufweist.* Das Übersehen von Multikollinearität kann zur Fehlinterpretation einer Modellgleichung führten.

Werden z.B. für das Jahr 1949 die Werte 149,3, 4,2 und 108,1 in die ermittelte Regressionsfunktion eingetragen, ist das Ergebnis 15,7 und entspricht damit beinahe 15,9 (wie zu erwarten gewesen wäre). Werden die Werte 190,7, 2,2 und 137,7 des Jahres 1954 in dieselbe Regressionsfunktion eingetragen, ist das Ergebnis nicht ganz 20,4, wie zu erwarten gewesen wäre, sondern 20,9. Falls eine Regressionsfunktion zwar mathematisch präzise, jedoch inhaltlich nicht stimmig ist, kann womöglich eine Multikollinearität diesen Effekt verursacht haben. Wenn der Effekt der Multikollinearität bei einer angepassten Modellierung berücksichtigt wird (z.B. durch Ausschluss betroffener Variablen aus dem Modell oder dem Bilden von Produkten), können inhaltlich stimmige *und* präzise Regressionsfunktionen erreicht werden.

> ### Voraussetzungen der Regressionsanalyse
> Die Regressionsanalyse ist kein triviales Verfahren. Für die zahlreichen Voraussetzungen, ihre Prüfung, Bewertung und ggf. ihre Korrektur wird auf Schendera (2014², Kap. 1.9 und 2.4) verwiesen.

Eine Regressionsfunktion kann den funktionalen Zusammenhang zwischen mehreren Einflussvariablen (oder auch nur einer) auf eine abhängige Variable beschreiben. Die oben ermittelte Regressionsfunktion repräsentiert z.B. insgesamt 44 Messwerte von vier Variablen in einem Modell. Eine Regressionsanalyse prüft jedoch nicht, ob die ermittelte Regressionsfunktion (sei sie auch mathematisch präzise) auch inhaltlich stimmig ist. Dies kann nur der Anwender beurteilen. Eine Regressionsfunktion sollte weder über den vorliegenden Messwertbereich hinaus visualisiert, noch darüber hinaus interpretiert werden. Wie Prognosen für Zeitreihendaten erstellt werden, wird der folgende Abschnitt zeigen.

4.7.3 Trends: Zeitreihen und Prognosen

> „Fußball, das sind 22 Spieler, ein Schiedsrichter,
> und am Ende gewinnen die Deutschen."
> Gary Lineker

Die **Prognose** (forecast) gehört zur Gruppe der zeitbezogenen Analyseverfahren. Die Beschreibung, Analyse und Vorhersage des zeitlichen Verlaufs von Daten ist allgegenwärtig (vgl. Schendera, 2004, Kap. 22):

- Physiologie: der zeitliche Verlauf von Leistungsparametern von Spitzensportlern (u.a. EKG, Blutbildes, Lungenvolumen usw.).
- Events und Tourismus: z.b. der zeitliche Verlauf von Buchungen von Tickets, Unterkünften oder Vertrieb von Merchandising bis hin zur Inspruchnahme von Services wie z.B. Catering.
- Finanzen: z.B. der zeitliche Verlauf von Ticketpreisen, Pricing und Vertrieb von Merchandising und Verzehreinheiten usw.
- Meteorologie: z.B. der (jahres-)zeitliche Verlauf von Temperaturen, Niederschlagsmengen oder auch Windstärken.

> ✋ Alles fließt ... aber verschieden
>
> Zeitreihe ist nicht gleich Zeitreihe; es gibt
>
> [1] lang- und kurzlebige Untersuchungsgegenstände (z.B. „ewiges" Klima vs. kurzfristige Leistungsfähigkeit).
>
> [2] unterschiedlich lange Einheiten (z.B. Jahre vs. Minuten; wer sich für Paläontologie interessiert, kennt vielleicht Einteilungen nach Devon, Karbon, Perm oder Trias).
>
> [3] relativ regelmäßige (z.B. Jahreszeiten, Puls) und relativ unregelmäßige Verläufe (z.B. Börsenkurse).
>
> [4] spezielle Effekte wie z.B. Trends, Saisonen, Zyklen und auch Kalendereffekte.

Die Beschäftigung mit zeitbezogenen Daten im Allgemeinen und der Trend- bzw. Zeitreihenanalyse im Besonderen rührt aus vier interessanten Anwendungsmöglichkeiten für die Praxis (die Diskussion wird sie sogar noch etwas weiter ausfächern können):

- *Beschreibung* des zeitlichen Verlaufs eines Forschungsgegenstands
- *Erklärung* dieses Verlaufs
- *Kontrolle* des zeitlichen Verlaufs
- *Vorhersage* des zukünftigen Verlaufs des interessierenden Gegenstands

Die **Beschreibung** eines zeitlichen Verlaufs kann für bestimmte Anwendungen bereits ausreichend sein: Wenn man z.B. nur die Temperatur für einen bestimmten Tag kennen möchte und wirklich nicht wissen will, *warum* es an diesem Tag diese Temperatur haben wird. Sollen jedoch Ursachen für bestimmte zeitbezogene Verläufe gefunden werden, ist man bei der *Erklärung* angelangt.

Die **Erklärung** kann anhand des *mathematischen Modells* selbst (z.B. eines bestimmten Verlaufs von Fieber*daten*) oder auch anhand von konkreten Gründen im Sinne eines *inhaltlichen Modells* für die Gründe von Fieber erfolgen (z.b. bestimmte Erkrankungen, Behandlungen oder Prädispositionen des Patienten). Die *formale* Erklärung kann anhand des mathematischen Modells sein: „Weil das Fieber bis jetzt jede Stunde um ca. 2 C anstieg, wird es in einer Stunde ebenfalls um ca. 2 C angestiegen sein." Die *inhaltliche* Erklärung kann anhand des inhaltlichen Modells erfolgen: „Das Fieber weist als Symptom darauf hin, dass der Patient mindestens seit mehreren Stunden an einer noch unbekannten Ursache laboriert. Der Patient muss behandelt, das Fieber gesenkt werden. Ansonsten steigt das Fieber weiter an." Eine hinreichende Erklärung von Verläufen ist die Voraussetzung für eine erfolgreiche Kontrolle; ohne eine plausible Erklärung von Verläufen können geeignete Kontrollmaßnahmen nicht begründet eingesetzt werden.

Die **Kontrolle** des zeitlichen Verlaufs kann wie bei der Erklärung einerseits innerhalb des *mathematischen Modells* erfolgen (sofern das Ziel der Nachweis eines bestimmten funktionalen Zusammenhangs ist). In diesem Falle werden ausschließlich Daten und Modell einander optimal angepasst („kontrolliert" als statistische Bedeutung). Im Rahmen des *inhaltlichen Modells* wird der „Messgegenstand", der Patient, so behandelt, z.B. das Fieber sukzessive gesenkt, dass der Gesundheitszustand als „kontrolliert" (inhaltliche Bedeutung) verstanden werden kann. Ein zeitlicher Verlauf dient also der statistischen und/oder auch der inhaltlichen Kontrolle. Veränderungen im Verlauf sollen möglichst frühzeitig erkannt werden, um bei unerwünschten Verläufen rechtzeitig Maßnahmen ergreifen zu können.

Erfolgreiche Kontrolle setzt eine hinreichende Erklärung von Verläufen voraus.

Die **Prognose** (Vorhersage) des zukünftigen Verlaufs hängt nicht nur von Umfang bzw. Qualität der Daten und einem optimalen Modell ab. Eine rein statistische Prognose, also dem Schluss alleine von den vergangenen Daten auf die zukünftigen Daten, geht von einer Konstanz des Kontextes aus. Ist diese Konstanz gegeben, kann ohne Weiteres auch von einer zuverlässigen Prognose ausgegangen werden. Heikel ist eine Prognose dann, wenn der Kontext nicht stabil ist, sondern z.B. aus zahlreichen (unbekannten) Variablen besteht, die in unterschiedlicher Kombination, Wechselwirkung und Unregelmäßigkeit inhaltlich bzw. mathematisch einen schwierig zu beschreibenden Effekt ausüben. Unter diesen Umständen kann eine Vorhersage nicht oder nur für kurze Zeiträume erstellt werden. Sobald weitere Daten vorliegen, sollte die erstellte Prognose evaluiert und ggf. nachgebessert werden.

> ✋ Trendmodelle vs. Zeitreihenmodelle
>
> *Trendmodelle* gehen davon aus, dass es ein deterministisches Muster über die Zeit hinweg gibt, z.B. konstante, lineare oder auch quadratische Trends. Trendmodelle sind am besten für Daten geeignet, die keinen Zufallsschwankungen unterliegen. Trendmodelle sind am besten für Langzeitmessungen geeignet.
>
> *Zeitreihenmodelle* gehen dagegen davon aus, dass der zukünftige Wert einer Variablen eine lineare Funktion der vergangenen Werte über eine finite Anzahl von Zeitperioden hinweg ist (sog. autoregressiver Ansatz). Zeitreihenmodelle sind am besten für kurzzeitig fluktuierende Messungen geeignet.
>
> Es gibt auch Kombinationen beider Ansätze (sog. autoregressive Trendmodelle, z.B. die schrittweise autoregressive Methode).

Trendmodelle: Modellierung von Zeitreihen und Prognosen

Trendmodelle sind einer der Hauptansätze zur Modellierung von Zeitreihen und Vorhersagen. Die zentrale Annahme ist, dass sich ein deterministisches Muster als konstanter, linearer oder auch quadratischer Trend über die Zeit hinweg beschreiben lässt. Entsprechend stehen drei Trendmodelle zur Verfügung. x_t repräsentiert jeweils die Werte der Variablen X als Funktion der Zeit t. b_0 ist der wahre Mittelwert der Datenreihe, ε_t ist ein unabhängiger zufälliger Fehler mit dem Mittelwert 0. Diese drei Varianten sind die Grundlage aller Trendmodelle:

- **Konstantes Modell**: Die Werte für x_t werden mittels der Gleichung $x_t = b_0 + \varepsilon_t$ ermittelt. Die Annahme ist, dass die Datenreihe einer Konstanten folgt (einschließlich rein zufälliger Fluktuationen, die von einem Zeitpunkt zum nächsten unabhängig sind).
- **Lineares Modell**: Die Werte für x_t werden gemäß der Gleichung $x_t = b_0 + b_1 t + \varepsilon_t$ ermittelt. Diese Gleichung entspricht in etwa dem Modell der einfachen linearen Regression (vgl. 4.7.2).
- **Quadratisches Modell**: Die Werte für x_t werden nach der Gleichung $x_t = b_0 + b_1 t + b_2 t^2 + \varepsilon_t$ ermittelt.

Die Trendverfahren unterscheiden sich weiter darin, ob sie Glättungsgewichte oder auch saisonale Faktoren berücksichtigen. Im Weiteren wird ausschließlich die exponentielle Glättung als Trendmodell vorgestellt und als Methode in den Beispielberechnungen eingesetzt.

Die Methode der exponentiellen Glättung

Die Methode der exponentiellen Glättung geht von dem Ansatz aus, dass gegenwärtige Zeitreihenwerte immer auch von vergangenen Werten beeinflusst werden. Die Methode des exponentiellen Glättens weist dabei Werten mit höherer Aktualität eine höhere Gewichtung zu als Werten in Richtung des Anfangs der Datenreihe. Der Einfluss älterer Werte nimmt also ab, je weiter sie in der Vergangenheit liegen. Der Vorgang des Glättens wird auch als (z.T. als automatische) Fehlerkorrektur bezeichnet, weil eine Beobachtung um einen *Betrag* und eine *Richtung* hin zu einem wahren Wert der unterstellten Funktion „korrigiert" wird. Fairerweise ist festzuhalten, dass dies doch etwas weit hergeholt ist. Ein Algorithmus nimmt keine Beurteilung auf „richtig" oder „falsch" vor, es werden nur zeitlich spätere Werte in einer Datenreihe um Effekte zeitlich früherer Werte adjustiert. Auch für die Festlegung von Trendmodell, A_0 und a gibt es viel Ermessensspielraum — und damit durchaus Raum für Fehlentscheidungen.

Das Verfahren der exponentiellen Glättung (*exponential smoothing method*) mit Prognose durchläuft drei Schritte: Im ersten Schritt werden die Daten der Zeitreihe geglättet. Im zweiten (optionalen)

Schritt werden die geglätteten Daten in die Zukunft extrapoliert (projiziert). Im vorausgehenden (nullten) Schritt werden diverse Festlegungen getroffen.

> ✋ **Vorteile exponentieller Glättungsmethoden**
> - modellieren Zeitreihen und Prognosen mittels Glättung
> - leicht nachzuvollziehen, anzuwenden und zu interpretieren
> - für kurze monatliche Zeitreihendaten ohne Saisons bzw. kurze Prognosezeiträume (Horizonte) den Holt-und-Winters-Methoden und dem Box-Jenkins-Ansatz überlegen. Bei Jahresdaten, bei denen mit Trends oder Saisonalität zu rechnen ist, sind dagegen die Holt-und-Winters-Methoden den exponentiellen Glättungsmethoden vorzuziehen.

Schritt 1 – Glättung: Der Glättungsalgorithmus nimmt eine Anpassung der Daten der Zeitreihe an das Trendmodell vor. Während der Trendanpassung ändern sich die Parameter allmählich über die Zeit hinweg. Aktuellere Daten erhalten eine höhere Gewichtung als frühere Daten; zunehmend frühere Beobachtungen werden immer weniger gewichtet. Die Glättung federt außerdem den Einfluss einzelner Ausreißer-Beobachtungen dadurch ab, indem sie ihren Effekt auf mehrere geglättete Werte verteilt.

Schritt 2 – Prognose: Die Vorhersage ist ein Trend (je nach Wahl: konstant, linear oder quadratisch, der meist auf nur den letzten, aber nicht allen Beobachtungen beruht. Die Präzision der Vorhersage hängt daher direkt von der Angemessenheit der Gewichte für die Glättung bzw. Trendschätzung der Messreihe ab. Je langsamer sich der Trend ändert, umso kleiner dürfen die Glättungswerte sein; je volatiler die Zeitreihendaten, desto höher sollten die Gewichte sein. Gute Werte liegen erfahrungsgemäß zwischen 0,05 und 0,3.

Schritt 0 – Festlegungen: Bei der Glättung sind drei Festlegungen erforderlich. (i.) Weil es für die erste Beobachtung Y_1 keine vorangehende Beobachtung Y_0 geben kann (und damit Y_1 eigentlich nicht geglättet werden kann), wird ein Startwert A_0 festgelegt, damit Y_1 geglättet werden kann. Gut gewählte A_0 fallen bei der Berechnung der Schätzwerte praktisch nicht ins Gewicht. (ii.) Die Glättungskonstante *a* muss festgelegt werden. (iii.) Es sollte anhand einer ersten Visualisierung festgelegt werden, ob und welcher Trend in den Daten enthalten ist, z.b. konstant, linear oder quadratisch. Im Folgenden wird die Methode der exponentiellen Glättung zunächst an einem Beispiel *ohne* (vgl. I.) und dann *mit* (vgl. II.) Trendkomponente erläutert.

I. Exponentielle Glättung *ohne* Trendkomponente

Das Vorgehen bei einer Datenreihe *ohne* Trendkomponente basiert auf drei Schritten: Im ersten Schritt werden erforderliche Festlegungen getroffen. Zunächst werden die Daten aus der Zeitreihe geglättet, anschließend können (falls gewünscht) die geglätteten Daten in die Zukunft projiziert werden. Auf diesen Schritt wird in diesem einführenden Beispiel noch verzichtet.

> ✋ Formeln der exponent. Glättung ohne Trendkomponente
>
> Die Variante der exponentiellen Glättung ohne Trendkomponente basiert auf einer speziellen, nämlich gewichteten Variante des gleitenden arithmetischen Mittels: $A_t = aY_t + (1-a)A_{t-1}$ (nur für Zeitreihen ohne Trendkomponente). A_t ist die geglättete Schätzung für die aktuelle Zeiteinheit t. A_{t-1} ist die Schätzung für die vorausgegangene Zeiteinheit t. Y_t ist die Beobachtung für die aktuelle Zeiteinheit *t*, und *a* ist die Glättungskonstante ($0 < a < 1$). Je kleiner *a*, desto stärker der Effekt der Glättung; bei $a = 1$ ist der geglättete Wert A_t gleich dem beobachteten Wert Y_t. *t* gibt die aufeinanderfolgenden Beobachtungen an (1, 2, 3, ...). Die Formel für ein Verfahren ohne Trendkomponente $A_t = aY_t + (1-a)A_{t-1}$ wird nur für jeden aufeinanderfolgenden Zeitpunkt aktualisiert und ist insofern ein *einstufiges* Verfahren.

Rechenbeispiel für Glättung der Zeitreihe

Daten der Zeitreihe (sie ist zugegebenermaßen sehr kurz):

t	Y
1	110
2	120
3	115

Schritt 0: Erforderliche explizite Festlegungen

A_0: Damit die erste Beobachtung Y_1 geglättet werden kann, wird ein Startwert A_0 festgelegt. A_0 kann in Statistiksoftware von Hand eingestellt oder auch per Zufall bestimmt werden. Der Startwert A_0 wird auf 115 *festgelegt* (als Mittelwert aus 110, 120 und 115). **a:** Die Glättungskonstante *a* wird auf 0,1 *festgelegt*. Für die Prognose wird als Trendkomponente „konstant" (also ohne Trend) festgelegt.

Schritt 1: Glättung der Zeitreihe

Die ursprüngliche (nicht geglättete) Zeitreihe Y wird in die geglättete Zeitreihe A transformiert. In Zeitpunkt t_1 geht der als A_0 festgelegte Wert 115 in die Bestimmung von A_1 ein, A_1 dann zu t_2 in die Bestimmung von A_2 usw. (vgl. Spalte „Berechnung"). Die aktuellen Beobachtungen Y_n werden mit der Glättungskonstante *a* (0,10) multipliziert, die vorauslaufenden Beobachtungen mit 1-*a* (0,90).

Zeit- punkt t_n	Zeitreihe: Beobachtung Y_n	Berechnung: $A_t = aY_t + (1 - a)A_{t-1}$ $A_0 = 15.$	Geglätteter Wert A_n
1	110	0,10×110 + 0,90×115	114,5
2	120	0,10×120 + 0,90×114,5	115,05
3	115	0,10×115 + 0,90×115,05	115,045

In der Spalte „Berechnung" ist zu sehen, wie das für A_0 festgelegte Gewicht nur in t_1 einbezogen und anschließend durch später ermittelte Gewichte ersetzt wird. Die entstehende Messwertreihe 114,5, 115,05 und 115,045 ist deutlich glatter als die volatilere Messwertreihe 110, 120 und 115.

Schritt 2: Prognose der Zeitreihe

Falls gewünscht, können die geglätteten Daten noch in die Zukunft projiziert werden. Auf diesen Schritt wird in diesem einführenden Beispiel noch verzichtet.

II. Exponentielle Glättung mit Trendkomponente

Enthält eine Zeitreihe eine Trendkomponente, wird das Glättungsverfahren erweitert, um die Trendkomponente berücksichtigen zu können. Die Formel für ein Verfahren *ohne* Trendkomponente $A_t = aY_t + (1 - a)A_{t-1}$ ist ein *einstufiges* Verfahren, weil sie nur für jeden aufeinanderfolgenden Zeitpunkt aktualisiert wird.

> 💡 Formeln der exponent. Glättung mit Trendkomponente
>
> In einer Zeitreihe mit Trendkomponente wird die *Glättung* zu jedem aufeinanderfolgenden Zeitpunkt aktualisiert $A_t = aY_t + (1 - a)(A_{t-1} + B_{t-1})$ und die Schätzung für den *Trend* zwischen den aufeinanderfolgenden Zeitpunkten $B_t = b(A_t - A_{t-1}) + (1 - b)B_{t-1}$. B_t ist die Schätzung für die Änderung des Trends seit der aktuellen Zeiteinheit. B_{t-1} ist die Schätzung für die Änderung des Trends seit der vorangegangenen Zeiteinheit. b ist die Konstante für die Anpassung des Trends. A_t ist die geglättete Schätzung für die aktuelle Zeiteinheit t. A_{t-1} ist die Schätzung für die vorausgegangene Zeiteinheit t. Y_t ist die Beobachtung für die aktuelle Zeiteinheit t und a ist die Glättungskonstante ($0 < a < 1$). t gibt die aufeinanderfolgenden Beobachtungen an (1, 2, 3, ...).

Die exponentielle Glättung mit Trendkomponente ist daher ein *zweistufiges* Verfahren, weil die jeweils aktualisierte Trendschätzung für die Schätzung der Glättung der nächsten Zeiteinheit verwendet wird usw.

Bei einer Zeitreihe *mit* Trendkomponente basiert das Vorgehen ebenfalls auf drei Schritten: Im ersten Schritt werden erforderliche Festlegungen getroffen. Im zweiten Schritt werden die Daten aus der Zeitreihe gleichzeitig geglättet und um den Trend angepasst. Im dritten Schritt werden die geschätzten Daten in die Zukunft projiziert. Dieser Schritt wird in diesem Beispiel veranschaulich werden.

Rechenbeispiel für Glättung und Trend der Zeitreihe

Daten der Zeitreihe (sie ist zugegebenermaßen nicht viel länger):

t	Y
1	115
2	120
3	125

Das Herz der deskriptiven Statistik: Maßzahlen 175

Schritt 0: Erforderliche explizite Festlegungen

A_0: A_0 wird auf 115 festgelegt. *a*: Die Glättungskonstante *a* wird auf 0,1 festgelegt. B_0: Für den nullten Zeitpunkt wird analog zu A_0 ein Steigungskoeffizient der Trendkomponente als Startwert B_0 festgelegt, um den Trend für Y_1 schätzen zu können. B_0 wird auf -0,05 festgelegt. *b*: Die Trendanpassungskonstante *b* wird auf 0,2 festgelegt. Für die Prognose wird als Trendkomponente „linear" festgelegt.

Schritt 1: Glättung der Zeitreihe

Die ursprüngliche (nicht geglättete) Zeitreihe Y wird in die geglättete Zeitreihe A transformiert. In Zeitpunkt t_1 gehen die als A_0 bzw. B_0 festgelegten Werte 115 bzw. -0,05 in die Bestimmung von A_1 für die Glättung bzw. B_1 für den Trend ein (vgl. Spalte „Berechnung"). An den Abfolgen der Berechnung kann die Zweistufigkeit der exponentiellen Glättung mit Trendkomponente abgelesen werden. Die jeweils aktualisierte Trendschätzung B wird für die Schätzung der Glättung A der nächsten Zeiteinheit t verwendet.

t_n	Y_n	A_n	B_n Trend	Berechnung Glättung: $A_t = aY_t + (1 - a)(A_{t-1} + B_{t-1})$ Trend: $B_t = b(A_t - A_{t-1}) + (1 - b)B_{t-1}$
1	115	110,45	0,13	Glättung: 0,10×115 + 0,90×(110-0,05) Trend: 0,20(110,45-110)+0,8(-0,05)
2	120	111,52	0,25	Glättung: 0,10×120+0,90×(110,45+0,13) Trend: 0,20(111,52-110,45)+0,8(-0,05)
3	125	113,09	0,35	Glättung: 0,10×125+0,90×(111,52+0,25) Trend: 0,20(113,09-111,52)+0,8(-0,05)

Schritt 2: Prognose der Zeitreihe

Nachdem die Daten aus der Zeitreihe geglättet und um die Trendkomponente angepasst wurden, werden sie in die Zukunft projiziert.

✋ Formeln der Prognose (Annahme: Linearer Trend)

Das Prinzip des Prognoseverfahrens gibt auch hier Schätzungen für Zeitpunkte aus und basiert auf der Formel $F_{t+k} = A_t + kB_t$ (gilt nur für Zeitreihen *mit* Trendkomponente). Für Zeitreihen *ohne* Trendkomponente gilt die Formel $F_{t+k} = A_t$. F steht für Fore-Cast (Prognose, Vorhersage). A_t ist dabei die geglättete Schätzung für die aktuelle Zeiteinheit t. B_t ist dabei die Trendschätzung für die aktuelle Zeiteinheit t. F_{t+k} ist die Vorhersage ab dem Zeitpunkt t um k Einheiten voraus. k gibt die Anzahl der zukünftig folgenden Einheiten an (1, 2, 3, ...).

Rechenbeispiel für Prognose mit linearem Trend

Die Werte in F_n (F_3, F_4, etc.) geben die geglätteten und projektierten Werte wieder (vgl. Spalte „Berechnung"). Die Berechnung berücksichtigt einen linearen Trend (1(+0,35), 2(+0,35), etc.), aber sonst keine weiteren Komponenten (z.B. Saisonkomponenten).

T_n	A_n	B_n	F_n / Vorhersage	Berechnung
1	110,45	0,13		
2	111,52	0,25		
3	113,09	0,35		
4	–	1	113,44	$F_4 = 113{,}09 + 1(0{,}35)$
5	–	2	113,79	$F_5 = 113{,}09 + 2(0{,}35)$

Die Vorhersage basiert ausschließlich auf A_n bzw. B_n im T_{max}, im letzten Wert der Zeitreihendaten, im Beispiel auf 113,09 bzw. + 0,35.

✋ Voraussetzungen der exponentiellen Glättung

Auch wenn sie in einer einfachen Form dargestellt wurde, ist die exponentielle Glättung kein triviales Verfahren. Für diverse Voraussetzungen wird u.a. auf Schendera (2004, Kap. 22) verwiesen. Abstände zwischen den Messungen sollten u.a. regelmäßig und lückenlos sein. In jedem anderen Fall sollten Anwender geeignete Maßnahmen ergreifen. Die Zeitreihen sind kurz (und zumindest in den Beispielen ohne Saisonalität). A_0 und a bzw. B_0 und b sowie der fragliche Trend sind angemessen festgelegt. Die Qualität der Vorhersage hängt direkt von Angemessenheit und Stabilität des Modells ab.

Die richtigen Faktoren zu finden, ist leichter gesagt als getan (vgl. auch Memmert et al., 2013 und Siegle et al., 2012). Im Fußball könnten dies z.B. Faktoren sein der *Spieler* (u.a. Erfahrung, Pass-/Schussgenauigkeit), *Teams* (u.a. Marktwert, FIFA-Ranking), *Setting* (z.B. „Heimvorteil"; vgl. Strauß & Höfer, 2001) oder auch *Trainer* (z.B. Taktik, Amtszeit). Data Mining grenzte z.B. ein: Rote Trikots (Hill & Barton, 2005), Größe des Talentpools, Qualität der fußballbezogenen Infrastruktur und Anzahl der Länderspiele (Kuper & Szymanski, 2009). Dennoch kann nur derjenige danebenliegen, der überhaupt eine Prognose wagt, z.B. für die WM 2014: Fivethirtyeight.com sagte als Sieger Brasilien vor Spanien voraus (u.a. SPI, BetFair). Auch DataMining Soccer.Com befindet sich in dieser illustren Gesellschaft: Hier wurden *vor* Turnierbeginn u.a. Deutschland als Sieger im Spiel um Platz 3 vor Argentinien vorhergesagt, und Spanien als Finalsieger vor Brasilien. Auch Physiker Stephen Hawking lag mit seiner Prognose zu Englands Abschneiden in der Vorrunde nicht ganz richtig…

4.8 Beschreiben von Prozessen, z.B. Pipelines

„Wer den Sport dem Geldverdienen total unterordnet, der zerstört ihn."
Willi Lemke

Die deskriptive Statistik wird auch zum Beschreiben von Prozessen verwendet. Die deskriptive Statistik wird dabei z.B. auch für Managementaufgaben eingesetzt: Robert S. Kaplan, Erfinder der Balanced Scorecard und Professor in Harvard, wird die These zugeschrieben: „Wenn ihr die wichtigen Einflussgrößen nicht kennt, könnt ihr sie nicht messen. Und was man nicht messen kann, kann man nicht managen." Zum systematischen Planen und Überwachen zahlreicher Interessenten für Akquise bzw. Verkauf sind z.B. Pipeline Charts (syn.: Funnel Charts, Trichterdiagramme usw.) ein zentrales Controlling-Element. Pipeline Charts bzw. Trichterdiagramme heißen so, weil sie visualisieren, was „oben" reingeht, „unten" rauskommt und was auf den Stationen dazwischen passiert.

Diese Charts visualisieren die Phasen des Verkaufsprozesses, angefangen von einer Übersicht der vorhandenen Interessenten, dem jeweiligen Stand in den konkreten Phasen, bis hin zum Erreichen eines erfolgreichen Deals. Pipeline Charts erlauben so einen Überblick über den Fluss der Leads durch den Verkaufsprozess. Der Verkaufsprozess wird dadurch überwacht; Stärken und Schwächen treten unmittelbar zutage. Optimierungen und Interventionen sind jederzeit möglich.

> 💡 **Phasen eines Verkaufsprozesses (vereinfacht)**
> - Ein Verkaufsprozess wird oft auch als Verkaufsstrategie bezeichnet; dieser Begriff betont vorbereitete Schritte und Maßnahmen, um bestimmte Produkte oder Services zu verkaufen. Ein Verkaufsprozess besteht üblicherweise aus mehreren Phasen.
> - **Lead**: Gelegenheit für eine Geschäftsidee bzw. -strategie. Ein Lead ist allgemein gesprochen ein Interessent für ein Produkt oder einen Service, der einem Kontakt mit der Verkaufsperson offen gegenüber ist. Auch ermittelt als Anzahl der Gelegenheiten bzw. Quote aus einem Pool von Interessenten, Kunden oder Adressen.
> - **Kontakt**: Konkreter Kontakt mit den Leads (Präsentation, Vorführung, Simulation usw.). Ermittelt als Häufigkeit bzw. Quote aus dem Pool der Gelegenheiten. Wird beim Kontakt festgestellt, dass die Interessenten bestimmte Voraussetzungen für den weiteren Prozess nicht erfüllen, werden diese Interessenten für dieses Produkt bzw. die Strategie (ggf. sogar ganz) aus dem Verkaufsprozess ausgeschlossen.
> - **Angebot**: Das Ziel eines Kontakts mit potentiellen Kunden ist, ein Angebot unterbreiten zu können und zu dürfen. Ermittelt als Häufigkeit bzw. Quote aus dem Pool der Kontakte oder der Leads. In dieser Phase kann der Fall eintreten, dass z.B. in konkretisierenden Verhandlungen (im Schema als Phase ausgeklammert) bestimmte Voraussetzungen nicht erfüllt und diese Kunden teilweise oder ganz aus dem Verkaufsprozess ausgeschlossen werden.
> - **Deal (Abschluss, Win, Vertrag usw.)**: Das Ziel des mehrphasigen Verkaufsprozesses. Die Konversion vom Lead zum Deal kann dabei in mehreren Varianten be-

> rechnet werden, z.B. über die mehrstufigen (im N variablen) Phasen oder immer in Bezug auf die konstante Basis des Pools der Kontakte.

Funnel Charts erhöhen die Transparenz der Effektivität der Aktivitäten in den jeweiligen Sales-Phasen. Optimierungen und Interventionen sind jederzeit möglich. Die Kontrollmöglichkeiten des Verkaufsprozesses schließen u.a. den Verkäufer, das Produkt bzw. die Services sowie das Angebot ein. Die Kontrolle über eine zentrale Größe ist minimal bzw. ausgeschlossen: der Lead selbst.

✋ Beispiel 1: Sponsoren für ein Benefizspiel (Konzept)

Es muss ja nicht immer um das liebe Geld um des Gewinns wegen gehen… Auch die Akquise von Spenden für einen karitativen Zweck kann in solch einem Schema organisiert und visualisiert werden. Nehmen wir an, ein Fußballverein möchte ein Benefizspiel für einen guten Zweck organisieren. Anlässe gibt es genug: aus Solidarität für schwer erkrankte Spieler, für abstiegsbedrohte Vereine, zur Unterstützung des Nachwuchses usw. Ein Benefizspiel erfordert zumindest eine Anschubfinanzierung, z.B. über Spenden. Typische **Leads** wären z.B. lokale Unternehmen, die traditionell mit dem Verein verbunden sind und am Anlass vermutlich Interesse haben werden. Ein **Kontakt** mit diesen und anderen Unternehmen erfolgt, um die Idee des Benefizspiels persönlich zu präsentieren und bei weiterem Interesse ein maßgeschneidertes Angebot unterbreiten zu dürfen. Ein **Angebot** kann z.B. vorsehen, dass je nach Höhe der Spenden eine koordinierte Positionierung des Unternehmens vor, während und nach dem Benefizspiel in Presse, Rundfunk und Fernsehen erfolgt. Sofern das Unternehmen dies wünscht. Ein **Deal** kommt dann zustande, wenn der Interessent das Angebot und seine Bedingungen annimmt und seine Spende das Benefizspiel unterstützt. Üblicherweise führen *Win-Win*-Angebote zu einem Deal. Es kann u.U. dann nicht zu einem Abschluss kommen, wenn z.B. bei limitierten Premium-Positionierungen die lokale Geschäftskonkurrenz schneller war und deshalb überregionale Interessenten abspringen, um sich nicht als scheinbar unter „ferner liefen" präsentieren zu lassen.

Pipe Charts ermöglichen nun, solche und andere Prozesse der Akquise bzw. des Verkaufs zu visualisieren. Spezielle Metriken geben Auskunft über weitere wichtige Auskünfte über die Effizienz von Akquise bzw. des Verkaufs, z.B.

- die durchschnittliche Größe des Lead (auch als Summe ausdrückbar),
- die durchschnittliche Zeit, die Leads bis zum Erreichen der nächsten Phase benötigen (sog. „Fließrate"),
- die durchschnittliche Anzahl an Deals oder Wins am Ende des Prozesses (sog. „Win Rate") sowie
- spezielle Conversion Rates (vgl. die Ausführungen weiter unten).

Beispiel 2: Verkauf von VIP-Logen (mit Beispieldaten)

Ein Fußballverein möchte seinen Geschäftspartnern ein neues Konzept der Zuschauerloge anbieten, eine sog. Business- oder VIP-Loge für mind. 8 Personen einschließlich VIP-Sitzplätzen auf der Haupttribüne, exklusivem Catering sowie Kontakt zu den Spielern. Als typische **Leads** werden N=120 Geschäftspartner identifiziert, die als sog. „Early Adopters" einem Trend vorangehen, Innovationen gegenüber aufgeschlossen sind und von daher an diesem Modell vermutlich Interesse haben werden. Eine erste Schätzung geht davon aus, dass bei N=120 (=100% aller Leads) mit einem mittleren Auftragsvolumen von ca. 22.753 Euro pro Lead gerechnet werden könnte.

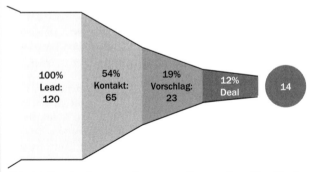

Abb. 14: Beschreibung von Prozessen: Phasen eines Pipe Charts

Zu einem **Kontakt** von den ursprünglich 120 Interessenten kommt es nur noch bei 65 Interessenten (=54,17%). Eine zweite, realistischere Schätzung auf der Basis von ersten Informationen im Kontakt lässt vermuten, dass einem mittleren Auftragsvolumen von ca. 17.234 Euro pro Lead gerechnet werden kann. Schöner wäre es natürlich gewesen, wenn aus den 100% Leads entsprechend 100 % Kontakte hätten generiert werden können. Von den 65 Interessenten, bei denen es zum Kontakt kam, darf nun 23 Interessenten ein **Vorschlag** unterbreitet werden (=19,17 %). Eine weitere Schätzung rechnet mit einem mittleren Auftragsvolumen von ca. 11.239 Euro pro Lead.

Phase / Stufe	Summen		Mittelwerte		Konversion (Lead-to-Deal, %)	Konversion (Step-by-Step, %)
	Potenzielle Kunden	nicht qualifiziert	Lead Größe (€)	Verbleib in Phase (d)		
Lead	120	/////	22.753	43	/////	/////
Kontakt	65	12	17.234	12	54,17	54,17
Vorschlag	23	1	11.239	11	19,17	35,38
Deal	14	/////	10.742	27	11,67	60,87
Σ	/////	13	15.492	23,25	28,33	50,14

Abb. 15: Daten eines Pipe Charts einschließlich Konversionsmetriken

Von diesen 23 Interessenten nehmen nun 14 den **Vorschlag** an (=11,67%). Das konkrete mittlere Auftragsvolumen pro Lead beträgt ca. 10.742 Euro.

Was sagt uns der Pipe Chart?

Ein Pipe Chart ist eine visuelle Quantifizierung der Leads in einer Pipe. Nicht mehr, aber auch nicht weniger. Weil der Pipe Chart Auskunft darüber gibt, *wie viele* Interessenten in jeder Phase des Prozesses vorhanden sind, ermöglicht er gerade dadurch Kontrolle, Pflege oder Intervention. Die Hintergrundinformation, warum ausgefallene Interessenten *nicht mehr* in der Pipe sind, wird vom Pipe Chart nicht wiedergegeben und ist separat zu erheben und bei der Interpretation des Pipe Charts zu berücksichtigen.

- Auch schicke Business-Grafiken basieren i. Allg. nur auf fundamentalen Kennzahlen wie z.B. Mittelwert, Summen oder Prozenten. Wer deskriptive Statistik „draufhat", kann auch diese Diagramme „lesen". Wichtig dabei ist das Wechselspiel zwischen der deskriptiven Statistik in dem Pipe Chart und dem

Fachwissen zu den Prozessen im Hintergrund. Wo damit beginnen? Ein Pipe Chart zeigt das Ausmaß des Ausfalls von Leads. Ein ideales Pipe Chart sollte daher eben *nicht* trichterförmig zulaufen. Als erstes sollten die zahlenmäßigen Besetzungen der einzelnen Phasen des Pipe Charts geprüft und mit Fachwissen beleuchtet werden.

- Zuallererst sollte die Ausgangssituation in der Phase **Leads** beurteilt werden. Wie sind N=120 *relativ* zu sehen? Wie war die Situation in der Phase „Leads" im Vorjahr? Waren es ebenfalls 120 Leads? Wie viele Deals wurden damit gewonnen? Mit welchen Zahlen arbeiten Mitbewerber? Diese Klärung dient zum Festmachen einer Referenz, einer Benchmark, um eine Vergleichsmöglichkeit zu haben.
- Als nächster Schritt wäre dabei zu prüfen, warum es z.B. bei 46 % in der Phase der Leads *nicht* zu einem **Kontakt** kam. Waren es qualitativ schlechte Informationen? Waren es keine attraktiven Heimspiele? Gab es womöglich Überschneidungen bei den Geschäftskunden? Falls sie sich selbst gegenseitig einladen, macht es wenig Sinn, dieselbe Loge auch den Eingeladenen anzubieten. Hinweise können weitere Kennziffern wie z.B. der Verweildauer in der Phase „Lead" geben. Es kann durchaus sein, dass manchen Kunden die durchschnittlich 43 Tage Wartezeit auf einen Termin zu lange dauerte, und sie dann zu flexibler organisierbaren Events wechselten. Aufschlussreich kann auch die *im Nachhinein* sehr optimistische Schätzung des durchschnittlichen Auftragsvolumens sein. Im Laufe der Pipe wurde es von ca. 22.753 Euro (Phase „Lead" auf 10.742 Euro (Phase „Deal") heruntergeschraubt. Ist dies vielleicht als *psychologischer Optimismus*, als *Bias* zu verstehen, der sich womöglich noch in anderen Phasen des Verkaufsprozesses wiederfindet? Gibt es zu optimistische Zahlen noch in anderer Form, z.B. in *zu wenigen* Leads? Es kann ein riskanter Optimismus sein, anzunehmen, aus weniger Leads mehr „herausholen" zu können.
- Auch über die Phase des **Angebots** lässt sich diskutieren: In einem von drei Fällen durfte ein Angebot unterbreitet werden. Je nach Kontext mag das viel oder wenig sein.
- Auch die fixierten Auftragsvolumen von durchschnittlichen 10.742 Euro in der Phase **Deal** sind einer genaueren Analyse zu unterziehen. Ist das „Herunterschrauben" eine Annäherung an

eine realistische Kalkulation oder das Gegenteil davon, eine unrealistische Preiskalkulation, um überhaupt Abschlüsse machen zu können? Was sagt der Markt? Was sagen die Mitbewerber?

Pipe Charts systematisieren den „Blick" und helfen, mit phasengerechten Maßnahmen rechtzeitig den Pipe-Prozess im Sinne des Anwenders zu optimieren. Maßnahmen könnten z.b. sein: mehr Leads in der Phase „Leads". Realistische und keine überzogenen Kalkulationen, die womöglich als Aufforderung an die eigenen Kunden verstanden werden, doch bitte zu den Mitbewerbern zu wechseln. Mit realistischen Kalkulationen sind vermutlich auch keine Einbrüche der Leads von 100% auf 54% zu erwarten. Das Team könnte in der heiklen Lead-Phase um weitere Assistenten verstärkt werden, die die Generierung von Kontakten beschleunigen und dadurch eine mögliche Abwanderung zur Konkurrenz abfangen könnten.

- Spezielle Metriken, die sogenannten Conversion Rates, geben Auskunft, wie viele Leads in konkrete Deals verwandelt werden konnten. Je nach Produktbereich (FMCG, SMCG) sind die Conversion Rates völlig unterschiedlich einzuschätzen. Bei den Conversion Rates ist darauf zu achten, welcher Wert die Basis darstellt. In der Variante „Lead-to-Deal" ist es das N in der Phase „Lead", in der Variante „Step-by-Step" ist es das N der jeweils vorangehenden Phase. Pipe Charts auf der Basis von Häufigkeiten sind oft um weitere Pipe Charts für Metriken ergänzt.

- Pipe Charts gehen von einer Normalverteilung des Zufalls bzw. des Fehlers aus. Wenn ein Verkäufer einen gut betuchten Kundenstamm hat, der auch noch geduldig ist, so sind ganz andere Deals zu erwarten als bei einem Verkäufer, der einen schlecht dokumentierten Kundenstamm erwischt, die sich gar keine neuen Modelle anschaffen wollen, weil sie immer noch wegen des Vorgängermodells *un*zufrieden sind. So kann nicht von einer Normalverteilung ausgegangen werden. Von einer verlässlichen Information seitens des Pipe Charts kann dann keine Rede sein; im Gegenteil riskieren die verzerrten Informationen des Pipe Charts in *un*angemessene Maßnahmen umzuschlagen.

4.9 SAS und SPSS für die deskriptive Statistik

Dieser Abschnitt verschafft einen Überblick, wo die meisten Maße aus diesem Kapitel im SAS Enterprise Guide (4.9.1) und in IBM SPSS Statistics zu finden sind (4.9.2). SAS (inkl. Enterprise Guide) und SPSS gehören zu den beliebtesten Statistikprogrammen weltweit.

4.9.1 SAS Menüs und Prozeduren: Übersicht

Dieser Abschnitt verschafft einen Überblick, in welchem Enterprise Guide Menü bzw. in welcher SAS Prozedur die u.a. Lage- und Streuparameter angefordert werden können. Zur umfassenden und effizienten Ermittlung univariater oder klassierter Statistiken sind die Prozeduren FREQ, UNIVARIATE und MEANS unübertroffen. Der Leistungsumfang der verschiedenen Prozeduren überschneidet sich z.T. stark (vgl. UNIVARIATE und MEANS). Die Übersicht hat keinen Anspruch auf Vollständigkeit. SAS stellt weitere Prozeduren zur Ermittlung von Lage-, Streu- und Formmaßen zur Verfügung, u.a. TABULATE und SUMMARY. Zahlreiche SAS Prozeduren (z.B. CORR, REG, SURVEYMEANS) und SAS Anwendungen (z.B. SAS/ANALYST, SAS/INSIGHT, JMP) geben deskriptive Statistiken standardmäßig aus. SAS bietet darüber hinaus hunderte von SAS Funktionen und CALL-Routinen an (vgl. Schendera, 2012, 393–430 für SAS v9.2). PROC FCMP (ab SAS v9.1.3) bietet den Anwendern die Möglichkeit, eigene SAS Funktionen zu schreiben. Die folgende Übersicht beschränkt sich auf die SAS Prozeduren UNIVARIATE, FREQ, MEANS und TABULATE.

> Übersicht: Anwendungsroutinen → Beschreibung → …

SAS EG Menüs und Prozeduren für die deskriptive Statistik:

… EG Menü	SAS Prozedur (PROC)
„Listenbericht…"	v.a. PRINT
„Assistent für beschreibende Statistiken…"	v.a. UNIVARIATE, MEANS
„Beschreibende Statistiken…"	v.a. UNIVARIATE, MEANS

„Zusammenfassungstabellen-Assistent…"	v.a. TABULATE
„Zusammenfassungstabellen…"	v.a. TABULATE
„Listenberichtassistent…"	v.a. REPORT
„Daten charakterisieren…"	v.a. FREQ, PRINT, UNIVARIATE
„Verteilungsanalyse…"	v.a. FREQ, PRINT, UNIVARIATE
„Einfache Häufigkeiten…"	v.a. FREQ
„Tabellenanalyse…"	v.a. FREQ

Lage-, Streu- und Formmaße mit EG und SAS (Auswahl)

SAS Enterprise Guide	UNIVARIATE	FREQ	MEANS [5]	TABULATE
Mengen und Anteile				
Summe	•	-	•	•
Anzahl	•	•	•	•
(Kumulative) Häufigkeit	1	•	1	1
(Kumulative) Prozent	-	•	-	•
Lagemaße				
Arithmetisches Mittel	•	-	•	•
Getrimmtes Mittel ($n\%$)[2]	•	-	-	-
Harmonisches Mittel[3]	-	-	-	-
Geometrisches Mittel[4]	-	-	-	-
Modus	•	-	•	•
Median	•	-	•	•
Gewichtetes arithmetisches Mittel[5]	•	-	•	•
Quantile	•	-	•	•

Streumaße				
Range / Spannweite	•	-	•	•
Minimum	•	-	•	•
Maximum	•	-	•	•
Quartilsabstand	•	-	•	•
Varianz	•	-	•	•
Standardabweichung	•	-	•	•
Standardfehler des Mittelwerts	•	-	•	•
Variationskoeffizient	•	-	•	•
Formmaße				
Schiefe	•	-	•	•
Exzess	•	-	•	•
Robuste Maße				
Gini	•	-	-	-
Sn	•	-	-	-
Qn	•	-	-	-
Mediane absolute Abweichung vom Median (MAD)	•	-	-	-

Anmerkungen:

[1]: Ohne kumulierte Häufigkeiten.

[2]: u.a. über ROBUSTSCALE, TRIMMED= bzw. WINSOR= Optionen.

[3]: u.a. über HARMEAN Funktion.

[4]: u.a. über GEOMEAN Funktion, und PROC SURVEYMEANS (Optionen GEOMEAN und ALLGEO).

[5]: u.a. über das Einbeziehen von Gewichten mittels WEIGHT oder der Rolle „Relative Gewichtung". Wird dieser Rolle eine Variable zugewiesen, werden ihre Werte u.a. zum Berechnen gewichteter Mittelwerte, Varianzen oder Summen verwendet.

[6]: Der Funktionsumfang von PROC SUMMARY entspricht dem von PROC MEANS und wird daher nicht wiedergegeben.

4.9.2 SPSS Menüs und Prozeduren: Übersicht

Dieser Abschnitt verschafft einen Überblick, in welchem SPSS Menü bzw. in welcher SPSS Prozedur die u.a. Lage- und Streuparameter angefordert werden können. Der Leistungsumfang der verschiedenen Prozeduren überschneidet sich z.T. stark (vgl. EXAMINE und DESCRIPTIVES oder auch FREQUENCIES und CROSSTABS). Die Übersicht hat keinen Anspruch auf Vollständigkeit. Zahlreiche SPSS Menüs bzw. Prozeduren (z.B. ANOVA, REGRESSION) geben deskriptive Statistiken standardmäßig aus. Die Prozedur RATIO STATISTICS behandelt vorrangig Verhältnismaße; diese und die Prozedur CROSSTABS werden nicht wiedergegeben.

✋ Übersicht

SPSS Menüs und Prozeduren für die deskriptive Statistik:

SPSS Menü	SPSS Prozedur
„Benutzerdefinierte Tabellen"	CTABLES, TABLES
„Kreuztabellen"	CROSSTABS
„Deskriptive Statistiken..."	DESCRIPTIVES
„Explorative Datenanalyse..."	EXAMINE
„Häufigkeiten..."	FREQUENCIES
„Mittelwerte"	MEANS
„Verhältnis..."	RATIO STATISTICS
„Fälle zusammenfassen"	SUMMARIZE

N und Summen werden von jedem Menü bzw. jeder Prozedur ermittelt, meist sogar standardmäßig, und sind daher nicht in die Übersichtstabelle aufgenommen.

Lagemaße

SPSS Prozedur	(Kumulative) Häufigkeiten	(Kumulative) Prozente	Arithmetisches Mittel	Harmonisches Mittel
CTABLES	•	•	•	-
DESCRIPTIVES	-	-	•	-
EXAMINE	-	-	•	-
FREQUENCIES	•	•	•	-
MEANS	•	•	•	•
RATIO STATISTICS	-	-	•	-
SUMMARIZE	•	•	•	•
	Geometrisches Mittel	Modus	Median	Gruppierter Median
CTABLES	-	•	•	-
DESCRIPTIVES	-	-	-	-
EXAMINE	-	-	•	-
FREQUENCIES	-	•	•	-
MEANS	•	-	•	•
RATIO STATISTICS	-	-	•	-
SUMMARIZE	•	-	•	•
	Gewichtetes arithmetisches Mittel	5% getrimmtes Mittel	Perzentile	
CTABLES	-	-	-	
DESCRIPTIVES	-	-	-	
EXAMINE	-	•	•	
FREQUENCIES	-	-	•	
MEANS	-	-		
RATIO STATISTICS	•	-		
SUMMARIZE	-	-		

Streumaße

SPSS Prozedur	Range / Spannweite	Minimum	Maximum	Quartilsabstand
CTABLES	•	•	•	-
DESCRIPTIVES	•	•	•	-
EXAMINE	•	•	•	•
FREQUENCIES	•	•	•	-
MEANS	•	•	•	-
RATIO STATISTICS	•	•	•	-
SUMMARIZE	•	•	•	-
	Mittlere absolute Abweichung vom Median*	Varianz	Standardabweichung	Standardfehler des Mittelwerts
CTABLES	-	•	•	•
DESCRIPTIVES	-	•	•	•
EXAMINE	-	•	•	•
FREQUENCIES	-	•	•	•
MEANS	-	•	•	•
RATIO STATISTICS	•	-	-	-
SUMMARIZE	-	•	•	•
	Variationskoeffizient bzgl. Mittelwert	Variationskoeffizient bzgl. Median		
CTABLES	-	-		
DESCRIPTIVES	-	-		
EXAMINE	-	-		
FREQUENCIES	-	-		
MEANS	-	-		
RATIO STATISTICS	•	•		
SUMMARIZE	-	-		

Formmaße

SPSS Prozedur	Schiefe	Standardfehler der Schiefe	Exzess	Standardfehler des Exzess
CTABLES	-	-	-	-
DESCRIPTIVES	•	•	•	•
EXAMINE	•	•	•	•
FREQUENCIES	•	•	•	•
MEANS	•	•	•	•
RATIO STATISTICS	-	-	-	-
SUMMARIZE	•	•	•	•

5 Für das Auge: Tabellen und Grafiken

„Auch graue Mäuse machen die Liga bunt."
Hannes Bongartz

Dieses Kapitel führt in die Grundlagen der Struktur und Interpretation von Tabellen und Grafiken zur Visualisierung von Daten ein. Abschnitt 5.1 beginnt beim Grundsätzlichen und erläutert die Konstruktion von 0- bis n×klassierten Tabellen, darunter die Ausrichtung, die Verschachtelung, die Vor- und Nachteile von Tabellen und wie mit SAS und SPSS 0- bis n×klassierte Tabellen erzeugt werden können. Abschließend wird eine erste, einfache 0× (gesprochen: „nullfach") klassierte Tabelle vorgestellt. Eine solche Tabelle ist *nicht* nach einer Klassifikationsvariablen strukturiert. Abschnitt 5.2 beginnt mit den Grundlagen einer 1×klassierten Tabelle und geht dann zu spezielleren Themen über. Eine 1×klassierte Tabelle ist nach den Ausprägungen *einer* Klassifikationsvariablen strukturiert. Anhand einer Klassifikationsvariablen auf *Nominalniveau* werden die Grundlagen erläutert (5.2.1); an einer Klassifikationsvariablen auf *Ordinalniveau* werden Besonderheiten wie z.B. Ranginformation (5.2.2) oder (Lücken) Missings (5.2.3) vertieft. Unterabschnitt 5.2.4 erläutert eine 1×klassierte Tabelle für Variablen auf *Intervallniveau*, z.B. eine Mittelwerttabelle. Abschnitt 5.3 geht auf 2×klassierte Tabellen über, darin definieren nun *zwei* Kategorialvariablen die Tabelle. Trotz komplexerer Tabellenstrukturen passiert mathematisch gesehen nichts nennenswert Neues. 5.3.1 beschreibt detailliert die Anforderung und Interpretation einer Kreuztabelle, u.a. Zellhäufigkeit und -prozent sowie Spalten-/Zeilenhäufigkeit und -prozent. Unterabschnitt 5.3.2 erläutert eine Tabelle, die wie eine Kreuztabelle strukturiert ist, jedoch die Werte einer dritten Variablen auf Intervallskalenniveau als Mittelwerte wiedergibt. Dieser Abschnitt schließt mit der Erkenntnis, dass höherdimensionale Tabellen, trotz all ihrer Detailliertheit, demgegenüber auch eine gewisse Grenze der Lesbarkeit haben können. Dem kann mit Grafiken abgeholfen werden. Abschnitt 5.4 behandelt die Kommunikation von Werten und Daten mittels Diagrammen. Allem voran geht ein Crashkurs (Übersicht) mit Tipps („Dos"), was man tun sollte und was besser nicht („Don'ts"; vgl. 5.4.1). Die Unterabschnitte sind anwendungsorientiert auf bestimmte Aussagen ausgerichtet: Wiedergabe von Datenpunkten (einzelne Werten einer Variablen, z.B. univariates Dot Plot; vgl. 5.4.2), Wiedergabe von zusammengefassten Werten einer Variablen (vgl. 5.4.3, z.B. Balkendiagramm; ggf. gruppiert nach einer zweiten Variablen), Wiedergabe von bivariaten Messwertpaaren (z.B. eines Streudiagramms; vgl. 5.4.4) sowie Aggregierung und Gruppierung zweier Variablen und andere Fälle (z.B. Butterfly-Plot, vgl. 5.4.5).

5.1 Strukturieren von Information, am Beispiel von Tabellen

Informationen können nicht nur analysiert, sondern auch strukturiert werden. Diese Strukturierung wird in Tabellen und Grafiken oft intuitiv vorgenommen. Am Beispiel von Tabellen soll jedoch auf diverse Spielregeln hingewiesen werden.

Die *Tabellenkonstruktion* ist ein Vorgang des Strukturierens von Information:

- der **Strukturierung** (waage- oder senkrechten) *Ausrichtung* von Variablen und der *Dimensionalität* durch (Gruppierung durch) Klassifikationsvariablen,
- der **Zusammenfassung** (durch Parameter und Klassifikationsvariablen) und
- der **Beschreibung** durch diese deskriptiven Statistiken.

Veranschaulicht wird der Vorgang des Strukturierens von Information an der *Tabellenkonstruktion* von 0× bis n×klassierten Tabellen. Die Prinzipien gelten jedoch auch für das Entwerfen von Grafiken.

5.1.1 Vor- und Nachteile von Tabellen

Vorteile

- Strukturierte, flexible und mitunter elegante Darstellung der Parameter von auch großen Datenmengen (Zeilen) verdichtet auf wenige Zeilen und Spalten.
- Die in Tabellen angegebenen Maße sind die bereits erläuterten deskriptiven Statistiken (u.a. N, Mittelwert, Häufigkeit usw.).
- Informationen von Daten können anhand sog. Klassifikationsvariablen in Gruppen unterteilt und einander vergleichend gegenübergestellt werden.
- Die Tabellenkonstruktion kann auch mehrere Variablen in sog. multivariaten Tabellen wiedergeben, ggf. auch höher klassierte (verschachtelte) Daten, z.B. als A × B × C × D oder A × B × C × D × E usw.
- Tabellen können auch die Ergebnisse von Variablen völlig unterschiedlichen Ranges gleichzeitig wiedergeben. Manche Grafiktypen (z.B. (Fehler-)Balkendiagramme) sind demgegenüber klar im Nachteil.
- Ein Ergebnis kann in Tabellen als konkreter Wert direkt abgelesen und interpretiert werden.

Nachteile

- Eine größere Anzahl an Zeilen und Spalten in Tabellen ist schnell angefordert, aber oft mühsam zu interpretieren.
- Mit zunehmender Verschachtelung der Tabellen kann auch das Anfordern bzw. Programmieren zunehmend komplexer werden.

- Tabellen ersetzen nicht ihre Interpretation: Zunehmend komplex verschachtelte Tabellen sind erst recht schwieriger zu „lesen" (Interpretation).
- Komplexere, weil auch größere Tabellen können durchaus nicht mehr auf eine „übliche" DIN A4- oder DIN A3-Seite passen.
- Ab einem bestimmten Grad an Komplexität sind Grafiken womöglich vorteilhafter. Tabellen und Grafiken sollten wenn möglich zusammen präsentiert werden. Grafiken liefern detaillierte Informationen, Tabellen dazu konkrete Werte.

> ✋ Tabellenkonstruktion und Tabellenanalyse
>
> Die Tabellenkonstruktion (die Beschreibung der Daten) kommt *vor* der Tabellenanalyse, ihrer inferenzstatistischen Analyse (Hypothesentest).
>
> - Bei der *Tabellenkonstruktion* werden die Daten in der Form von Tabellen beschrieben, z.B. anhand von gruppierten Maßzahlen.
> - Bei der *Tabellenanalyse* werden die Daten in der Struktur von Tabellen inferenzstatistischen Tests unterzogen, z.B. Chi²-Test. Eine Übersicht von Maßen für die Tabellenanalyse mit SAS finden Anwender in Schendera, 2004, 413–416.

Wenn in diesem Kapitel von *Tabellen* die Rede ist, sind immer in der Ausgabe eines Statistikprogramms angezeigte (Ergebnis-)Tabellen gemeint. Typische Tabellen sind z.B. eine Häufigkeits- oder eine Kreuztabelle. Der Grad der Aggregierung der wiedergegebenen Rohdaten kann durchaus gleich Null sein, wenn z.B. Rohdaten angezeigt werden. (Ergebnis-)Tabellen können i. Allg. dann weiteren Analysen unterzogen werden, wenn die zugrunde liegende Datentabelle weiterverarbeitet wird.

✋ Elemente einer (Ergebnis-)Tabelle

Wesentliche Unterschiede zwischen einer Datentabelle (vgl. 8.1.1, 8.2.2) und einer Ergebnistabelle (ab jetzt kurz: „Tabelle") bestehen in der Wiedergabe, Aggregierung und Ablage von Rohdaten.

- **Funktion**: *Zusammenfassung der Information* der Datentabelle auf wenige Zellen, Zeilen und/oder Spalten in der Ausgabe eines Statistikprogramms (daher „Ergebnistabelle"). Üblicherweise Anzeige durch Maßzahlen, wie z.B. N, Summe, Mittelwert, Standardabweichung.
- **Strukturierung**: *Senkrecht und/oder waagerecht* (die Festlegung von *Spaltennamen* auf den Tabellenkopf wie in Datentabellen gilt bei Ergebnistabellen nicht).
- **Anzahl der Variablen**: In Zeilen *und* Spalten jeweils 1 bis n (in 0×klassierten Tabellen auch ab 0).
- **Dimensionalität**: Grad der Verschachtelung (1 bis n).
- **Zellen**: *Einträge* (Daten), *Missings* (Datenlücken).
- **Ohne Format**: Ergebnistabellen haben daher i. Allg. kein eigenes Speicherformat wie z.B. eine Datentabelle (z.B. SAS: *.sas7bdat, SPSS: *.sav), stattdessen sog. Styles oder Looks.

5.1.2 Ausrichtung und Dimensionalität von Tabellen

Bei der Konstruktion von Tabellen können Variablen waage- *oder* senkrecht angeordnet und durch eine oder mehrere Klassifikationsvariablen (ggf. waage- *und* senkrecht) unterteilt sein.

Ausrichtung von Tabellen

In *Datentabellen*, wie z.B. Rohdatentabellen, sind die Felder im Tabellenkopf *immer* waagerecht („quer") angelegt. Datentabellen und Ergebnistabellen können genau gleich aussehen, sofern die Felder waagerecht ausgerichtet sind, z.B. Rohdatentabellen, die in Form von mehr oder weniger formatierten *Listen* wiedergegeben werden. Listen können *auch* als Tabellen formatiert sein und auch so bezeichnet werden. Ein typisches Beispiel sind Bundesligatabellen.

In *Ergebnistabellen*, die z.B. eine (Roh-)Datentabelle verdichtend in einer Ausgabe eines Statistikprogramms wiedergeben, können Felder jedoch *auch* senkrecht („hoch") angeordnet werden. Mit der unterschiedlichen Ausrichtung einer Tabelle ist also die Strukturierung einer Tabelle durch die Anordnung der Felder gemeint. Je nach Anwendungszweck können Felder „hoch" oder „quer" angeordnet werden. Die Ausrichtung einer Tabelle ändert nichts an ihrem Informationsgehalt, allerdings ihre Lesbarkeit.

> ✋ **Tipp!**
> Vor der Erzeugung von Tabellen ist ihre hauptsächliche Verwendung abzuschätzen, um Ressourcen strategisch einzusetzen und Mehrarbeit zu vermeiden:
> - **Bücher/Texte**: Tabellen sollten eher senkrecht ausgerichtet sein. Waagerechte Tabellen sollten für „Portrait" gedreht werden. Ausnahme: Das Druckformat ist „Landscape".
> - **Präsentationen**: Tabellen sollten eher waagerecht ausgerichtet sein. Ausnahme: Das Präsentationsformat ist „Portrait".

Verschachtelung (Dimensionalität) von Tabellen

Daten in Ergebnistabellen können verschachtelt sein, von 1×klassiert (eine einzelne Klassifikationsvariable) bis n×klassiert (höherdimensionale Verschachtelung durch mehrere Klassifikationsvariablen). Mit „verschachtelt" ist gemeint, dass eine Klassifikationsvariable (oder mehr) die Daten entsprechend ihrer Ausprägungen (Unterteilungen) in entsprechende Klassen (Untergruppen) einteilt.

In einer 1×klassierten Tabelle unterteilt eine Klassifikationsvariable den Inhalt der Tabelle in Spalten oder Zeilen. Weniger die Anzahl der Klassifikationsvariablen, sondern wie sie miteinander in Beziehung gesetzt werden, bestimmt die Dimensionalität einer Tabelle. In der einfachsten Form entspricht dies der Anzahl der Klassifikationsvariablen, die miteinander verknüpft werden.

Beispiele: Verschachtelung von Tabellen

Angenommen, es liegen drei Klassifikationsvariablen A, B und C mit je 2 Ausprägungen vor. Wird nur eine Klassifikationsvariable A verwendet, so definieren die Ausprägungen dieser Variablen eine 1×klassierte Tabelle. Wird nun eine zweite Klassifikationsvariable B mit ebenfalls 2 Ausprägungen mit der ersten Klassifikationsvariablen A verschachtelt, so bilden A und B mit ihren 2 × 2 Ausprägungen eine Kreuztabelle. Eine Kreuztabelle ist eine 2×klassierte Tabelle. Wird nun eine dritte Klassifikationsvariable C mit ebenfalls 2 Ausprägungen mit der 2 × 2 Kreuztabelle verschachtelt, so bilden A × B × C eine 3×klassierte Tabelle. Mit jeder weiteren Klassifikationsvariablen erhöht sich die Dimensionalität einer Tabelle. Bei der Tabellenkonstruktion können i. Allg. die üblichen deskriptiven Statistiken, Lage- und Streumaße angefordert werden. Beispiele für drei Klassifikationsvariablen A, B und C mit je 2 Ausprägungen:

I. Beispiel: A

Wird nur eine Klassifikationsvariable A verwendet, so definieren die Ausprägungen dieser Variablen eine 1×klassierte Tabelle. Das Ergebnis ist eine Tabelle mit *zwei* Zellen.

A	A_1
	A_2

Tabellen, die deskriptive Statistiken nur gemäß den zwei (oder mehr) Ausprägungen einer Klassifikationsvariablen wiedergeben, werden als 1×klassierte Tabellen bezeichnet. Ein typisches Beispiel ist eine einfache Häufigkeitstabelle.

II. Beispiel: A × B

Wird nun eine zweite Klassifikationsvariable B mit ebenfalls zwei Ausprägungen mit der ersten Klassifikationsvariablen A verschachtelt, so bilden A und B mit ihren 2 × 2 Ausprägungen eine Kreuztabelle mit *vier* Zellen.

Eine Tabelle, die deskriptive Statistiken gemäß den zwei (oder mehr) Ausprägungen von zwei Klassifikationsvariablen wiedergeben, wird als 2×klassierte Tabelle bezeichnet.

	B	
A	A_1B_1	A_1B_2
	A_2B_1	A_2B_2

Typisches Beispiel ist eine Kreuztabelle. Ob die Klassifikationsvariablen als A × B oder B × A angeordnet sind, hat, neben ihrer Anordnung, i. Allg. keinen Einfluss auf die ermittelte deskriptive Statistik mit Ausnahme kumulierter Werte.

III. Beispiel: A × B × C

Wird nun eine dritte Klassifikationsvariable C mit ebenfalls zwei Ausprägungen mit der 2 × 2 Kreuztabelle verschachtelt, so bilden A × B × C eine 3×klassierte Tabelle mit *acht* Zellen.

Mit jeder weiteren Klassifikationsvariablen erhöht sich die Dimensionalität einer Tabelle.

	C			
	B		B	
A	$A_1B_1C_1$	$A_1B_1C_2$	$A_1B_2C_1$	$A_1B_2C_2$
	$A_2B_1C_1$	$A_2B_1C_2$	$A_2B_2C_1$	$A_2B_2C_2$

Eine Tabelle, die deskriptive Statistiken gemäß den zwei (oder mehr) Ausprägungen von drei Klassifikationsvariablen wiedergibt, wird als 3×klassierte Tabelle bezeichnet. Ob die Klassifikationsvariablen als A × B × C, A × C × B, B × A × C, B × C × A, C × A × B oder C × B × A angeordnet sind, hat, neben ihrer Anordnung, keinen Einfluss auf die Berechnung kumulativer Werte (vgl. 4.1).

IV. Beispiele: X und Y

Wird *keine* Klassifikationsvariable verwendet, so definieren die Anzahl der Variablen und die der angeforderten Maße die Ausprägungen einer Tabelle. Weil diese Tabelle jedoch keine Klassifikationsvariable enthält, wird dieser Typ als 0×klassierte Tabelle bezeichnet. Das Ergebnis ist eine Tabelle mit *einer* Zelle (z.B. Daten, die als Mittelwert aggregiert sind).

Auch Tabellen, die zwei (oder mehr) Variablen wiedergeben, z.B. X und Y, sind 0×klassierte Tabellen.

Auch Tabellen, die zwei oder mehr deskriptive Statistiken für zwei (oder mehr) Variablen wiedergeben, sind weiterhin 0×klassierte Tabellen, wenn sie *nicht* nach den Ausprägungen einer Klassifikationsvariablen strukturiert sind, sondern nur nach der *Anzahl* von Maßen oder Variablen.

V. Beispiel: Z

Interessant wird es bei Tabellen, die zwei oder mehr deskriptive Statistiken für eine Variable Z (oder mehr) wiedergeben *und* die nach den Ausprägungen einer Klassifikationsvariablen strukturiert sind. Diese entsprechen der *Struktur* 1×klassierter Tabellen (vgl. I.): Das kleinstmögliche Ergebnis, eine Tabelle mit *zwei* Zellen, kann um weitere Variablen (z.B. Y) und Parameter analog zu den Beispielen aus IV. erweitert werden. Wird sie um weitere Klassifikationsvariablen erweitert, ist man bei den Beispielen aus II. und III. angelangt.

Die vorgestellte Unterscheidung zwischen *Ausprägungen* einer Klassifikationsvariablen und *Anzahl* von Maßen oder Variablen ist hilfreich für:

- Lesen von Tabellen, v.a. diejenigen, die man nicht selbst erstellt hat. Die Zuordnung u.a. von Zellenhäufigkeiten und -prozenten fällt so leichter.

- Beurteilung einer Tabelle daraufhin, was *zuviel* (z.B. an Maßen) oder *zuwenig* (z.B. an Variablen) ist; auch das kritische Hinterfragen angegebener Parameter fällt leichter. Wenn man weiß, wie eine Tabelle strukturiert ist, weiß man auch, welche Häufigkeiten usw. auch bei komplexer strukturierten Tabellen in etwa zu erwarten sind.

- Ob und wann zusammenfassende Maße auf einer übergeordnet aggregierenden Ebene sinnvoll sein können. Je nach Skalenniveau könnte z.B. ein übergeordneter Mittelwert über alle Variablen hinweg sinnvoll sein. Oder ob analog weitere, ausdifferenzierende Klassifikationsvariablen und Maße auf einer nächst niedrigeren Ebene sinnvoll sein können.

- Die (Um-)Strukturierung von Tabellen: Standardtabellen können für die Wiedergabe spezieller Informationen in entsprechend strukturierte Tabellen umgewandelt werden, z.B. kann die *Struktur* von Tabellen transponiert werden (Zeilen werden zu Spalten), z.B. können *Inhalte* umgewandelt werden: Zellen für Maße werden zu Zellen für Variablen (oder jew. auch umgekehrt). Diese (Um-)Strukturierung (auch von Grafiken) ist je nach Flexibilität der Software per Mausklick oder Programmierung möglich.

Analysesoftware wie z.B. SAS und SPSS bietet diverse Menüs und Prozeduren an, um unkompliziert 0× bis n×klassierte Tabellen zu entwerfen. Die Tabelle ist als erste Orientierung für die Mausführung gedacht.

✋ Orientierung

SAS EG und IBM SPSS Menüs und Prozeduren für Tabellen:

N	EG Menü SAS Prozedur	SPSS Menü SPSS Prozedur
0	„Listenbericht…", „Assistent für beschreibende Statistiken…", „Listenberichtassistent…", „Beschreibende Statistiken…", „Daten charakterisieren…", „Verteilungsanalyse..." (FREQ, MEANS, TABULATE, UNIVARIATE)	Deskriptive Statistiken..." (DESCRIPTIVES), „Benutzerdefinierte Tabellen" (CTABLES)
1	„Assistent für beschreibende Statistiken…", „Beschreibende Statistiken…", „Einfache Häufigkeiten…", „Daten charakterisieren…", „Verteilungsanalyse..." (FREQ, MEANS, TABULATE, UNIVARIATE)	Explorative Datenanalyse..." (EAXMINE), „Mittelwerte" (MEANS), „Häufigkeiten..." (FREQUENCIES), „Benutzerdefinierte Tabellen" (CTABLES)
2	„Einfache Häufigkeiten…", „Zusammenfassungstabellen-Assistent…", „Tabellenanalyse…", „Zusammenfassungstabellen..." (FREQ, MEANS, TABULATE, UNIVARIATE)	„Kreuztabellen" (CROSSTABS), „Fälle zusammenfassen" (SUMMARIZE), „Benutzerdefinierte Tabellen" (CTABLES)
3	„Tabellenanalyse…", „Zusammenfassungstabellen-Assistent…", „Zusammenfassungstabellen..." (FREQ, TABULATE)	„Kreuztabellen" (CROSSTABS), „Benutzerdefinierte Tabellen" (CTABLES)
n	„Zusammenfassungstabellen… ", „Zusammenfassungstabellen-Assistent…", (TABULATE)	„Benutzerdefinierte Tabellen" (CTABLES)

Wichtig ist, dass die Variablen für Klassifikation und deskriptive Analyse jeweils das erforderliche Skalenniveau aufweisen. Über Syntax-Programmierung ist es dabei sogar möglich, gezielt höhere (geringere) Verschachtelungen anzufordern. Die Grundstrukturierung von Tabellen kann z.B. unter Zuhilfenahme von Schichtvariablen einfach erweitert werden. Schichtvariablen sind u.a. über zusätzliche zeilen- oder spaltenweise Wiedergabe (u.a. BY-Processing) verfügbar. SAS bzw. SPSS Programmierer orientieren sich an der aktuellen SAS bzw. SPSS Syntax Dokumentation. Die wiedergegebenen Tabellen wurden mit SPSS v22 erzeugt und in das Format (Style) des Verlags UVK Lucius (UTB) überführt.

5.1.3 Ein einfaches Beispiel: 0×klassierte Tabellen

Eine 0×klassierte Tabelle ist *nicht* nach den kategorialen (diskreten) Ausprägungen einer (weiteren) Variablen strukturiert.

> Definition: 0×klassiert
>
> 0×("nullfach") klassiert bedeutet, dass die Daten, die „statistische Masse"
> - einer Variablen (oder mehr),
> - unabhängig vom Skalenniveau,
> - in einer gemeinsamen Tabelle und
> - *nicht* nach einer Klassifikationsvariable unterteilt wiedergegeben werden (vgl. Beispiel IV.).
>
> Eine Tabelle, die zwei deskriptive Maße für eine Variable wiedergibt, z.B. für X (vgl. X_1, X_2, vgl. rechts), wird zu den 0×klassierten Tabellen gerechnet.

Bei diesen Tabellen ist umso wichtiger, dass das richtige Maß für das jeweilige Skalenniveau wiedergegeben wird. Für das Nominalniveau wäre dies z.B. die Häufigkeit, für das Ordinalniveau der Median oder der Mittelwert für das Intervallskalenniveau. Je nach Skalenniveau können auch mehrere Maße angegeben werden, sofern sie geeignet sind. Für das Intervallskalenniveau z.B. Mittelwert, Standardabweichung, N und Median. Trotz möglicherweise zahlreicher Maße bleiben diese Tabellen weiterhin 0×klassierte Tabellen, da sie nicht nach einer Klassifikationsvariable strukturiert sind, sondern nur nach der Anzahl von Maßen oder Variablen.

Beispiel: 0×klassierte Tabelle

Für die metrisch skalierte Variable „Tore" werden z.B. Mittelwert und Standardabweichung wiedergegeben. Die ausgegebene Tabelle ist nicht nach den Ausprägungen einer Klassifikationsvariablen strukturiert.

	Mittelwert	Standardabweichung
Tore	4,25	2,31

Struktur: Die erste (senkrechte) Spalte gibt das *Label* (falls vorhanden bzw. angefordert) der ausgewerteten Variablen (hier: „Tore") an. Die zweite Spalte gibt den ersten angeforderten Parameter an, den Mittelwert. Die dritte Spalte gibt den zweiten angeforderten Parameter an, die Standardabweichung. Diese drei Spalten bilden zusammen eine erste Tabelle.

Inhalt der Tabelle: Die erste (senkrechte) Spalte zeigt, dass die Werte von „Tore" ausgewertet werden. Die zweite Spalte zeigt an, dass der Durchschnitt für Tore 4,25 beträgt. *Achtung!* Die Definition von „Tore" ist nicht angegeben; dies wäre noch abzuklären. Es könnte sich um Tore in der Bundesliga oder auch während einer WM handeln. Der Durchschnitt für Tore sollte also nur nach einer vorherigen Abklärung als 4,25 Tore in der Vorrunde einer WM interpretiert werden. Die dritte Spalte zeigt an, dass die Standardabweichung für Tore 2,31 beträgt. Über Mittelwert und Standardabweichung informieren die Abschnitte 4.2 und 4.3.

In 0×klassierten *univariaten* Tabellen wird nur eine, in 0×klassierten *multivariaten* Tabellen dagegen mehr als eine Variable wiedergegeben, je nach Ausrichtung der Tabelle in Spalten oder Zeilen:

	Mittelwert	Standardabweichung	Maximum	Minimum
Tore	4,25	2,31	10,00	1,00
Gegentore	4,25	2,23	9,00	1,00

Als 0×klassierte Tabelle ist diese Tabelle *nicht* nach einer Klassifikationsvariablen, wie z.B. Geschlecht, strukturiert, sondern nur zeilenweise nach den Namen („Tore", „Gegentore") und spaltenweise nach den Maßen (u.a. Mittelwert, Standardabweichung) der angeforderten Variablen.

✋ Tipps!

- Wird *kein* Label angezeigt, ist es nicht vorhanden, nicht angefordert oder es handelt sich um die falsche Variable.
- Sind die Nachkommastellen der Maße einer Variablen in einer Tabelle zu lang (kurz), können sie über die Attribute der betreffenden Variablen auf die richtige Länge eingestellt werden. Damit diese Änderungen wirksam werden, muss die Tabelle neu angefordert werden.
- Befinden sich zuwenige (zuviele) Maße oder Variablen in einer Tabelle, kann diese Tabelle angefordert werden, indem Variablen oder Maße bei der erneuten Anforderung ausgeschlossen werden.

Die folgenden Abschnitte veranschaulichen nun anhand zahlreicher Beispiele die vielfältigen Möglichkeiten der Konstruktion von Tabellen. Der Erläuterung grundlegender Tabellentypen, z.B. der 1×klassierten Häufigkeitstabelle, wird besonders viel Aufmerksamkeit gewidmet, um von ihr ausgehend Themen, wie z.B. den Umgang mit Ranginformation, Lücken (Missings) oder auch Strings (Texten), zu erläutern.

5.2 1×klassierte Tabellen: Grundlagen und Vertiefungen

Dieser Abschnitt erläutert die Grundlagen der Konstruktion und Interpretation von 1×klassierten Tabellen zunächst auf *Nominalniveau*, z.B. die wichtigsten Informationen einer Häufigkeitstabelle (u.a. gültige Ausprägungen, kumulierte Prozent usw., vgl. 5.2.1). Anschließend geht Unterabschnitt 5.2.2 auf Besonderheiten für 1×klassierte Tabellen auf *Ordinalniveau* über, darin v.a. Ranginformation, (semantische) Lücken oder auch Strings (Texte).

✋ Definition: 1×klassiert
Eine Variable (oder mehr) wird unabhängig von ihrem Skalenniveau gemäß den Ausprägungen *einer* Klassifikationsvariablen wiedergegeben. In 1×klassierten Tabellen sind Werte *nicht* nach

einer *zweiten* oder weiteren Variablen klassiert. In 1×klassierten *univariaten* Tabellen wird nur eine, in 1×klassierten *multivariaten* Tabellen mehr als eine Variable wiedergegeben, je nach Ausrichtung der Tabelle nur in Spalten oder nur in Zeilen.

5.2.1 Grundlagen: Eine Variable auf Nominalniveau

In einer 1×klassierten Tabelle werden Zeilen einer Datentabelle nur gemäß den Ausprägungen *einer* Klassifikationsvariablen klassiert, je nach Ausrichtung der Tabelle nur in Spalten oder nur in Zeilen. 1×klassiert kann *auch* bedeuten, dass eine *zweite* Variable (oder noch mehr) unabhängig von ihrem Skalenniveau ausschließlich gemäß den Ausprägungen dieser einen Klassifikationsvariablen wiedergegeben wird. In einer 1×klassierten *univariaten* Tabelle wird nur *eine* Variable klassiert. In einer 1×klassierten *multivariaten* Tabelle werden *mehr* als eine Variable klassiert. Klingt kompliziert, ist es aber nicht.

- **1×klassiert**: *Klassifikationsvariable:* **Internationale Liga** (z.B. Unterteilung in Premier League, Primera Division und 1. Bundesliga).
- **1×klassiert**: *Plus zusätzliche Variable: Beispiel I:* **Anzahl der Mannschaften** pro Ausprägung von *Internationale Liga*, also pro Premier League, Primera Division und 1. Bundesliga. *Beispiel II:* **Summe der gezahlten Transfers** pro *Internationale Liga*. Als ein mögliches Ergebnis könnte man sich die Summe der Transferausgaben 1×klassiert nach den Ausprägung der Klassifikationsvariablen Internationale Liga vorstellen, z.B. die höchste Summe für die Primera Division, dann z.B. die Premier League usw.

Dieser Abschnitt erläutert Grundprinzipien der Konstruktion und Interpretation von 1×klassierten Tabellen. Als Beispiel wird die Variable „Wochentag" auf Nominalniveau interpretiert (es geht auch anders, vgl. 5.2.2). „Wochentag" enthält 365 Fälle mit den Ausprägungen „Montag", „Dienstag", „Mittwoch", „Donnerstag", „Freitag", „Samstag" sowie „Sonntag". Die Variable „Wochentag" ist lückenlos, mit der Ausnahme besonderer Beispiele für Datenlücken.

I. Nominalskala (Grundlagen, z.B. gültige Ausprägungen)

- **Beispiel**: Die Variable „Wochentag" wird in einer Tabelle dargestellt. Die Variable „Wochentag" ist lückenlos.

- **Ergebnis**: Die erzeugte Tabelle ist eine sogenannte Häufigkeitstabelle. Die Anzahl von Fällen, die jeweils in dieselbe Ausprägung (Kategorie) fällt, wird als Häufigkeit dieser Kategorie bezeichnet. Werden alle Kategorien dieser Variablen samt der dazugehörigen Häufigkeiten wiedergeben, entsteht eine sogenannte Häufigkeitstabelle. Bei einer lückenlosen Variablen entspricht das Gesamt aller Kategorien dem Gesamt der Tabelle. Sofern keine Fälle vergessen wurden, entspricht das „Gesamt" der verwendeten Stichprobe.

	Wochentag			
	Häufigkeit	Prozent	gültige Prozente	kumulierte Prozente
Montag	53	14,5	14,5	14,5
Dienstag	52	14,2	14,2	28,8
Mittwoch	52	14,2	14,2	43,0
Gültig Donnerstag	52	14,2	14,2	57,3
Freitag	52	14,2	14,2	71,5
Samstag	52	14,2	14,2	85,8
Sonntag	52	14,2	14,2	100,0
Gesamt	365	100,0	100,0	

- **Unterscheiden sich Häufigkeitstabellen je nach Statistikprogramm?** Die grundlegenden Informationen (die Inhalte der Datentabelle und die Merkmale ihrer Verteilung) und die deskriptive Statistiken (Häufigkeit, Prozente) sind für jedes Statistikprogramm dieselben. Unterschiede können ggf. in Design, Sortierung oder der Anzeige spezieller Informationen (Missings) auftreten. Die wiedergegebenen Tabellen wurden mit SPSS erzeugt.
- **Wie eine Häufigkeitstabelle zu lesen?**

Der erste Blick geht auf die Zeile „Gesamt". Die unterste Zeile „Gesamt" zeigt an, dass die Tabelle insgesamt 365 Fälle enthält. – Dies bedeutet nicht automatisch, dass die Information 365 *verschiedener* Fälle wiedergegeben wird. Dies wäre zuvor zu prüfen. – Diese Datenbasis stellt gleichzeitig 100 % der Fälle.

Der zweite Blick geht auf die erste Spalte links („Gültig"): Dieser Blick prüft die angezeigten Ausprägungen. In der Spalte links von „Gültig" werden die *vorhandenen* Ausprägungen der Variablen „Wochentag" angezeigt. Wird eine Ausprägung *erwartet, aber nicht angezeigt,* kann es dafür diverse Ursachen geben. Im Abschnitt 5.2.3 (zu Missings) werden häufig auftretende und zu prüfende Ursachen angesprochen. Die dargestellte Variable „Wochentag" enthält z.b. die Ausprägungen „Montag", „Dienstag", „Mittwoch", „Donnerstag", „Freitag", „Samstag" sowie „Sonntag". Der Abschnitt 5.2.2 wird erläutern, warum die Reihenfolge „Montag", „Dienstag", „Mittwoch" usw. und z.B. nicht „Sonntag", „Montag", „Dienstag" usw. ist.

Der dritte Blick geht auf die zweite Spalte, „Häufigkeit": Die Spalte „Häufigkeit" zeigt die jeweilige Anzahl der vorhandenen Ausprägungen von „Montag", „Dienstag" usw. an. Die Spalte „Prozent" gibt den prozentualen Anteil der jeweiligen Ausprägung an der Gesamtzahl aller Fälle an. Im Falle lückenloser Daten ist die Spalte „Gültige Prozente" identisch mit der Spalte „Prozent". Wie eine Häufigkeitstabelle mit Missings gelesen wird, wird unter 5.2.3 erklärt.

Der nächste Blick geht auf die Spalten „Prozent" und „Gültige Prozent": Wird die Ausprägung „Montag" zeilenweise gelesen, folgen auf „Häufigkeit" die Spalten „Prozent", „Gültige Prozente" sowie „Kumulierte Prozente". Die Ausprägung „Montag" kommt z.B. 53-mal vor. Werden die 53 Ausprägungen von „Montag" durch die Gesamtzahl der gültigen Fälle dividiert und der Quotient mit 100 multipliziert, ergibt dies den prozentualen Anteil von „Montag" an allen Ausprägungen der Variablen „Wochentag", nämlich 14,5%. Die Spalte „Prozent" zeigt daher den Wert 14,5 als den prozentualen Anteil der Häufigkeit der Ausprägung „Montag" an allen Fällen an. Die Werte der Spalte „Gültige Prozente" basieren auf der Anzahl der Messwerte ohne Missings. Da die Variable „Wochentag" lückenlos ist, also keine Missings enthält, stimmen die Informationen in den Spalten „Prozent" und „Gültige Prozente" überein. Die Werte aus der Spalte „Gültige Prozente" bilden wiederum die Datengrundlage für die Spalte „Kumulierte Prozente".

Der dritte Blick geht auf die Spalte „Kumulierte Prozente": Die Spalte „Kumulierte Prozente" lässt sich am besten erklären, wenn sie von oben nach unten gelesen wird. Alle Fälle in der Tabelle sind auf die Ausprägungen von „Wochentag" verteilt; die Gesamtzahl aller Fälle entspricht 100%. Jede Ausprägung von „Wochentag" hat einen prozentualen Anteil an den 100%. „Montag" hat z.B. an allen Ausprägungen von „Wochentag" 14,5%, „Dienstag" 14,2% usw. In der Spalte „Kumulierte Prozente" werden nun alle Prozentanteile nacheinander aufaddiert bis 100% als Gesamt aller Fälle erreicht ist. Wird also die Spalte „Kumulierte Prozente" von oben nach unten gelesen, so sind mit der Ausprägung „Montag" 14,5% aller Fälle erreicht, mit der Ausprägung „Dienstag" 28,8%, mit „Mittwoch" 43,0%, bis mit der letzten vorhandenen Ausprägung „Sonntag" 100% aller Fälle wiedergegeben sind. Rundungen können marginale Abweichungen zwischen den angezeigten Werten in der Spalte „Prozent" und „Kumulierte Prozente" verursachen.

„Prozent" und „Kumulierte Prozente"

Die Spalten „Prozent" und „Kumulierte Prozente" sind hilfreich für das Interpretieren einer Verteilung von Merkmalen.

Sind die Werte in der Spalte „Prozent" in etwa gleich groß, kann man von einer gleichmäßigen Verteilung der Ausprägungen ausgehen. Die Werte zwischen 14,2 und 14,5 zeigen z.B. an, dass die Anzahl der Wochentage annähernd gleich verteilt ist. Wäre der Wert in der Mitte der Verteilung (z.B. für „Donnerstag") am höchsten, dessen Nachbarn nach links und rechts jeweils niedriger, deren beiden weiteren Nachbarn nach links und rechts ebenfalls niedriger usw., so wäre die *Prozent*verteilung annähernd symmetrisch und der mittlere Wert „Donnerstag" ihr Modus. In etwa gleich große Prozentwerte deuten auch an, dass die Verteilung ohne Modus und eventuell annähernd symmetrisch sein könnte. Diese Interpretation bezieht sich jedoch auf die abgeleitete Prozentwertverteilung, nicht jedoch auf die beobachtete Kategorialverteilung. Ob jedoch auch die jeweils zugrunde liegende Kategorialverteilung äquidistant, lückenlos und annähernd symmetrisch ist, kann am besten anhand von Visualisierungen überprüft werden.

Die Werte in der Spalte „Kumulierte Prozente" unterteilen die Spannweite von 0% bis 100%. Anhand der Spalte „Kumulierte Prozente" kann so abgelesen werden, mit *welcher Ausprägung* ein bestimmter kumulativer Anteil an der Prozentgesamtverteilung erreicht ist; mit „Freitag" sind z.B. 71,5% der Gesamtverteilung erreicht. Beim Anlegen eines bestimmten (gedachten) *Schwellen-*

werts (z.B. 50% als Median) auf „Kumulierte Prozente" kann auf diese Weise abgelesen werden, dass die Verteilung mit „Mittwoch" noch nicht 50% der Fälle (sondern nur 43,0%) erreicht hat. Mit „Donnerstag" ist der Median mit 57,3% der Fälle überschritten.

Zusammenfassung: Die Variable „Wochentag" enthält 365 Fälle (vgl. „Gesamt") mit sieben Ausprägungen (von „Montag" bis „Sonntag") (vgl. rechts von „Gültig"). Jede der Ausprägungen hat einen eigenen absoluten („Häufigkeit") und einen prozentualen Anteil („Prozent") an der Gesamtheit aller Fälle. Die Variable „Wochentag" ist lückenlos; daher stimmen die Werte in „Prozent" und „Gültige Prozente" überein. Würde „Wochentag" fehlende Werte enthalten, würde die Häufigkeitstabelle entsprechende Informationen in einem separaten Hinweis (z.B. SPSS: „Fehlend System") wiedergegeben. Werden alle sieben Prozentanteile kumuliert (nacheinander aufaddiert), ergeben sie 100%. Der folgende Abschnitt erläutert nun, auf welche Besonderheiten in einer Häufigkeitstabelle geachtet werden sollte.

In diesem Abschnitt zum Nominalniveau wurden die Variable „Wochentag" in einer Häufigkeitstabelle dargestellt und die wichtigsten Informationen einer Häufigkeitstabelle erläutert. Die folgenden Abschnitte werden weitere Besonderheiten am Beispiel der Wiedergabe von ordinalskalierten Kategorialvariablen mittels einer Häufigkeitstabelle erläutern:

- **Ranginformation und Sortierung (5.2.2)**: Woher kommt es, dass die Ausprägungen „Montag" bis „Sonntag" tatsächlich in der Abfolge „Montag" bis „Sonntag" und z.B. nicht „Sonntag" bis „Montag" wiedergegeben werden?
- **Lücken (5.2.3)**: Das „Wochentag"-Beispiel unter Nominalniveau war lückenlos. Wie wäre eine Häufigkeitstabelle zu interpretieren, wenn sie sog. Missing Values (kurz: Missings) enthielte?

5.2.2 Vertiefung I: Eine Variable auf Ordinalniveau (Ranginformation)

Im Abschnitt zum Nominalniveau wurden die Variable „Wochentag" in einer Häufigkeitstabelle dargestellt und die wichtigsten Informationen einer Häufigkeitstabelle erläutert. Dieser Abschnitt wird eine Besonderheit speziell bei der Wiedergabe von ordinalskalierten Kategorialvariablen mittels einer Häufigkeitstabelle erläutern, die sog. *Ranginformation (Sortierung)*. Woher kommt es, dass die Ausprägungen „Montag" bis „Sonntag" tatsächlich in der Abfolge „Montag" bis Sonntag" und z.B. nicht „Sonntag" bis „Montag" wiedergegeben werden?

> ✋ Ranginformationen in einer Ergebnistabelle
>
> Häufigkeitstabellen berücksichtigen bei der Wiedergabe von Zahlen, Labels oder Strings offene oder verdeckte *Ranginformationen*. Zahlenwerte werden nach ihrer Größe, Labels nach dem Wert ihres Codes (z.B. numerisch, String) und Buchstaben bzw. Strings (vereinfacht ausgedrückt) alphabetisch (genauer: nach dem im Computer implementierten Zeichensatz (der sogenannten Sortiersequenz) ranggeordnet.
>
> - Zahlenwerte werden ansteigend sortiert (1, 2, 3, …),
> - Texte und Buchstaben werden nach dem ersten Buchstaben (a, abc, b, c, cde, d, …) bzw. nach Klein- vor Großbuchstaben (a, A, abc, ABC, b, B, c, C, cded, D, …) sortiert.

> ✋ Tipp: Anpassen der Rangfolge!
>
> Entspricht die von SPSS oder SAS ausgegebene Rangfolge nicht den eigenen Vorstellungen, braucht man sich damit nicht zufriedengeben: Für eine Wiedergabe der Daten in einer Rangfolge gemäß den eigenen Vorstellungen sind zwei Aspekte zu klären: (1) In welcher *neuen* Abfolge die Daten angezeigt werden sollen. Diese neue Rangfolge ist vom Anwender festzulegen. In jedem Falle hat die *angezeigte* Reihenfolge von Ausprägungen nichts mit ihrer Sortierung im Datensatz zu tun. Die Fälle können z.B. im Datensatz absteigend oder per Zufall sortiert sein; sie werden trotzdem in der Häufigkeitstabelle ansteigend sortiert angezeigt. Tatsächlich sind Variablenattribute verantwortlich (vgl. SPSS: 8.2.3, SAS: 8.1.4), d.h. der Anwender hat herauszufinden: (2) Auf welchem (technischen) Wege wurde die *bisherige* Abfolge vom

Programm gesteuert? Die Festlegung der alten Rangfolge ist vom Anwender zu verstehen, um die neue Rangfolge entsprechend an SPSS oder SAS übergeben zu können. Dies hört sich schwieriger an, als es ist.

Spielen wir drei Szenarien durch:

- **Szenario I**: Die Ausprägungen von „Wochentag" sollen neu in der Abfolge „Sonntag" bis „Montag" und nicht wie bisher von „Montag" bis Sonntag" angezeigt werden. „Wochentag" ist für dieses Szenario eine numerische Variable.
- **Szenario II**: Die Werte sollen nun neu alphabetisch von „Dienstag" bis „Sonntag" angezeigt werden. „Wochentag" ist für dieses Szenario eine numerische Variable.
- **Szenario III**: Die Werte sollen nun ebenfalls alphabetisch von „Dienstag" bis „Sonntag" angezeigt werden. Die Ausgangsvariable „Wochentag" ist für dieses Szenario allerdings eine *alphanumerische* Variable.

Der Übersicht halber wird dem Vorgehen ein Schema vorangestellt. Die Spalte rechts zeigt die Logik der Umkodierung an:

Variation	Variable	Kodierung und Abfolge
Original	„Wochentag"	**„Montag" bis „Sonntag":**
		1 "Montag"
	DAY_WEEK,	2 "Dienstag"
	numerisch,	3 "Mittwoch"
	formatiert.	4 "Donnerstag"
		5 "Freitag"
		6 "Samstag"
		7 "Sonntag"
Szenario I	*Original:*	**„Sonntag" bis „Montag":**
	DAY_WEEK (s.o.).	7 → 1 "Sonntag"
		1 → 2 "Montag"
	Neue Variable:	2 → 3 "Dienstag"
	„Wochentag (I)"	3 → 4 "Mittwoch"

	DAY_WEEK2,	4 → 5 "Donnerstag"
	numerisch.	5 → 6 "Freitag"
		6 → 7 "Samstag"
Szenario II	*Original:* DAY_WEEK (s.o.).	**Alphabetisch:** 2 → 1 "Dienstag"
		4 → 2 "Donnerstag"
	Neue Variable:	5 → 3 "Freitag"
	„Wochentag (II)"	3 → 4 "Mittwoch"
	DAY_WEEK3,	1 → 5 "Montag"
	numerisch.	6 → 6 "Samstag"
		7 → 7 "Sonntag"
Szenario III	*Original:* „Wochentag (String)"	**„Montag" bis „Sonntag":** "Montag" → 1 "Montag"
		"Dienstag" → 2 "Dienstag"
	DAY_WEEKS, String.	"Mittwoch" → 3 Mittwoch"
	Neue Variable:	"Donnerstag" → 4 "Donnerstag"
	DAY_WEEK4	"Freitag" → 5 "Freitag"
	Numerisch.	"Samstag" → 6 "Samstag"
		"Sonntag" → 7 "Sonntag"

▪ Szenario I

Die Ausprägungen von „Wochentag" sollen neu in der Abfolge „Sonntag" bis „Montag" und nicht wie bisher von „Montag" bis „Sonntag" angezeigt werden. „Wochentag" ist für dieses Szenario eine numerische Variable. Die dazu erforderliche Maßnahme ist, die bisherige numerische Kodierung der Abfolge „Montag" bis Sonntag" in der Originalvariablen DAY_WEEK durch eine andere numerische Kodierung zu ersetzen, die zur Abfolge „Sonntag" bis „Montag" in der ausgegebenen Häufigkeitstabelle führt. Ein Weg ist, die alten Kodes (z.B. 1,2,3) durch dieselben Kodes, aber in einer anderen Abfolge zu ersetzen (z.B. 2,3,4). Da sich ein Analyseprogramm bei numerischen Variablen an den Kodes, und nicht den zugewiesenen Labels orientiert (z.B. „Sonntag"), reicht diese einfache Operation aus, um die Abfolge gemäß den eigenen Wünschen anzupassen. Aus Sicherheitsgründen wird empfohlen, die neu vergebene Kodierung nicht in derselben Variablen, sondern als „Wochentag (I)" in der neu angelegten Variablen DAY_WEEK2 abzulegen. Für eine Ausgabe in der geänderten Abfolge ist die neu angelegte Variable anzufordern. Die Ausprägungen werden in „Wochentag (I)" in der Abfolge „Sonntag" bis „Montag" angezeigt, und nicht wie bisher von „Montag" bis „Sonntag" (in „Wochentag"):

		Wochentag (I)			
		Häufigkeit	Prozent	gültige Prozente	kumulierte Prozente
Gültig	Sonntag	52	14,2	14,2	14,2
	Montag	53	14,5	14,5	28,8
	Dienstag	52	14,2	14,2	43,0
	Mittwoch	52	14,2	14,2	57,3
	Donnerstag	52	14,2	14,2	71,5
	Freitag	52	14,2	14,2	85,8
	Samstag	52	14,2	14,2	100,0
	Gesamt	365	100,0	100,0	

> ✋ **Tipp: Umkodieren in SAS und SPSS!**
>
> Umkodierungen können in SAS und SPSS mittels Menüs und Syntaxbefehlen vorgenommen werden, z.B.:
>
> - **SPSS**: *Menü:* „Umkodieren in andere Variablen: Alte und neue Werte", *SPSS Syntax:* DO/IF/ELSE, RECODE INTO.
> - **SAS (EG)**: *Menü:* „Abfrage erstellen" (vgl. auch andere SAS Interfaces und Wizards), *SAS Base Syntax:* IF/THEN/ELSE, *PROC SQL:* CREATE AS/CASE.

Szenario II

Die Ausprägungen von „Wochentag" werden nun neu alphabetisch von „Dienstag" bis „Sonntag" angezeigt. „Wochentag" ist für dieses Szenario eine numerische Variable. Die dazu erforderliche Maßnahme ist analog zu Szenario I, die alten numerischen Kodierungen der Ausprägungen „Montag" bis Sonntag" in der Originalvariablen DAY_WEEK durch andere numerische Kodierungen zu ersetzen, die die gewünschte Rangfolge in der Häufigkeitstabelle sicherstellen. Alternativ kann der Typ der Variablen von numerisch (DAY_WEEK) in String (DAY_WEEK3) konvertiert werden. Aus Sicherheitsgründen wird die neu vergebene Kodierung bzw. die neue Variable als „Wochentag (II)" in DAY_WEEK3 angelegt.

Die Ausprägungen werden nun neu in „Wochentag (II)" alphabetisch in der Abfolge von „Dienstag" bis „Sonntag" angezeigt:

	Wochentag (II)			
		Häufigkeit	Prozent	gültige Prozente	kumulierte Prozente
Gültig	Dienstag	52	14,2	14,2	14,2
	Donnerstag	52	14,2	14,2	28,5
	Freitag	52	14,2	14,2	42,7
	Mittwoch	52	14,2	14,2	57,0
	Montag	53	14,5	14,5	71,5
	Samstag	52	14,2	14,2	85,8
	Sonntag	52	14,2	14,2	100,0
	Gesamt	365	100,0	100,0	

Szenario III

Die Ausprägungen von „Wochentag (String)" sollen nun ebenfalls neu in der Abfolge von „Montag" bis Sonntag" angezeigt werden. „Wochentag (String)" ist für dieses Szenario allerdings eine alphanumerische Variable. Würde diese Stringvariable in einer Häufigkeitstabelle dargestellt werden, würden die Wochentage in alphabetischer Reihenfolge von „Dienstag" bis „Sonntag" angezeigt werden. Die dazu erforderlichen Maßnahmen sind analog zu den Szenarien I und II: (i.) die Zuweisung von numerischen Kodes zu den Ausprägungen der String-Variablen „Wochentag (String)", (ii.) das Zuweisen der Labels in der korrekten gewünschten Abfolge. Das Ergebnis von „Wochentag (III)" entspricht der Ausgabe unter Nominalskalenniveau (vgl. 5.2.1).

Die Ausprägungen von „Wochentag (III)" werden nun mittels der Variablen DAY_WEEK4 in der Abfolge „Montag" bis „Sonntag" und nicht mehr alphabetisch (DAY_WEEK5) angezeigt.

		Wochentag (III)			
		Häufigkeit	Prozent	Gültige Prozente	Kumulierte Prozente
Gültig	Montag	53	14,5	14,5	14,5
	Dienstag	52	14,2	14,2	28,8
	Mittwoch	52	14,2	14,2	43,0
	Donnerstag	52	14,2	14,2	57,3
	Freitag	52	14,2	14,2	71,5
	Samstag	52	14,2	14,2	85,8
	Sonntag	52	14,2	14,2	100,0
	Gesamt	365	100,0	100,0	

Den Ausprägungen der String-Variablen hätten auch alphanumerische Kodierungen zugewiesen werden können. Zum einen werden numerische Kodes allerdings i. Allg. schneller als alphanumerische Kodes verarbeitet. Zum anderen wird jedoch empfohlen, alphanumerische Kodierungen zu vermeiden, u.a. wegen der Fallen beim Sortieren von z.B. *Bewertungen* („schwach", „mittel", „stark"), *Monaten* (z.B. Jan", „Feb", „Mar" usw.) oder *Jahreszeiten* („Frühling", „Sommer" usw.).

💡 Tipp: Anpassen der Rangfolge und „Kumulierte Prozente"!

Grundsätzlich ändert eine veränderte Rangfolge nichts an den absoluten wie auch den relativen Daten innerhalb einer Tabelle. Die Häufigkeitstabelle enthält weiterhin insgesamt 365 Fälle, die wiederum die Datenbasis von 100% der Fälle bilden. Die dargestellte Variable „Wochentag" enthält z.B. weiterhin ihre sieben Ausprägungen, nun in der jeweils gewünschten Abfolge. Jede dieser sieben Ausprägungen hat weiterhin ihre unveränderten Werte in den Spalten „Häufigkeit", „Prozent" sowie „Gültige Prozente". Der einzige Unterschied wird in der Spalte „kumulierte Prozente" auftreten: Das Ergebnis der jeweils nacheinander aufaddierten Werte kann bereits durch einen einzigen, an die Spitze sortierten Wert verändert werden.

- Immer wenn Variablenausprägungen sortiert werden, ändert sich damit immer auch die *relative* Interpretation der Spalte „Kumulierte Prozente". Man stelle sich einmal vor, eine Ausprägung einer Variablen enthielte z.B. 50% aller Fälle, alle weiteren Ausprägungen derselben Variablen jeweils nur 5% aller Fälle. Unabhängig von ihrer Platzierung ist diese überproportional besetzte Ausprägung *immer* der Modus. Wäre diese überproportionale Ausprägung an den Anfang (an das Ende) einer Tabelle sortiert, so ist sie allerdings nicht als Indikator einer linksschiefen (rechtsschiefen) Kategorialverteilung misszuverstehen. Die absoluten Häufigkeiten und Prozente einer Kategorialverteilung bleiben unverändert, die kumulierten Häufigkeiten und Prozente sind jedoch immer abhängig von der (automatischen, gezielten) Sortierung der Ausprägungen in der erzeugten Tabelle.

- Aus diesem Grund werden oft zwei, drei Variablenausprägungen *mit den meisten Fällen* über gezielt gewählte Kodierungen an den Anfang einer Tabelle platziert. Dadurch kann anhand der ersten, kumulierten Prozente auf den überproportionalen Anteil genau dieser Variablenausprägungen an der Gesamtverteilung hingewiesen werden. Je nach thematischer Relevanz können auf dem gleichen Wege auch Variablenausprägungen *mit den wenigsten Fällen* an den Anfang einer (Ergebnis-)Tabelle gerückt werden.

5.2.3 Vertiefung II: Kategorialvariablen mit Lücken (Missings)

Die bisherigen Beispiele zur Variablen „Wochentag" waren lückenlos, enthielten also keine fehlenden Werte, sog. Missing Values (Missings). In der folgenden Tabelle enthält nun die Variable „Wochentag" nicht die Ausprägung „Samstag".

✋ Ursachenforschung

Wird eine Ausprägung erwartet, aber nicht angezeigt, so gibt es dafür mehrere Erklärungen, die jeweils zu prüfen wären:

- Die untersuchte Variable enthält *grundsätzlich nicht* die Ausprägung „Samstag". Damit kann z.b. *theoretisch* gemeint sein, dass eine Woche keinen Samstag enthält. Allerdings kann zumindest in den meisten Kulturkreisen davon ausgegangen werden, dass eine Woche in ihrer üblichen Bedeutung einen Samstag enthält. Diese Erklärung kommt in diesem Beispiel vermutlich nicht in Betracht.

- Die untersuchte Variable *enthält* die Ausprägung „Samstag" (auch, weil eine Woche einen Samstag enthält); sie wurde aber fehlerhaft kodiert, und sie ist z.b. versehentlich einer anderen Ausprägung zugewiesen. Dies ist oft leicht daran zu erkennen, dass z.B. eine andere Ausprägung doppelt so viele Ausprägungen enthält. In unserem Fall weist keine andere Ausprägung doppelt so viele Ausprägungen auf. Diese Erklärung kommt also in unserem Beispiel nicht in Betracht.

- Die untersuchte Variable *sollte* die Ausprägung „Samstag" enthalten, weil (a) davon ausgegangen wird, dass eine Woche einen Samstag enthält, und (b), weil alle anderen Daten der betroffenen Fälle im Datensatz vorliegen. Diese dritte Möglichkeit *kann (aber nicht ausschließlich)* daran erkannt werden, dass z.B. unter „Fehlend System" eine entsprechende Anzahl an fehlenden Werten im Datensatz angezeigt wird. Falls die Fälle mit der Ausprägung „Samstag" komplett fehlen, werden auch unter „Fehlend System" keine fehlenden Werte angezeigt.

216 Deskriptive Statistik

> Eine weitere Möglichkeit ist, dass die Variable in der Häufigkeitstabelle gar keine aktuelle Variable ist, sondern z.B. aus einem veralteten, womöglich noch unvollständigen Datensatz stammt. In diesem Fall wären die Datenlage gründlich zu prüfen und gegebenenfalls der aktuelle Datensatz zu wählen.

Wie wäre nun eine Häufigkeitstabelle zu interpretieren, wenn sie Missings enthielte und das Fehlen dieser Missings legitim wäre? Im Beispiel enthält die Variable „Wochentag" nicht die Ausprägung „Samstag".

		Wochentag			
		Häufigkeit	Prozent	Gültige Prozente	Kumulierte Prozente
Gültig	Montag	53	14,5	16,9	16,9
	Dienstag	52	14,2	16,6	33,5
	Mittwoch	52	14,2	16,6	50,2
	Donnerstag	52	14,2	16,6	66,8
	Freitag	52	14,2	16,6	83,4
	Sonntag	52	14,2	16,6	100,0
	Gesamt	313	85,8	100,0	
Fehlend	System	52	14,2		
Gesamt		365	100,0		

> ✍ „Fehlend": Der kleine Unterschied
>
> Im Vergleich mit der Tabelle aus Abschnitt 5.3.1 werden aufmerksame Leser feststellen, dass das komplette Fehlen einer Ausprägung mehrere Unterschiede nach sich zieht:
>
> ▪ Die Ausprägung „Samstag" von „Wochentag" fehlt vollständig. Die Parameter „Häufigkeit", „Prozent", „Gültige Prozente" sowie „Kumulierte Prozente" von „Samstag" fehlen ebenfalls.
>
> ▪ Falls die Fälle in einer Datenzeile nur teilweise Lücken haben, z.B. in der Ausprägung „Samstag", so wird das Feld „Fehlend System" ausgegeben und die Anzahl der fehlenden Fälle mit fehlenden Ausprägungen in „Wochentag" angezeigt. Der Wert 52 zeigt an, dass bei 52 Fällen keine Werte in der Variablen „Wo-

chentag" vorliegen (die wiederum in „Samstag" fehlen…). Aus der Anzahl von fehlenden Werten kann oft, aber nicht immer auf ihren Ursprung geschlossen werden; es ist nicht immer so unkompliziert wie in diesem Beispiel. Wir *wissen* ja, dass die Variable „Wochentag" keine Ausprägung „Samstag" enthält. Die Situation wäre eine komplett andere, wenn uns diese Information nicht zur Verfügung stünde….

▪ **Achtung (1)!** Wird das Feld „Fehlend System" angezeigt, so wird i. Allg. angenommen, dass das System das Vorhandensein von Missings feststellen konnte. Dies gilt jedoch nicht uneingeschränkt. Falls die Fälle (z.B. mit der Ausprägung „Samstag") *komplett* fehlen, also als ganze Zeile im Datensatz fehlen, wird das Feld „Fehlend System" nicht ausgegeben und der Anwender *nicht* darauf hingewiesen, dass Datenzeilen vollständig fehlen. Die folgende Tabelle veranschaulicht: Fehlen die Datenzeilen *komplett*, hat das System keinen Anlass darauf hinzuweisen, dass Daten fehlen.

		Wochentag			
		Häufigkeit	Prozent	Gültige Prozente	Kumulierte Prozente
Gültig	Montag	53	16,9	16,9	16,9
	Dienstag	52	16,6	16,6	33,5
	Mittwoch	52	16,6	16,6	50,2
	Donnerstag	52	16,6	16,6	66,8
	Freitag	52	16,6	16,6	83,4
	Sonntag	52	16,6	16,6	100,0
	Gesamt	313	100,0	100,0	

Es ist also ein Unterschied, ob eine Datenzeile teilweise oder sogar ganz leer ist, z.B. in der Variablen „Wochentag" in der Ausprägung „Samstag". Im ersten Fall können Missings anhand der verbleibenden Einträge im Rest der Datenzeile ermittelt werden. Oder ob eine Datenzeile komplett leer ist (also z.B. neben den Einträgen in „Samstag" alle weiteren Einträge) *und* (vielleicht aus diesem Grund) *fehlt*. In diesem Fall hat die Software keinen Anhaltspunkt, Missings ermitteln zu können.

■ Tabellen für Variablen ohne und mit Missings unterscheiden sich neben dem Feld „Fehlend System" und „Gesamt" in den Spalten „Prozent" und „Gültige Prozente". Der Unterschied in der Berechnung der Werte in beiden Spalten ist die Datenbasis. Die Spalte „Prozent" basiert auf der Menge aller Datenzeilen, also aller Fälle *einschließlich* Missings (N=365), die Spalte „Gültige Prozente" basiert dagegen nur auf der Menge aller Zeilen mit einer Ausprägung in der Variablen „Wochentag" (N=313). Die Ausprägung „Montag" (N=53) ergibt, dividiert durch 365 und multipliziert mit 100, 14,5 % (vgl. „Prozent"); dividiert durch 313 und multipliziert mit 100 ergibt 16,9 % (vgl. „Gültige Prozente"). Im Falle fehlender Werte sehen sich Anwender also mit der besonderen Herausforderung konfrontiert, für sich festzulegen, was denn der richtige Divisor bei der Ermittlung der Prozentanteile ist: *365* (als Anzahl der theoretisch möglichen Fälle, vgl. „Prozent") oder *313* (Anzahl der gültigen Fälle, vgl. „Gültige Prozente").

■ **Achtung (2)!** Fehlende Werte (Missings) können zu einem Verwechseln von theoretischem Maximum (Anzahl der Zeilen) mit der Anzahl der gültigen Werte (Schendera, 2007, 129ff.) verführen. Der Fehler kann zwei Gesichter annehmen: (i.) Wenn durch die Anzahl der theoretisch möglichen Fälle dividiert, jedoch als *Mittelwert* auf der Basis gültigen Fälle *interpretiert* wird. (ii.) Wenn durch die Anzahl der gültigen Fälle dividiert, jedoch als *Mittelwert* auf der Basis aller theoretisch möglichen Fälle *interpretiert* wird (vgl. Schendera, 2012, 32ff.).

👣 Schritt für Schritt: Lesen einer Häufigkeitstabelle

Beim Lesen einer Häufigkeitstabelle wird folgender Dreischritt empfohlen:

■ Prüfen, ob die korrekte Variable wiedergegeben wurde.
■ Prüfen, ob das Feld „Fehlend System" möglicherweise auf fehlenden Werte hinweist.
■ Anhand des Feldes „Gesamt" prüfen, ob die Gesamtzahl aller Fälle plausibel ist. Dieser Schritt dient also dazu, auszuschließen, dass ein *fehlender* Hinweis „Fehlend System" möglicherweise irreführend ist.

5.2.4 Metrische Variablen: 1×klassiert (Mittelwerttabellen)

Tabellen können auch die deskriptiven Statistiken von Variablen auf metrischem Skalenniveau (oder höher) wiedergeben. Die Tabellenstruktur wird durch die verwendete klassierende Variable und durch die Anordnung der angeforderten Statistiken festgelegt. Ob dabei die Parameter zeilen- oder spaltenweise angeordnet sind, hat keinen Einfluss auf ihre Ermittlung, eventuell auf die Lesbarkeit der Information, und damit ihre Vermittelbarkeit. Falls erforderlich, kann die Sortierung der Klassifikationsvariablen mittels der Tipps aus 5.2.2 angepasst werden.

Als erstes Beispiel wird eine klassische Mittelwerttabelle vorgestellt, darin sind die Werte einer metrischen Variablen („Tore") gruppiert nach *einer* Kategorialvariablen („Verband", daraus die Verbände UEFA (Europa) und CONMEBOL (Südamerika)) und z.B. in Form von Mittelwert aggregiert. Wegen dieser einzelnen Kategorialvariablen handelt sich also um eine 1×klassierte Tabelle.

	Verband	
	CONMEBOL	UEFA
	Mittelwert	Mittelwert
Tore	5,67	4,77

Dieses Beispiel zeigt, dass es sich trotz *zweier* Variablen um eine 1×klassierte Tabelle handelt. Die Werte der Variablen TORE werden nach *einer* Klassifikationsvariablen, nach VERBAND, gruppiert (und als Mittelwert zusammengefasst). Würden die Werte der Variablen TORE neben VERBAND noch mittels einer *zweiten* Klassifikationsvariable unterteilt, würde eine 2×klassierte Tabelle entstehen. Die Tabelle zeigt, dass von Teams des CONMEBOL-Verbands (Südamerika) im Durchschnitt Tore 5,7 erzielt wurden, also aufgerundet im Durchschnitt 1 Tor mehr als von den UEFA-(Europa)-Teams. *Nur aus Platzgründen* wurde auf die Angabe weiterer hilfreicher Information verzichtet, z.B. N und Standardabweichung. Von den fünf FIFA-Verbänden wurden nur die beiden Verbände mit den meisten an der WM 2014 teilnehmenden Teams in die Tabelle (UEFA und CONMEBOL) aufgenommen. Der OFC war 2014 nicht vertreten.

Darstellung mehrerer Variablen: *Multivariat*

In 1×klassierten *multivariaten* Tabellen werden mehrere Variablen dargestellt, je nach Ausrichtung der Tabelle nur in Spalten oder nur in Zeilen. Im nächsten Beispiel werden z.B. die Werte der Variablen TORE und PUNKTE *gleichzeitig* nach nur *einer* Klassifikationsvariablen (nach VERBAND) gruppiert und als Mittelwert zusammengefasst.

	Verband	
	CONMEBOL	UEFA
	Mittelwert	Mittelwert
Tore	5,67	4,77
Punkte	6,83	4,46

Außer in der Anzahl und Anordnung von Variablen besteht kein Unterschied in den bereits erläuterten Grundlagen (z.B. Struktur, Ausrichtung, Statistik usw.) und Besonderheiten (z.B. Ranginformation, Interpretation von Missings usw.). Die Erzeugung von multivariat-1×klassierten Tabellen geht nach demselben Prinzip vor. Nur bei der Interpretation von Zeilen- und Spaltenprozenten sollte die Basis, also das 100%-Problem, berücksichtigt werden. Das sog. 100%-Problem wird am Ende von 5.4.3 auch mittels Visualisierungen erläutert.

Die Menüs für das Anfordern 1×klassierten Tabellen mit SAS EG und IBM SPSS Menüs sind in Abschnitt 5.1.2 zusammengestellt. Hier nochmals kurz die infrage kommenden Prozeduren für das Erzeugen 1×klassierter Tabellen:

- **SAS**: PROC FREQ, PROC MEANS, PROC TABULATE
- **SPSS**: FREQUENCIES, MEANS, SUMMARY, CTABLES

Abschnitt 5.3 wird das Anfordern einer Kreuztabelle in SPSS veranschaulichen. Es wird nun auf höher klassierte Tabellen übergegangen.

5.3 Höher klassierte Tabellen und mehr

Der Unterschied zwischen 2×- und 1×klassierten Tabellen ist, dass nun *zwei* Kategorialvariablen die Dimensionen öffnen. Kategorialvariablen kommen nicht *entweder* nur in Spalten *oder* nur in Zeilen vor, sondern in Spalten *und* Zeilen gleichzeitig, erzeugen also eine Verschachtelung. Zwei nur neben- bzw. untereinander angeordnete Kategorialvariablen sind also nicht gemeint; auf diese Weise können sie z.b. keine Kreuztabelle erzeugen.

> ▶ Definition: 2×klassiert
>
> In 2×klassierten Tabellen werden Zeilen einer ersten Klassifikationsvariablen gemäß den Ausprägungen einer *zweiten* Klassifikationsvariablen klassiert (vgl. 5.3.1). Ein typisches Beispiel sind Kreuztabellen. 2×klassiert kann *auch* bedeuten, dass eine *dritte* Variable (z.b. auf metrischem Skalenniveau) gemäß den Ausprägungen *zweier* Klassifikationsvariablen gleichzeitig *gruppiert* wiedergegeben wird (vgl. 5.3.2).

5.3.1 Eine Kreuztabelle: Zwei Kategorialvariablen

Eine Kreuztabelle (crossbreak, crosstab, crosstabulation, contingency table) liegt dann vor, wenn zwei diskret skalierte Variablen gemeinsam eine Tabelle bilden. Die Ausprägungen beider Variablen (z.B. 2×2) ergeben miteinander multipliziert die Anzahl der *theoretisch* möglichen Zellen (z.B. 4). Theoretisch möglich heißt, dass nicht jede Zelle in der Praxis auch empirisch möglich ist oder dass sie tatsächlich Fälle enthalten muss. Jede (auch leere) Zelle der Tabelle berichtet dabei, (z.B.) wie viele Fälle für die betreffende Kombination von Zeilen- und Spaltenvariable vorliegen.

> 🖐 Um einem Missverständnis vorzubeugen
>
> Eine Kreuztabelle ist auch für Variablen auf Intervallskalenniveau (oder höher) möglich und zulässig. Je nach Anzahl der Ausprägungen dieser Variablen und der Menge der besetzten bzw. leeren Zellen ist es jedoch auch eine Frage, ob dies u.a. inhaltlich oder statistisch *sinnvoll* ist. Die Kategorialvariable „Wochentag" (vgl. 5.2.1) hat z.B. 7 Ausprägungen. Würde sie z.B. mit einer Variablen „Stunde" (mit 24 Ausprägungen) kreuztabelliert, so erzeugen beide Variablen zusammen eine Gitterstruktur

mit insgesamt 7×24=168 vorerst leeren Zellen. Alle Zellen zu befüllen ist in der Praxis nicht selbstverständlich. Und kann z.b. bei kategorialen Prädiktoren in bestimmten inferenzstatistischen Verfahren ggf. ein Problem darstellen, z.b. der Multinomialen Regression (vgl. Schendera, 2014²).

Die Kreuz- oder auch Kontingenztabelle ist in ihrer Grundform eine Gitterstruktur, die an den Schnittpunkten (Messwertpaaren) der Zeilen- und Spaltenvariablen die ermittelten Häufigkeiten und Prozentanteile wiedergibt.

Werden z.b. zwei Klassifikationsvariablen A und B mit je zwei Ausprägungen miteinander verschachtelt, so bilden sie mit ihren 2 × 2 Ausprägungen eine Kreuztabelle mit *vier* Zellen.

	B	
A	A_1B_1	A_1B_2
	A_2B_1	A_2B_2

Die Fälle in der ersten Ausprägung (Gruppe) von A (A_1) werden z.b. anhand der ersten Ausprägung von B (B_1) in A_1B_1, und der zweiten Ausprägung von B (B_2) in A_1B_2 unterteilt. Entsprechendes geschieht mit der zweiten Ausprägung (Gruppe) von A (A_2). Die Fälle in A_2 werden anhand von B_1 in A_2B_1 und B_2 in A_2B_2 unterteilt. Auf diese Weise bilden zwei Klassifikationsvariablen mit je *zwei* Ausprägungen eine Kreuztabelle mit *vier* Zellen.

🐾 Beispiel: Anfordern einer Kreuztabelle in SPSS

SPSS Pfad: Analysieren → Deskriptive Statistiken → Kreuztabellen...

Legen Sie fest, ob Sie die Tabelle im Hoch- oder im Querformat benötigen. Hat eine Variable mehr Ausprägungen als die andere, verwenden Sie sie für Hochformat in „Zeilen" und für Querformat in „Spalten". Aufgrund des Buchformats entscheiden wir uns für das Hochformat. Ziehen Sie als Variable, deren Werte die Zeilen der Tabelle definieren sollen, SIEGE in das Feld „Zeilen". Ziehen Sie die Variable, deren Werte die Spalten der Tabelle definieren sollen, in das Feld „Spalten" (z.B. VERBAND). *Unterfenster „Zellen..."*: Klicken Sie „Beobachtet" unter „Häufigkeiten" und unter „Prozentwerte" „Zeilenweise", „Spaltenweise" und „Gesamt" an. Klicken Sie auf „Weiter". *Unterfenster „Format..."*: Klicken Sie auf „Aufsteigend". Klicken Sie auf „Weiter". Klicken Sie auf „OK".

Für das Auge: Tabellen und Grafiken 223

Kreuztabelle Siege*Verband					
			Verband		Gesamt-summe
			CONME-BOL	UEFA	
Siege	0	Anzahl	0	3	3
		% in Siege	0,0%	100,0%	100,0%
		% in Verband	0,0%	23,1%	15,8%
		% des Gesamtergebnisses	0,0%	15,8%	15,8%
	1	Anzahl	1	5	6
		% in Siege	16,7%	83,3%	100,0%
		% in Verband	16,7%	38,5%	31,6%
		% des Gesamtergebnisses	5,3%	26,3%	31,6%
	2	Anzahl	3	3	6
		% in Siege	50,0%	50,0%	100,0%
		% in Verband	50,0%	23,1%	31,6%
		% des Gesamtergebnisses	15,8%	15,8%	31,6%
	3	Anzahl	2	2	4
		% in Siege	50,0%	50,0%	100,0%
		% in Verband	33,3%	15,4%	21,1%
		% des Gesamtergebnisses	10,5%	10,5%	21,1%
Gesamtsumme		Anzahl	6	13	19
		% in Siege	31,6%	68,4%	100,0%
		% in Verband	100,0%	100,0%	100,0%
		% des Gesamtergebnisses	31,6%	68,4%	100,0%

Erläuterung der Struktur einer Kreuztabelle

Die Kreuztabelle gibt die Anzahl der Siege von europäischen (UEFA) und südamerikanischen (CONMEBOL) Teams wieder. Die Anzahl der Siege ist links abgetragen und reicht von 0 bis maximal 3 Siegen. Die Variable SIEGE definiert damit die *Zeilen* der Tabelle. Die Verbandszugehörigkeit (UEFA, CONMEBOL) ist oben angegeben. Die nebeneinander angeordneten Ausprägungen der Variablen VERBAND definieren damit die *Spalten* der Tabelle. Die Zeilen- und Spaltenvariablen definieren, neben der Dimensionalität, die *Ausrichtung* einer Tabelle. Beim Lesen der Gitterstruktur sind u.U. auch die Aspekte Ranginformation, Sortierung und Lücken zu berücksichtigen. Bei der Modellierung von Kausalität mittels Kategorialvariablen ist für manche Assoziationsmaße relevant, ob die (un-)abhängige Variable als Zeilen- oder Spaltenvariable verwendet wurde.

Erläuterung des „Lesens" einer Kreuztabelle (vgl. 5.3.1)

- **Der erste Blick geht auf Spalten- und Zeilenvariablen der Tabelle.** Dieser Blick prüft, ob die richtigen Variablen verwendet wurden und ob die Tabelle korrekt ausgerichtet ist.
- **Der zweite Blick geht auf die Zelle unten rechts.** Dieser Blick prüft, ob die Datenbasis insgesamt korrekt ist. Diese Zelle zeigt an, dass die Tabelle insgesamt 19 Fälle enthält. Diese Datenbasis stellt gleichzeitig 100 % der Fälle.
- **Der dritte Blick geht auf die Spalten bzw. Zeilen „Gesamtsumme":** Dieser Blick prüft *links* bzw. *oben* einerseits die angezeigten Ausprägungen (u.a. auf Korrektheit, Vollständigkeit/Lücken, Sortierung usw.); andererseits können *rechts* bzw. *unten* die Häufigkeiten in den betreffenden Zeilen bzw. Spalten insgesamt abgelesen werden. Diese Häufigkeiten bilden die Basis für die Zeilen- und Spaltenprozente.
- **Der vierte Blick geht auf die Zellen der Tabelle:** Jede einzelne Zelle einer Kreuztabelle kann je nach Anforderung bis zu *vier* Informationen enthalten. Diese werden in einem eigenen Abschnitt ausführlich erläutert.

Erläuterung der Statistiken einer Kreuztabelle

Zweidimensionale Tabellen basieren auf denselben Statistiken wie eindimensionale Tabellen, nämlich Häufigkeit und Prozent. Häufigkeiten und Prozentwerte werden für die einzelnen Zellen ausgegeben, und auf Wunsch auch für die Zeilen und Spalten, sowie die Randsummen (die aufaddierten Zellen am linken und unteren Rand). Jede einzelne Zelle einer Kreuztabelle kann je nach Anforderung also bis zu vier Informationen enthalten:

- **Häufigkeit:** *Häufigkeit* am Schnittpunkt der betreffenden Zeilen- und Spaltenvariablen als Teilmenge des Total (N, „Gesamtergebnis"). Gut geeignet zum Vergleich verschiedener Zellen innerhalb einer Tabelle (bei gleichem Total auch mit anderen Tabellen).

Beispiel: Vom Messwertpaar SIEGE=„0" und VERBAND= „UEFA" gibt es z.B. insgesamt N=3 Fälle.

- **Zellenprozent**: Prozentanteil des *h* bezogen auf das Total (N). Alle Zellenprozentwerte addieren sich zu 100 auf. Gut geeignet zum Vergleich verschiedener Zellen, auch anderer, unterschiedlich großer Tabellen.

Beispiel: Das N=3 des Messwertpaars SIEGE=„0" und VERBAND=„UEFA" entspricht einem Anteil von 15,8 % an allen vorhandenen Messwertpaaren (N=19).

- **Zeilenprozent**: Prozentanteil des *h* bezogen auf das N in der betreffenden *Zeile* der Tabelle. Alle Zeilenprozentwerte addieren sich innerhalb einer Zeile zu 100 auf. Gut geeignet zum Vergleich verschiedener Zeilen.

Beispiel: In der Zeile SIEGE=„0" entspricht das N=3 von VERBAND=„UEFA" einem Anteil von 100 % an allen vorhandenen Messwertpaaren. Das N=0 für „CONMEBOL" entspricht einem Anteil von 0 %. Beide Zeilenprozentwerte addieren zu 100 auf. Umgangssprachlich ausgedrückt lässt sich zusammenfassen, dass die Teams ohne Sieg ausschließlich der UEFA zugehören. Ein Vergleich verschiedener Zeilen ergibt für die Zeile SIEGE=„2", dass an den insgesamt N=6 Fällen CONMEBOL und UEFA jeweils zu 50 % einen Anteil daran haben. Diese Zahl ist so korrekt, berücksichtigt allerdings nicht die unterschiedlich große Basis beider Werte. Es wird noch das Spaltenprozent benötigt, um die Tatsache zu berücksichtigen, dass die UEFA-Gruppe mehr als doppelt so groß ist wie die CONMEBOL-Gruppe.

- **Spaltenprozent**: Prozentanteil des *h* bezogen auf das N in der betreffenden *Spalte* der Tabelle. Alle Spaltenprozentwerte addieren sich innerhalb einer Spalte zu 100 auf. Gut geeignet zum Vergleich verschiedener Spalten.

Beispiel: In der Spalte VERBAND=„CONMEBOL" entspricht das N=3 von VERBAND=„CONMEBOL" einem Anteil von 50 % an allen vorhandenen Messwertpaaren. Umgangssprachlich ausgedrückt lässt sich zusammenfassen, dass die Teams vom CONMEBOL in 50 % der Fälle 2 Siege erzielten (im Vergleich dazu die UEFA-Teams nur zu 23,1 % der Fälle). Analog zu den

Zeilenprozentwerten addieren sich die Spaltenprozentwerte von oben nach unten zu 100 auf.

Der Spaltenprozentwert lässt die Zellhäufigkeit v.a. beim UEFA-Team wegen der Berücksichtigung einer anderen Basis in einem anderen Licht erscheinen als der Zeilenprozentwert. Von daher ist bei ungleich großen Zeilen-/Spaltenbasen empfehlenswert, zur Beurteilung von Zellhäufigkeiten immer auch Spalten- und Zeilenprozentwerte einzubeziehen. Ein weiteres Element einer Tabelle sind die Randsummen und -prozente.

- **Randsummen und -prozente („Gesamtsumme")**: Die Randsummen und -prozente aggregieren wiederum die zeilen- und spaltenweise ausgegebenen Häufigkeiten und Prozente. Für die Zeile SIEGE=„2" addieren sich die je drei Siege der CONMEBOL- und UEFA-Teams zu N=6 auf. Teams mit zwei Siegen machen zu 100% den Anteil an Teams mit zwei Siegen aus (logisch), insgesamt aller Teams der Verbände 31,6% bzw. 31,6% aller Siege.

Kreuztabellen gelten als sehr nützlich, um Beziehungen zwischen Kategorialdaten zu identifizieren, u.a. vorausgesetzt, sie bestehen aus nicht zu vielen Zellen. Aber selbst in scheinbar einfachen Kreuztabellen lauert eine nicht zu unterschätzende Herausforderung, sobald deskriptive Statistiken vor dem Hintergrund eines Kausalmodells interpretiert werden: das Simpson-Paradox (Simpson, 1951).

> ✋ Hüte Dich vor dem Simpson
>
> Mit Bart Simpson hat dieses Paradoxon nichts zu tun. *Dieser* Simpson kann jedoch auch einige Irritation auslösen, weil er einfach das „Vorzeichen" von Ergebnissen umkehren kann, z.B. wenn Ergebnisse an *Teilmengen* der Daten (z.B. positiver Zusammenhang) sich bei der Analyse der *Gesamtmenge* in ihr Gegenteil (z.B. negativer Zusammenhang) verkehren. Das Simpson-Paradoxon wird durch einen (noch nicht) identifizierten Faktor (oder mehr) und einer (noch) unbekannten Ungleichverteilung dieses konfundierenden Faktors auf die zu vergleichenden Gruppen verursacht. Aufmerksamkeit erzielte dieses Paradoxon, als 1973 die University of California, Berkeley, verklagt wurde, weil Frauen anscheinend geringere

Chancen auf einen Studienplatz hätten als Männer. Eine Re-Analyse u.a. unter Berücksichtigung der *Bewerbung nach Fakultäten* förderte dagegen zutage, dass eher Männer diskriminiert wurden. Weitere Beispiele finden sich u.a. in Dubben & Beck-Bornholdt (2005). Das Simpson-Paradoxon ist ein methodisches Schwergewicht: Damit gehen Aspekte einher wie z.B. systematische Modellspezifikation, Konfundierung, Sampling sowie Gewichtung.

Das Simpson-Paradoxon ist häufig eine Herausforderung u.a. im Zusammenhang mit A/B-Tests. Empfohlene Maßnahmen sind u.a. Infragestellung der eigenen Erwartungshaltung (Identifizieren möglicherweise relevanter konfundierender Faktoren), entsprechend geplantes und geprüftes Sampling sowie systematische Vergleiche zwischen dem Ergebnis auf der Ebene der Gesamtmenge der Daten mit manifesten oder latenten Gruppen bzw. Clustern an Datenteilmengen. Viel davon ist also gekonnt angewandte deskriptive Statistik...

Bei *leeren* Zellen in Kreuztabellen wird unterschieden, ob es sich um Missings (Fehler), strukturelle Nullen („unmögliche" Ereigniskombinationen, z.B. schwangere Männer; nicht schätzbar) und Sampling Nullen (nicht gezogene Daten, schätzbar) handelt.

Erläuterung der Syntax einer SPSS Kreuztabelle

```
CROSSTABS
  /TABLES=SIEGE BY VERBAND
  /FORMAT= AVALUE TABLES
  /CELLS= COUNT ROW COLUMN TOTAL .
```

Anm.: CROSSTABS ruft die benötigte Prozedur auf. TABLES benennt die beiden Variablen, die kreuztabelliert werden sollen, hier z.B. SIEGE und VERBAND. Die Reihenfolge der Variablen in der TABLES-Anweisung bestimmt, welche Variable in der entstehenden Tabelle die Spalten oder die Zeilen definiert. Die Variable vor dem BY bestimmt die Zeilen, die Variable nach dem BY die Spalten. /FORMAT AVALUES TABLES bewirkt, dass die Ausprägungen der Variablen SIEGE und VERBAND in der ausgegebenen Kreuztabelle aufsteigend angeordnet werden; DVALUES TABLES würde eine absteigende Anzeige bewirken. Über /CELLS werden Struktur und Inhalt der Kreuztabelle festgelegt. COUNT ist voreingestellt und gibt die beobachteten Zellhäufigkeiten aus. ROW fordert zusätzlich die Zeilen-, COLUMN die Spaltenprozente, und TOTAL die zweidimensionalen Prozentwerte an. Mit EXPECTED bzw. RESID würden zusätzlich die erwarteten Häufigkeiten bzw. die Residuen ausgegeben werden.

Die Menüs für das Anfordern 2×klassierter Tabellen mit SAS EG und IBM SPSS Menüs sind in Abschnitt 5.1.2 zusammengestellt. Hier nochmals kurz die infrage kommenden Prozeduren für das Erzeugen 2×klassierter Tabellen:

- **SAS**: PROC FREQ, PROC MEANS, PROC TABULATE
- **SPSS**: FREQUENCIES, MEANS, SUMMARY, CTABLES, CROSSTABS

5.3.2 Ein weiteres Beispiel: Zwei intervallskalierte Variablen 2×klassiert

Kreuztabellen können in ihrer Gitterstruktur auch die deskriptiven Statistiken von metrisch skalierten Variablen (oder höher) wiedergeben.

> 💡 Tipp: Vorteil für das Heimteam
> Der Vorteil dieser höherdimensional-multivariaten Tabellen ist, dass sie es ermöglichen, die Information von Variablen völlig unterschiedlicher *Skalen* und *Einheiten* strukturiert wiederzugeben können. Je nachdem können Diagramme für diesen Zweck nur eingeschränkt brauchbar sein.

Als Beispiel werden Mittelwert und Anzahl für *zwei* metrisch skalierte Variablen („Tore", „Punkte") angefordert. Die deskriptive Statistik soll dabei durch die beiden diskret skalierten Variablen „Verband" und „Siege" (nur aus *Platzgründen* daraus die Ausprägungen „0" und „3") in Form einer Kreuztabelle strukturiert wiedergegeben werden. In Kreuztabellenform können also auch Mittelwerte oder auch Summen, Mediane usw. wiedergegeben werden. Wegen dieser beiden Kategorialvariablen handelt sich also um eine 2×klassierte Tabelle.

			Siege			
			0		3	
			Mittelwert	Anzahl	Mittelwert	Anzahl
Verband	AFC	Tore	2,25	4	.	0
		Punkte	,75	4	.	0
	CAF	Tore	1,00	1	.	0
		Punkte	,00	1	.	0
	CONCACAF	Tore	1,00	1	.	0
		Punkte	,00	1	.	0
	CONMEBOL	Tore	.	0	7,50	2
		Punkte	.	0	9,00	2
	UEFA	Tore	2,67	3	7,00	2
		Punkte	1,33	3	9,00	2

Die Tabellenstruktur wird durch die verwendeten Klassifikationsvariablen und durch die Anordnung der angeforderten Statistiken festgelegt. Ob die Parameter zeilen- oder spaltenweise angeordnet sind, hat keinen Einfluss auf ihre Berechnung, eventuell auf ihre Lesbarkeit (und damit die Vermittelbarkeit der Information). Falls erforderlich, kann die Sortierung der Klassifikationsvariablen mittels der Tipps aus 5.2.2 angepasst werden.

Die Werte der Variablen TORE und PUNKTE werden nach zwei Klassifikationsvariablen, nach VERBAND und SIEGE gruppiert, und in Mittelwert und Anzahl (N) zusammengefasst. Die berechneten Parameter sind in diesem Beispiel keine Messwert*paare*, sondern *-tripel*, also eine Funktion der strukturierenden einschließlich der jeweils analysierten Variablen. Die Tabelle zeigt u.a., dass CONMEBOL-Teams zweimal drei Siege in ihren Gruppen erzielten und dabei im Durchschnitt Tore 7,5 und 9,0 Punkte erzielten. Demgegenüber erzielten UEFA-Teams zwar ebenfalls zweimal drei Siege in ihren Gruppen, erzielten aber im Durchschnitt 9,0 Punkte bei einem Tor-Durchschnitt von 7,0. Das Leistungsspektrum siegloser Teams reicht dabei von einem Tor und 0 Punkten (vgl. CAF, Afrikanische Fußballkonföderation und CONCACAF, Nord- und Zentralamerikanische und Karibische Fußballkonföderation) bis zu den UEFA-Teams (N=3), die im Schnitt 2,67 Tore und 1,33 Punkte erzielten.

Nur aus Platzgründen wurde auf die Angabe weiterer Information verzichtet, z.b. der Standardabweichung oder der Kategorisierung nach ein und zwei Siegen. Noch höher klassierte Tabellen (z.B. 3×klassierte Tabellen) sind aus Sicht der deskriptiven Statistik nicht konzeptionell schwieriger, jedoch durch die umfangreichere Gitterstruktur ggf. aufwendiger zu lesen. Hier weiß sich der gewiefte Anwender jedoch mit (Fehler-)Balkendiagrammen, Mosaik-Plots oder Heatmaps zu helfen. Wie, wird das nächste Kapitel zeigen.

5.4 Grafiken: Kommunikation über das Auge

> „Ja, mit diesem Schaubild kann ich überhaupt nichts anfangen, dat war ein Künstler, der das zusammengestellt hat."
> Christoph Daum

Das menschliche Auge verarbeitet Bilder besser als Zahlen oder Texte; entsprechend wird sich an die visualisierte Information auch besser erinnert: Eine gelungene Grafik sagt mehr als tausend Worte. Das Ziel von Visualisierungen ist also, mathematisch-statistische Ergebnisse so umzusetzen, dass ihre Information regelrecht „ins Auge des Betrachters" springt. Präsentierende berücksichtigen dabei, dass die Erwartungshaltung des Betrachters hypothesengeleitet dessen Wahrnehmung lenkt und subjektiv Wichtiges besonders fokussiert. Gelungene Grafiken sind sozusagen gekonnte Kommunikation auch der deskriptiven Statistik über das Auge.

Die folgenden Abschnitte fokussieren die Eignung von Grafiken für bestimmte Aussagen. Für Anwender stellt sich zuallererst die Frage, welche *relevante* Information ihrer deskriptiver Statistik sie vermitteln möchten. Erst dann legen sie fest, welchen Grafiktyp sie dafür verwenden möchten und wie sie diese ggf. designen möchten. Die vorgestellten Anwendungen sind:

- Wiedergabe von Datenpunkten (einzelne Werten *einer* Variablen; vgl. 5.4.2),
- Wiedergabe von zusammengefassten Werten *einer* Variablen; vgl. 5.4.3), gruppiert nach einer zweiten Variablen (aggregierte-nichtgruppierte Varianten werden aus Platzgründen nicht behandelt),

- Wiedergabe von Messwertpaaren (Messwertpaare *zweier* Variablen, z.B. eines Streudiagramms; vgl. 5.4.4),
- Aggregierung und Gruppierung *zweier* Variablen sowie andere Fälle (vgl. 5.4.5).

> **Abklärungen vor dem Erstellen einer Grafik**
> Vor dem Erzeugen von einer Grafik wird empfohlen, folgende Abklärungen vorzunehmen:
> - Sind die Daten korrekt?
> - Wie viele Variablen möchte ich in einer Grafik abbilden? Was ist das Skalenniveau der Variablen?
> - Welche Aussage möchte ich wiedergeben?
> - Gibt es unternehmensinterne Templates oder Color Codes, die verwendet werden müssen?

Die folgenden Abschnitte führen Anwender anhand der gebräuchlichsten Diagrammtypen darin ein, welche Aussagen kommuniziert werden können und wo diese Diagramme ggf. gewisse Grenzen haben. Dieser Fokus ist darin begründet, dass es derart viele Diagrammtypen gibt, sodass sie sicher nicht alle vorgestellt werden können. Zielführender erscheint es stattdessen, tragfähige Grundlagen zu vermitteln, die befähigen, auch vorerst noch fremde Diagrammtypen zu interpretieren und einzusetzen. Die Art der Visualisierung mag sich unterscheiden, die zugrunde liegende deskriptive Statistik bleibt jedoch dieselbe.

Jedes Beispiel in den Abschnitten nach dem Crashkurs ist in drei Punkte unterteilt: Grafiktyp (z.B. Heatmap), zentrale Aussage (z.B. „Zeige die Zusammenhänge zwischen zwei Variablen") und ein kurzer Hintergrund. Die wiedergegebenen Diagramme wurden ausschließlich mit SAS 9.4 erzeugt.

5.4.1 Crashkurs und Dos and Don'ts

Zu den am häufigsten eingesetzten Grafiktypen gehören (vgl. Schendera, 2004, Kap. 23.2):

Balkendiagramm

- **Steckbrief**: Diagramm, in dem die Höhe/Länge der Balken den Werten entspricht, die sie repräsentieren. Ein Balkendiagramm gibt für jeden einzelnen Wert einen Balken aus. Balkendiagramme gibt es in zahlreichen Designs.
- **Beispiel**: Anzahl von Schüssen aufs gegnerische Tor.

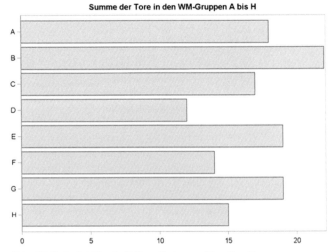

Abb. 16: Beispiel für ein Balkendiagramm (Bar Chart)

- **Pro/Contra**: Gebräuchlichster Typ. Gut zum Vergleich von Werten. Schlecht bei zu vielen Balken. Ein extrem hoher Balken reicht aus, um sehr niedrige Balken regelrecht „unsichtbar" zu machen. Die Gruppen-Variable (im Bild) auf der y-Achse ist wichtig: Datenlücken und fehlende Sortierung können die Lesbarkeit des Diagramms beeinträchtigen.

Für das Auge: Tabellen und Grafiken 233

Kreisdiagramm

- **Steckbrief**: Gibt die Teile eines Ganzen wieder. Die Häufigkeiten oder Prozentanteile werden durch eine Aufteilung eines Kreises in entsprechende Segmente wiedergegeben, wobei der ganze Kreis dem Total bzw. bzw. 100 % entspricht.
- **Beispiel**: Anteil am Ballbesitz über die Spielzeit hinweg.

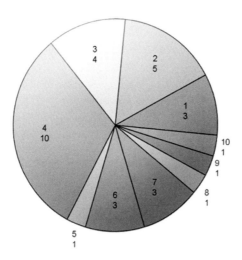

Abb. 17: Beispiel für ein Kreisdiagramm (Pie Chart)

- **Pro/Contra**: Gut für Vergleiche (u.a. zwischen Segmenten oder zwischen Gruppen). Unbrauchbar bei zu vielen verschiedenen Werten, ungeschickt gewählten Farben oder einem extrem großen Wert.

Streudiagramm

- **Steckbrief**: Bildet dabei die Wertepaare zweier Variablen in einem gemeinsamen Koordinatensystem ab.
- **Beispiel**: Beziehung zwischen Schussversuchen und erzielten Toren.

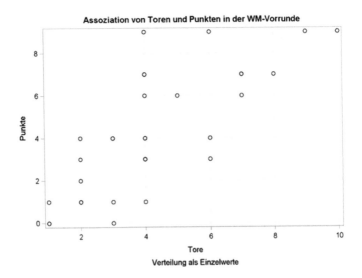

Abb. 18: Beispiel für ein Streudiagramm (Scatter-Plot)

- **Pro/Contra**: Erlaubt die Beziehung zwischen zwei Variablen visuell zu kommunizieren. Treppenartige Muster sind ein Hinweis darauf, dass mindestens eine der beiden Variablen nicht intervallskaliert ist. Bei zuvielen Wertepaaren sind (nicht-)lineare Assoziationen nicht mehr per Augenschein erkennbar.

Histogramm

- **Steckbrief**: Gibt die Werte einer Variablen *ähnlich* wie ein Balkendiagramm wieder. Im Unterschied zum Balkendiagramm fasst ein Histogramm beieinanderliegende Werte in eine sog. Klasse (Bin) zusammen. Mit zunehmender Anzahl der Werte in dieser Klasse steigt auch die Höhe des dazugehörigen Balkens an.
- **Beispiel**: Zuschauerzahlen über die komplette Spielzeit hinweg.

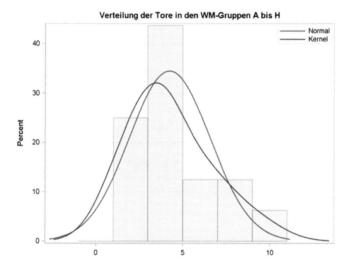

Abb. 19: Beispiel für ein Histogramm

- **Pro/Contra**: Erlaubt die Verdichtung zahlreicher Einzelausprägung einer Variablen in wenige Balken. Ein extrem hoher Balken reicht aus, um sehr niedrige Balken „unsichtbar" zu machen. Die gewählte Breite der Klasse beeinflusst auch die Interpretation.

Liniendiagramm

- **Steckbrief**: Wiedergabe der Werte einer ersten Variablen auf der y-Achse, gruppiert nach den Werten einer zweiten Variablen auf der x-Achse. Der Variablentyp auf der x-Achse und die Sortierung seiner Werte bestimmt die Abfolge der y-Werte.
- **Beispiel**: Uhrzeit einer WM-Live-Übertragung und städtischer Wasserverbrauch (einen Gruß an die Berliner Wasserwerke).

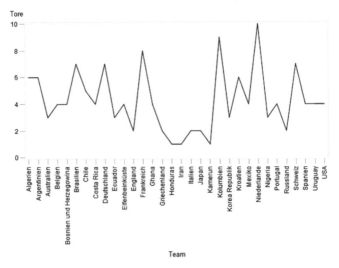

Abb. 20: Beispiel für ein Liniendiagramm (Line-Plot)

- **Pro/Contra**: Kategorialvariablen auf der x-Achse ermöglichen den Vergleich zahlreicher y-Werte, Datumsvariablen auch Analysen auf Tendenzen über die Zeit. Brauchbarkeit durch Daten und Sortierung u.U. eingeschränkt (Lücken, Unregelmäßigkeit, Extremwerte).

Box-Plot

- **Steckbrief**: Diagramm basierend auf Median und Quartilen. Oft sind auch Mittelwert, Whisker und ggf. Ausreißer eingezeichnet. Die Box wird z.B. durch das I. und III. Quartil begrenzt und deckt somit 50 % der Werte ab.
- **Beispiel**: Zuschauerzahlen an einem beliebigen Spieltag.

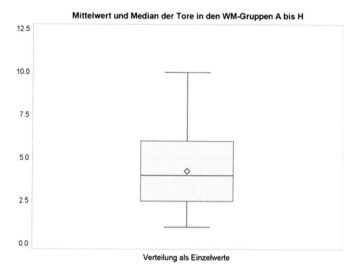

Abb. 21: Beispiel für einen Box-Plot

Pro/Contra: Gut geeignet für das differenzierte Beschreiben von Streuungen. Für die vergleichende Wiedergabe von weniger Information ggf. *zu* informativ.

Kacheldiagramm

- **Steckbrief:** Größe der Flächen entspricht den Werten, die sie repräsentieren (z.B. Mosaik-Plot). Ein zusätzlicher Farbkode kann die Werte einer weiteren Variablen ausdrücken.
- **Beispiel:** Visualisierung der Häufigkeit von Positionen während eines Fußballspiels (Variante Heatmap).

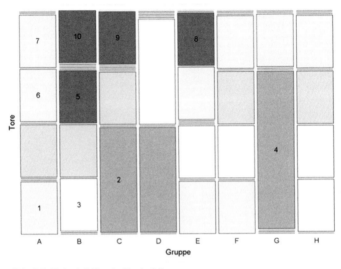

Abb. 22: Beispiel für ein Kacheldiagramm

- **Pro/Contra:** Gut geeignet zum Visualisieren von Kategorialdaten, z.B. der Häufigkeiten von Kontingenztabellen (Mosaik-Plots; statistisch verwandte Plots sind Assoziations-, Doubledecker- und Sieve-Plots). Gut geeignet zum Visualisieren bestimmter Wertebereiche, z.B. Höhe von Korrelationen oder Assoziationen (Heatmaps). Kacheldiagramme sind nicht geeignet bei sehr vielen Kacheln oder mit einer extrem großen Kachel. Das menschliche Auge kann Kacheln verschiedener Formen u.U. als unterschiedlich groß fehlwahrnehmen, auch wenn sie dieselbe Fläche und damit denselben Wert repräsentieren.

Dieselben Grafiken können z.B. horizontal oder vertikal ausgerichtet sein, oft 2D oder 3D sein, übereinandergelegt oder nach einer Gruppenvariablen zeilen- oder spaltenweise in sog. Panels aufgeteilt werden. Verschiedene Grafik(typ)en können z.B. zu sog. Matrizen zusammengesetzt werden. Die Menüsteuerung ist i. Allg. eingeschränkt; Grafiken können u.a. über Templates, Syntaxprogrammierung oder spezielle Annotate Sprachen anspruchsvoller design werden, z.T. pixelgenau (vgl. auch Schendera, 2004, Kap. 23); abgesehen davon können Diagramme auch animiert oder interaktiv sein.

✋ Dos and Don'ts

Das Designen von Grafiken ist in weiten Teilen eine Frage des persönlichen Geschmacks. Es gibt hervorragende Literatur zu diesem Thema (vgl. 5.4.5), der kaum mehr etwas hinzuzufügen ist. Die Empfehlungen beschränken sich auf das Nötigste:

Dos

- Legen Sie Ihre Kernaussage fest. Was ist Ihre „Story"? Ihr relevantes Ergebnis? Beschränken Sie sich auf Ihre Kernaussage.
- „Weniger ist mehr"/„Keep it simple": Prüfen Sie, ob Ihre Grafik Ihr relevantes Ergebnis mühelos, klar und präzise kommuniziert.
- Entfernen Sie alles, was von dieser Kommunikation ablenkt, v.a. *Text*. Im Zen-Design ist *Weglassen* eine Kunst.
- Heben Sie Ihre Kernaussage farblich hervor, z.B. durch Ampelfarben, Vergrößerungen, Sortierungen usw.

Don'ts

- Fälschen Sie nicht Ihre Daten und Ergebnisse.
- Achsen sollten bei 0 beginnen, außer Sie haben dazu einen guten Grund.
- Bei Streu- oder Liniendiagrammen (v.a. im Zusammenhang mit der Modellierung von Kausalität) gilt als Konvention, dass die x-Achse die unabhängige, verursachende Variable abbildet, und die y-Achse die abhängige, beeinflusste Variable.
- Wenn mehrere Abbildungen vom selben Typ nebeneinander positioniert werden, dann sollten die y-Achsen

> jeweils im selben Wert beginnen und dieselbe Skalierung aufweisen.
> - Vermeiden Sie die Farben rot und grün; es gibt Personen mit Rot-Grün-Sehschwäche oder sogar -Blindheit.
> - Gehen Sie nicht davon aus, dass andere den Inhalt Ihrer Grafiken genauso wahrnehmen wie Sie. Testen Sie Ihre Grafiken vor der eigentlichen Präsentation.

Der nächste Abschnitt beginnt nun mit der Visualisierung von Datenpunkten.

5.4.2 Datenpunkte: Einzelne Werte (univariat)

Zweck: Wiedergabe der einzelnen Werte *einer* Variablen in geordneter Form. Die Werte können beobachtet (Rohdaten) oder selbst bereits Resultat von Aggregationen (z.B. Summenwerte) oder Transformationen (z.B. Assoziationswerte, p-Werte usw.) sein.

Mit Ausnahme des letzten Beispiels sind die Werte nicht gruppiert, z.B. nach einer zweiten Variablen oder nach Bins. Die Werte werden durch die Abbildung selbst nicht transformiert, sondern so wiedergegeben, wie sie sind („as is").

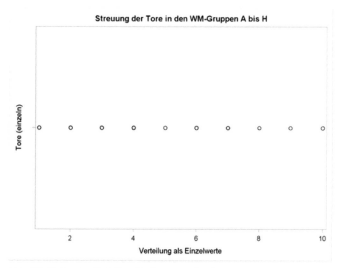

Abb. 23: Univariat: Dot-Plot für Datenpunkte bzw. -werte

Typ: Dot-Plot

- **Aussage**: Zeige die einzelnen Werte einer Variablen, so wie sie sind.
- **Hintergrund**: Die Darstellung „as is" ermöglicht in der Messwertreihe Range, Ausreißer und Lücken (bei entsprechender Skalierung) zu erkennen. Direkt übereinanderliegende Datenpunkte sind üblicherweise nicht erkennbar. Ein nachträglich eingefügtes Jittering könnte dem ggf. abhelfen.

242 Deskriptive Statistik

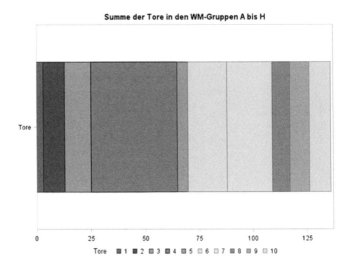

Abb. 24: Univariat: Bar Chart (Balkendiagramm) für Datenwerte (sortiert); Wert: Summe

Typ: Bar Chart / Balkendiagramm (gestapelt)

- **Aussage**: Sortiere und addiere die einzelnen Werte einer Variablen (Summe).
- **Hintergrund**: Die Werte aus der Messwertreihe addieren sich auf. Die Breite des Balkens und seiner Segmente resultiert aus der Summe der Werte der Messwertreihe. Der breiteste Balken entfällt auf 4 Tore; sie wurden insgesamt 10-mal erzielt (was einem Summenanteil von 40 Toren entspricht). Die 32 Teams erzielen während der WM-Vorrunde zusammen 136 Tore. Zur Veranschaulichung sind die unterschiedlichen Werte farblich hervorgehoben und nach ihrer Ausprägung gruppiert.

Für das Auge: Tabellen und Grafiken 243

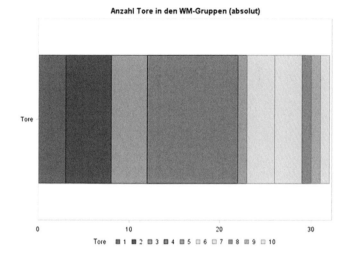

Abb. 25: Univariat: Bar Chart (Balkendiagramm) für Datenwerte (sortiert); Wert: Häufigkeit

Typ: Bar Chart / Balkendiagramm (gestapelt)

- **Aussage**: Zeige die Häufigkeit der einzelnen Werte einer Variablen.
- **Hintergrund**: Die Häufigkeit der Werte der Messwertreihe addiert sich kumulativ auf. Der breiteste Balken entfällt auf 4 Tore; sie wurden insgesamt 10-mal erzielt (was einem Häufigkeitsanteil von 31,3% entspricht). Die Breite des Balkens und seiner Segmente resultiert aus der Häufigkeit der Werte der Messwertreihe, hier z.B. 32.

244 Deskriptive Statistik

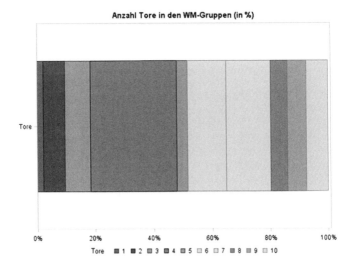

Abb. 26: Univariat: Bar Chart (Balkendiagramm) für Datenwerte (sortiert); Wert: Anteile (Prozent)

Typ: Bar Chart / Balkendiagramm (gestapelt)

- **Aussage**: Zeige den prozentualen Anteil der einzelnen Summen.
- **Hintergrund**: Der Balken ist auf 100% standardisiert. Die prozentualen Anteile der Summensegmente addieren sich zu 100% auf. Der breiteste Balken entfällt auf 4 Tore. Die 10-mal erzielten 4 Treffer erreichen als Summe von 40 einen Anteil von 29,4% an allen geschossenen Toren. Die einmal erreichten 10 Treffer eines einzelnen Teams erzielen demgegenüber nur einen Anteil von 7,4%.

 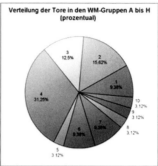

Abb. 27: Univariat: Pie Charts (Kreisdiagramme) für Datenwerte (sortiert); Werte: Häufigkeiten und Prozent

Typ: Pie Chart / Kreis-/Tortendiagramm

- **Aussage**: Zeige eine Teil-Ganzes-Relation.
- **Hintergrund**: Die Addition der Häufigkeiten bzw. Werte ist auf das Total bzw. 100% standardisiert. Die Breite der einzelnen Segmente ist durch das Total (links) bzw. die prozentualen Anteile der Werte (rechts) auf 100% begrenzt. Das Segment für die 4 Tore ist proportional viel breiter als das Segment für 10 Tore. Häufigkeiten und Prozente münden in dieselbe visuelle Aussage. Sind die Kreise zusätzlich in konzentrische Ringe unterteilt, werden die Diagramme auch als Ring- oder Donut-Diagramme bezeichnet.

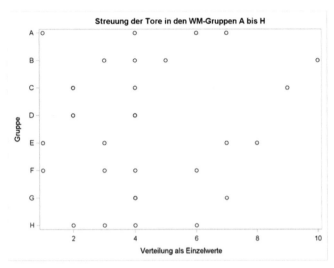

Abb. 28: Nach einer weiteren Variablen gruppiert:
Dot-Plot für Datenwerte

Typ: Dot-Plot, gruppiert

- **Aussage**: Zeige mir einzelne Werte, gruppiert nach einer zweiten Variablen (Gruppe).
- Hintergrund: Die gruppierte Darstellung lässt (In-)Homogenitäten in den jeweiligen Ausprägungen der gruppierenden Variablen erkennen. In Gruppe D fiel die Anzahl der Tore insgesamt niedrig aus, von 2 bis 4 Toren (vielleicht befanden sich ja die weltbesten Torhüter in dieser Gruppe). Die Leistung streute dagegen in Gruppe B deutlich stärker, von 3 bis 10 Toren.

5.4.3 Aggregierung und Gruppierung *einer* Variablen

Zweck: Aggregierung (z.B. als Mittelwert, Median, Summe oder Prozent) der einzelnen Werte *einer* Variablen und Gruppierung nach einer *zweiten* Variablen (Faktor, Bin) in geordneter Form. Die Werte sind nicht weiter transformiert.

Die ersten beiden Diagramme werden veranschaulichen, dass bei Summen der Übergang zwischen geordneten und gruppierten Einzelwerten fließend ist.

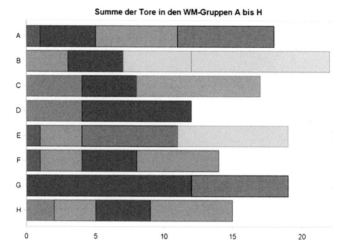

Abb. 29: Nach einer weiteren Variablen gruppiert: Bar Chart (Balkendiagramm) (gestapelt); Wert: Summe; mit Visualisierung der Einzelsummen

Typ: Bar Chart / Balkendiagramm (gestapelt), gruppiert, Summe

- **Aussage**: Zeige gruppierte Summen und ihre Zusammensetzung.
- **Hintergrund**: Die einzelnen Werte einer ersten Variablen (Tore) werden nach den Ausprägungen einer zweiten Variablen (Gruppe) gruppiert, innerhalb jeder Gruppe die Einzelwerte sortiert, zu einem homogen eingefärbten Segment addiert und dann wiederum zu einem Balken pro Gruppe aufaddiert. Die Einfärbung ermöglicht Vergleiche unterschiedlicher Werte innerhalb eines Balkens und gleicher Werte in verschiedenen Balkens. Je nach Grafikdesign sind *gleiche* Werte *innerhalb* eines Balkens nicht immer unterscheidbar (z.B. die 4er in Gruppe G).

248 Deskriptive Statistik

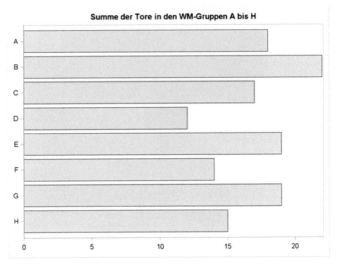

Abb. 30: Nach einer weiteren Variablen gruppiert: Bar Chart (Balkendiagramm); Wert: Summe

Typ: Bar Chart / Balkendiagramm, gruppiert, Summe

- **Aussage**: Zeige gruppierte Summen ohne ihre Zusammensetzung.
- **Hintergrund**: Zusammenfassung der Einzelwerte einer ersten Variablen (Tore) als Summe und Gruppierung nach den Ausprägungen einer zweiten Variablen (Gruppe). Die Länge der Balken entspricht der Summe der Einzelwerte (z.B. auch exakt der gestapelten Variante). Die homogene Einfärbung ermöglicht Vergleiche verschiedener Balken. In Gruppe B wurden insgesamt die meisten, in Gruppe D die wenigsten Tore erzielt.

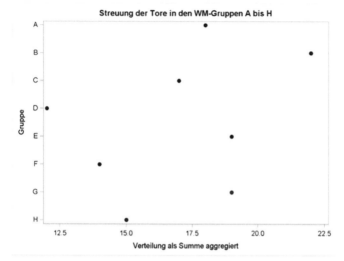

Abb. 31: Nach einer weiteren Variablen gruppiert: Dot-Plot für Datenwerte; Werte: Summen

Typ: Dot-Plot, gruppiert, Summe

- **Aussage**: Zeige die Zusammenfassung einzelner Werte, z.B. als Summe.
- **Hintergrund**: Zusammenfassung der Einzelwerte einer ersten Variablen (Tore) als Summe und Gruppierung nach den Ausprägungen einer zweiten Variablen (Gruppe). Die Position der Punkte entspricht der gewählten Aggregation der Einzelwerte (z.B. Summe). Die Darstellung als Punkte mag trotz derselben Information einfacher und differenzierter erscheinen als mittels großflächiger Balken. In Gruppe B wurden insgesamt die meisten, in Gruppe D die wenigsten Tore erzielt.

Bei der Interpretation von Grafiken ist darauf zu achten, ob die Achsen im Nullpunkt beginnen. Die x-Achse dieses Diagramms beginnt z.B. erst bei 12. Weil damit die gemeinsame Streuung *bis 12* ausgeblendet wird, werden im übrig bleibenden Bereich *ab 12* geringfügige Unterschiede betont.

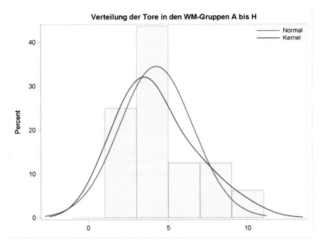

Abb. 32: Binning: Histogramm: Vereinfachte Visualisierung der Verteilung einer Variablen

Typ: Histogramm, in Bins gruppiert, zzgl. Schätzkurven

- **Aussage**: Zeige eine vereinfachte Verteilung einer Variablen.
- **Hintergrund**: Zusammenfassung der Einzelwerte einer Variablen (Tore) ähnlich wie beim Balkendiagramm. Im Unterschied dazu gibt ein Histogramm nicht für jeden einzelnen Wert einen Balken aus, sondern fasst beieinanderliegende Werte in eine sog. Klasse (Bin) zusammen. Die Höhe der Balken hängt u.a. von der Breite (im Beispiel: 2) dieser Klasse und dem Anfangspunkt der ersten Klasse ab: Mit zunehmender Breite steigt die Anzahl der Werte darin, und damit wiederum die Höhe der Balken. Die Höhe jedes Balkens gibt wie beim Balkendiagramm die (relative, absolute) Häufigkeitsdichte wieder. Die meisten Werte entfallen auf die Klasse von 4 und 5 Toren; der nächstniedrige Balken repräsentiert die Klasse von 2 und 3 Toren.

Histogramme werden zur vereinfachten Visualisierung von Verteilungen eingesetzt. Daher werden oft auch Schätzkurven eingezeichnet, um zu beurteilen, ob z.B. die Form der Verteilung der einer Normalverteilung folgt. Aufschlussreich sind Histogramme dann, wenn zwei Verteilungen übereinandergelegt werden. Ein späterer Abschnitt zeigt ein Beispiel für die bivariate Verteilung von Toren und Gegentoren an der WM 2014.

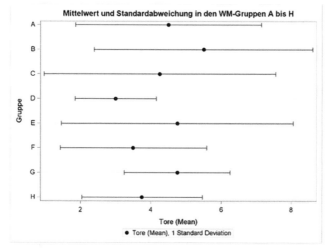

Abb. 33: Nach einer weiteren Variablen gruppiert: Dot-Plot / Fehlerbalkendiagramm: Weniger Statistiken für eine Variable

Typ: Dot-Plot / Fehlerbalkendiagramm, gruppiert, Mittelwert und Standardabweichung

- **Aussage**: Zeige *wenige*, ausgewählte Statistiken (z.B. Mittelwert und Standardabweichung) in gruppierter Form.
- **Hintergrund**: Die einzelnen Werte einer ersten Variablen (Tore) werden als Mittelwert und Standardabweichung zusammengefasst und nach den Ausprägungen einer zweiten Variablen (Gruppe) gruppiert. Ein Dot-Plot ermöglicht den Vergleich derselben Parameter (z.B. Mittelwert) über verschiedene Gruppen hinweg wie auch den Vergleich verschiedener Parameter (z.B. Mittelwert, Standardabweichung) innerhalb derselben Gruppe.

Dieses Dot-Plot bestätigt den ersten Eindruck aus dem gruppierten Dot-Plot der Einzelwerte weiter oben: Die insgesamt wenigen und gering streuenden Tore in Gruppe D münden in einen niedrigen Mittelwert und eine geringe Standardabweichung, in Gruppe B dagegen in einen höheren Mittelwert und eine höhere Standardabweichung. Im Durchschnitt wurden in der Vorrunde der WM 2014 von den Teams in D 3,0 Tore erzielt, im Vergleich zu den 5,5 Toren in Gruppe B. Die dazugehörigen Standardabweichungen betragen 1,2 bzw. 3,1.

252 Deskriptive Statistik

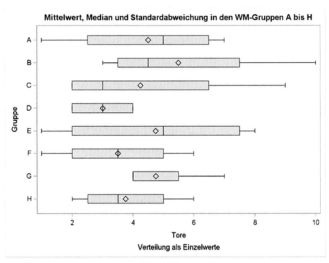

Abb. 34: Nach einer weiteren Variablen gruppiert:
Box-Plot: Mehr Statistiken für eine Variable

Typ: Box-Plot, gruppiert, u.a. Median und Quartile

- **Aussage**: Zeige *mehr* Information (z.B. Median, Mittelwert, Quartile, Box, Whisker, Ausreißer usw.) in gruppierter Form.
- **Hintergrund**: Abgesehen von den angezeigten Statistiken (Median, Box usw.) basiert ein Box-Plot auf denselben Prinzipen wie ein Dot-Plot: Die Gruppierung zusammengefasster Werte ermöglicht Vergleiche innerhalb und zwischen Gruppen. Die Aussage eines Box-Plot ist meist informativer wie die eines Dot-Plot. Je nach angestrebter Aussage sollte zwischen Dot- und Box-Plot abgewogen werden.

Zu guter Letzt: Augen auf bei Anteilen: Das 100 %-Problem

Dieser Abschnitt möchte auf einen Fallstrick bei der Interpretation von Anteilen bzw. Häufigkeiten hinweisen. Der Fallstrick besteht darin, die Prozentanteile verschiedener Balken direkt miteinander zu vergleichen. Dieses Problem kann beim falschen Präsentieren von Häufigkeiten auftreten oder beim Missverstehen einer eigentlich korrekten Präsentation.

Der Fallstrick tritt dann auf, wenn die angezeigten Balken auf einer unterschiedlichen Anzahl an Messwerten basieren, also wenn die zugrunde liegenden Gruppen nicht gleich groß sind. – Aus diesem Grund enthalten die folgenden drei Diagramme auf der y-Achse nicht die Kategorie *Gruppe* ($f = 4$), sondern *Tore* ($f = 1$ bis 10). Die Diagrammtypen und ihr Hintergrund wurden bereits erläutert.

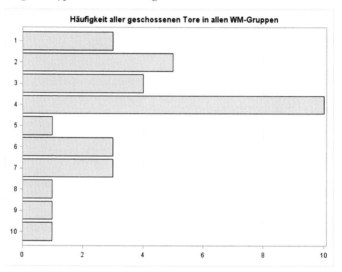

Abb. 35: 100%-Problem: Ausgangssituation: Bar Chart (Balkendiagramm) als Gesamtsumme pro Balken

Ausgangssituation: Die Balken geben die Häufigkeit des Auftretens der jeweiligen Ausprägungen der Variablen *Tore* gruppiert und sortiert nach ihren Ausprägungen wieder. Der Wert 4 (Tore) trat z.B. 10-mal auf, der Wert dagegen nur einmal. Das nächste Diagramm macht die Zusammensetzung der Balken sichtbar.

254 Deskriptive Statistik

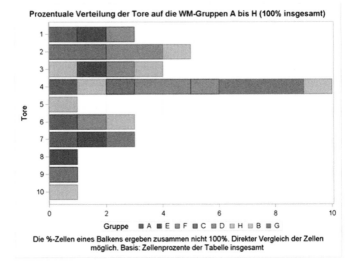

Abb. 36: 100%-Problem: Bar Chart (Balkendiagramm) mit Teilsummen pro Balken (Tabelle=100%)

- **Aussage**: Vergleiche ein Segment mit anderen in der Tabelle.
- **Hintergrund**: Die Balken geben die Häufigkeit des Auftretens der jeweiligen Ausprägungen der Variablen *Tore* gruppiert und sortiert wieder. Die Anzeige erfolgt gruppiert nach ihren Ausprägungen und eingefärbt nach der WM-Gruppe, in denen sie auftraten. Innerhalb der Balken ist farblich erkennbar, ob ein Wert (Tor) in einer Gruppe mehrfach vorkam. Alle Häufigkeiten (einschl. Balken) *in der Tabelle* ergeben zusammen 32 bzw. 100%. Der Wert 4 (Tore) trat z.B. 10-mal auf, davon in den Gruppen D und G mehrfach. Der Wert 10 trat nur einmal auf, und zwar in Gruppe B. Jede Häufigkeit von 1 entspricht einem prozentualen Anteil von 3,125% (32/100) *gesamt*. Der Anteil des Wertes 4 entspricht also *31,25%* an der Tabelle insgesamt, der Anteil des Wertes 10 *3,125%*. An der ganzen *Tabelle* beträgt z.B. der Anteil der 4-er in D 6,25% und in G 9,375% an der ganzen *Tabelle* und der Wert 10 in B *3,125%*. Allerdings nicht bezogen auf die *Balken*, in denen sich die Werte jeweils befinden.

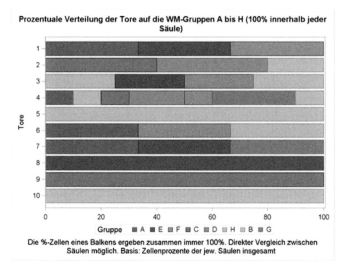

Abb. 37: 100%-Problem: Bar Chart (Balkendiagramm) mit Anteilen pro Balken (Balken=100%)

- **Aussage**: Vergleiche einen Balken mit anderen in der Tabelle.
- **Hintergrund**: Die Werte sind eingefärbt nach der WM-Gruppe, in denen sie auftraten. Im Gegensatz zur vorangegangenen Abbildung wurden nun die Anteile der einzelnen Häufigkeiten am Gesamt pro Balken wiedergegeben. Alle Prozentanteile der Häufigkeiten *in einem Balken* ergeben zusammen 100%. Alle Balken aufaddiert ergeben 800%, nicht 100%.

Der Anteil des einzelnen Wertes 10 (in B) am ganzen Balken entspricht also *100%*. Die Anteile des Wertes 4 (in B) entsprechen *20%* und *30%* (in G). Die *Balken* können direkt miteinander verglichen werden.

Die Häufigkeit von 7 Toren besteht z.B. zu jeweils 33% aus den Gruppen A, E und G; die Häufigkeit von 8 Toren besteht dagegen ausschließlich, also zu 100%, aus Gruppe E. Wie dieses einfache Beispiel drastisch zeigt, kann das Ergebnis je nach Fragestellung anders ausfallen: Auf die *Tabelle* bezogen betrug der Anteil von E bei 7 bzw. 8 Toren jeweils 3,125 (*Tabellen*prozent); auf die jeweiligen *Balken* bezogen machte der Anteil von E 33% bzw. 100% aus (*Balken*prozent).

Je nach beabsichtigtem Vergleich ist als Basis 100% für die Daten insgesamt (*Tabelle*) oder für die Untergruppe (*Balken*) zu wählen. Im Zweifel ist es eine Option, mit der *Tabellen*-Variante zunächst einen Überblick über die Verteilung zu verschaffen und mit der *Balken*-Variante den detaillierten Vergleich der verschiedenen Untergruppen zu erleichtern. Um hervorzuheben, dass die beiden letzten Abbildungen thematisch zusammengehören, enthalten beide den Hinweis „Prozentuale Verteilung...", auch wenn die erste nur Häufigkeiten wiedergibt.

5.4.4 Messwertpaare: Streudiagramme und mehr

Zweck: Wiedergabe der einzelnen Werte *zweier* Variablen in geordneter Form. Die Werte einer ersten Variablen sind gruppiert nach den Werten einer zweiten Variablen. Die Werte können beobachtet (Rohdaten) oder selbst bereits Resultat von Aggregationen (z.B. Summenwerte) oder Transformationen (z.B. Assoziationswerte, p-Werte usw.) sein.

Die Verteilung der entstehenden Wertepaare erlaubt Aufschlüsse über mögliche Zusammenhänge zwischen den beiden abgebildeten Variablen. Eine typische Form der Wiedergabe ist das sog. Streudiagramm; allerdings kann auch mit Liniendiagrammen, Mosaik-Plots und Heatmaps die Verteilung von Werten bereits ab dem Kategorialniveau wiedergegeben werden.

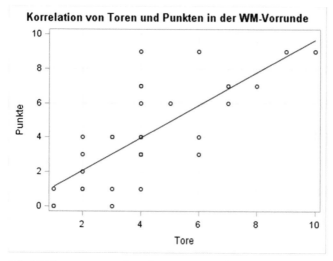

Abb. 38: Messwertpaare: Streudiagramm (bivariat): ab Ordinalniveau

Typ: Scatter-Plot / Streudiagramm (ab Ordinalniveau)
- **Aussage**: Zeige die Zusammenhänge zwischen zwei Variablen.
- **Hintergrund**: Wiedergabe der Verteilung der Werte einer ersten metrischen Variablen, gruppiert nach den Werten einer zweiten metrischen Variablen. Die Verteilung der entstehenden Wertepaare erlaubt Aufschlüsse über mögliche Zusammenhänge zwischen den beiden abgebildeten Variablen (vgl. Schendera, 2014[2]). Die eingezeichnete Regressionsgerade deutet z.B. an, dass bei der WM 2014 ein möglicher positiver Zusammenhang zwischen der Anzahl der geschossenen Tore und der entsprechend insgesamt erhaltenen Punkte bestand: Je mehr Tore ein Team schoss, umso mehr Punkte erhielt es; es gibt allerdings auch Ausnahmen: Effiziente Teams erzielten auch mit nur vier Toren hohe Punktewerte.

258 Deskriptive Statistik

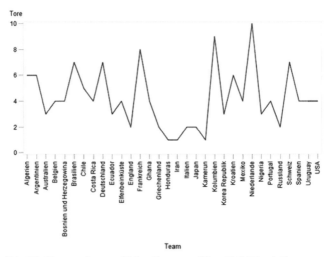

Abb. 39: Messwertpaare: Liniendiagramm (Line-Plot) (bivariat): ab Nominalniveau

Typ: Line-Plot / Liniendiagramm (ab Nominalniveau)

- **Aussage**: Zeige die Zusammenhänge zwischen zwei Variablen.
- **Hintergrund**: Wiedergabe der Verteilung der Werte einer ersten Variablen auf der y-Achse, gruppiert nach den Werten einer zweiten Variablen auf der x-Achse. Die Auswahl des Variablentyps auf der x-Achse und die Sortierung seiner Werte bestimmt die Abfolge der Wiedergabe der y-Werte: Handelt es sich um eine Datumsvariable, werden die y-Werte chronologisch ansteigend angeordnet. Handelt es sich um eine metrisch skalierte Variable, werden die y-Werte vergleichbar mit einem Streudiagramm ansteigend angeordnet. Handelt es sich um eine Text-Variable, werden die y-Werte alphabetisch ansteigend geordnet. Die Anordnung der entstehenden Wertepaare erlaubt Aufschlüsse über mögliche Zusammenhänge zwischen den beiden Variablen: Bei einer Datumsvariable auf der x-Achse z.B. über Tendenzen über die Zeit. Bei einer metrisch skalierten Variablen auf der x-Achse z.B. um mögliche bivariate Zusammenhänge. Bei Text- oder anderen Variablen auf der y-Achse hängen die ableitbaren Aussagen von Art und Informationsgehalt der Vari-

ablen auf der x-Achse ab. Kategorialvariablen ermöglichen mindestens den direkten Vergleich der y-Werte miteinander, z.B. die Anzahl der Tore der verschiedenen Teams während der Vorrunde der WM 2014. Enthalten Liniendiagramme mehr als eine Linie, werden sie oft auch als Spaghetti-Plots, Profil-Diagramme oder auch Polaritäts-Profile bezeichnet.

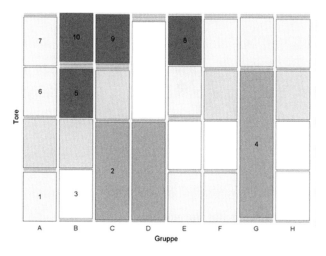

Abb. 40: Messwertpaare: Mosaik-Plot: ab Kategorialniveau

Typ: Mosaik-Plot (ab Kategorialniveau)

- **Aussage**: Zeige die Zusammenhänge zwischen zwei Variablen.
- **Hintergrund**: Wiedergabe der Häufigkeiten einer ersten kategorialen Variablen, gruppiert nach einer zweiten kategorialen Variablen. Die Größe der Kacheln entspricht den Werten, die sie repräsentieren bzw. dem prozentualen Anteil am Gesamt. Einfach ausgedrückt sind Mosaik-Plots nichts anders als visualisierte Kreuztabellen. Alle Kacheln (Zellen) addieren sich zum Gesamt bzw. zu 100 % auf. Der Anteil des Wertes 4 (Tore) in der Gruppe G beträgt z.B. 3 von 4, also 75 %; der vierte Wert (7 Tore) macht die restlichen 25 % aus. Auch bei Kacheldiagrammen auf der Basis von Häufigkeiten gilt es, das 100 %-Problem zu ver-

260 Deskriptive Statistik

meiden. Je nach Verteilung und Kachelform können Kacheldiagramme ggf. schwer zu lesen sein; Heatmaps könnten eine Alternative sein.

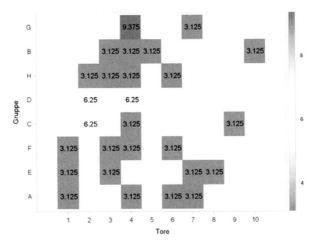

Abb. 41: Messwertpaare: Heatmap: ab Kategorialniveau

Typ: Heatmap (ab Kategorialniveau)

- **Aussage**: Zeige die Zusammenhänge zwischen zwei Variablen.
- **Hintergrund**: Wiedergabe der Verteilung der Werte einer ersten Variablen, gruppiert nach den Werten einer zweiten Variablen. Die Einfärbung der Kacheln entlang der Gitterstruktur sagt etwas über ihre Bedeutung aus. Liefern Variablen eine bestimmte Merkmalskombination nicht, z.B. 10 Tore in Gruppe A, so bleibt an diesen Koordinaten die Fläche weiß. Dass die Teams in Gruppe G am häufigsten vier Tore erzielten, ist z.B. am farblichen Kode und dem mit ausgegebenen Prozentanteil gut erkennbar. Auch bei Heatmaps auf der Basis von Anteilen gilt es, das 100%-Problem zu vermeiden. Mittels Heatmaps können u.a. auch Dauern, Korrelationskoeffizienten, Assoziationsmaße, p-Werte usw. anschaulich visualisiert werden. Die Wahl des Farbkodes wird i. Allg. vom Anwender frei festgelegt, und sollte deshalb kommuniziert werden. Je nach der Anzahl an Ausprägungen und dem Anteil an leeren Zellen können Heatmaps ggf. schwer zu lesen sein. Heatmaps werden oft zur Diagnostik um-

fangreicher Korrelationsmatrizen verwendet und, thematisch und visuell womöglich ansprechender, zur Visualisierung der Häufigkeit von Positionen während eines Fußballspiels.

5.4.5 Ein Ausblick: Weitere Varianten

Zweck: Wiedergabe der einzelnen Werte *zweier* Variablen oder mehr in geordneter Form. Die Verteilung einer ersten Variablen kann z.B. gruppiert sein nach den Werten einer zweiten Variablen oder auch nach Bins; es können auch zwei Verteilungen übereinandergelegt sein (z.B. beim komparativen Histogramm).

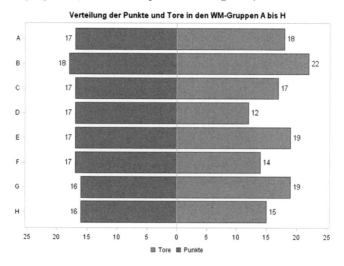

Abb. 42: Butterfly-Plot: Zwei Verteilungen, an gemeinsamer y-Achse gruppiert

Typ: Butterfly-Plot, zwei Verteilungen, gemeinsam gruppiert

- **Aussage**: Vergleiche zwei Variablen oder Gruppen in gruppierten Parametern.
- **Hintergrund**: Zusammenfassung der Einzelwerte zweier Variablen (Tore, Punkte) und Gruppierung nach den Ausprägungen einer gemeinsamen, dritten Variablen (Gruppe). Alternativ kann *eine* Variable zweimal gruppiert sein, dichotom für die x-Achse, und diskret für die y-Achse. Butterfly-Plots werden in der Amt-

lichen Statistik oft zur vergleichenden Visualisierung von Altersgruppen, z.B. im Vergleich nach Männern und Frauen, oder In- und Ausländern verwendet. Dort werden sie u.a. als Alters- oder Bevölkerungspyramiden bezeichnet. Butterfly-Plots ermöglichen einen schnellen Vergleich der verschiedenen Ausprägungen innerhalb und zwischen den links und rechts von der Mitte abgetragenen Gruppen sowie (je nach verwendeten Daten) auch des Einsetzens eines parallelen Trends, also die wiedergegebene Population insgesamt betreffend. „Preisfrage": Warum ist es nicht sehr ergiebig, die Summen der Tore und Gegentore pro WM-Gruppe als Butterfly-Plot wiederzugeben?

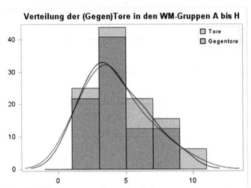

Abb. 43: Histogramm: Zwei Verteilungen, an gemeinsamer x-Achse gruppiert

Typ: Histogramm, in Bins gruppiert, zwei Verteilungen

- **Aussage**: Vergleiche die Form zweier Verteilungen.
- **Hintergrund**: Zusammenfassung der Einzelwerte zweier Variablen (Tore, Gegentore). Zum Vergleich können z.B. zwei Verteilungen in ein gemeinsames Histogramm übereinandergelegt werden. Die Abbildung zeigt die Verteilung von Toren und Gegentoren in der WM 2014. Die Verteilung der Tore erscheint höher, steiler und nach rechts verschoben, die der Gegentore erscheint etwas flacher. Wenn mehrere Verteilungen mittels Histogrammen verglichen werden sollen, ist sicherzustellen, dass die impliziten Gruppierungen für jede Verteilung dieselben sind: Startpunkt und Klassenbreite für das Binning (Zusammenfassen der einzelnen Werte zu den wiedergegebenen Balken) sowie

Positionierung der Streuung der Verteilungen im etwa selben Bereich der gemeinsamen (Häufigkeits-)Skala.

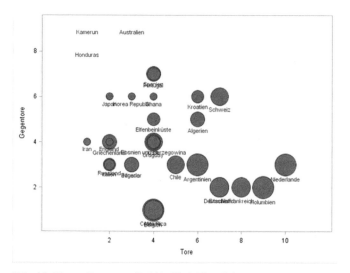

Abb. 44: Blasendiagramm (Bubble-Plot): Visualisierung von Messwerttripeln

Typ: Blasendiagramm / Bubble-Plot, drei Verteilungen

- **Aussage**: Visualisiere die Werte von drei Verteilungen.
- **Hintergrund**: Wiedergabe der Werte dreier Variablen (Tore, Gegentore, und Punkte). Das Bubble-Plot entspricht einem Streudiagramm mit dem Unterschied, dass die Werte der dritten Variablen die Größe des Kreises an der abgetragenen Koordinate steuern. Auf der x-Achse sind die Tore, auf der y-Achse sind die Gegentore und als Blasen sind die erzielten Punkte visualisiert. Die Verteilung erlaubt Aufschlüsse über mögliche Zusammenhänge zwischen den drei visualisierten Variablen, z.B. dass mit vielen Toren und wenigen Gegentoren eine hohe Punktzahl einhergeht. Es ist empfehlenswert, die drei Variablen in x-, y-Achse sowie Koordinate in weiteren Diagramm-Varianten zu variieren. Unkomplizierte Darstellungsalternativen für drei Variablen sind Kontur-Plots, 3D-Streudiagramme (Würfel) oder sog. Surface-Plots (einige kennen vielleicht bereits den berühmten „Cowboy-Hut").

Dieser Abschnitt zu den gebräuchlichsten Diagrammtypen schließt nun. Der Vielfalt und der Komplexität sind allerdings keine Grenzen gesetzt. Angefangen von Stem-Leaf-Plots, Flächendiagrammen, PP-/QQ-Plots, Kontur-Plots, Netz-/Spider-/Radar-/Windrosen-Diagrammen, Pareto-Diagrammen über Six Sigma-Diagramme („Karten", u.a. X / M R, EWMA, $\bar{x}$ / R, p/np/c/u) zu Gantt-, Netzwerk- und Trichterdiagrammen (vgl. 4.8), ROC-Kurven (vgl. 5.6) bis hin zu spezielleren Visualisierungen im Zusammenhang mit der Inferenzstatistik, u.a. Entscheidungsbäumen, Ladungsdiagrammen, Eiszapfendiagrammen, Residuenplots und vielen anderen mehr.

Als Klassiker des sog. Informationsdesign gilt Edward R. Tufte (z.B. 2001², 1997). Tipps für Präsentationen im Zen-Design finden interessierte Leser u.a. in Reynolds (2010, Kap. 5). Was in die entgegengesetzte Richtung trotz Komplexität und Differenziertheit möglich ist, zeigt McCandless (2009) in „Information is Beautiful". Für die Visualisierung quantitativer Information, v.a. im Business Intelligence Umfeld, sind Few (2012, 2009) oder auch Wilkinson (2005) hilfreich.

SAS/SPSS Anwender finden **Unterstützung** u.a. hier:

SAS: 🖱 http://blogs.sas.com/content/graphicallyspeaking/
SPSS: 🖱 https://www.ibm.com/developerworks/community/

Diagramme aus dem Six Sigma-Umfeld werden v.a. zur statistischen Qualitätskontrolle (SPC) eingesetzt. „Qualität" ist das Thema des nächsten Kapitels.

6 Dream-Team: Datenqualität *und* Deskriptive Statistik

> „Bei einem Fußballspiel verkompliziert sich allerdings alles durch die Anwesenheit der gegnerischen Mannschaft."
>
> Jean-Paul Satre

Datenqualität steht im Verhältnis zur Datenanalyse (zur Publikation) so, wie wenn eine Mannschaft derart auf Angriff (Sieg) spielt, dass sie darüber die Verteidigung (Abwehr) vergisst. Schnell handelt man sich bei den schönsten (eigenen) Treffern noch mehr kapitale (Eigen-)Tore ein.

Eine deskriptive Statistik setzt voraus, dass Daten überhaupt beschrieben werden *dürfen*. Datenqualität kommt *vor* Analysequalität. Damit ist auch die Qualität einer deskriptiven Statistik gemeint.

Vor dem Erstellen einer deskriptiven Statistik innezuhalten und die Daten (seien es Ihre, seien es die anderer) mit vorsichtshalber kritischen Augen zu prüfen, ist die richtige Einstellung und der einzige Weg. Man erspart sich und anderen vermeidbare Unkosten, Verzögerungen, womöglich sogar rechtliche Probleme.

> ✋ Datenqualität als Produkt und Prozess
>
> Datenqualität ist ein *Produkt* professionellen Arbeitens und vor dem Kommunizieren rechtzeitig zu optimieren.
>
> Datenqualität ist damit auch ein *Prozess* professionellen Arbeitens, nämlich dem systematischen Prüfen aufeinanderbauender Kriterien wie z.B. Vollständigkeit, Einheitlichkeit oder auch Ausreißern (vgl. Schendera, 2007, Kap. 1).

Datenqualität war lange Zeit ein „weißer Fleck" in Methodenbüchern und -lehre. Falls überhaupt möglich, war es üblich, einen Datensatz per Augenschein zu sichten. Angesichts der exponentiell ansteigenden Menge digitaler Daten ist eine Beurteilung per Augenschein nicht mehr möglich (falls sie es denn je war). Eine computergestützte systematische Prüfung der Datenqualität anhand eines Kriterienkanons ist unumgänglich.

Dieses Kapitel wird nun wie angekündigt veranschaulichen, wie Sie eine deskriptive Statistik als Prüfinstrument auf Datenqualität einsetzen können. Sie werden erfahren, nach welchen „Spielverderbern" Sie suchen sollten und wie man es macht. Als Spielverderber gelten v.a. Fehler und Nachlässigkeiten in Vollständigkeit, Einheitlichkeit, kontrollierte Missings (fehlende Werte), (Vermeidung von) Doppelte, (Beurteilen von) Ausreißer und Plausibilität (Interpretierbarkeit). Einige der vorgestellten Kriterien können Sie anhand einfacher Maßnahmen überprüfen.

> **Mit diesen Spielverderbern kann ich rechnen:**
> - Vollständigkeit (vgl. 6.1)
> - Einheitlichkeit (vgl. 6.2)
> - Doppelte (vgl. 6.3)
> - Missings (vgl. 6.4)
> - Ausreißer (vgl. 6.5)
> - Plausibilität (vgl. 6.6)
> - ... und ggf. weiteren „Freunden".

Dass schmutzige Daten verzerrte Ergebnisse nach sich ziehen, ist sachevident und wird z.B. in Schendera (2007) an zahlreichen Beispielen ausführlich veranschaulicht. „Schmutz" (als Metapher für Daten„verunreinigungen") lässt die eigentliche „Natur der Dinge" erst dann erkennen, wenn er entfernt wurde. Die Qualität von Daten ist dabei kein Selbstzweck, sondern dient der Erkenntnis und der Information, aber auch der Glaubwürdigkeit und wissenschaftlichen Professionalität. Daten können auf verschiedenem Wege und auf unterschiedliche Weise verschmutzt sein (vgl. Schendera, 2007, passim). Ein einziger Fehler (z.B. „55" statt „5") reicht aus, die Ergebnisse einer deskriptiven Analyse völlig zu verzerren.

Konsequenzen von suboptimaler Datenqualität können auf jeden Fall teuer oder einfach nur peinlich sein. Man erinnere sich dabei an gleiche Sternzeichen, verlorengegangene Satelliten, falsche Arbeitslosenzahlen, nicht existierende Informatik-Studiengänge, Mahnbescheide an fernsehende Tote, Kontoauszüge an den Nachbarn, und daran, dass es letztlich um *sehr* viel Geld und Zeit gehen kann. Um den Schaden zu beziffern, der durch suboptimale Daten verursacht wurde, reichen *Millionen* Euro sicher nicht mehr aus.

Die vorgestellten Kriterien der Datenqualität hängen miteinander zusammen und bauen aufeinander auf. „Vollständigkeit", „Einheitlichkeit", „Doppelte" sowie „Missings" bilden dabei die unterste

Ebene einer Kriterien-Hierarchie (z.B. Schendera, 2007, 4), die in „Plausibilität" mündet, einen Zustand („Reife", „Fitness", „Qualität") der Daten, der eine deskriptive Statistik überhaupt erst gestattet.

Wie kommt man nun zu dieser „Fitness"? Indem die wichtigsten Kriterien systematisch überprüft werden. Aus naheliegendem Grund wird bei der Vollständigkeit begonnen.

6.1 Vollständigkeit

> „Im Fußball ist eigentlich nichts unmöglich."
> Christoph Daum

Vollständigkeit definiert Schendera (2007, 3) so:

> Die Anzahl der Daten in einem schlussendlich vorliegenden Analysedatensatz entspricht exakt der Summe der gültigen und fehlenden Werte in einer strukturierten Umgebung, also z.B. in einer Tabelle, Fragebogen, Teildatensätzen usw.

Diese erste Facette von (*externer*) Vollständigkeit bezieht sich auf die vollständige Abbildung *externer* Informationen durch eine Datenhaltung. Die (*interne*) Vollständigkeit bezieht sich auf das *Verhältnis der gültigen Werte und (idealerweise: kontrolliert) fehlenden Angaben (Missings)* innerhalb der Datenhaltung. Wenn z.B. in einem zurückgegebenen Fragebogen alle verfügbaren Daten ohne Angaben sind, dann sind diese Daten insgesamt *extern* vollständig, aber *intern* unvollständig, weil komplett leer.

Vollständigkeit ist *die* wichtigste Voraussetzung, mit der Präzisierung, es muss sich um den richtigen Datensatz handeln. Den falschen Datensatz (u.a. auf Vollständigkeit) zu überprüfen, ist einer der größten Fehler, die passieren können.

- **Beispiel Fußball**

Ein Team auf dem Platz ist vollständig, wenn es zumindest zu anfangs aus 11 Spielern besteht. Man stelle sich nun vor, eine Mannschaft wäre nur mit 10 Spielern angetreten, ein Spieler weniger als der Referenzwert 11. Dies wäre ein Beispiel für *externe* Vollständigkeit. Diese Variante wird in diesem Beispiel behandelt. Scheidet nun ein Spieler wegen Roter Karte oder Verletzung (nach Erschöpfung des Wechselkontingents) aus, setzt sich die Anzahl der Spieler aus den Spielern auf dem Platz und auf der Bank zusammen. Beide Werte zusammen, 9 Spieler auf dem Feld (gültig), 1 Spieler auf der Bank (missing), bilden den Referenzwert 10. Dieses Beispiel beschreibt die *interne* Vollständigkeit. Diese Variante wird im Abschnitt zu Missings behandelt.

Die *externe* Vollständigkeit kann nicht *innerhalb* eines Datensatzes überprüft werden. Wenn Zuschauer z.B. nicht wissen, wie viele Spieler beim Anpfiff auf dem Platz stehen müssten, würde niemand bemerken, dass einer fehlt. Es *muss* also auf externe Information als Referenz zurückgegriffen werden, z.B. eine Datendokumentation, Projektverantwortliche, DFB oder FIFA. Wenn keine Aussage über die SOLL-Vollständigkeit möglich ist, dann ist eine Überprüfung nicht in der Lage, eine abweichende IST-Unvollständigkeit festzustellen.

✋ Maßnahmen zur Prüfung externer Vollständigkeit

- *Prüfmöglichkeit Augenschein:* Öffnen Sie Ihre Datentabelle und prüfen Sie die Vollständigkeit aller Zeilen und Spalten per Augenschein. Zählen Sie z.B. einfach die Anzahl der Zeilen und Spalten durch *und vergleichen sie diese Kennwerte mit Ihrer Referenz.* Für kleinere Datenmengen kann diese Methode völlig ausreichend sein, für große bis sehr große Datenmengen sind andere Ansätze geeigneter. Sehen Sie auch die Trainingseinheiten unter 6.7 ein.

- *Prüfmöglichkeit Metadaten:* Anhand von Projektdaten (z.B. Metadaten, Projektplan, Fragebogen usw.) wird geprüft, wie viele Zeilen und Spalten der Datensatz enthalten müsste. Ist z.B. die Anzahl der Variablen (Spalten) tatsächlich geringer, so ist der geprüfte Datensatz nicht vollständig.

Einige Softwareprogramme berechnen u.a. die Vollständigkeit von Variablen (Feldern) in Prozent. Genau betrachtet prüfen solche Programme jedoch nicht, ob die Anzahl der *Spalten* vollständig ist, sondern die Lückenlosigkeit der Einträge, also die Vollständigkeit der *Werte*.

6.2 Einheitlichkeit

> „Die Schweden sind keine Holländer,
> das hat man ganz genau gesehen."
> Franz Beckenbauer

Einheitlichkeit hat wie Ausreißer viele Gesichter. Für viele Analyse-, Transformations- und Prüfprozesse ist die Einheitlichkeit der Daten, v.a. wenn sie aus verschiedenen Quellen stammen, eine unabdingbare Voraussetzung.

> **Einheitlichkeit** bedeutet i. Allg. die genaue Übereinstimmung in einem bestimmten Merkmal. Je nach Bezug hat Einheitlichkeit damit eine besondere Bedeutung: Für mehrere Datentabellen und Texte gilt z.B.: **Strings (Texte)**: Labels für Variablennamen und -werte sind nicht nur einheitlich, sondern auch *richtig* geschrieben. **Datentabellen**: Namen, Typ (z.B. String), Format, Label und Kodierung der Variablen sind absolut identisch.

Für Einträge in einer Datentabelle bedeutet Einheitlichkeit z.B., dass die Namen von Personen oder Orten gleich geschrieben werden. Für weitere Ebenen wie z.B. Datendateien, numerische Variablen, Labels für Variablen und Werte, oder ungewöhnliche Abkürzungen (Akronyme) und Datumsangaben wird auf Schendera (2007, Kap. 4) verwiesen.

● Beispiel Fußball

Ganz klar, die Farben einer Mannschaft (außer des Goalies). Schwieriger wird's schon bei den Abkürzungen der Namen von Fußballvereinen. FCB kann für Bayern München oder den FC Basel stehen, SVW für den **S**portverein **W**erder Bremen (aber auch **SV W**ehen Wiesbaden). *Gleiche* Abkürzungen *verschiedener* Teams führen ggf. zu Verwechslungsgefahr, auf jeden Fall fordern sie zur kommunikativen Kür der Moderatoren bei Live-Übertragungen heraus, wenn die betreffenden Teams aufeinandertreffen, wie z.B. 2013 der „große" und der „kleine" FCB in der Champions League. Bei der *Abweichung*

> von Einheitlichkeit, wenn es z.B. *verschiedene* Schreibweisen, Bezeichnungen und Abkürzungen *desselben* Teams gibt, kann es jedoch heikel werden. Alleine der „kleine" FCB ist u.a. als „FC Basel 1893", „FC Basel", „Basel", „Basler", „Bebbi" sowie als „FCB" bekannt. Die zusätzliche Vielfalt durch orthographische Fehler oder uneinheitliche Groß- und Kleinschreibung (z.B. „FC BASEL", „BASEL", „CF Bassle", „lesaB CF") ist dabei noch gar nicht berücksichtigt.

Die Folgen uneinheitlicher Daten kann sehr gut an Strings veranschaulicht werden. Softwareprogramme behandeln per Voreinstellung verschiedene Strings als verschiedene Einträge. Werden keine Maßnahmen zur Vereinheitlichung getroffen, lösen *verschiedene* Schreibweisen, Bezeichnungen und Abkürzungen, erst recht bei groß-, klein- und falsch geschriebenen Varianten, diverse Probleme aus:

- Zusammengehörige Einträge werden nicht als zusammengehörig erkannt. Eine zuverlässige deskriptive Statistik ist nicht möglich. Bereits grundlegende Maße, wie z.B. Häufigkeiten, Summen oder Mittelwerte gelten nicht mehr für das eigentlich Zusammengehörige, sondern sind als Teilaussagen über die partikulären, ggfs. auch fehlerhaften Ausprägungen verteilt.
- Wenn die betroffene Variable zur Einteilung anderer Werte verwendet wird, werden die eingeteilten Werte nicht nur nach den gültigen, sondern auch nach den ungültigen Ausprägungen der betroffenen Variable aufgeteilt.
- Sollten die Strings zum Verbinden von Datentabellen eingesetzt werden, wird dies nicht ohne Weiteres funktionieren. Ein „FCB" in einer ersten Datentabelle wird nicht als zugehörig zu einem „fcb" einer zweiten Datentabelle interpretiert werden. Die Verbindung über den (semantischen) Schlüssel „FCB" ist erst dann hergestellt, wenn entweder beide Einträge groß- oder kleingeschrieben sind.

> ✎ **Maßnahmen zur Prüfung von Einheitlichkeit**
>
> *Prüfmöglichkeit Häufigkeitstabelle:* Erstellen Sie eine Häufigkeitstabelle für die betreffende Variable. Diese Variante ist für Felder mit einer überschaubaren Anzahl an gültigen Ausprägungen völlig ausreichend, für große bis sehr große Datenmengen sind an-

dere Ansätze geeigneter. Sehen Sie dazu auch die Trainingseinheiten unter 6.7 ein.

6.3 Doppelte (Doubletten)

> „Wolfsburg hat die letzten drei Heimspiele
> verloren zu Hause."
> Michael Wiese

Liegen im Analysedatensatz mehr Daten bzw. Missings vor, als erhoben bzw. geliefert wurden, so wird von (zu vermeidenden) Doppelten gesprochen. Unkontrollierte Missings und Doppelte sind nach der Gewährleistung von Vollständigkeit sorgfältig zu prüfen.

> Einzelne Werte bzw. Missings oder sogar komplette Datenzeilen werden als **Doppelte** (Doubletten, Duplikate) bezeichnet, wenn sie häufiger vorkommen als sie dürfen.

Analog zu Missings gilt: Das Ausmaß der Doppelten lässt sich messen. Entweder eine Datenhaltung enthält keine Doppelte oder falls doch, dann in einem objektiv und genau bestimmbaren Ausmaß.

> ● Beispiel Fußball
>
> Doppelte Rückennummern gibt es in einer Mannschaft während eines Spiels i. Allg. nicht. Ein „Doppelpack" ist im Fußball gerne gesehen (wenn also ein Spieler *zwei* Tore schießt), diese Tore dürfen insgesamt zweimal gezählt werden. Unzulässig ist jedoch, wenn *ein* Tor doppelt gezählt wird. Solche unerwünschten Doppelten sind in Spielständen und in Datentabellen auszuschließen.

Wenn zwei oder mehr Spieler dieselben Rückennummern tragen, sind sie für Zuschauer nur noch mit Mühe oder gar nicht mehr sicher auseinanderzuhalten. Wenn Tore häufiger gezählt werden als erlaubt, ist dies als Verstoß gegen die Spielregeln, der ein ganzes Spiel ungültig und den Fußball als solches unglaubwürdig machen kann. Die Überprüfung auf Doppelte ist daher in großen, unübersichtlichen Datenbanken bis hin zu DWHs und auch bei kleinen Datensätzen eine Notwendigkeit und sollte grundsätzlich vorgenommen werden. Die Folgen von Doppelten sind bedeutsam:

- *Speicherkapazität und Rechnergeschwindigkeit:* Doppelte beeinträchtigen datenverarbeitende Prozesse.
- *Mehrkosten:* Doppelte Adressdaten führen zu mehrfachen Mailings an dieselbe Adresse.
- *Wahrscheinlichkeit:* Doppelte haben eine höhere Wahrscheinlichkeit, gezogen zu werden als nur einmal vorkommende Fälle.
- *Varianz und Gewichtung:* Doppelte schränken u.a. die Varianz ein und gefährden deskriptive und inferenzstatistische Vergleiche zwischen Gruppen, v.a. bei Zwischengruppen-Doppelten.

✋ Maßnahmen zur Prüfung auf Doppelte

Die Herausforderung bei der Überprüfung auf Doppelte besteht darin, *vorher* zu wissen, ob Fälle überhaupt mehrfach auftreten dürfen. Die folgenden Maßnahmen des Prüfens auf Doppelte gelten für ein Szenario mit bestimmten Annahmen: Alle Zeilen verfügen über eine sog. Key- oder ID-Variable. Es wird weiterhin angenommen, dass ein doppelter Eintrag in dieser Key-Variablen zugleich auch eine komplette doppelte Zeile bedeutet.

- *Prüfmöglichkeit Zeilenzahl:* Software zeigt in Datentabellen links oft eine fortlaufende Zeilennummer an. Sind die Keys von 1 bis *max* durchnummeriert, brauchen sie nur mit der Zeilennummer verglichen werden (ggf. ist eine ansteigende Sortierung zuvor erforderlich). Sobald Zeilennummer und der Eintrag in der Key-Variablen nicht mehr übereinstimmen, liegt eine doppelte Datenzeile vor. Für kleinere Datenmengen kann diese Methode völlig ausreichend sein. Möglicherweise liegt aber auch ein Missing vor. In diesem Fall kann auf den folgenden Ansatz zurückgegriffen werden.
- *Prüfmöglichkeit Balkendiagramm:* Die Häufigkeiten des Auftretens der Einträge in der Key-Variablen werden über ein Balkendiagramm für Häufigkeiten visualisiert. Normalerweise sollten alle IDs die Häufigkeit „1" haben. Jeder „Ausschlag" über 1 hinaus ist ein Hinweis darauf, dass eine ID mehrfach vorkommt. Mehrfach auftretende IDs sind also anhand in Form einzelner Spitzen zu erkennen. Treten keine Spitzen auf, enthält der Da-

tensatz keine Doppelten größer 1. Dieser Ansatz ist für kleinere und mittlere Datenmengen geeignet.

Prüfmöglichkeit Prüfprogramm: Eine anspruchsvollere Möglichkeit ist, die Häufigkeit des Auftretens der Einträge in der Key-Variablen durchzuzählen und die entsprechenden Häufigkeiten in einer Tabelle oder einem Balkendiagramm zu visualisieren. Mehrfach auftretende IDs sind im Balkendiagramm in Form einzelner Spitzen bzw. in der Tabelle als Häufigkeiten größer als 1 zu erkennen. Dieser Ansatz ist auch für größere Datenmengen geeignet.

Diese ersten Maßnahmen ermöglichen ein grundsätzliches Prüfen auf das Auftreten von Doppelten. Die Datenrealität kann natürlich komplexer sein: Es kann z.b. auch nur die ID fehlerhaft, also mehrfach sein (z.B. aufgrund eines Tippfehlers), der Rest jedoch korrekt. Es kann auch sein, dass es nicht nur eine, sondern mehrere Key-Variablen gibt, die zunächst zu einem sogenannten Index zusammengesetzt werden müssen. Bei Messwiederholungsdesigns dürfen IDs z.B. regelmäßig mehrfach vorkommen, es gibt auch Datensituationen, in denen z.B. IDs unregelmäßig mehrfach vorkommen dürfen usw.

Der Umgang mit Doppelten hängt letztlich von der Ursache der Doppelten ab. Bevor also die als doppelt identifizierten Werte oder Datenzeilen gelöscht werden (Deduplikation), wäre empfehlenswert, die als doppelt identifizierten Zeilen und Werte miteinander zu vergleichen, um ggf. Aufschlüsse über ihr Zustandekommen und womöglich andere Fehlerquellen zu erhalten (vgl. Schendera, 2007, Kap. 6).

6.4 Fehlende Werte (Missings)

> „Manche Fehler sind schöner als ihre Kritiker."
> Werner Hansch

> „Nur wer schwach ist, der gibt keine Fehler zu."
> Hennes Weisweiler

Missings sind fehlende Einträge (Zahlen, Strings) in einer Tabelle. Missings definiert Schendera (2007, 119) entsprechend so:

Während Einträge die Anwesenheit einer Information anzeigen, repräsentieren **Missings** das Gegenteil, die Abwesenheit von Information. Missings können jedoch selbst eine Information sein, u.a. als Hinweis darauf, *warum* sie fehlen.

Missings beschreiben die *interne* Vollständigkeit einer Datentabelle. Die *externe* Vollständigkeit wurde bereits eingangs behandelt. Missings sind übrigens messbar: Entweder liegt in einem Feld ein Eintrag vor (i.S.v. gültiger Wert) oder nicht (i.S.v. Missing). Dasselbe gilt für alle Werte einer Datenhaltung: Entweder ist eine Datenhaltung zu 100% vollständig oder nur zu 95%, 88% usw.

● Beispiel Fußball

Jeder Spieler, der wegen Roter Karte oder Verletzung (nach Erschöpfung des Wechselkontingents) das Team verkleinert. Diese Spieler *fehlen* dem Team. Die Gründe für das Fehlen sind i. Allg. offiziell und kommuniziert. Dies gilt unabhängig davon, ob das Team beim Anpfiff aus 10 oder 11 Spielern bestand. *Sofern dies bekannt ist.*

Wenn Zuschauer z.B. wissen, wie viele Spieler beim Anpfiff auf dem Platz stehen müssten, würde sofort bemerkt werden, dass einer fehlt. Die Beurteilung von Missings setzt also die Vollständigkeit von Daten voraus. Die Folgen von Missings sind bedeutsam:

- Der sog. Bias ist *inhaltlich* ein großes Problem (Rubin, 1988). Man stelle sich z.B. bei einer Produktzufriedenheitsstudie vor, dass ein Teil der Anwender derart unzufrieden ist, dass sie die Antwort zum Produkt in der Studie verweigern. Verbleiben also nur die womöglich wenigen positiv ausfallenden Antworten, fällt das Resultat der Studie günstiger aus, als es sollte. Der Hersteller läuft konkret Gefahr, die Marktakzeptanz seines Produkts nicht richtig einzuschätzen.
- Missings beeinflussen i. Allg. die Berechnung *aller* deskriptiven Maße (vgl. 4.2, 4.3) vielleicht mit Ausnahme der Summe (vgl. 4.1). Selbst das N wird differenziert in gültige und ungültige N. Für Mathematiker ist das auch gar kein Problem. *Konzeptionell* gesehen machen Missings es jedoch erforderlich, sich *genau* Ge-

danken darüber zu machen, wie deskriptive Statistiken interpretiert und zu diesem Zweck korrekt berechnet werden sollen. Das fast schon klassisch zu nennende Beispiel des Mittelwerts wird das Problem erläutern helfen:

- Der Mittelwert kann z.B. je nachdem, ob Missings vorhanden sind oder nicht, in mehreren Varianten ermittelt werden (vgl. 4.2). Enthält eine Zahlenreihe *keine* Missings, basiert der Mittelwert in Zähler *und* Nenner auf den vollständigen Daten; enthält eine Zahlenreihe *dagegen* Missings, basiert der Mittelwert entweder auf einem Nenner (Divisor) der beobachteten gültigen (aber *unvollständigen*) *oder* dem theoretisch möglichen Maximum der Daten (wenn sie vollständig wären, aber es tatsächlich nicht sind).

- Das Verwechseln von theoretischem Maximum (Anzahl aller Zeilen) mit der Anzahl der gültigen Werte (Schendera, 2007, 129f.) ist *konzeptionell* zu klären. Dieses Problem kann z.b. bei der Berechnung des Mittelwerts zwei Gesichter annehmen: (i.) Wenn durch die Anzahl der theoretisch möglichen Fälle dividiert, jedoch als *Mittelwert* auf der Basis gültiger Fälle *interpretiert* wird. (ii.) Wenn durch die Anzahl der gültigen Fälle dividiert, jedoch als *Mittelwert* auf der Basis aller theoretisch möglichen Fälle *interpretiert* wird (vgl. Schendera, 2012, 32f.).

- Ein reduziertes N ist auch ein *methodisches* Problem: Es gefährdet die deskriptive Statistik und auch die Zuverlässigkeit inferenzstatistischer Verfahren (Schendera, 2007, 128f.). Damit verbunden sind oft auch Probleme der möglicherweise veränderten Gewichtung von Daten. Missings können asymmetrisch große Gruppen in symmetrisch große Gruppen umwandeln, wie auch umgekehrt.

✋ Maßnahmen zur Prüfung von Missings

- *Prüfmöglichkeit Augenschein:* Öffnen Sie Ihre Datentabelle und prüfen Sie, ob alle Zellen lückenlos sind. Wenn nicht, enthält die betroffene Datentabelle sog. Missings. Für kleinere Datenmengen kann diese Methode völlig ausreichend sein.

- *Prüfmöglichkeit Häufigkeitstabelle:* Öffnen Sie Ihre Datentabelle und erstellen Sie Häufigkeitstabellen der betreffenden Variablen. Enthalten diese Tabellen den Hinweis „Fehlend", „Missing" oder eine Ausprägung „ " (ein Indiz bei Stringvariablen), können Sie davon ausgehen, dass die geprüften Felder Missings enthalten. Diese Methode ist bis mittlere Datenmengen geeignet.

▪ *Prüfmöglichkeit Summenfunktion:* Bilden Sie eine erste Summenfunktion, die über alle numerischen Variablen hinweg die vorhandenen gültigen Einträge zählt. Bilden Sie eine zweite Summenfunktion, die alle Variablen zählt, deren Einträge sie zählten. Bilden Sie einen Quotienten aus der ersten und der zweiten Summenfunktion und multiplizieren Sie diesen Wert mit 100. Dieser Quotient ist ein Vollständigkeitsindex. Bei 100 % ist die Datentabelle lückenlos in den geprüften Feldern. Fordern Sie für den ermittelten Quotienten eine Häufigkeitstabelle an. Entdecken Sie darin andere Werte als 100, enthält Ihre Datentabelle Missings in den geprüften numerischen Feldern. Diesen Schritt können Sie mit Stringvariablen oder dem Zählen von *ungültigen* Werten variieren. Diese Methode ist auch für große bis sehr große Datenmengen geeignet. Sehen Sie auch die Trainingseinheiten unter 6.7 ein.

Der Umgang mit Missings ist durchaus komplex und hängt letztlich von Ursache, Ausmaß und u.a. auch Mustern der Missings ab. Infrage kommende Vorgehensweisen sind u.a. Double-Entry, Löschen, Rekonstruieren und Ersetzen von Missings oder explizit in Modellierungen berücksichtigen, z.B. als eigene Kategorie bei der deskriptiven Statistik (vgl. Schendera, 2007, Kap. 6).

6.5 Ausreißer

„Ach wissen Sie, Geld schießt keine Tore."
Otto Rehagel

Viele Datentabellen enthalten Ausreißer. Ausreißer sind Werte, die zunächst einmal nur auffallen, weil sie aus einem Rahmen fallen. Das Interessante an den Ausreißern ist tatsächlich auch dieser Rahmen. Ausreißer sind nämlich immer vor einem Erwartungshorizont zu interpretieren. „Die Kunst besteht [bei Ausreißern] wahrscheinlich auch darin, von den eigenen Erwartungen abweichen zu können" (Schendera, 2007, 166). Ein anschauliches Beispiel ist z.B. die veränderte Entwicklung der Ozonkonzentration über der Antarktis (ibid., 166–168). In einer bis dahin regelmäßigen Zeitreihe fielen in den letzten Messungen mehrere ungewöhnliche Werte auf.

Anfangs dachte man, es seien fehlerhafte Messungen, also Ausreißer i.S.v. *Abweichung* von einer erwarteten Entwicklung. Mit der Zeit musste man jedoch feststellen, dass die Ausreißer den *Beginn eines unerwartet veränderten Verhaltens der Wirklichkeit* korrekt abbildeten.

> **Ausreißer** sind *auffällige* Werte, nicht notwendigerweise falsche Werte, sondern können auch Werte sein, die richtig und genau, aber erwartungswidrig sind (Schendera, 2007, 165). Bei Ausreißern passt man entweder die Daten an die Theorie oder die Theorie an die Daten an. Die Kunst besteht darin, richtig zu entscheiden.

Dieser Abschnitt stellt das Erkennen und Interpretieren von Ausreißern vor. Eine Überprüfung auf Ausreißer ist allerdings erst möglich, wenn die Daten zuverlässig und in gleichen Einheiten sind (z.B. Maßeinheiten, Währungen oder Zeiteinheiten).

> ● **Beispiel Fußball**
>
> Die Summen, die auf dem internationalen Transfermarkt genannt werden, sind ein ideales Beispiel für Ausreißer. Für Cristiano Ronaldo, Gareth Bale bzw. Zinédine Zidane wurden (jeweils von Real Madrid) bezahlt: 94, 91, bzw. 73,5 Millionen Euro. Die Frage, die sich bei Ausreißern stellt, ist: Stimmt diese *Zahl* nicht oder die *Erwartungshaltung* gegenüber dieser Zahl? Was bei Gehältern auf dem Transfermarkt nachvollziehbar ist, dient auch der Bekämpfung von Wettbetrug: Hier dienen u.a. auffällig hohe oder viele Wetten als Hinweise auf Spielmanipulation.

Die Folgen von Ausreißern sind bedeutsam:
- *Robustheit von Verfahren:* Wenn z.B. extrem hohe (niedrige) Werte auftreten, wo relativ niedrige (hohe) erwartet werden, ist die Robustheit vieler deskriptiver Maße und inferenzstatistischer Verfahren gefährdet (u.a. t-Test, Regressions-, Clusterzentrenanalyse usw.). Der Mittelwert sollte z.B. dann nicht berechnet werden, wenn Ausreißer vorliegen, weil er dadurch als Lokationsmaß für die eigentliche Streuung der Daten völlig verzerrt wird. Die Be-

rechnung des Durchschnittseinkommens des Teams von Real Madrid dürfte durch das Einkommen von C7 vermutlich völlig verzerrt sein.

- *Ausreißer sind nicht modellinvariant:* Die Prüfung von Ausreißern ist damit oft auch die Prüfung von theoretischen Annahmen. Oft ergibt sich eine Anpassung der Theorie und des abgeleiteten statistischen Modells. Ausreißer in einem Modell sind nicht notwendigerweise immer auch Ausreißer in einem weiteren. Stempelte das alte Modell einer relativ stabilen Ozonschicht die aktuellen Messwerte noch als fehlerhafte Ausreißer ab, betrachtete das angepasste Modell die aktuellen Messwerte als Beleg einer unerwartet schnellen Veränderung der Ozonschicht.

Datentabellen sollten daher unbedingt auf Ausreißer überprüft werden. Ausreißer haben allerdings viele Gesichter. Sie können uni- und multivariat, isoliert oder allgemein, als Einzelwerte oder auch massiv auftreten. Sie können eine oder auch mehrere Ursachen haben. Ausreißer können theoriegeleitet (semantisch) oder auch zahlengeleitet (quantitativ) auffallen. Die Ausreißeranalyse geht, sobald sie theoriegeleitet vorgeht, in die Prüfung der Plausibilität über. Die Prüfung von semantischen (aber nicht notwendigerweise unplausiblen) Ausreißern wird im anschließenden Abschnitt zur Plausibilität vorgestellt.

✎ Maßnahmen zur Prüfung auf Ausreißer

Die zusammengestellten Prüfmaßnahmen beziehen sich auf die zahlengeleitete Überprüfung (quantitativer) univariater Ausreißer; für anspruchsvollere, genuin multivariate Ansätze wird auf Schendera (2007, Kap. 7 und 8) verwiesen.

- *Prüfmöglichkeit Schwellenwert:* Legen Sie eine Schwelle fest, über (unter) der Ihre Werte nicht liegen dürfen; alle Werte darüber (darunter) sind demnach gemäß Ihrer Definition Ausreißer. Legen Sie nun alle Werte, die über (unter) dieser Schwelle liegen (u.a. mittels eines Filters oder einer Unterabfrage usw.), in eine neue Variable ab. Fordern Sie für diese Werte eine Häufigkeitstabelle an. Diese Häufigkeitstabelle gibt die Werte wieder, deren Messung oder zugrunde liegenden Annahmen Sie genauer prüfen sollten. Ist die angelegte Variable leer, enthält Ihr Datensatz keine Missings in der geprüften Variablen. Dieser Ansatz ist auch für große Datenmengen geeignet. Die Grenze dieses Ansatzes ist die tatsächlich vorhandene Anzahl an Missings.

- *Prüfmöglichkeit Deskriptive Streumaße*: Ein Ausreißer reicht aus, um die Spannweite R erheblich zu verzerren. Auffällig hohe R-Werte sind Hinweise darauf, dass Ausreißer vorliegen. Der Interquartilsabstand wird ebenfalls von Ausreißern verzerrt. Auffällig hohe Varianzen, Standardabweichungen oder Variationskoeffizienten können ebenfalls durch Ausreißer verzerrt sein, die überprüft werden sollten. Dieser Ansatz ist nur für Datenmengen geeignet, in denen sich die Anzahl der Ausreißer bzw. das Ausmaß ihrer Abweichung gegen die restliche Datenmenge durchsetzen kann.

- *Prüfmöglichkeit Streudiagramme*: Für die Visualisierung von Streuungen sind u.a. geeignet: Box-Plots, Fehlerbalkendiagramme, Histogramme und Stem-and-Leaf-Plots (Stengel-Blatt-Plot), sowie eindimensionale Streudiagramme. Auffällig hohe „Linien" bzw. „Spitzen" könnten durch Ausreißer verzerrt sein, die überprüft werden sollten; allerdings ist dabei auch die jeweilige Einheit der überprüften Variablen zu berücksichtigen. Dieser Ansatz ist ebenfalls nur für Datenmengen mit der oben beschriebenen Relation der Ausreißer bzw. ihrer Abweichung zur restlichen Datenmenge geeignet. (Univariate) Häufigkeits- und Punktdiagramme sind für die grafische Exploration auf Ausreißer nur bedingt geeignet.

Wie wird mit Ausreißern umgegangen? Sind es korrekte Daten, kann auf robuste Schätzer wie z.B. den M-Schätzer zurückgegriffen werden. Eine weitere Strategie wäre, den Stichprobenumfang zu erhöhen. Ggf. sollte auch die Theorie angepasst werden. Sind es Fehler, können sie durch die korrekten Werte, Schätzer oder durch einen Kode für einen Missing ersetzt werden. Fälle mit Ausreißern können auch ganz gelöscht werden; dadurch wird auch ihr Einfluss eliminiert (vgl. Schendera, 2007, 199–200).

6.6 Plausibilität

> „Die Erde ist eine Scheibe und
> der Kopf des Fußballreporters ein Ball."
> Wolf-Dieter Poschmann

Alle Maßnahmen zur Gewährleistung von Datenqualität streben (zunächst) das Ziel der Plausibilität an und setzen das Einhalten *aller* bislang vorgestellten Kriterien voraus, u.a. Vollständigkeit, Einheitlichkeit und weitere formale Korrektheit der Daten. Verstöße gegen Kriterien von Datenqualität („Fehler") konnten bis dato identifiziert, korrigiert oder entfernt werden (Schendera, 2007, 202):

> Als **plausibel** sind letztlich Daten definiert, die external und internal korrekt sind und innerhalb eines theoriegeleiteten Rahmens („frame") inhaltlich plausibel sind.

Daten mit höherer Qualität sind somit genauer und semantisch eindeutiger interpretierbar. Abgeleitete Informationen sind exakter und besser begründbar bzw. ohne Unschärfe und Unsicherheit. Daten am Ende eines Qualitätsprozesses *sind* Informationen (vgl. Schendera, 2007, 6).

> **Plausibilitätsanalysen** machen nicht nur Sinn – Plausibilitätsanalysen schaffen Sinn. Plausibilitätsanalysen schaffen erst die Glaubwürdigkeit von Daten. Ohne Datenplausibilität keine (deskriptive) Analyse.

Es macht allerdings wenig Sinn, von „Plausibilität" von Daten zu sprechen, solange sie nicht geprüft wurde. Jeder Ansatz zur Sicherung von Plausibilität basiert darauf, dass die Daten, mit deren Hilfe die Plausibilität anderer Daten geprüft werden sollen, selbst plausibel sind.

● **Beispiel Fußball**

Europol berichtete zu Anfang 2013, dass es zwischen 2008 und 2011 mehrere hundert manipulierte Fußballspiele gegeben haben soll. Identifiziert wurden diese Spiele u.a. über nichtplausible viele Wetten oder nichtplausible hohe Wetten. Damit Prüfregeln einen Hinweis beim Überschreiten bestimmte Schwellenwerte auslösen können, müssen die Wettdaten selbst plausibel sein (sonst würden dauernd Fehlalarme ausgelöst werden). Anfang 2014 machte der Achtligist Bagheria im italienischen Amateurfußball auf sich aufmerksam: Nicht nur, weil er acht Eigentore schoss und zwar in zehn Minuten, sondern auch noch alle kurz vor Spielende. Laut italienischem Verband nehmen Ermittler ihre Tätigkeit auf …

Die Folgen mangelnder Plausibilität setzen an der grundlegenden Glaubwürdigkeit von Daten, Analysen und Schlussfolgerungen an und sind besonders bedeutsam. Je nach Art des Verstoßes gegen Plausibilität können die Fehler weitreichend sein; erschwerend kommt hinzu, dass diese Probleme auch in Kombination auftreten können:

- *Mangelnde externe Validität:* Wenn die Daten z.B. an einer nicht näher definierten und ohne Zufallsprozess gezogenen Stichprobe gewonnen wurden, ist eine Verallgemeinerung der Ergebnisse auf eine Grundgesamtheit sicher *nicht* plausibel. Das Ergebnis gilt weiterhin *nur* für diese Stichprobe.
- *Mangelnde interne Validität:* Wenn z.B. erhobene Daten überinterpretiert werden, aber die vorgenommene Messung gar nicht der Fragestellung angemessen und damit auch die Schlussfolgerungen gar nicht durch diese Daten gestützt sind. Ein Phänomen, das nicht selten bei der Clusteranalyse auftaucht: Bezeichnungen von Clustertypen suggerieren dabei Inhalte, die gar nicht Gegenstand der Messung waren (vgl. Schendera, 2010, 20–21).
- *Fehler:* Eine einzelne (bis dato übersehene) Ursache (i.S.e. Verstoßes gegen Datenqualität) kann auch bei Daten vorkommen, die extern und intern valide sind (selbstverständlich auch, falls diese es *nicht* sind). Wenige Ausreißer reichen z.B. bereits aus, um u.a. Mittelwerte, Varianzen oder auch Regressionskoeffizienten völlig zu verzerren und damit einen Fehler zu produzieren. Wenige Missings reichen z.B. bereits aus, um die Gültigkeit von Streumaßen wie z.B. des Mittelwerts oder der Standardabweichung einzuschränken.
- *NINO/GIGO-Prinzip:* Kommen all diese Probleme zusammen (und ggf. weitere, nicht angesprochene), wird oft auch vom NI-

NO bzw. GIGO-Prinzip gesprochen. Mit „nonsens in – nonsens out" bzw. „garbage in – garbage out" ist bereits alles gesagt: Eine Auswertung unklar erhobener, unvollständiger oder fehlerhafter Daten führt unweigerlich wieder zu fehlerhaften Ergebnissen und Schlussfolgerungen.

Daten sollten unbedingt auf Plausibilität geprüft werden. Maßnahmen zur Sicherung von Datenqualität können, je nach Ausschlusskriterium, unterschiedlichste Abweichungen von Plausibilität identifizieren helfen. Gesunder Menschenverstand, Sachnähe und Kommunikation mit Experten sind durchaus hilfreich: einerseits für die Aufstellung relevanter Prüfregeln, andererseits für die Beurteilung des Verstoßes gegen bzw. Einhalten von Prüfregeln, und zu guter Letzt für das Zustandekommen der spezifischen Ursache der Abweichung von Plausibilität. Auf mangelnde externe oder interne Validität haben die vorgestellten Maßnahmen zur Sicherung von Datenqualität kaum Einfluss. Eine „vergeigte" Zufallsziehung kann z.b. kaum rückgängig gemacht werden. Allenfalls wird die Aufmerksamkeit auf womöglich besser geeignete Daten für die eigentliche Fragestellung gelenkt.

✋ Maßnahmen zur Prüfung der Plausibilität

Die zusammengestellten Prüfmaßnahmen veranschaulichen effektive Ansätze zur Überprüfung quantitativer oder auch qualitativer Ausreißer. Die Komplexität der Prüfmaßnahme folgt aus der Komplexität des zu prüfenden Sachverhaltes. Für anspruchsvollere, genuin multivariate Ansätze wird auf Schendera (2007, Kap. 8) verwiesen.

Das Grundprinzip der Prüfung von Plausibilität ist die Formulierung einer Prüfregel bzw. eines Ausschlusskriteriums. Diese Prüfregel wird aus der eigentlichen Hypothese abgeleitet und formuliert einen (auszuschließenden!) expliziten Widerspruch zu ihr. Die solcherart angestrebte Widerspruchsfreiheit kann man sich auch als „negative Hypothese" vorstellen. Dass eine Variable (oder auch mehrere) ein bestimmtes Merkmal *nicht* haben, oder ein bestimmter Zusammenhang oder Unterschied *nicht* in den Daten vorkommt (eben weil es nicht plausibel wäre), unterstützt die inhaltliche Plausibilität der geprüften Daten.

■ *Eine Variable:* Prüfmöglichkeit *Liste*: geprüft wird: Mannschaften der 2. Bundesliga können *nicht* zeitgleich in der 1. Bundesliga spielen. Eine solche Überprüfung erfordert *methodisch* gesehen zwar nur, dass die betreffenden Daten angesehen werden. *Inhaltlich* gesehen ist jedoch Expertenwissen erforderlich, um zu prüfen, welche der Mannschaften zur 1. oder 2. Liga zählen, und auch, um eine Erklärung für einen möglichen Fehler zu finden.

▪ *Eine Variable:* Prüfmöglichkeit *Schwellenwert*: geprüft wird: Aktive Bundesligaspieler können z.b. *nicht* über 80 Jahre alt sein. Der Wert 82 darf z.B. nicht in den Daten vorkommen, weil es nicht plausibel ist. Eine Erklärung ist (vermutlich) ein Zahlendreher: 28 → 82. Ein solcher Test auf Ausreißer (vgl. Abschnitt 6.5) ist eine Variante eines Plausibilitätstests, weil (im Rahmen einer bestimmten Erwartung) ein Wert *nicht* über einer bestimmten Schwelle liegen sollte.

▪ *Eine Variable:* Prüfmöglichkeit *Häufigkeitstabelle:* geprüft wird: Spieler werden im Schnitt nicht 99 Jahre alt. Eine Häufung im Wert 99 ist formell und inhaltlich nicht plausibel. Dieses Beispiel spielt auf ein Lieblingsbeispiel des Verfassers an (Schendera, 2007, 207), worin Kodes für Missings („99") versehentlich als echte Daten auch in die deskriptive Analyse einflossen und sie entsprechend massiv verfälschten.

▪ *Zwei Variablen:* Prüfmöglichkeit *Gruppierte Mittelwerte:* geprüft wird: Wie viele Zigaretten rauchen durchschnittlich Spieler, die angaben, niemals geraucht zu haben? Das Ergebnis sollte eigentlich gleich Null sein. Jede Abweichung macht die Daten eigentlich sogar beider Variablen unplausibel. Es könnte bei anderen Spielern ja auch sein, dass sie rauchten, aber angaben, dass sie nicht rauchten. Dieselbe Fragestellung kann alternativ mittels einer *Kreuztabelle* geprüft werden, wenn nicht nach der Anzahl der gerauchten Zigaretten analysiert wird, sondern nach der Anzahl der Spieler, die in dieser Frage eine Angabe machten.

▪ *Drei oder mehr Variablen:* Prüfmöglichkeit *Kombinierte Bedingungen* (z.B. kombinierte Ausreißer-Regeln)*:* Bei Fußballspielern sind z.B. folgende Maße für sich genommen unauffällig: zahlreiche Ballkontakte, eine hohe Zweikampf- und Passquote, hohe Laufleistung, wenige Tore erzielen oder auch zahlreiche Torschüsse bekommen, und davon viele halten. *Geprüft wird:* Kann ein Fußballspieler *zugleich* haben: zahlreiche Ballkontakte *und* eine hohe Zweikampf- *und* Passquote *und* hohe Laufleistung *und* wenige Tore erzielen *und* auch zahlreiche Torschüsse bekommen *und* davon viele halten? Vermutlich nicht; eine plausible Erklärung ist, dass die Parameter für Torhüter und Mittelfeldspieler „in einen Topf" geworfen wurden. Diese Variante prüft Werte, die einzeln betrachtet unauffällig sind, nicht jedoch in ihrer Kombination.

Der Umgang mit implausiblen Daten hängt wie bei den meisten Fehlern ebenfalls von der Ursache der Abweichung von Plausibilität ab. Die Ursache kann von einer „vergeigten" Ziehung (falsche Stichprobe) über anzupassende Annahmen bis hin zu bis dato unauffälligen Tipp- oder Eingabefehlern reichen.

> **Plausibilitätsanalysen** schaffen erst die Glaubwürdigkeit von Daten. Ohne **Datenplausibilität** keine (deskriptive) Analyse. Datenqualität kommt daher vor Analysequalität.

Wir sind damit beinahe am Ende des Kapitels zur Datenqualität angekommen. Der nächste Abschnitt stellt einige Trainingseinheiten zusammen.

6.7 Trainingseinheiten

✋ **Einheit I: Prüfen auf Vollständigkeit**
Öffnen Sie eine beliebige Datentabelle und fragen Sie sich: Können Sie anhand der Datentabelle alleine beurteilen, ob sie *wirklich* vollständig ist? Falls ja, *ist* die Datentabelle vollständig?

✋ **Einheit II: Prüfen auf Einheitlichkeit**
Öffnen Sie eine beliebige Datentabelle. Erstellen Sie eine Häufigkeitstabelle einer Stringvariablen. Prüfen Sie, ob neben den gültigen Strings (z.B. „FCB") auch ungültige Variationen in dieser Variablen vorkommen (z.B. „FBC" oder „BCF"). Falls ja, legen Sie eine Sicherheitskopie der fehlerhaften Originalvariablen an und nehmen Sie an der Originalvariablen die Korrekturen vor.

✋ **Einheit III: Prüfen auf Missings**
Öffnen Sie eine beliebige Datentabelle. Erstellen Sie eine Häufigkeitstabelle einer beliebigen Variablen.

Prüfen Sie, ob neben den gültigen Einträgen auch Kodes für Missings oder sogar leere Zellen vorkommen. Falls ja, legen Sie eine Sicherheitskopie der fehlerhaften Originalvariablen an und ergänzen Sie die Originalvariable um Einträge bzw. Kodes für Missings (sofern möglich).

✋ Einheit IV: Prüfen auf Doppelte

Öffnen Sie eine beliebige Datentabelle. Prüfen Sie, ob eine Key-Variable vorkommt. Erstellen Sie ein Balkendiagramm für diese Key-Variable. Prüfen Sie, ob die Keys häufiger als 1 vorkommen. Achten Sie dabei unbedingt auf *Missings* in der Key-Variablen. Mehrfache Missings sind zunächst *ebenfalls* so lange als Doppelte zu behandeln, bis das Gegenteil bewiesen ist. Stellen Sie sicher, ob doppelte Einträge in einer Key-Variablen mehrfach vorkommen *dürfen*. Entfernen Sie versuchsweise Zeilen mit doppelten Key-Variablen.

✋ Einheit V: Prüfen auf Ausreißer

Öffnen Sie eine beliebige Datentabelle. Wählen Sie eine beliebige numerische Variable. Fordern Sie diverse Streumaße für diese Variable an, z.B. Spannweite, Quartilsabstand, Standardabweichung und Variationskoeffizient. Erstellen Sie ein Box-Plot und ein Fehlerbalkendiagramm für diese Variable. Prüfen Sie Maße und Visualisierungen auf Auffälligkeiten. Wiederholen Sie diesen Schritt für zwei, drei weitere Variablen Ihrer Wahl. Ersetzen Sie versuchsweise auffällige Werte durch korrekte Werte, Schätzer oder durch einen Kode für einen Missing und wiederholen Sie diesen Vorgang. Verfolgen Sie die Veränderungen an den Streumaßen und Visualisierungen dieser Variablen.

✋ Einheit VI: Prüfen auf Plausibilität

Öffnen Sie eine beliebige Datentabelle. Wählen Sie zwei beliebige numerische oder Text-Variablen. Formulieren Sie anhand von Prüfregeln Merkmale (für die univariate Prüfung) oder Zusammenhänge oder Unterschiede (für die bivariate Prüfung), die nicht in den Daten vorkommen dürfen. Wenden Sie Listen, Schwellenwerte, Häufigkeitstabellen, gruppierte Mittelwerte oder kombinierte Bedingungen an.

7 Jonglieren mit Zahlen als Gewicht und Text

Dieses Kapitel schließt die Einführung in die deskriptive Statistik mit zwei speziellen Anwendungen: dem praktischen Umgang mit Gewichten (vgl. 7.1) und dem Umgang mit Zahlen beim Abfassen von Texten (vgl. 7.2). Abschnitt 7.1 führt in das Erstellen einer deskriptiven Statistik unter Einbeziehung von *Gewichten* ein. Gewichte haben einen großen Einfluss bei der Ermittlung deskriptiver Statistiken. Werden Daten höher gewichtet, so hat das konkrete Folgen. Auch wenn das Einbeziehen von Gewichten i. Allg. unkomplizierter als ihre Ermittlung ist, werden Umstände dafür angeführt, deskriptive Statistiken auch ohne Gewichte zu berechnen. Unterabschnitt 7.1.1 wird zuerst den Effekt von Gewichten an Beispielen aus dem Fußball, der Politik und der Wirtschaft veranschaulichen (gewichtete Ergebnisse sind nur mit Kenntnis der dahinterstehenden Annahmen und Interessen nachvollziehbar). Unterabschnitt 7.1.2 wird den Effekt von Gewichten an zahlreichen Streu- und Lagemaßen veranschaulichen. Unterabschnitt 7.1.3 wird als „Hintergrundbericht" die Frage klären: Was sind eigentlich Gewichte? Dabei wird auf die Funktion und Varianten von Gewichten eingegangen, von selbstgewichteten Daten über Design-Gewichte (dis-/proportionale Ansätze) bis hin zur Poststratifizierung. Abschnitt 7.2 führt in das Verfassen einer deskriptiven Statistik als Text ein und stellt u.a. Empfehlungen zusammen, wann eine Zahl als Ziffer („Zahl") und wann als Zahlwort („Text") geschrieben werden sollte. Unterabschnitt 7.2.1 stellt den Umgang mit allgemein gebräuchlichen Zahlen vor. Unterabschnitt 7.2.2 behandelt den Umgang mit präzisen Maßen bzw. Messungen. Unterabschnitt 7.2.3 schließt mit Symbolen und Statistiken.

7.1 Deskriptive Statistik mit Gewichten

Der Begriff des „Gewichts" kann im Zusammenhang mit der deskriptiven Statistik mindestens *drei* Bedeutungen haben:

- ein *Messwert* mit einem besonders hohen *formellen* (positiven, negativen) Einfluss oder Beitrag (z.B. Ausreißer).

- ein separater *Anpassungswert*, der einen Messwert (oder mehrere) im Rahmen eines annahmengeleiteten *und* mathematischen Modells mit dem Ziel adjustiert, dem Messwert aus wichtigen Gründen mehr Einfluss zu verschaffen. Anpassungswerte wandeln z.B. Messwerte in gewichtete Werte um.
- ein Wert mit einer besonderen *inhaltlichen Bedeutung*; z.B. können gerade besonders hohe Gewichte ein besonderes inhaltliches Gewicht haben.

Erschwerend kann hinzukommen, dass alle drei Bedeutungen zusammenkommen können: Werte haben oft deshalb eine besondere inhaltliche Bedeutung, weil sie bereits eine Adjustierung mittels Anpassungswerten durchlaufen haben. Sollten also einzelne Werte auffallen, wäre auch die Rolle der Gewichtung zu prüfen, sofern sie denn transparent ist. In den folgenden Ausführungen steht jedoch vorrangig die zweite Bedeutung, die des separaten *Anpassungswerts*, im Zentrum der Aufmerksamkeit. Diese Gewichte haben, wie später zu sehen sein wird, bei der Berechnung deskriptiver Statistiken einen großen Einfluss. Daraus ergibt sich vermutlich gleich zum Anfang die Frage:

Kann man deskriptive Statistiken auch ohne Gewichte berechnen?

Ja. Man kann deskriptive Statistiken dann auch ohne Gewichte ermitteln, z.B. wenn:

- die Daten eine Vollerhebung (Grundgesamtheit) *sind*.
- die Daten einer Grundgesamtheit vollständig proportional *entsprechen* und also auch *ohne* Gewichte *gewichtet* sind (dies wird auch als vollständig selbstgewichtete Stichprobe bezeichnet, s.u.).
- speziellere Verfahren keine Gewichte zulassen, z.B. hierarchische Clusterverfahren oder Strukturgleichungsmodelle (für Maße der deskriptive Statistik ist mir dies nicht bekannt; ich freue mich jedoch über entsprechende Hinweise).
- ein Bias ausgeschlossen werden kann; wenn also das Gewicht keinen Bias auf die Variable ausübt, für welche die deskriptive Statistik ermittelt werden soll.
- es keine Gewichte gibt; in diesem Falle können die Ergebnisse nicht auf eine Grundgesamtheit verallgemeinert werden (sofern es sich nicht um eine Vollerhebung oder um eine vollständig selbstgewichtete Stichprobe handelt).

288 Deskriptive Statistik

✋ Achtung: Bias!

Man kann deskriptive Statistiken dann auch ohne Gewichte ermitteln, z.B. wenn man bereit ist, einen *massiven* Bias in Kauf zu nehmen. Werden Gewichte *nicht* berücksichtigt, hat dies üblicherweise (bei den oben aufgeführten Ausnahmen) massiv verzerrte Schätzer deskriptiver Maße zur Folge. Gewichte retten auch keine „vergeigte" Zufallsziehung. Im Gegenteil, können bereits vorhandene Bias durch Gewichte sogar noch verstärkt werden.

Gewichte treten nicht überall so deutlich zutage wie hier, wo wir über sie sprechen: z.B. bei *Faustregeln* wie „Die meisten Unfälle passieren in der Nähe der eigenen Wohnung". Ja logisch, in diesem Bereich hält man sich i. Allg. auch am häufigsten auf. Der Faktor „Aufenthaltshäufigkeit" ist eine verdeckte Gewichtung (und ein idealer Kandidat für das Simpson-Paradoxon) z.B. in *Fragebögen*: Viele Subskalen bestehen aus einer unterschiedlichen Anzahl an Items. In Subskalen mit weniger Items haben diese ein *höheres* Gewicht als Items, die längere Subskalen bilden. Die Anzahl von Items verschiedener Subskalen kann interessante Interpretationen eröffnen, z.B. bei *Formeln* zu: Wer wird der nächste Weltmeister? Jedem Kriterium (vgl. 4.7.2), das in eine Vorhersagegleichung aufgenommen wird, kommt ein anderes Gewicht zu. Die FIFA-Position mag dabei (ge-)wichtiger sein als Rot als Trikotfarbe. *Weil* wir tagtäglich mit Gewichtungen operieren, oft *ohne* es zu merken, sollte ihnen die Aufmerksamkeit gewidmet werden, die ihnen definitiv gebührt.

7.1.1 Deskriptive Maße mit Gewicht

Deskriptive Statistiken werden durch Gewichte beeinflusst (neben Missings, vgl. 4.2 bzw. 4.3). Vergleichbar zur Veranschaulichung des Einflusses von Missings wird anhand der folgenden Beispiele der Einfluss von Gewichten auf deskriptive Maße veranschaulicht. Die Beobachtungen sind: 1, 2, 4, 4 bzw. 5. Die dazugehörenden Gewichte sind: 2, 2, 1, 2 bzw. 1. Ist von konstanten Gewichten die Rede, können Gewichte wie z.B. 2, 2, 2, 2 bzw. 2 aussehen. Das Einbeziehen von Gewichten in eine deskriptive Analyse ist unkompliziert, kann ihre Berechnung jedoch deutlich beeinflussen. Wegen Gewichten können sich gewichtete deskriptive Maße von denen ungewichteter Daten deutlich unterscheiden. Die Ergebnisse der vergleichenden Berechnungen für den Fall gewichteter Werte wurden mit SAS v9.4 ermittelt.

Mengen und Anteile

Der erste Wert in den vorgestellten Produkten (*1* × 4) repräsentiert das Gewicht; der zweite Wert darin (1 × *4*) repräsentiert den beobachteten Wert, der durch das zugewiesene Gewicht einen höheren Einfluss erhalten soll. „Ohne Gewichte" ist gleichbedeutend mit einem Gewicht gleich 1.

z.B. N und Summen:

- Berechnung ohne Gewichte:
  $N_{Beobachtungen} = 5$ (1, 2, 4, 4, 5)
  Summe Gewichte:
  $\Sigma_{Gewichte} = 5$ (1 + 1 + 1 + 1 + 1)
  Summe Beobachtungen:
  $\Sigma_{Beobachtungen} = 16$ (1×1 + 1×2 + 1×4 + 1×4 + 1×5)
- Berechnung mit Gewichten:
  $N_{Beobachtungen} = 5$ (1, 2, 4, 4, 5)
  Summe Gewichte:
  $\Sigma_{Gewichte} = 8$ (2 + 2 + 1 + 2 + 1)
  Summe Beobachtungen
  $\Sigma_{Beobachtungen} = 23$ (2×1 + 2×2 + 1×4 + 2×4 + 1×5)

Gewichte führen zu Unterschieden in den Parametern der Summe der Gewichte (vgl. 5 vs. 8) und der Summe der Beobachtungen (vgl. 16 vs. 23).

Prozente und Häufigkeiten

Gewichte verändern bei gruppierten Daten das Häufigkeitsverhältnis zueinander. Veranschaulichen lässt sich dies an zwei Gruppen mit zwei exakt gleich großen N.

- ohne Gewichte: Gruppe$_1$: $N×1$: Gruppe$_2$: $N ×1$: 50% : 50%.
- mit Gewichten: Gruppe$_1$: $N×1$: Gruppe$_2$: $N ×1{,}5$: 40% : 60%.

Die veränderten Prozentanteile drücken aus, dass Gewichte bei gruppierten Daten auch die Verhältnisse der Häufigkeiten zueinander verändern können. Gruppierte Daten sind i. Allg. Datenzeilen, die durch die Ausprägungen einer diskret skalierten Variablen (oder auch mehr) in eine Gruppe, Klasse oder Schicht (oder mehr) zusammengefasst werden. Bei univariaten Analysen kann der Effekt bereits bei einer einzelnen diskret skalierten Variablen auftreten (die Gewichte setzen dabei an den ihren jeweiligen Ausprägungen an); erst recht bei multivariaten Analysen, bei denen die Daten durch mehrere Faktoren (ein anderer Ausdruck für gruppierende, klassierende etc. Variablen) in zwei oder mehr Gruppen unterteilt werden. Der Effekt von Gewichten auf das Ergebnis multivariater Analysen sollte nicht unterschätzt werden. Auch Lage- und Streumaße könnten betroffen sein:

Lagemaße

z.B. Modus:

- Zahlenreihe mit Gewicht=1: Modus: 4.
- Zahlenreihe mit Gewichten=1 bzw. 2: Modus: 4.

Bei ungleichen und konstanten Gewichten fällt der Modus gleich aus.

z.B. Mittelwert:

- Zahlenreihe mit Gewicht=1: Mittelwert: 3,2.
- Zahlenreihe mit Gewichten=1 bzw. 2: Mittelwert: 2,88.

Bei ungleichen Gewichten fällt der Mittelwert verschieden aus (vgl. 3,2 vs. 2,88); bei konstanten Gewichten fällt der Mittelwert gleich aus.

z.B. Median:

- Zahlenreihe mit Gewicht=1: Median: 4.
- Zahlenreihe mit Gewichten=1 bzw. 2: Median: 3.

Bei ungleichen Gewichten fällt der Median verschieden aus (vgl. 3 vs. 4); bei konstanten Gewichten fällt der Median gleich aus.

Streumaße

z.B. Spannweite R

- Zahlenreihe mit Gewicht=1: Spannweite: 4.
- Zahlenreihe mit Gewichten=1 bzw. 2: Spannweite: 4.

Bei ungleichen und konstanten Gewichten fällt die Spannweite gleich aus.

z.B. Varianz

- Zahlenreihe mit Gewicht=1: Varianz: 2,7.
- Zahlenreihe mit Gewichten=1 bzw. 2: Varianz: 4,22.

Bei ungleichen Gewichten fällt die Varianz verschieden aus (vgl. 2,7 vs. 4,22); auch bei konstanten Gewichten würde die Varianz ungleich ausfallen.

z.B. Standardabweichung

- Zahlenreihe mit Gewicht=1: Standardabweichung: 1,64.
- Zahlenreihe mit Gewichten=1 bzw. 2: Standardabweichung: 2,05.

Bei ungleichen Gewichten fällt die Standardabweichung verschieden aus (vgl. 1,64 vs. 2,05); auch bei konstanten Gewichten fällt die Standardabweichung ungleich aus.

z.B. Variationskoeffizient

- Zahlenreihe mit Gewicht=1: Modus: 51,35.
- Zahlenreihe mit Gewicht=2: Modus: 71,44.

Bei ungleichen Gewichten fällt der Variationskoeffizient verschieden aus (vgl. 51,35 vs. 71,44); auch bei konstanten Gewichten fällt der Variationskoeffizient ungleich aus.

▶ **Exkurs: Rechnen mit Gewichten**

Das Einbeziehen von Gewichten in eine Analyse ist meist unkomplizierter als ihre Ermittlung. Das folgende Beispiel veranschaulicht das Rechnen mit Gewichten mit SAS (für Rechnen mit Gewichten mit SPSS vgl. Schendera, 2005, 67–69). Die Syntax links zeigt anhand eines Einlese-Schritts (es könnte genauso gut ein SAS Datensatz sein), wie jedem Wert WERT genau *ein* Gewicht GEWICHT zugewiesen ist.

```
data GEWICHTE ;
input WERT GEWICHT ;
datalines ;
1 2
2 2
4 1
4 2
5 1
;
run ;
```

```
proc univariate data=GEWICHTE;
var WERT;
weight GEWICHT ;
run ;
```

Anm.: Mit PROC UNIVARIATE werden deskriptive Statistiken für WERT ermittelt.

Die Syntax rechts zeigt, wie die Gewichte GEWICHT unter WEIGHT mittels PROC UNIVARIATE in die deskriptive Analyse von WERT einbezogen werden. In die Grundlagen der *Ermittlung* von Gewichten führt diese fußball-lastige Einführung selbstverständlich auch ein.

Exkurs ◀

7.1.2 Hintergrund: Was sind eigentlich Gewichte?

Stichproben aus Grundgesamtheiten sind nicht immer so ausgewogen gezogen, dass sie sie perfekt repräsentieren (vgl. Gabler et al., 1994). An dieser Stelle kommen nun Gewichte ins Spiel:

- Gewichte werden verwendet, um die Stichprobe an die Grundgesamtheit besser anzugleichen. Dies geschieht i. Allg. dadurch, indem der Wert des Gewichts steuert, wie häufig der betreffende Fall in der Analyse gezählt wird.
- Gewichte sind Werte, die den Fällen im Datensatz zugewiesen werden. Jeder Fall im Datensatz verfügt über ein eigenes Gewicht. Der Datensatz sollte also neben den eigentlichen Werten auch Gewichte enthalten. Jedem Fall wird immer nur *ein* Gewicht zugewiesen. Für jeden Fall wird immer nur ein Gewicht in eine Analyse einbezogen.
- *Beispiele:* Gewichte sind i. Allg. positiv, größer als Null, und meist Bruchzahlen. Ein Gewicht von z.B. 2 bedeutet, dass der betreffende Fall (Zeile) im Datensatz in der Analyse als zwei identische Fälle (Zeilen) gezählt wird. Ein Gewicht von 1 bedeutet, dass der betreffende Fall (Zeile) im Datensatz in der Analyse als nur ein Fall bzw. eine Zeile gezählt wird. In *SAS* bedeuten Gewichte kleiner gleich 0, dass der Fall nur bei der Ermittlung des Gesamt aller Fälle berücksichtigt wird. Ist das Gewicht ein Missing, wird der betreffende Fall ganz aus der Analyse ausgeschlossen. In *SPSS* werden nichtpositive oder fehlende Gewichte als vom Gewicht gleich 0 interpretiert und nicht in statistischen Analysen berücksichtigt, auch nicht beim Ermitteln des ungewichteten Gesamt aller Fälle (SPSS, 2013, 1993–4).
- Typische Eigenschaften von Gewichten sind, dass die Summe der Gewichte in der Stichprobe bzw. Untergruppe der Stichprobe einen Schätzer der Grundgesamtheit bzw. Untergruppe der Grundgesamtheit darstellt. Ein Schätzer, der Gewichte einbezieht, ist ein Schätzer für die Grundgesamtheit: Ein deskriptives

Maß, das sonst nur für eine Stichprobe gilt, wird über das Einbeziehen von Gewichten also zu einem Schätzer für die Grundgesamtheit.

- Auch wenn jeder Fall nur *ein* Gewicht erhält, können in die *Ermittlung* eines Gewichts dagegen sehr wohl *mehrere* Faktoren eingehen (u.a. Design-Gewicht, Poststratifizierung und Nonresponse-Gewicht). Dieses Thema werden wir an späterer Stelle wieder aufnehmen.
- Gewichte haben bei der Berechnung deskriptiver Statistiken einen großen Einfluss. Daraus ergibt sich vermutlich die Frage: Warum? Wo kommen Gewichte her?

▶ Exkurs: Herleitung von Gewichten

Wie schon zu Anfang des Kapitels angedeutet, ist das Einbeziehen von Gewichten in eine Analyse oft unkomplizierter als ihre Ermittlung. Nichtsdestotrotz soll zumindest in die Grundlagen der Ermittlung von Gewichten eingeführt werden, um ein besseres Verständnis ihrer Funktion und erste Anregungen zu ihrem Zustandekommen zu vermitteln. Die Ausführungen werden etwas ausholen und u.a. Begriffe wie Grundgesamtheit, Stichprobe, Zufallsziehung und Erhebungsdesign differenzieren.

Die Beispiele dazu werden zunächst zu unseren Entdeckungsreisenden im Fußballstadion mit 100.000 Plätzen zurückführen: mit einer Haupttribüne (39.000 Plätze), mit VIP-Plätzen und Lounges nahe der Haupttribüne (ca. 1.000 Plätze), einer Gegentribüne (40.000 Plätze) sowie zwei Nord- bzw. Südtribünen („roter" und „gelber" Block) mit je 10.000 Plätzen. Nun wird jedoch der Fokus von der Strukturierung und Ziehung zur *Gewichtung* verschoben.

Exkurs ◀

✋ Eine Maßzahl für das Gewicht: Die Rim Efficiency

Die **Rim Efficiency (RE)** ist ein Indikator dafür, wie balanciert eine Stichprobe ist. Je niedriger RE ist, umso eher sollte die betreffende Stichprobe nach oben oder unten gewichtet werden. Je höher RE ist, desto balancierter ist eine Stichprobe.

Mit der bislang vereinfachenden Unterscheidung in Stichprobe und Grundgesamtheit gehen u.a. die beiden Annahmen einher, dass *einfache* Methoden der Zufallsziehung zur Erhebung ausreichen *und* dass die Daten zugleich aus einer Grundgesamtheit als einer *in*finiten Population stammen. *In diesem Falle dürfen die üblichen Maße der deskriptiven Statistik berechnet werden.* In den Beispielen zur Erhebung im Fußballstadion in Abschnitt 3.2 machten wir es uns einfach: Weil innerhalb jeder Tribüne jeder Fall *dieselbe Auswahlwahrscheinlichkeit* hatte, war eine einfache zufallsbasierte Ziehung ausreichend (für die Entdeckungsreisenden nach einer gewissen Lernkurve). Solange eine gezielte Einteilung des Fußballstadions in Tribünen, Strata oder Cluster mit unterschiedlichen Auswahlwahrscheinlichkeiten nicht erforderlich ist, sind auch komplexe Samplingmethoden nicht erforderlich. Die Setzung „Außerhalb des Stadions existiert nichts." vereinfachte einerseits die Transparenz der Struktur von Stichprobe und Grundgesamtheit; andererseits suggerierte sie, dass die Zählbarkeit der Elemente in einer Grundgesamtheit keine Rolle spielte. *Infinit* würde z.B. bedeuten, dass die Elemente der Grundgesamtheit nicht zählbar sind. Fans, die dagegen *zum Zeitpunkt einer bestimmten, angesetzten Begegnung in einem Stadion an ihrem Platz* anzutreffen sind, sind ein Beispiel für eine *finite, zählbare* Grundgesamtheit. Deren Ergebnisse können damit nur *eingeschränkt verallgemeinert* werden. Sobald also eine Grundgesamtheit (und damit gemäß eines Designs eine *angestrebte* Stichprobe) in *verschiedene* Tribünen usw. mit *unterschiedlichen* Auswahlwahrscheinlichkeiten unterteilt wird, werden *komplexe* Sampling- und Analysemethoden erforderlich (vgl. Beispiel IV zum disproportionalen Sampling), umso mehr, wenn die Daten aus einer *finiten* Grundgesamtheit stammen. *In diesem Falle können nicht die üblichen Maße der deskriptiven Statistik berechnet werden.*

Das alles können Analysten natürlich nicht wissen, wenn sie nur einen Datensatz vorliegen haben. Sind also solche Differenzierungen in der Struktur, Ziehung und Analyse der Stichprobe abzusehen, ist *auch* eine *explizite* Dokumentation gemäß eines Erhebungsdesigns erforderlich und Analysten zur Verfügung zu stellen.

Das sogenannte Erhebungsdesign (syn.: Sample Design, kurz: Design) beschreibt als Dokumentation u.a. die Wellen, Strukturen, Regeln und Gewichte, gemäß denen Fälle (technisch: Sampling Units, PSUs) zufallsbasiert aus der Grundgesamtheit gezogen werden und, ganz wichtig, wie auch die deskriptive Statistik als Schätzer für die Grundgesamtheit berechnet werden soll. Zentral ist auch die Herleitung der Stichprobe aus der Grundgesamtheit (Zielpopulation). Durch Ein- bzw. Ausschlusskriterien genauer präzisiert, gelangt man dadurch zur zu erhebenden Grundgesamtheit bzw. der *angestrebten* Stichprobe.

Nun von einer *finiten* (sic) Grundgesamtheit und seinen Strukturen ausgehend, wird an den folgenden Beispielen herausgearbeitet, dass manche Gewichte sich auf das *Design*, manche auf die *Response* in der Ziehung (im Vergleich zur Grundgesamtheit) und manche auf die *Non*response in der Ziehung beziehen. Wir beginnen nun mit dem unkompliziertesten Fall, den selbstgewichteten Daten.

✋ Variante 1: Selbstgewichtete Daten

Unsere Entdeckungsreisenden zogen im Stadions zufällig 390 Fälle aus der Haupttribüne, von VIP-Plätzen und Lounges 10 Fälle, der Gegentribüne 400 Fälle sowie je 100 Fälle aus der Nord- bzw. Südtribüne. Damit es kein Missverständnis gibt: Die *Ziehung* selbst war zufällig; die *Anzahl* der gezogenen Fälle nicht. Das Gewicht der Fälle zur Grundgesamtheit ist jeweils absichtlich 100. Die Auswahlwahrscheinlichkeit bzw. Ziehungsproportion ist 1/100; es sollte strikt 1 % aus der Grundgesamtheit gezogen werden.

✋ Beispiel I

Selbstgewichtete Daten

Design: 1/100	Proportion Grundgesamtheit	Proportion Stichprobe	Ist-Ratio[1]
Haupttribüne	39.000	390	1/100
Gegentribüne	40.000	400	1/100
Nordtribüne	10.000	100	1/100
Südtribüne	10.000	100	1/100
VIPs und Lounges	1.000	10	1/100

Zueinander und zur Grundgesamtheit müssen die Fälle nicht adjustiert werden. Jeder Fall *im* Datensatz hat außerdem dasselbe Gewicht. Die Anzahl der Zeilen pro (Unter-)Gruppe in der Stichprobe entspricht einem Schätzer der Anzahl der Besucher des Stadions. Der Datensatz ist *selbstgewichtet*. Je nachdem, wie klein ein solcher Datensatz ist, kann die statistische Power durchaus beschränkt sein. Bei einer Auswahlwahrscheinlichkeit bzw. Ziehungsproportion von 1/1000 wäre man z.B. für VIP-Plätze und Lounges auf nur einen Fall angelangt. Ein selbstgewichteter Datensatz entspricht einem proportionalen Sampling (vgl. Beispiel II).

✋ Variante 2: Design-Gewichte

Unsere Entdeckungsreisenden zogen im Stadion wieder gemäß eines Zufallsprinzips zufällig 390 Fälle aus der Haupttribüne, von VIP-Plätzen und Lounges 10 Fälle, der Gegentribüne 400 Fälle sowie je 100 Fälle aus der Nord- bzw. Südtribüne. Die Auswahlwahrscheinlichkeit bzw. Ziehungsproportion ist jeweils absichtlich 1/100. Das Gewicht der Fälle zur Grundgesamtheit ist ebenfalls jeweils 100.

✋ Beispiel II

Ermitteln von Design-Gewichten: Proportionaler Ansatz

Design: 1/100	Proportion Grundgesamtheit	Proportion Stichprobe	Ist-Ratio[1]	Gewicht
Haupttribüne	39.000	390	1/100	**100**
Gegentribüne	40.000	400	1/100	**100**
Nordtribüne	10.000	100	1/100	**100**
Südtribüne	10.000	100	1/100	**100**
VIPs und Lounges	1.000	10	1/100	**100**

Legende: [1] Aus Platzgründen werden die tatsächliche Ziehungsproportion bzw. -wahrscheinlichkeit in der Tabelle mit „Ist-Ratio" abgekürzt.

Jeder Fall im Datensatz hat dasselbe Gewicht, nämlich 100, egal ob der befragte Fall auf der Gegen-, Haupt-, Nord- usw. -tribüne befragt wurde. Diese Vorgehensweise wird als *proportionale* Stichprobenziehung bezeichnet. Die Anzahl der Zeilen pro (Unter-)Gruppe in der Stichprobe entspricht einem Schätzer der Anzahl der Besucher des Stadions. Auch *zueinander* müssen die Fälle nicht adjustiert werden. Diese Vorgehensweise wird als *proportionale* Stichprobenziehung bezeichnet. In einem einfachen Fall kann ein proportionales Sampling einem selbstgewichteten Datensatz entsprechen (vgl. Beispiel I), wenn die Ziehungsproportion bzw. -wahrscheinlichkeit (Zufallsprinzip vorausgesetzt) einer *Konstanten* entspricht, z.B. immer 1/100 ist.

Unsere Entdeckungsreisenden sind begeistert und ziehen wieder los, um „wie wild", aber dennoch einem Zufallsprinzip folgend zu sampeln und zu erheben. Wir werden später sehen, was für sie die Erhebung im Stadion so attraktiv gemacht haben könnte. Am Ende des Tages hatten sie: 390 Fälle aus der Haupttribüne, von VIP-Plätzen und Lounges *100* Fälle, der Gegentribüne *200* Fälle sowie je 100 Fälle aus der Nord- bzw. Südtribüne. Die Auswahlwahrscheinlichkeit war jeweils wieder 1/100, davon wurde allerdings zweimal abgewichen. Die Ausnahme sind die Fälle der Gegentribüne und der VIP-Plätze bzw. Lounges; die Besucher von der Gegentribüne wurden *halb* so häufig gezogen und die Besucher der VIP-Plätzen bzw. Lounges wurden *10-mal* häufiger gezogen relativ zu den Besuchern der anderen Tribünen. Das Gewicht der Fälle aus diesen beiden Tribünen muss also zu den anderen Tribünen adjustiert werden.

✋ Beispiel III

Ermitteln von Design-Gewichten: Proportionaler Ansatz mit Adjustierungen

Design: Soll-Ratio: 1/100	Proportion Grundgesamtheit	Proportion Stichprobe	Ist-Ratio[1]	Gewicht und Korrektur
Haupttribüne	39.000	390	1/100	100
Gegentribüne	40.000	200	1/200	100×2

Nord-tribüne	10.000	100	1/100	100
Südtribüne	10.000	100	1/100	100
VIPs und Lounges	1.000	100	1/10	100×0,1

Legende: [1]Aus Platzgründen werden die tatsächliche Ziehungsproportion bzw. -wahrscheinlichkeit in der Tabelle mit „Ist-Ratio" abgekürzt.

Die gezogenen Fälle aus der Gegentribüne erhalten daher jeweils das Gewicht 200; jeder gezogene der 200 Fälle zählt also mit dem Zweifachen des angestrebten Gewichts von 100. Die gezogenen Fälle der VIP-Plätze bzw. Lounges erhalten jeweils das Gewicht 10; jeder gezogene Fall der 100 Fälle fällt also nur zu einem Zehntel des Gewichts „ins Gewicht". Jeder weitere Fall im Datensatz aus Haupt-, Nord- bzw. Südtribüne hat weiterhin das Gewicht 100.

So weit, so gut. Was ist zu tun, wenn das N der Stichprobe wie auch das der jeweiligen Untergruppen nicht mehr proportional zur Grundgesamtheit sind, sondern disproportional?

Nehmen wir z.B. an, unsere Entdeckungsreisenden erheben dieses mal exakt 200 Fälle, jeweils aus der Haupttribüne, den VIP-Plätzen und Lounges, der Gegentribüne sowie der Nord- bzw. Südtribüne. Das N der Stichprobe, wie auch das der jeweiligen Untergruppen (fünfmal 200) wären damit eindeutig disproportional zur Grundgesamtheit (40.000, 39.000, 10.000 usw.). Es gibt daher kein einheitliches Ziel-Gewicht als *Konstante*, z.B. 100, sondern für jede Untergruppe ein eigenes.

✋ Beispiel IV
Ermitteln von Design-Gewichten: Disproportionaler Ansatz

Design: XXX	Proportion Grund-gesamtheit	Dis-proportion Stichprobe	Ist-Ratio[1]	Gewicht
Haupt-tribüne	39.000	200	2/390 = 1/195	195
Gegen-tribüne	40.000	200	2/400 = 1/200	200

Nord-tribüne	10.000	200	2/100 = 1/50	50
Süd-tribüne	10.000	200	2/100 = 1/50	50
VIPs und Lounges	1.000	200	2/10 = 1/5	5

Legende: [1]Aus Platzgründen werden die tatsächliche Ziehungsproportion bzw. -wahrscheinlichkeit in der Tabelle mit „Ist-Ratio" abgekürzt.

Diese Vorgehensweise wird daher auch als *disproportionale* Stichprobenziehung bezeichnet. Die ermittelten Design-Gewichte können dazu beitragen, dass trotz disproportionalem Sampling in der Stichprobe (eine Zufallsziehung vorausgesetzt) die Aussagen wieder repräsentativ für eine Grundgesamtheit sein können. Die in den Beispielen II bis IV vorgestellte Variante der Gewichtung eines Datensatzes wird als *Design-Gewichtung* bezeichnet; dabei werden durch den Stichprobenplan vorgegebene Unterschiede in der Auswahlwahrscheinlichkeit berücksichtigt. Design-Gewichte setzen also voraus, dass die Auswahlwahrscheinlichkeiten bzw. Ziehungsproportionen für jede (Unter-)Gruppe bzw. jeden Fall vorher bekannt sind. Das Gewicht selbst ist dann nur noch die inverse Beobachtungsrate in den Strata des Ziehungsdesigns, kurz: die Inverse der Ziehungsproportion (Kish, 1965).

- Design-Gewicht = 1/ Ziehungsproportion.
- z.B. Design-Gewicht „VIP": *Oversampling*: 0,1 = 1/ 10.

Werden Fälle absichtlich überproportional („zu häufig") gezogen, wird dies als Oversampling bezeichnet. Design-Gewichte sind üblicherweise niedriger als 1, um das Oversampling zu kompensieren. In der Umfrageforschung ist es eine übliche Praxis, Minderheiten von besonderem Interesse (z.B. VIPs, Fälle mit seltenen oder schwierig zu ziehenden Merkmalen) häufiger zu ziehen, um genauere Aussagen zu erhalten (Heeringa et al., 2010).

- z.B. Design-Gewicht „Gegentribüne": *Undersampling*: 2 = 1 / 0,5.

Werden Fälle absichtlich unterproportional („zu selten") gezogen, wird dies als Undersampling bezeichnet. Design-Gewichte sind üblicherweise größer als 1, um das Undersampling zu kompensieren. In der Umfrageforschung ist es üblich, Mehrheiten seltener zu ziehen, wenn gleichförmige Informationen ohne besondere Aussagekraft erwartet werden.

✋ Variante 3: Gewichte für Poststratifzierung

Weitere Gewichtungen helfen zumindest *formell*, weitere Abweichungen von einer perfekten Ziehung zu kompensieren. Nehmen wir an, unsere Entdeckungsreisenden stellten nach dem Befragen im Fußballstadion in Haupt-, Gegen- und Nord- bzw. Südtribüne usw. nach einer Analyse nach männlichen und weiblichen Besuchern fest, dass sie „versehentlich" mehr Frauen als Männer befragten. Wir wollen jetzt nicht den psychologischen Ursachen auf den Grund gehen, warum dies für unsere Entdeckungsreisenden attraktiver gewesen sein mag. Wichtiger erscheint methodisch Interessierten die Tatsache, dass die Verteilung nach Männlein und Weiblein *im Stadion* (in unserem Beispiel die „Grundgesamtheit") in etwa gleich ist und dass aus dem überproportionalen Sampling der weiblichen Besucher *in der Stichprobe* ein Bias in den Ergebnissen zu befürchten ist.

Die nachträgliche Adjustierung einer „misslungenen" Stratifizierung ist ebenfalls mittels Gewichtung möglich. Diese Art der Gewichtung wird auch als *Redressment* bezeichnet. Eine zentrale Voraussetzung für das Redressment ist, dass zuverlässige Schätzer für die fraglichen Kenngrößen aus der Grundgesamtheit bekannt und *korrekt* sind (vertrauenswürdig sind z.B. amtliche Statistiken wie ein Zensus) und dass diese ebenfalls in der Stichprobe erhoben wurden.

✋ Beispiel V: Wirklich einfach

Gewichte für Poststratifizierung für ein Merkmal

Annahmen: Die Verteilung im Klassifikationsmerkmal „Geschlecht" nach „männlich" bzw. „weiblich" in der Grundsamtheit ist bekannt und beträgt jew. 0,5. Die beobachtete Verteilung „männlich" bzw. „weiblich" in der Stichprobe beträgt dagegen 0,3 bzw. 0,7.

Geschlecht	Proportion Grundgesamtheit	Proportion Stichprobe	Ratio	Gewicht
männlich	0,5	0,3	0,5/0,3	1,67
weiblich	0,5	0,7	0,5/0,7	0,71
Insgesamt	1,0	1,0		

Die Adjustierung für mehr als ein Klassifikationsmerkmal folgt demselben Prinzip, wird jedoch in der konkreten Berechnung i. Allg. etwas aufwendiger bzw. komplizierter. Übliche Strukturmerkmale im Zensus sind z.B., neben Geschlecht, Alter, Nationalität, Heiratsstatus oder Region. In unserem Fußball-Beispiel könnten dies z.B. auch Fans von „gelb" bzw. „rot" sein.

✋ Beispiel VI: Nur noch scheinbar einfach

Gewichte für Poststratifizierung in zwei Merkmalen:

Annahmen: Die Verteilung in den Klassifikationsmerkmalen „Geschlecht" (nach „männlich" bzw. „weiblich") bzw. „Fan" (nach „gelb" bzw. „rot") in der Grundgesamtheit ist bekannt und beträgt jew. 0,5. Die beobachteten Verteilungen für „männlich" bzw. „weiblich" betragen 0,3 bzw. 0,7 und für „gelb" bzw. „rot" 0,4 bzw. 0,6.

Geschlecht	Proportionen Grundgesamtheit	Proportionen Stichprobe	Ratios	Gewichte
männlich + gelb	0,5 /0,5	0,3 / 0,4	… Warum hier keine Ratios und Gewichte stehen, wird unten erläutert werden. …	
männlich + rot	0,5 /0,5	0,3 / 0,6		
weiblich + gelb	0,5 /0,5	0,7 / 0,4		
weiblich + rot	0,5 /0,5	0,7 / 0,6		
insgesamt	1,0	1,0		

Sollen nun diese Adjustierungen an der Stichprobe vorgenommen werden, so ist eine Voraussetzung, dass die Anzahl der Kombinationen über alle relevanten Klassifikationsmerkmale hinweg vorgenommen wird und dass *jede* dieser erforderlichen Kreuztabellen auch als Information über die Grundgesamtheit vorliegt. Wie soll man sonst die Stichprobe daran adjustieren können? Die Anwendung der Gewichte für die zwei Merkmale (oder mehr) zur Anpassung der Stichprobe kann unterschiedlich erfolgen:

- *Simultan und unabhängig:* Pro Klassifikationsmerkmal unabhängig ein Gewicht ermitteln (z.B. für „Geschlecht" und „Fan"), alle Gewichte gleichzeitig miteinander multiplizieren und den Datensatz gleichzeitig gewichten. Dieses Vorgehen wird i. Allg. nicht empfohlen, da es nicht zu guten Gewichten führt.

- *Sequentiell und abhängig:* Ein Gewicht für das erste Klassifikationsmerkmal ermitteln, den Datensatz gewichten, das Gewicht für das zweite Klassifikationsmerkmal am gewichteten Datensatz ermitteln, den bereits gewichteten Datensatz anhand des ersten *und* zweiten Gewichts gewichten usw. Dieser Ansatz hat den Nachteil, dass die Gewichte der frühen Klassifikationsmerkmale in der Gewichtungsabfolge durch die Gewichte der späteren Klassifikationsmerkmale verzerrt werden und damit womöglich nicht mehr der Grundgesamtheit entsprechen.

- *Iterative Lösungen:* Voraussetzung ist u.a., dass die Randsummen-Verteilungen der Grundgesamtheit bekannt ist, z.B. durch amtliche Statistiken. Die Gewichte werden so lange iterativ angepasst, bis die gewichtete Verteilung in der Stichprobe der „wahren" Verteilung in der Grundgesamtheit entspricht. Das sog. „Raking" ist z.B. besonders für zahlreiche Merkmale mit bekannten Randverteilungen komplexer Tabellen mit unbekannten Zellbesetzungen geeignet. Der Verfasser arbeitete z.B. mit einem Iterative Proportional Fitting für die Hochrechnung im Zensus 2011 (vgl. Bishop, Fienberg & Holland, 2007). Werden dabei z.B. die Randsummen mehrerer, als Tabellen verschachtelte Klassifikationsmerkmale für jede Stadt und jede Gemeinde hochgerechnet, können durchaus mehrere zehntausend Modelle entstehen.

Für konzeptionell Interessierte kann z.b. eine Differenzierung zwischen design- und modellbasierten Gewichtungsverfahren angedeutet werden (vgl. Kalton, 1983). Bei der erfahrungsgemäß komplexen Gewichtung verschwimmen die Grenzen z.b. in Gestalt von Ansätzen, die Design-Gewichte und statistische (Regressions-)Modellierungen zugleich einbeziehen (vgl. Särndal et al., 1992; Särndal & DeVille, 1992). Mit der modellbasierten Gewichtung wären wir (wieder einmal) bei der Inferenzstatistik angelangt, in der die Güte der Schätzer u.a. von Datenmenge, Modellspezifikation (z.B. möglichst wenigen sog. Strukturellen Nullen) und Anpassungsgüte abhängt.

Variante 4: Nonresponse-Gewichte

Wenn z.B. die befragten Fälle im Stadion systematisch völlig verschieden antworten (z.B. die VIPs recht bereitwillig und ausführlich, die Fans aus der Nord- bzw. Südtribüne nur unwillig, und Familien in der Gegentribüne womöglich überhaupt nicht; man mag sich aber auch jede andere Charakterisierung vorstellen), dann werden sogenannte Nonresponse-Gewichte bzw. -Adjustierungen angewendet. Nonresponse-Gewichte werden v.a. dann angewendet, *falls* sich das Antwortverhalten verschiedener Gruppen *systematisch* unterscheiden sollte. Ein Zusammenhang zwischen *weniger* Antworten und qualitativ schlechteren Antworten ist umstritten; eher gilt das Gegenteil. Das Nonresponse-Gewicht wird aus dem Rücklauf (Response Rate) abgeleitet. Je höher der Rücklauf, desto niedriger fällt das Nonresponse-Gewicht aus. Bei einem 100% Rücklauf ist das Nonresponse-Gewicht also gleich…? …1. Mit 0 (bzw. der multiplikativen Verknüpfung mit den anderen Gewichtungsfaktoren) würde *jeder* Fall aus der Analyse ausgeschlossen werden. Ein Widerspruch am Nonresponse-Gewicht ist, dass es eigentlich MAR („missing at random"; vgl. Schendera, 2007, 132ff.) voraussetzt, aber die *systematische* Nonresponse eben *Folge* eines Bias ist und deswegen nicht durch ein Nonresponse-Gewicht adjustiert werden kann. Neben der dargestellten Variante der Unit-Nonresponse gibt es auch die Variante der (v.a. technisch verursachten) Item-Nonresponse (z.B. Skinner, 1999).

Nehmen wir an, dass unsere Entdeckungsreisenden 1000 Fans für „rot" und „gelb" befragen wollten, und dann feststellen, dass sie von „rot" 100 zu wenig haben und von „gelb" sogar 200, dann kann ein adjustierendes Nonresponse-Gewicht eingesetzt werden, um den Effekt eines möglichen Bias zu verringern.

✋ Beispiel VII

Ermitteln von Nonresponse-Gewichten

Design:	Angezielte Stichprobe	Realisierte Stichprobe	Ist-Ratio[1]	Gewicht
„rot"	500	400	4/5 = 0,8	1,25
„gelb"	500	300	3/5 = 0,6	1,67

Legende: [1]Aus Platzgründen werden die tatsächliche Ziehungsproportion bzw. -wahrscheinlichkeit in der Tabelle mit „Ist-Ratio" abgekürzt.

✋ Gewichte mit Gewicht

Gewichte werden üblicherweise verwendet, um die Stichprobe an die Grundgesamtheit anzugleichen. Jeder Fall im Datensatz erhält nur *ein* Gewicht. Dieses Gewicht kann sich jedoch aus mehreren Einzelfaktoren zusammensetzen (z.B.):

Gewicht =
Design-Gewicht × Poststratifizierung × Nonresponse-Gewicht

Folgt man z.B. den Beispielen IV, V und VII, setzt sich das Gewicht einer weiblichen Person aus dem Bereich VIP und Lounge, die Anhängerin von „gelb" ist, aus diesen drei Faktoren zusammen: $Gewicht_{VIP+weiblich+gelb} = 0{,}71 \times 5 \times 1{,}67 = 5{,}93$.

Die aus den diversen Beispielen zur Veranschaulichung zusammengestellten Gewichte stammen aus verschiedenen Datenbasen (N=1700 vs. 2000); in der seriösen Praxis handelt es sich natürlich um dieselbe Datenbasis. Der Vereinfachung diente auch der Verzicht auf weitergehende Themen wie z.B. eine Reskalierung der Gewichte vom N der angezielten Stichprobe zum N der realisierten Stichprobe.

Wie nun weiter? Wie nun Gewichte im Detail berechnet, in einem Datensatz enthalten sind und für welche Strukturen sie gedacht sind, sollte dem Sample-Design als Dokumentation entnommen werden können, die mit dem Datensatz für die Erstellung einer deskriptiven Statistik zur Verfügung gestellt wurde. Diese Dokumentation sollte mindestens in der Lage sein, Kishs (1990) „warum", „wann" und „wie"-Fragen zur Gewichtung beantworten zu können:

- Warum sollten Daten gewichtet werden?
- Wann müssen Daten gewichtet werden?
- Wann ist es richtig, Daten zu gewichten?
- Wann ist es wichtig, Daten zu gewichten?
- Wie sollten geeignete und genaue Gewichte berechnet werden?
- Wie sind Gewichte auf Fälle, Dateien und Statistiken anzuwenden?
- Wie sind Gewichte in Formeln und Software anzuwenden?

Wurde keine Dokumentation erstellt, sind wir wieder am Anfang des Kapitels, das vielleicht erste Hinweise für das weitere Vorgehen geben kann.

7.1.3 Die Macht von Gewichten: Ihre Folgen

Werden Daten gewichtet, hat dies auf mehreren Ebenen konkrete Folgen:

- In den Relationen der Gruppen der Stichprobe zur Grundgesamtheit: Es können Gruppen der Stichprobe durchaus ungerechtfertigt höher gewichtet sein, als sie in der Grundgesamtheit vorkommen.
- In den Relationen der Gruppen innerhalb der Stichprobe zueinander: Werden bestimmte Gruppen in der Stichprobe ungerechtfertigt höher gewichtet, bedeutet dies logischerweise, dass dies zulasten anderer Gruppen in der Stichprobe geht. Umso mehr, wenn diese Gruppen in Relation zur Grundgesamtheit zusätzlich (ungerechtfertigt) höher (niedriger) gewichtet werden. Dass es sich hierbei nicht um abstrakte „Gruppen" oder „nur" um eine Wahl zum „Fußballer des Jahres" zu handeln braucht, zeigen der Finanzausgleich oder das Abstimmungsverfahren zum Vertrag von Nizza.

■ Gewichte üben einen direkten Einfluss auf deskriptive Statistiken und damit auch daten-basierte Entscheidungen aus. Die präzise gewichtet ermittelte Einwohnerzahl spielt z.b. eine große Rolle auf mehreren Ebenen des Finanzausgleichs, z.b. bei der horizontalen Verteilung des Länderanteils an der Umsatzsteuer, beim Länderfinanzausgleich und beim kommunalen Finanzausgleich. Im ebenfalls *gewichteten* EU-Stimmrecht gemäß dem Vertrag von Nizza zieht dies z.b. konkrete politische und praktische weitreichende Konsequenzen für ganze Länder nach sich.

Für die mathematische und fachliche angemessene Interpretation von Ergebnissen auf der Basis gewichteter Daten ist es nicht nur hilfreich, sondern *notwendig*, dass eine Gewichtung relevant, begründet und transparent ist (vgl. Kish, 1990).

Im Fußball ...

Wie eine transparente Gewichtung aussehen kann, demonstriert der Liechtensteiner Fußballverband LFV. Bei der Wahl zum „Fußballer des Jahres" wird der jeweilige Preisträger von vier Gruppen gewählt. Das Ergebnis der Publikumswahl (alle natürlichen Personen, die in Liechtenstein wohnen oder arbeiten) wird mit 40 % gewichtet. Das Wahlergebnis dreier Fachgremien (z.B. LFV-Vorstand und Präsidenten; z.B. LFV-Trainer, u.a. National- und Haupttrainer; z.B. Liechtensteiner Medien) fließt mit je 20 % Eingang in die Wertung ein:

> *LFV Fußballer des Jahres* = (40% × Publikum) + (20% × LFV-Vorstand) + (20% × LFV-Trainer) + (20% × Liechtensteiner Medien).

... in der Politik ...

Dass Gewichtungen weitreichende politische Konsequenzen haben, zeigen die sog. Stimmgewichte in den drei Schritten des Abstimmungsverfahrens gemäß des Vertrags von Nizza (Stand: Juni 2007; vgl. Kirsch, 2004). Im zweiten Schritt wird nach ausgehandelten Stimmgewichten abgestimmt, hier weist das EU-Stimmrecht Deutschland (damals mit ca. 82,54 Millionen Einwohnern) die Höchstzahl von 29 Stimmen zu, Polen (damals mit knapp einer halb so großen Bevölkerung, 38,21 Millionen) erhält dagegen fast ebenso viele Stimmen, nämlich 27 (umgerechnet in Machtindices: 8,56 bzw. 8,12). Die Einwohnerzahl fällt praktisch nicht ins Gewicht bei der Berechnung der Abstimmungsmacht. – Ein Verfassungsentwurf des Europäischen Konvents lässt dagegen die Abstimmung nach Gewichten weg. Die Konsequenz der mathematisch-politischen Logik wäre entgegengesetzt zur Regelung im Vertrag von Nizza: den großen Mitgliedsstaaten würde zu viel Gewicht, den weniger großen Staaten zu wenig Gewicht geben (Machtindices: Deutschland: 13,35 bzw. Polen: 6,80). Eine Lösung wäre z.B. das Quadratwurzelgesetz nach Penrose, das *u.a.* aus der Einwohnerzahl eines Landes die Wurzel zieht und daraus einen prozentualen Anteil an der Macht herleitet; dies ergäbe als Machtindices für Deutschland 10,35 und für Polen 7,06. Gewichte sind also nicht nur Zahlen, sondern haben ganz konkrete Funktionen und Konsequenzen…

… und u.a. in der Amtlichen Statistik

Die Europäische Union (EU) schreibt ab dem Jahr 2011 für alle Mitgliedstaaten die Durchführung von Volks-, Gebäude- und Wohnungszählungen im Abstand von zehn Jahren vor. Im Rahmen der europaweiten Zensusrunde 2011 wurde z.B. der „Zensus 2011" durchgeführt. Der „Zensus 2011" ist die erste gemeinsame Volkszählung in allen EU-Mitgliedstaaten. Durch die gemeinsame Volkszählung sollen verschiedene von EUROSTAT genutzte Daten, die eine wichtige Rolle für die Politik der Europäischen Union (EU) spielen, eine gemeinsame Grundlage bekommen sowie zuverlässig und vergleichbar werden. Der Zensus 2011 hat das Ziel, eine möglichst genaue Momentaufnahme von Basisdaten zur Bevölkerung, zur Erwerbstätigkeit und zur Wohnsituation zu liefern. Stichtag dieser Momentaufnahme war der 9. Mai 2011. Zur Umsetzung des Zensus hat sich Deutschland, anstelle für eine Vollerhebung (wie bisher), für eine sog. registergestützte Methode entschieden. Dabei werden bereits vorhandene Verwaltungsregister als Datenquellen genutzt (z.B. Melderegister). Enthalten diese Daten keine verlässlichen Informationen (z.B. zur Wohnsituation), wurden ergänzende Befragungen durchgeführt, z.B. die Haushaltebefragung. Bevor dieses neue Verfahren beschlossen wurde, gab es 2001 einen umfassenden Test. Beim Zensustest wurde geprüft, ob mit der registergestützten Methode verlässliche Ergebnisse erzielt werden können.

Die angestrebte Präzision im Zensus war ein einfacher relativer Standardfehler von 0,5 %. Was bedeutet, dass der Unterschied zwischen der mit dem Zensus festgestellten und der tatsächlichen (aber unbekannten) Einwohnerzahl mit 95%-iger Sicherheit maximal 1 % beträgt. Dass dieser Stichprobenfehler in einigen Gemeinden letztlich höher als 0,5 % lag, ist durch Defizite in den verwendeten Registern verursacht worden, v.a. bei der Abmeldung von Ausländern. Die Qualität der Einwohnermelderegister unterschied sich dabei je nach Größe der Gemeinde. In kleineren Gemeinden war sie tendenziell besser. Für Deutschland wurden u.a. Zellbesetzungen (u.a. nach Nationalität und Geschlecht) für 1.440 Gemeinden bzw. Stadtteile mittels Iterative Proportional Fitting und loglinearen Modellen an hochgerechnete Ränder angepasst.

Die amtliche Einwohnerzahl spielt eine große Rolle bei der Berechnung des Finanzausgleichs u.a. bei der horizontalen Verteilung des Länderanteils an der Umsatzsteuer, beim Länderfinanzausgleich und beim kommunalen Finanzausgleich. Bei der *horizontalen Verteilung des Länderanteils an der Umsatzsteuer* werden bis zu 25 % des Länderanteils an der Umsatzsteuer als sog. Ergänzungsanteile an die Länder verteilt. Dazu werden die Steuereinnahmen je Einwohner eines Landes mit den durchschnittlichen Steuereinnahmen je Einwohner aller Länder in Beziehung gesetzt. Der restliche Länderanteil an der Umsatzsteuer, also mindestens 75 %, wird nach der Einwohnerzahl auf alle Länder verteilt. Auch beim sog. *Länderfinanzausgleich*, der die unterschiedliche Finanzkraft der einzelnen Bundesländer ausgleichen soll, spielt die Einwohnerzahl eine große Rolle. Die Finanzkraft pro Einwohner der einzelnen Länder dient als Basis der Berechnung des Länderfinanzausgleichs. Für finanzschwache bzw. -starke Länder wird berechnet, wie weit die Finanzkraft je Einwohner im betreffenden Land die durchschnittliche Finanzkraft je Einwohner unter- bzw. überschreitet. Auf dieser Berechnungsgrundlage wird dann die Höhe des Länderfinanzausgleichs festgelegt. Auch beim *kommunalen Finanzausgleich* (u.a. der Beteiligung der Kommunen an den Steuereinnahmen des Landes) fließt die Einwohnerzahl ein; Finanzzuweisungen an die Kommunen können z.B. infolge rückläufiger Einwohnerzahlen gesenkt werden. Interessierte finden weitergehende Informationen auf der Webseite des Zensus 2011 (https://www.zensus2011.de).

Weitere bekannte Stichproben bzw. Panels mit Gewichten sind:

- das **SOEP (Sozio-oekonomisches Panel)** des Deutschen Instituts für Wirtschaftsforschung e.V. Das SOEP ist eine repräsentative Wiederholungsbefragung privater Haushalte in Deutschland, die im jährlichen Rhythmus seit 1984 an denselben Personen und Familien durchgeführt wird. Das SOEP enthält z.B. Gewichte für Querschnitte und Wellen.
- der **ALLBUS (Allgemeine Bevölkerungsumfrage der Sozialwissenschaften).** Im ALLBUS werden seit 1980 alle zwei Jahre aktuelle Einstellungen, Verhaltensweisen und Sozialstruktur in einem repräsentativen Querschnitt der Bevölkerung in der Bundesrepublik Deutschland erhoben. Der ALLBUS enthält z.B. eine Ost-West-Gewichtung.

Der Effekt von Interessen hinter Gewichtungen und Hochrechnungen

Auch Panelstichproben (z.B. zur kontinuierlichen Erfassung der TV-Nutzung) werden hochgerechnet und gewichtet, wenn z.B. in Kriterien, deren Repräsentativität besonders relevant ist, eine Über- oder Unterbesetzung (z.B. regionale Verteilung, Sendegebiete oder Altersklassen) im Vergleich zur Grundgesamtheit ausgeglichen werden muss. Wichtig für diese Gewichtung ist, dass die Haushalte anhand genügender sozioökonomischer Kriterien im Panel identifiziert und korrigierend gewichtet werden können. – *Schweizer* Medien-Panels beispielsweise stehen aufgrund der kleinräumigen Sprach- und Konzessionsregionen besonderen Herausforderungen gegenüber. Die Schweizer TV-Forschung wird sogar zu einer der technisch anspruchsvollsten der Welt gezählt. Eine Abbildung auch sehr kleiner Gebiete bei gleichzeitiger Berücksichtigung von drei Sprach- und 13 Konzessionsregionen bei nur wenigen Tausend Haushalten im Panel kann z.B. schnell zu einer sog. Partikularisierung führen. Diese kann einerseits nur durch (unüblich) hohe Gewichte ausgeglichen werden; andererseits sollten Gewichte nicht zu hoch ausfallen (z.B. >5), da sonst u.U. ein individueller TV-Konsum zu stark ins Gewicht fallen und die Ergebnisse verzerren könnte (wobei wiederum mit z.T. geringen Anzahl an Haushalten pro Konzessionsgebiet bereits große Schwankungen in die täglichen TV-Messungen einhergehen). Die erhobenen Daten dienen dabei nicht nur dazu, den repräsentativen TV-Konsum adäquat abzubilden: Sie sind sprichwörtlich die „Währung", auf deren Grundlage die Werbung von Sendern und Sendungen für das Fernsehen verkauft wird. Ohne TV-Daten ist Fernsehwerbung gar nicht möglich. Das allgemeine Interesse an verlässlichen und akzeptierten TV-Daten ist verständlich.

Hochrechnungen sind das „täglich Brot" der Umfrageforschung. Der Unterschied zwischen der Hochrechnung eines Wahlergebnisses und einer Umfrage ist dabei, dass es sich Erstere auf einem realen Teilergebnis abstützt (z.B. der kleinsten Ortschaft, die am schnellsten mit dem Auszählen fertig war) und Letztere auf einer (idealerweise) Zufallsziehung. Die Komplexität des zugrunde liegenden Prozesses erkennt man v.a. dann, wenn das erwartete Ergebnis *nicht* wie vorhergesagt eintrat. In der Schweiz trat ein solcher Effekt Anfang 2013 ein, als ein neues TV-Messpanel in Betrieb genommen und zugleich das alte Panel eingestellt wurde. Ein solches Messpanel erfasst z.b., wer wann wie lange welche Sender, Sendungen und auch Werbeunterbrechungen anschaut, und unterstützt das Marketing dabei, zielgruppenspezifisch Produkte zu platzieren. Dass bei dieser Gelegenheit allerdings praktisch *alle* Aspekte der TV-Messung neu waren (Betreiber, Messtechnologie, Panel, Berechnungsgrundlage, BfS Grundgesamtheiten usw.), machte diese Analyse zu einer anspruchsvollen Aufgabe und geht über Gewichte und Hochrechnung hinaus. – Die Größe der Stichprobe ist oft auch gar nicht entscheidend. Bei der Präsidentschaftswahl 1936, bei der das *Literary Digest*-Magazin den Wahlsieg von Alfred Landon mit 57 % vorhersagte, während tatsächlich Franklin D. Roosevelt mit 61 % gewann, betrug die Stichprobe rund 2,3 Millionen. Allerdings war die Stichprobe bei diesem Prognose-Desaster mehrfach gebiased. Vorhersage und konkret eingetretenes Ergebnis gingen also auseinander, weil die Stichprobe trotz dieser Größe nicht repräsentativ war. – 1948 wurde Thomas Dewey seitens aller größeren Umfrageinstitute einschließlich Roper und Gallup als US-Präsidentschaftskandidat vorhergesagt. Die Chicago Tribune war sogar so überzeugt von Deweys Wahlsieg, dass sie vorab drucken ließ: „Dewey defeats Truman". Tatsächlich gewann Harry Truman. Die Fotos von Truman, der sich gerne mit dieser Schlagzeile fotografieren ließ, gingen um die Welt. Die Analyse für die Ursache dieser falschen Vorhersage legte Nachteile des angewandten Quoten-Samplings offen: die Festlegung der Kriterien (Einkommen, Wohngegend, Ethnie,…) kann willkürlich und nicht repräsentativ für die Grundgesamtheit sein. Es sollte nicht zu früh abgebrochen, sondern bis zum Wahltag erhoben werden. Ausschlaggebend war vermutlich die Möglichkeit der Interviewer, (anhand ihrer subjektiven Präferenzen) entscheiden zu dürfen, *wen* sie aus den Quoten interviewen wollten, was letztlich in eine Konvenienzziehung mit Bias mündete. Seit diesem Desaster arbeitet die Umfrageforschung u.a. mit Zufallsziehungen.

Eine zulässige Variante der Hochrechnung ist, wenn eine Extrapolation vorgenommen wird, in der einfachsten Form z.B. mittels einer Multiplikation: Wenn z.B. ein Ticket nur 38 Euro kostet, dann kosten fünf Tickets 190 Euro. So weit, so gut. – Nicht in Ordnung ist jedoch eine gezielt täuschende Variante der „Hoch"rechnung. Anfang 2014 schaffte es der ADAC mit einem Skandal in die Schlagzeilen und in eine Glaubwürdigkeitskrise. Bei der Auszeichnung „Gelber Engel" wurden umfangreiche ADAC-interne Manipulationen bei der Wahl zum „Lieblingsauto" von 2014 bis (bislang) zurück ins Jahr 2009 belegt. Hersteller und Öffentlichkeit wurden offensichtlich jahrelang getäuscht. Die Manipulationen konzentrierten sich auf die ersten fünf Plätze: Ein Modell, das in Wirklichkeit auf Rang 12 lag, wurde öffentlich als auf Rang 5 kommuniziert. Es wurden auch deutlich mehr Stimmen kommuniziert, als in Wirklichkeit abgegeben worden waren: Für die ersten zehn Plätze insgesamt ca. 221.000, in Wirklichkeit waren es dagegen nur ca. 80.000. ADAC-intern wurde also auf zwei Ebenen mit Gewichten operiert: Ausgewählten Modellen wurde ein größeres Gewicht verliehen. Höhere Stimmenwerte sollten auch eine hohe Bedeutsamkeit des ADAC selbst für seine Mitglieder kommunizieren. Diese „Hoch"rechnung ging für den ADAC nach hinten los: Mittlerweile gaben die Autohersteller an die 40 „Gelbe Engel" zurück und hunderttausende Mitglieder haben den ADAC verlassen. Auch in der ZDF-Voting-Show „Deutschlands Beste" im Juli 2014 gab es gezielte Manipulationen am Ergebnis der zugrunde liegenden Forsa-Umfragen: Franz Beckenbauer wurde z.B. von der Redaktion vom eigentlichen Platz 31 (Forsa) auf Platz 9 (Show) gehoben. Der ZDF-Fernsehrat erklärte später in einem Schreiben an die Mitglieder des Kontrollgremiums, der Vorfall habe die Glaubwürdigkeit des ZDF beschädigt.

> Gewichtete Ergebnisse, seien es legitime Gewichtungen, sei es Manipulation, sind nur mit Kenntnis der dahinterstehenden Annahmen und Interessen nachvollziehbar. Entscheidend für ihre Beurteilung ist also die jeweilige Auswahl,

Transparenz und Angemessenheit der Gewichte, umso mehr, wenn hinter ihnen komplizierte statistische Berechnungen stehen. Dominiert bei einer Hochrechnung (Stichprobe, Panel) die Gewichtung, kann dies auch als Hinweis verstanden werden, dass Rekrutierung und Monitoring der Haushalte womöglich suboptimal verlaufen. Letztlich ist eine angemessene Herleitung der verwendeten Gewichte annahmengeleitet und insofern offenzulegen, um nicht dem Willkürverdacht anheimzufallen. Je nach politischem oder wirtschaftlichem Interesse können einzelne Faktoren durchaus anders gewichtet sein und dadurch letztlich zu völlig unterschiedlichen Gesamtergebnissen führen.

7.2 Wie schreibe ich eine deskriptive Statistik? Zahlen im Text

„Im Vergleich zu den Artikeln, die sie schreiben, sind die Märchen aus Tausendundeiner Nacht empirische Untersuchungen."
Christoph Daum über türkische Sportjournalisten

Nach dem Ermitteln der deskriptiven Statistik kommt das Schreiben der deskriptiven Statistik. Nur, wie? Tatsächlich sind Sprachen etwas vage bezüglich der Wiedergabe von Zahlen. Aus diesem Grund entwickelten führende wissenschaftliche Zeitschriften mehr oder weniger verbindliche Richtlinien für die Darstellung von Zahlen in Texten. Die im Folgenden vorgestellten Richtlinien der APA (American Psychological Association) zielen im Wesentlichen darauf ab, klarzustellen, wann eine Zahl als Ziffer („Zahl") und wann als Zahlwort („Text") geschrieben werden sollte. Präzise Maße bzw. Messungen werden dabei i. Allg. immer als Ziffern im metrischen System wiedergegeben.

Die Empfehlungen, Notationen und Schreibweisen seitens der APA oder des SI können berechtigterweise willkürlich, z. T. gewöhnungsbedürftig wirken. Allerdings haben sie den unschätzbaren Vorteil, eine erste Orientierung für die einheitliche Abfassung von Texten mit deskriptiver Statistik zu sein. Auch können sie eine Anregung sein, zu recherchieren, ob für eigene Zwecke bereits unternehmens- bzw. institutsinterne Richtlinien verfasst wurden. In diesem Falle sollte auf die eigenen Richtlinien zurückgegriffen werden. Falls keine eigenen Richtlinien verfügbar sind, kann nun kommuniziert werden, dass die Darstellung der deskriptiven Statistik in Anlehnung an die Guidelines der APA (2010) erfolgte. Die APA-Richtlinien seien empfohlen, wenn jemand mehr über Empfehlungen, z.B. für die Gestaltung von Texten oder Grafiken, erfahren möchte.

Unterabschnitt 7.2.1 stellt den Umgang mit allgemein gebräuchlichen Zahlen vor. Unterabschnitt 7.2.2 behandelt den Umgang mit präzisen Maßen bzw. Messungen. Unterabschnitt 7.2.3 schließt mit Symbolen und Statistiken.

7.2.1 Allgemein gebräuchliche Zahlen

Dieser Abschnitt stellt den Umgang mit allgemein gebräuchlichen Zahlen vor. Ein „magischer Wert" ist die Zahl 10, sie ist die Schwelle zwischen der Schreibweise als Text oder als Zahl. Präzise Maße bzw. Messungen werden immer als Zahlen geschrieben, ungefähre Angaben immer als Text.

> ✋ Umgang mit allgemein gebräuchlichen Zahlen
>
> Zahlen unter 10 werden als Text geschrieben, Zahlen größer gleich 10 als Zahl geschrieben. Zahlen werden immer als Zahl geschrieben, wenn es sich um genaue Maße bzw. Messungen oder um genaue Positionen in Abfolgen handelt.

Zahlen unter 10 als Text schreiben

> ✋ Empfehlung
>
> Zahlen größer gleich 10 als Zahl, Zahlen darunter als Text ausdrücken. Sofern die Zahlen unter 10 keine exakten Messungen sind oder zusammen mit Zahlen größer gleich 10 verwendet werden (vgl. APA, 2010, 111).

- Allgemein gebräuchliche Brüche, Ausdrücke oder Zeitangaben ausschreiben. **Beispiele**: anderthalb, vierter Advent, einundzwanzigstes Jahrhundert.

- Zahlen an einem Satzanfang ausschreiben. **Beispiel**: „Acht Platzverweise, fünf Elfmeter und jede Menge Diskussionsstoff" (Zitat aus: „Gleich acht Spieler haben früher Feierabend", t-online.de, 26.08.2013, 10:57 Uhr).
- Um aus Zahlen Plurale zu machen, sind die grammatisch korrekten Endungen ohne Apostroph anzuhängen. **Beispiel**: „68er Fans".
- Kommen Zahlen unter 10 in einem Satz zusammen mit Zahlen größer gleich 10 angegeben werden, sollten sie ebenfalls als Zahl geschrieben werden. **Beispiel**: Beim abgebrochenen Bundesligaspiel zwischen dem FC St. Pauli und dem FC Schalke 04 am 1. April 2011 standen nur noch 9 St.-Pauli-Spieler auf dem Platz, bei Hamburg dagegen immer noch 11.
- Folgen zwei Zahlen aufeinander, sollte eine Zahl als Zahlwort ausgedrückt werden. Welches, entscheidet das Sprachgefühl. **Beispiel**: „zwei 96er Fans"
- Große ganzzahlige Zahlen, v.a. Rundungswerte, sollten als Kombination aus Zahl und Wort ausgedrückt werden. **Beispiel**: „Weltweit verfolgten ca. 200 Millionen Menschen das CL Endspiel zwischen Bayern München und Borussia Dortmund".

Zahlen größer gleich 10 als Zahl schreiben

> ✋ Empfehlung
> Zahlen größer gleich 10 als Zahl schreiben, v.a. wenn es sich um Werte, Stichprobengröße, Häufigkeiten, Mittelwerte oder Summen für genaue deskriptive Beschreibungen bzw. statistische Vergleiche handelt, z.B. N=3 oder 10% der Stichprobe (vgl. APA, 2010, 111).

- Einheiten: Bei physikalischen Messungen oder Maßen als metrische Abkürzung angeben, sonst jedoch ausgeschrieben. **Beispiel**: „Der Abstand der Mauer beim Freistoß beträgt 9,15 m. Der ausgeführte Freistoß ging jedoch viele Meter am Tor vorbei."
- Prozentzeichen (%): Nur bei Zahlen verwenden, nicht bei ausgeschriebenen Ausdrücken. **Beispiel**: „78 % Ballbesitz garantieren keinen Sieg, auch keine hundertprozentige Chance."

- Nullen vor dem Komma: Dezimalwerten kleiner als 1 eine sog. führende Null voranstellen. **Beispiel**: „Ein Fußball (Normball) besitzt einen Überdruck zwischen 0,6 und 1,1 bar."
- Ränge werden wie Zahlen behandelt. Ränge unter 10 als Text, Ränge größergleich 10 als Zahl schreiben. Ausgenommen umgangssprachliche Wendungen und Ausdrücke. **Beispiel**: „… war als Erster am Ball… ", „…sind nun 12. in der Tabelle", „…einundzwanzigstes Jahrhundert…".

Zahlen als Zahl schreiben I: Genaue Maße bzw. Messungen

> 🖐 Empfehlung
> Zahlen als Zahlen schreiben, wenn sie genaue Zeit- und Datumangaben, Alter, Umfänge von (Teil-)Stichproben oder Populationen, konkrete Anzahlen von Fällen oder Teilnehmern in einem Experiment, Werte und Punkte auf einer Skala, exakte Summen (z.B. Leistung) und Zahlen als Zahlen bezeichnen (APA, 2010, 124).

Aber: Ungefähre Zeitangaben sind als Text auszuschreiben. Beispiel: „Weil der Platz zuvor von den Verantwortlichen auf Bespielbarkeit geprüft werden musste, fing das Spiel mit *ungefähr dreißigminütiger* Verspätung an."

Zahlen als Zahl schreiben II: Genaue Position in Abfolgen

> 🖐 Empfehlung
> Zahlen für Zahlen verwenden, die eine konkrete Stelle in durchgezählten Listen, Büchern und Tabellen bezeichnen.
> **Beispiele**: Rang 7, Seite 3, Tabelle 17 usw.
> Zahlen für Zahlen verwenden, wenn sie eine konkrete Zahl aus einer Gruppe von Zahlen bezeichnen (APA, 2010, 115).
> **Beispiel**: Es machen sich die Spieler mit den Rückennummern 8, 14, 23 und 21 zum Aufwärmen bereit.

7.2.2 Präzise Zahlen und Messungen

▶ Umgang mit präzisen Zahlen und Messungen

Bei präzisen quantitativen Informationen der SI-Konvention folgen: u.a. Zahlen ohne Tausenderkomma ausdrücken, ein Leerzeichen Abstand zur Maßeinheit setzen und die Maßeinheit nicht mit einem Punkt abschließen (u.a. außer am Satzende).

Wissenschaftliche Zeitschriften verwenden das **internationale metrische System** (SI, Système International d'Unités bzw. International System of Units). Zahlen gemäß der SI-Konvention bestehen aus drei Elementen. Jedes der drei Elemente ist genau definiert. **Beispiel**: Die Zahl 7357 km ist eine gültige Zahl gemäß SI-Konvention.

> 🖐 Empfehlung
>
> Die Angabe einer präzisen Zahl bzw. Messung erfordert einen numerischen Wert, eine Einheit bzw. ein Symbol für eine Einheit, einen Multiplikator und entsprechend gesetzte Leerstellen (SI-Konvention).

- Numerischer Wert. Eine Zahl wird immer im Standardschriftschnitt geschrieben, also nicht kursiv oder nicht fett. Dezimalwerten kleiner als 1 geht eine führende Null voran. Zwischen Zahl und Einheit ist immer *ein* Leerzeichen (Blank) Abstand, also auch ohne Bindestrich usw. Dies gilt insbesondere für die Angabe von pharmazeutischen Dosen. Ausdrücke wie z.B. „10-mg Dosis" sind aufgrund von Verwechslungsgefahr nicht erlaubt (vgl. auch Schendera, 2007, 211–212). Auch Temperaturangaben in SI-Konvention können gewöhnungsbedürftig sein. Der Ausdruck „25 °C im Stadion" ist z.B. SI-konform, das gebräuchlichere „25° C im Stadion" dagegen nicht. In SI-Konvention werden Zahlen *ohne* **Tausenderkomma bzw. -punkt** geschrieben. Die Entfernung Berlin–Peking (Luftlinie) beträgt gemäß SI-Konvention 7357 km, und nicht 7.357 km.
- Präfix (Multiplikator): Das Präfix zeigt an, um wie viel die Einheit vervielfacht wird. Einheiten können z.B. sein: Meter, Gramm, Byte, Hertz usw. Gebräuchliche Multiplikatoren der jeweiligen Einheit sind k (*Kilo-*, multipliziert mit Eintausend, z.B. *Kilo*meter,

*Kilo*gramm), M (*Mega*-, multipliziert mit einer Million, z.B. *Mega*byte, *Mega*hertz) oder m (*Milli*-, multipliziert mit einem Tausendstel, z.B. *Milli*meter, *Milli*gramm). *m* bedeutet demnach Meter und *km* entsprechend Meter multipliziert mit Eintausend.

- Einheit bzw. das Symbol für die Einheit als Abkürzung. Nach einer Einheit bzw. dem Symbol für die Einheit kommt kein Punkt, außer am Ende eines Satzes. Für Vergleichszwecke kann es sinnvoll sein, in einer Klammer weitere (ältere, alternative) Maßeinheiten oder Währungen anzugeben, z.B. mmHg, atm vs. bar, Kilometer vs. Meilen, oder € vs. $.
- Präfix und Einheit bilden zusammen die Maßeinheit. Maßeinheiten nach Zahlen werden immer abgekürzt, Maßeinheiten ohne vorausgehende Zahlen werden immer ausgeschrieben. Maßeinheiten enthalten niemals einen Punkt oder andere Interpunktionszeichen außer vor einem Satzende (und wenn für Vergleichszwecke in einer Klammer alternative Maßeinheiten oder Währungen angegeben werden). **Beispiel**: Die Borussia spulte insgesamt mehr Kilometer ab als der Gegner. Die Laufleistung von Piszczek mit ca. 12,1 km gehörte zu den Spitzenwerten in dieser Partie.

7.2.3 Symbole und Statistiken

Zu einem Spiel gehören Regeln. Das gilt in der Wissenschaft und im Fußball gleichermaßen. Zu den Regeln im Fußball gehört z.B., mindestens darüber zu informieren, wer gegen wen spielte und wie das Spiel ausging. Zu den Regeln in der deskriptiven Statistik (als *ein* Bereich der Wissenschaft) gehört z.B. vollumfänglich und präzise darüber zu informieren, *was* analysiert wurde (in der Inferenzstatistik auch *wie*) und wie dieses „Spiel" ausging, was also das erzielte Ergebnis ist. Ergebnisse der deskriptiven Statistik werden in wissenschaftlichen Veröffentlichungen üblicherweise mit Symbolen abgekürzt.

> ✋ Worum geht es hier eigentlich?
> Das Ziel der Wiedergabe quantitativer Information ist sprachliche Präzision und methodologisch-methodische Transparenz.

> Statistiken können u.a. mittels griechischer und lateinischer Symbole und mathematischer Zeichen und Quantoren ausgedrückt werden. Maße der deskriptiven Statistik können in Fließtext oder Klammern angegeben werden.

Symbole und ihre Schreibweise

Symbole dienen der Abkürzung der Maßzahlen der deskriptiven Statistik. Kursiv (schräg) ist dabei die übliche Schreibweise für Symbole.

> ✋ Beispiele
> Symbole deskriptiver Maße für Stichproben und Grundgesamtheiten. Mittels griechischer und lateinischer Symbole können deskriptive Maße für Stichproben und Grundgesamtheit angegeben werden.

Maß	Grundgesamtheit	Stichprobe
Summe	$\sum$	$\sum$
Anzahl	N	n
Häufigkeit (relativ)	f, F	f, F
Häufigkeit (absolut)	h, H	h, H
Prozent	%	%
Range	R	R
Modus	D	D
Mittelwert	μ	$\bar{x}, M$
Median	Z, Med	Z, Med
Standardabweichung	Σ	$s, \hat{s}, SD$
Varianz	σ^2	$s^2, \hat{s}^2$
Quadratsumme	$\Sigma(x^2)$	QS, SS

Leider lässt sich nicht sagen, dass lateinische Buchstaben nur Stichproben (vgl. N) und griechische nur den Grundgesamtheiten vorbehalten sind (vgl. $\sum$). Auch können sich die zugrunde liegenden *Formeln* für Stichprobe und Grundgesamtheit unterscheiden.

> ✋ **Tipp: Formeln!**
> Mathematische Formeln, Zeichen und Quantoren werden zwecks besserer Lesbarkeit ebenfalls jeweils mit *einem* Leerzeichen Abstand geschrieben (vgl. APA, 2010, 118).
> *Beispiel:* a + b = c.

Abschließend soll noch die kursive Schreibweise von Zahlen als Symbol, im Sinne von Heraushebung bzw. Bedeutsamkeit, aufgeführt werden. Ein Zitat oder ein besonderes Ergebnis können z.B. um eine kursive Schreibweise ergänzt werden. Falls dies gemacht wird, muss dem Kursiven unmittelbar eine Notiz in (eckigen) Klammern folgen: z.B. bei einer Änderung eines *Zitats* „[Kursiv hinzugefügt]", z.B. bei einer *Betonung* „[adjustierte Daten]", z.B. bei einer *Präzisierung* „[Ergebnis für vollständige Daten]" oder z.B. bei einer *Richtigstellung* „[Ergebnis fehlerhaft]" usw.

Das kommunikative Ziel einer deskriptiven Statistik

Mittels griechischer und lateinischer Symbole können Maße für Stichproben und Grundgesamtheit im Text angegeben werden, z.B. Summe, Mittelwert oder Standardabweichung eines Merkmals.

- Das doppelte Ziel der Wiedergabe quantitativer Information ist sprachliche *Präzision* und methodologisch-methodische *Transparenz*. Das Ziel ist *nicht* belletristikaffine Wortakrobatik, auch *nicht* sprachliche Kreativität. Jegliche Mehrdeutigkeit, alle undefinierten Ausdrücke sind zu vermeiden. Anspruch und Ziel ist unmissverständliche Präzision in der Formulierung. Mit präziser statistischer Information sind die Leserinnen und Leser in die Lage zu versetzen, selbstständig und vollumfänglich die Ergebnisse und die auf ihrer Grundlage getroffenen Schlüsse der durchgeführten Analyse *nachzuvollziehen und zu hinterfragen*. Man kann nicht sagen, dass dieser Anspruch trivial ist. Menschen, die zu schwammiger, scheinbar vielsagender, realiter kaschierender Ausdruckweise neigen (u.a. Sprachschwirbler, Silbendrechsler und Mythenmetze) könnten durch die erforderliche Umstellung anfangs etwas gefordert sein.

✋ Praxistipps

Man versetze sich in die Rolle der Leser und stelle sich vor, sie wüssten außer dem Ergebnissatz nichts über die Studie. Bildet der fragliche Satz Variable und Ergebnis präzise ab? Oder müsste Lesern noch mehr oder präziser mitgeteilt werden, damit für sie das Ergebnis nachvollziehbar ist? Aller Erfahrung nach geht mit einer Präzisierung der Kommunikation entsprechend eine in Denken und Argumentation einher.

In umfangreichen Texten ist es oft möglich, einen gut gelungen Satz über Copy & Paste zu vervielfältigen, und dann nur noch die erforderlichen Anpassungen vorzunehmen. Für eine präzise deskriptive Statistik als Text gibt es keinen Literaturpreis zu gewinnen…

Bei *sehr* umfangreichen Texten ist es ab einer gewissen Grenze nicht mehr sinnvoll, jedes einzelne Resultat mit einem eignen Ergebnissatz zu würdigen. Wann diese Grenze erreicht ist und wie dann zu verfahren ist, wäre im Einzelfall zu klären. Als Optionen bieten sich an: (i.) jede einzelne deskriptive Statistik mit einem eignen Satz würdigen; (ii.) nur ausgewählte deskriptive Statistiken mit einem eigenen Satz würdigen (warum bestimmte Statistiken bevorzugt werden, ist klarzustellen), die weiteren Statistiken in Tabellen wiedergeben; (iii.) alle deskriptiven Statistiken nur in Tabellen wiedergeben.

✋ Beispiele für Maße in Fließtext oder Klammern

- **Fließtext**: Maße der deskriptiven Statistik werden im Fließtext so wiedergegeben, dass die LeserInnen wissen, über welche Variable/n informiert wird.

Beispiel: „In der Bundesligasaison 2011/12 schossen alle Teams im Durchschnitt insgesamt 48,61 Tore." Dieser *Ausdruck* präzisiert den angegebenen Mittelwert um die Information, dass es sich dabei (i.) um *Tore*, (ii.) um Tore *insgesamt* handelt (also nicht pro Spiel oder nur auswärts) und (iii.) um Tore während *der Bundesligasaison 2011/12* handelt.

- **Klammern**: Maße der deskriptiven Statistik können im Fließtext auch kurz und knackig in Klammern ausgedrückt werden, sofern die LeserInnen ausreichend darüber informiert wurden, auf welche Variable/n sich der Klammerausdruck bezieht.

● Beispiel Fußball

„In der Bundesligasaison 2011/12 schossen Borussia Mönchengladbach und Werder Bremen jeweils 49 Tore, was in etwa der Zahl durchschnittlich geschossener Tore ($\bar{x}$ =48,61, s=3,02) in jener Saison entsprach. Der *Klammerausdruck* präzisiert den Ausdruck „durchschnittlich geschossener Tore".

Dieselben Regeln gelten für die Kommunikation von Ergebnissen der Inferenzstatistik. Um die LeserInnen ausreichend über die Grundlage des Schlusses von einer Stichprobe auf die Grundgesamtheit zu informieren, kann eine mitunter umfangreiche Angabe detaillierter Informationen erforderlich werden, z.B. N, das zugrunde liegende Design, den Testwert der angewandten statistischen Methode (t, F, Chi^2 usw.), Freiheitsgrade, Hypothesenart und Testrichtung, Konfidenzintervalle oder die statistische Signifikanz p bzw. das dazugehörige Alpha α.

✋ Merkregel

Deskriptive Statistik: was-was.
1.„was": Variable, 2.„was": Ergebnis.
Inferenzstatistik: was-wie-was.
1.„was": Variable, „wie": Methode, 3.„was": Ergebnis.

Mit diesem Hinweis auf notwendige Details soll dieser „Ausflug" in die inferenzstatistischen Verfahren abgeschlossen werden.

> ✋ Ein leider noch nicht überflüssiger Hinweis
>
> Man sollte nicht versucht sein, es sich mit Argumenten bequem machen zu wollen, wie z.B. „das würden LeserInnen gar nicht lesen wollen" oder gar, „das würden sie gar nicht verstehen". Das Ziel ist methodologisch-methodische Transparenz. Es ist ein wissenschaftliches Prinzip, über die konkrete Vorgehensweise zu informieren und LeserInnen selbst entscheiden zu lassen, ob sie den getroffenen Schlussfolgerungen zustimmen (damit sind nicht notwendigerweise nur inferenzstatistische gemeint). Selbst *falls* LeserInnen durchaus komplexe Vorgehensweisen oder Schlüsse *im Moment* nicht nachvollziehen können, so ist nicht die *Möglichkeit* vorzuenthalten, Niveau und Komplexität der fraglichen Studie erarbeiten zu können.
>
> Entmündigung des Lesers, Immunisierung eines Ergebnisses (Schutz vor berechtigter Kritik) oder billiges Marketing für Verfasser oder Institutionen („Herbeischreiben" von Bedeutung) haben mit Wissenschaft bzw. Professionalität nur insofern etwas zu tun, als dass sie sie korrumpieren. Man sollte immer davon ausgehen, dass LeserInnen intelligent genug sind, dies zu bemerken.

8 Werkzeuge: Einführung in EG und SPSS

Dieses Kapitel stellt den Enterprise Guide von SAS und SPSS Statistics von IBM vor. SAS (inkl. Enterprise Guide) und SPSS gehören zu den beliebtesten Statistikprogrammen weltweit. Die Abfolge beider Programme in diesem Buch drückt keine Wertung von Funktionsumfang, Performanz oder Geeignetheit für den Anwender aus. Auch aus möglicherweise Unterschieden, wie z.B. nicht derselben Anzahl an Umfang (Seitenzahl), Screenshots, Grafiken, grafische Ausgaben oder auch Ästhetik der Analysesoftware selbst usw. kann und soll keine Überlegenheit der einen Anwendung über die jeweils andere ausgedrückt werden. Auch wurde

Wert darauf gelegt, beide Einführungen in vergleichbarem Aufbau und möglichst gleichem Text abzufassen. Interessierten Anwendern wird damit ein Vergleich erleichtert, einen ersten Eindruck von der jeweils anderen Software zu erhalten. Für beide Anwendungen gilt, dass ihre Bedienungsfreundlichkeit nicht mit der Komplexität von Datenmanagement und Statistik verwechselt werden sollte, sie ersetzt nicht notwendige Kenntnisse u.a. aus Informationstechnologie, Forschungsmethodik oder der deskriptiven Statistik. Solche Kenntnisse sind weniger für die Bedienung dieser Module bzw. Oberflächen, sondern für die Einschätzung dessen erforderlich, was man da eigentlich macht (z.B. Schendera, 2014², 2012/2011, 2010, 2007, 2005, 2004; Elpelt & Hartung, 1992², Hartung & Elpelt, 1999⁶, Heinze, 2001, Roth et al., 1999⁵, Schnell et al., 1999⁶).

8.1 SAS Enterprise Guide

Der SAS Enterprise Guide („EG") ist eine speziell für Windows-Plattformen entwickelte Thin Client-Anwendung für u.a. Reporting und Analysen (vgl. Schendera, 2004, Kap. 9). Der Enterprise Guide zeichnet sich durch eine intuitiv und einfach zu bedienende grafische Oberfläche aus, wobei über zahlreiche interaktive Anwendungsroutinefenster per Mausklick die Mächtigkeit der SAS Anwendungsroutinen initialisiert wird. Die Enterprise Clients Technologie sorgt für den transparenten Zugriff auf Daten in den verschiedenen Tabellen-, Datensatz- oder Datenbankformaten. Der Enterprise Guide verwendet sog. „Projekte", um zusammengehörende Daten, Anwendungsroutinen, Ergebnisse und SAS Code zu verwalten. Daten und Ergebnisse können interessierten Benutzern über Channels oder per E-Mail zur Verfügung gestellt werden.

Einsteigern in das SAS System ist der EG wegen der intuitiven und klaren Benutzerführung zu empfehlen. Der EG nahm lange Zeit eine Sonderstellung ein, indem er eines der wenigen SAS Standalone Produkte für die grafische und statistische Analyse von Daten war, das ausschließlich für Windows-Plattformen entwickelt wurde. Heute bietet SAS u.a. auch diverse JMP Varianten an. Profis schätzen den Enterprise Guide wegen den anspruchsvollen Möglichkeiten der Migration, Analyse und Präsentation zahlreicher Datenformate.

8.1.1 Start des Enterprise Guide

✋ **Minimalanforderungen**
- Sie wissen, wie die SAS Datentabelle (SAS Datei) heißt.
- Sie wissen, wo die SAS Datei gespeichert ist (Speicherort, Pfad).

Es gibt mehrere Möglichkeiten, den Enterprise Guide zu starten.

- **Desktop**: Klick auf ein Icon, 🗂 z.B. auf dem Desktop.

- **Windows-Menüleiste**: Klicks in der Abfolge „Start" → „Programme" → „SAS" → „SAS Enterprise Guide 6.1". Diese Abfolge gilt für EG Version 6.1 (Standardinstallation vorausgesetzt).

- **SAS Datei**: Doppelklick auf eine SAS Datei, z.B. 📄 BuLi2012.sas7bdat (je nach Plattform); *alternativ:* Markieren → rechter Mausklick → linker Mausklick auf **Öffnen mit SAS Enterprise Guide 6.1**.

- **Add-In in einer Microsoft Office-Anwendung**: Initialisierung des Enterprise Guide mittels des SAS Add-In 6.1 for Microsoft Office aus einer Microsoft-Office-Anwendung heraus, z.B. Excel, Word oder Outlook.

Je nach EG Voreinstellungen öffnet sich: eine leere *Arbeitsumgebung* einschl. diversen Fenstern, eine *Datentabelle* umgeben von Arbeitsumgebung und Fenstern oder zunächst ein *Willkommensfenster*.

- **Start über eine SAS Datei**
Nach dem Start öffnet der EG die gewählte Datentabelle. Der EG öffnet eine Datentabelle umgeben von Arbeitsumgebung und Fenstern.

Werkzeuge: Einführung in EG und SPSS 325

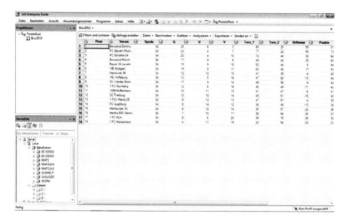

Abb. 45: EG: Wertetabelle in Arbeitsumgebung

Start über Icon/Menüleiste I

Der EG öffnet eine leere Arbeitsumgebung einschl. diversen Fenstern. In diesem Fall ist das Willkommensfenster per Default *abgeschaltet*.

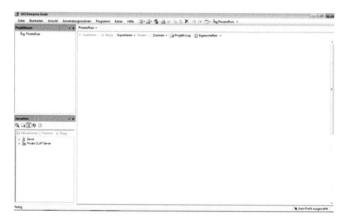

Abb. 46: EG: Leere Datentabelle in Arbeitsumgebung

Start über Icon/Menüleiste II

Das Willkommensfenster ist per Default *eingeschaltet*. Der EG öffnet ein Willkommensfenster. Unter „Neue Daten" im Auswahlfenster kann in maximal zwei Schritten eine leere Datentabelle angelegt werden. Im ersten Schritt werden Name und Speicherort definiert. Im zweiten Schritt werden Anzahl und Eigenschaften der Variablen definiert.

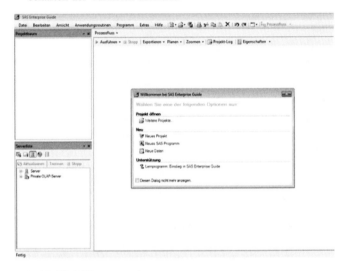

Abb. 47: EG: Willkommensfenster

Als nächstes werden der Arbeitsbereich des Enterprise Guide und drei Fenster daraus erläutert. Vorausgegangen sind bis zu diesem Zeitpunkt das Öffnen einer SAS Datei:

- Der Enterprise Guide wurde direkt über eine SAS Datei gestartet, z.b. mittels eines Doppelklicks auf eine SAS Datei.
- Eine SAS Datei wurde aus der leeren Projektumgebung heraus geöffnet, z.b. über: „Datei" → „Öffnen" → „Daten..." → Doppelklick auf z.B. „BuLi2012.sas7bdat". In verteilten Umgebungen erlaubt EG auch den Zugriff auf Dateien abgelegt auf Servern, virtuelle Ordner (Binderys), Multidimensionale Datenbank-Dateien (MDDB). Server, die dem Enterprise Guide bekannt sind, werden z.B. über die Serverliste unten links angezeigt.

8.1.2 Der Arbeitsbereich: Fenster in das Datenmeer

Mit dem Start öffnet sich der Arbeitsbereich des Enterprise Guide. Je nach Voreinstellung sehen Sie mindestens drei Fenster. Der Arbeitsbereich besteht aus mehreren Fenstern und Listen (z.B. Projektfenster, Datentabelle, Liste der Anwendungsroutinen und Serverliste) sowie Menüs und Symbolleisten. Der Arbeitsbereich und sein Layout lassen sich annähernd beliebig gestalten. Falls nicht alle Fenster oder Symbolleisten sichtbar sind, können Sie diese über das Menü „Ansicht" anzeigen lassen.

- **Datentabelle**: Wenn Sie eine bestehende Tabelle öffnen oder eine neue Tabelle in Enterprise Guide erstellen, verwenden Sie das Datenblatt. Um ein neues Datenblattfenster zu öffnen, wählen Sie „Datei Neu", klicken auf das Datensymbol, geben einen Namen für die neue Tabelle an und klicken auf „OK". Fortgeschrittene Anwender haben die Möglichkeit, Daten auch über Stored Processes in den Prozessfluss einzubinden.

- **Projektfenster**: Das Projektfenster (standardmäßig links oben im Arbeitsbereich verankert) zeigt das aktive Projekt und die zugehörigen Daten, Codes, Notizen und Ergebnisse an. Sie können die Elemente im Projektbaum per Drag-and-Drop neu anordnen. Projekte sind Daten, Anwendungsroutinen (Tasks), Programmcode oder auch Ergebnisse.

- **Liste der Anwendungsroutinen**: Die Liste der Anwendungsroutinen ist standardmäßig links unten im Arbeitsbereich verankert. Aus dieser Liste wählen Sie die Anwendungsroutinen für Analyse, Datenmanagement und Berichterstellung, entweder nach Kategorie oder alphabetisch sortiert, die Sie auf Ihre Daten anwenden wollen. Anwendungsroutinen können u.a. sein: „Daten: Transponieren", „Beschreibend: Zusammenfassungstabellen", „Multivariat: Clusteranalyse" u.v.a.m. Doppelklicken Sie auf eine Anwendungsroutine, um damit zu arbeiten. Die meisten Menüoptionen unter „Daten", „Grafik" bzw. „Analysen" sind meistens Anwendungsroutinen. Unabhängig vom Zugriff helfen in allen Anwendungsroutinen bunte Symbole, die Variablen den richtigen Analyserollen zuzuweisen.

- **Serverliste**: Die Serverliste ist ebenfalls standardmäßig links unten im Arbeitsbereich verankert. Dieses Fenster enthält eine Liste aller verfügbaren SAS Server, die dem Enterprise Guide bekannt sind. Über diese Liste können Sie auf die Server zugreifen und durch ihre Dateistrukturen navigieren.

- **Binderyliste**: Die Binderyliste ist ebenfalls standardmäßig links unten im Arbeitsbereich verankert. Dieses Fenster ist standardmäßig geschlossen. Dieses Fenster zeigt eine Liste mit virtuellen Ordnern (Binderys) an, die Ordnern oder Verzeichnissen auf einem Server bzw. Ordnern auf Ihrem Windows-Dateisystem zugeordnet werden können. Binderys können Enterprise Guide-Projekte, Codedateien, SAS Datendateien und andere Arten von Datendateien enthalten.
- **Statusfenster**: Dieses Fenster zeigt den Status, die Position in der Schlange und den Server der derzeit ausgeführten Anwendungsroutine. Das Fenster mit dem Status der Anwendungsroutinen listet die Anwendungsroutinen auf, die derzeit in Enterprise Guide ausgeführt werden oder anstehen. Dieses Fenster ist standardmäßig geöffnet.

> ▶ Anmerkung
> Die vielleicht aus früheren EG Versionen bekannten Hilfe-Assistenten **Dschinni**, **Merlin** oder **Peedy** (vgl. Schendera, 2004) sind „beurlaubt".

8.1.3 Die Datentabelle

Wurde eine SAS Datei aus der leeren Projektumgebung heraus geöffnet oder z.B. der Enterprise Guide über eine SAS Datei gestartet, so wird in der Arbeitsumgebung eine Datentabelle geöffnet. Links oben wird der Name der Datentabelle angezeigt, z.B. „BuLi 2012". Die Zeilen entsprechen den Fällen, idealerweise über einen Schlüssel gesondert gekennzeichnet. Die Variablen (Spalten) dieser SAS Datei (z.B. „BuLi2012.sas7bdat") entsprechen den Themen, die der geöffnete Datensatz enthält, nämlich „Platz", „Verein", „Spiele", „G", „U", „V", „Tore_1", „Tore_2", „Differenz", „Punkte", „Tor_Spiel" sowie „Quali". Zusammengenommen ergeben Zeilen und Spalten, dass für die vorliegenden Fälle definierte Informationen vorliegen, für die Daten (Werte) vorhanden sind.

Platz	Verein	Spiele	G	U	V	Tore_1	Tore_2	Differenz	Punkte	Tor_Spiel	Quali
1.	Borussia Dortmund	34	25	6	3	80	25	55	81	2.3529411765	1
2.	FC Bayern München	34	23	4	7	77	22	55	73	2.2647058824	1
3.	FC Schalke 04	34	20	4	10	74	44	30	64	2.1764705882	1
4.	Borussia Mönchengladbach	34	17	9	8	49	24	25	60	1.4411764706	2
5.	Bayer 04 Leverkusen	34	15	9	10	52	44	8	54	1.5294117647	3
6.	VfB Stuttgart	34	15	8	11	63	46	17	53	1.8529411765	3
7.	Hannover 96	34	12	12	10	41	45	-4	48	1.2058823629	4
8.	VfL Wolfsburg	34	13	5	16	47	60	-13	44	1.3823529412	4
9.	SV Werder Bremen	34	11	9	14	49	58	-9	42	1.4411764706	4
10.	1. FC Nürnberg	34	12	6	16	38	49	-11	42	1.1176470588	4
11.	1899 Hoffenheim	34	10	11	13	41	47	-6	41	1.2058823529	4
12.	SC Freiburg	34	10	10	14	45	61	-16	40	1.3235294118	4
13.	1. FSV Mainz 05	34	9	12	13	47	51	-4	39	1.3823529412	4
14.	FC Augsburg	34	8	14	12	36	49	-13	38	1.0588235294	4
15.	Hamburger SV	34	8	12	14	35	57	-22	36	1.0294117647	4
16.	Hertha BSC Berlin	34	7	10	17	38	64	-26	31	1.1176470588	5
17.	1. FC Köln	34	8	6	20	39	75	-36	30	1.1470588235	6
18.	1. FC Kaiserslautern	34	4	11	19	24	54	-30	23	0.7058823529	6

Abb. 48: EG: Öffnen der SAS Tabelle „BuLi2012.sas7bat"

Wenn Sie eine Datei öffnen, wird sie komplett geöffnet. Finden Sie also in einem geöffneten Datensatz bestimmte Zeilen oder Spalten *nicht*, obwohl sie vorhanden sein müssten, ist das kein gutes Zeichen, sondern ein Hinweis auf einen möglichen Datenverlust, dem nachgegangen werden müsste.

Zusammenfassung

- Eine Tabelle enthält i. Allg. in den Spalten die Variablen und in den Zeilen die Fälle.
- Eine Tabelle enthält pro Zelle nur eine eineindeutige Information.
- Eine leere Zelle sollte zur Kontrolle und ggf. Analyse von Missings explizit kodiert werden.
- Die Information in einer Zelle (egal ob Zahl oder Text) hat auch bestimmte Eigenschaften (Attribute).

> ▶ Beispiel
> In der Ansicht der Datentabelle sehen Sie die reinen Daten: die Fälle (z.B. die Vereine) und die Namen der Variablen, zu denen (keine) Werte vorliegen.

Möchten Sie sich eine Übersicht über die Eigenschaften der Variablen verschaffen, eröffnet Ihnen der EG zwei Möglichkeiten:

- **Anzeige der Attribute *einzelner* Variablen**: Eine Anzeige der Attribute *einzelner* Variablen einer geöffneten SAS Datei können Sie anfordern, indem Sie die gewünschte Variable markieren, auf die rechte Maustaste klicken und im Auswahlmenü auf „Eigenschaften" klicken.

Abb. 49: EG: Fenster „Eigenschaften" (eine Variable)

Das Fenster „Eigenschaften" zeigt z.B., dass die gewählte Variable den Namen „Verein" hat und das Label „Verein" besitzt. Die Variable ist vom Typ „Alphanumerisch" (syn.: String, Text, Character) mit der Länge 28.

- **Übersicht über die Attribute *aller* Variablen**: Eine Übersicht über die Attribute *aller* Variablen der geöffneten, anderer oder auch mehrerer SAS Dateien können Sie entweder anfordern über: Anwendungsroutinen → Daten → „Dateiattribute..." oder über Daten → „Dateiattribute...". Wählen Sie den gewünschten Datensatz, z.B. „C:\buli2012.sas7bdat". Wenn Sie direkt auf „Fertigstellen" klicken, erhalten Sie die Standardausgabe mit der automatischen Bezeichnung „Ausgabedaten". Wenn Sie die Variablen anstelle nach Namen (voreingestellt) zuvor z.B. nach Position, Typ oder Label auf- oder abwärts sortieren wollen, wählen Sie „Weiter" und nehmen Sie diese und andere Anpassungen vor. Je nach Einstellungen gibt der Enterprise Guide das Ergebnis als HTML, RTF, PDF und als Datentabelle aus. Die unten wiedergegebene alphabetische Liste (in HTML) zeigt Ihnen neben den Namen der Variablen die dazugehörigen Eigenschaften. In dieser Kurzversion gibt Ihnen der Enterprise Guide den Variablennamen, den Datentyp, die Länge, das Format sowie das Label der Variablen aus.

Alphabetische Liste der Variablen und Attribute					
#	Variable	Typ	Länge	Format	Etikett
9	Differenz	Num	8		Differenz
4	G	Num	8		gewonnen
1	Platz	Char	3		Platz
10	Punkte	Num	8		Punkte
12	Quali	Num	8	QUALI	Qualifikation
3	Spiele	Num	8		Anzahl Spiele
11	Tor_Spiel	Num	8		Tore pro Spiel
7	Tore_1	Num	8		Tore geschossen
8	Tore_2	Num	8		Tore kassiert
5	U	Num	8		unentschieden
6	V	Num	8		verloren
2	Verein	Char	28		Verein

Abb. 50: EG: Attribute aller Variablen (Kurzversion)

Wie Sie sehen, besitzt eine Variable (und damit auch die darin enthaltenen Werte) mehrere Eigenschaften gleichzeitig. Die Variable mit dem Namen „Tor_Spiel" hat z.B. das Label (Etikett)

„Tore pro Spiel", ist vom Typ „Num", also numerisch, und besitzt die Länge 8. Der Eintrag „QUALI" in der Spalte „Format" bedeutet, dass der betreffenden Variablen „Quali" ein anwenderdefiniertes Format mit dem Namen „QUALI" zugewiesen wurde. Die leeren Zellen in „Format" bedeuten, dass die String- und numerischen Variablen die Standardformate besitzen, nach SAS Konvention „BEST12." für numerische und $w. für String-Variablen. Obwohl nicht explizit ausgewiesen, beeinflussen sie, wie der Enterprise Guide die Daten anzeigt. Diese kurze Liste sollte für die meisten Zwecke ausreichen. Für komplexere Anwendungen gibt der Enterprise Guide deutlich umfangreichere Informationen über Attribute in einer eigens angelegten SAS Datei aus, vgl. „Ausgabedaten".

	LIBNAME	MEMNAME	MEMLABEL	TYPEMEM	NAME	TYPE	LENGTH	VARNUM	LABEL	FORMAT	FORMATL	FORMATD
1	ECLIB000	BULI2012	Written by SAS		Differenz	1	8	9	Differenz		0	0
2	ECLIB000	BULI2012	Written by SAS		G	1	8	4	gewonnen		0	0
3	ECLIB000	BULI2012	Written by SAS		Platz	2	3	1	Platz		0	0
4	ECLIB000	BULI2012	Written by SAS		Punkte	1	8	10	Punkte		0	0
5	ECLIB000	BULI2012	Written by SAS		Quali	1	8	12	Qualifikation		0	0
6	ECLIB000	BULI2012	Written by SAS		Spiele	1	8	3	Anzahl Spiele		0	0
7	ECLIB000	BULI2012	Written by SAS		Tor_Spiel	1	8	11	Tore pro Spiele		0	0
8	ECLIB000	BULI2012	Written by SAS		Tore_1	1	8	7	Tore geschossen		0	
9	ECLIB000	BULI2012	Written by SAS		Tore_2	1	8	8	Tore kassiert		0	0
10	ECLIB000	BULI2012	Written by SAS		U	1	8	5	unentschieden		0	0
11	ECLIB000	BULI2012	Written by SAS		V	1	8	6	verloren		0	0
12	ECLIB000	BULI2012	Written by SAS		Verein	2	28	2	Verein		0	0

Abb. 51: EG: Attribute aller Variablen (Vollversion)

- In der Tabelle „BuLi2012.sas7bdat" (Abb. 48.) sehen Sie die reinen Daten: die Fälle (z.B. die Vereine) und die Namen der Variablen, zu denen (keine) Werte vorliegen.

- In der ausgegebenen Tabelle „Ausgabedaten" (Abb. 51) sehen Sie in der Spalte „Name" die Namen der Variablen, in den Spalten dazu zahlreiche Eigenschaften.
- Ex negativo: In der Tabelle „Ausgabedaten" sehen Sie keine Fälle, in der Tabelle „BuLi2012.sas7bdat" sehen Sie keine Variableneigenschaften. Außer denen, die mit bloßem Auge erkennbar sind. Und dies kann täuschen, da z.B. „Zahlen" durchaus nicht die Eigenschaft „numerisch", sondern „Text" haben können. Dazu später mehr.

8.1.4 Attribute und ihre Funktionen

Sind diese Attribute wichtig? Ja. Sehr sogar. Sie können nach dem Öffnen eines Datensatzes nicht sofort losrechnen. Für die deskriptive Statistik oder auch für Operationen des Datenmanagements *müssen* Sie diese Attribute kennen.

Für die (bereits) deskriptive Analyse von SAS Dateien sind z.B. Typ und Länge (Präzision) relevant. Für die Beurteilung der Datenqualität sind u.a. Missings und ihre Kodierung relevant (z.B. Schendera, für SAS: 2012: 319–322; 2011, 258–263; für SPSS: 2007, 320–321):

- *Typ:* Die Variablen sind vom geeigneten Typ: Nur weil eine Spalte so aussieht, als ob sie ausschließlich numerische Werte enthalte, kann es durchaus sein, dass sie (un-)absichtlich die Eigenschaft „Text" zugewiesen bekam. Und aus Buchstaben im Format „Text" lassen sich nun mal keine Mittelwerte bilden.
- *Länge (Präzision):* Die maximale Größe einer Zahl, ihre Länge in Bytes sowie die Anzahl der Stellen kann vom Anwender eingestellt werden. Je mehr Nachkommastellen bei Gleitkommazahlen abgeschnitten werden, desto höher ist der Präzisionsverlust. Sprechen Speicherplatz oder Performanz nicht dagegen, so ist für die Analyse, Filterung und weitere Verarbeitung die größtmögliche Genauigkeit zu wählen, umso mehr bei lebenswichtigen bzw. geldwerten Daten. Die Längenreduktion durch das Zuweisen kürzerer Längen schneidet bei Dezimalwerten faktisch die gespeicherte Nachkommastelle ab. Das Zuweisen kürzerer Längen bei Dezimalwerten sollte also nur dann vorgenommen werden, sofern die Nachkommastellen und die durch sie beeinflusste Präzision in Analysen und Berechnungen tatsächlich irrelevant sind. Verfallen Sie andererseits nicht der Versuchung, eine Präzision Ihrer Daten vorgeben zu wollen, die bereits im Messvorgang nicht erreicht

worden war. Scheinpräzision und Genauigkeitswahn sind oft beklagte Probleme seit Anbeginn der Statistik.

Für das Zusammenfügen von SAS Dateien sind u.a. folgende formale Kriterien zu prüfen, um auszuschließen, dass Datenfehler durch ein fehlerhaftes Zusammenfügen verursacht werden. All diese Informationen können Sie der Tabelle „Ausgabedaten" entnehmen (z.B. Schendera, für SAS: 2011, 258–263; für SPSS: 2007, 320–321):

- Die Datensätze weisen dieselbe Struktur und dasselbe Format (z.B. *.sas7bdat) auf.
- Die Datensätze enthalten die benötigte(n) Key-Variable(n).
- Alle Key-Variable(n) sind idealerweise einheitlich (Variablenname, -label und -format).
- Enthalten alle oder mehrere Datensätze mehrere gleiche Variablen, so müssen Name, Label und Format identisch sein, was besonders für Gruppierungs- und Datumsvariablen wichtig ist.

Wollen Sie z.B. eine Aktion ausführen, wozu die Variablen nicht die geeigneten Attribute mitbringen (z.B. bei Operationen des Datenmanagements), dann wird SAS bestenfalls streiken und Ihnen einen Fehler zurückmelden. Im schlimmsten Fall unterläuft Ihnen ein Fehler, den Sie nicht bemerken. Ein solcher klassischer Fehler ist, wenn in Ihrer Datentabelle ordinalskalierte Daten abgelegt sind, z.B. die Variable QUALI, und der EG Ihnen z.B. daraus einen Mittelwert berechnen würde, obwohl dies mathematisch und inhaltlich Unfug ist. Nur weil etwas berechnet werden kann, bedeutet dies nicht, dass dies zulässig und richtig ist.

Die folgenden Abschnitte erläutern die einzelnen Eigenschaften von Spalte zu Spalte. Für die Weiterbewegung in der Variablenansicht können die TAB-Taste, Pfeiltasten oder die Maus benutzt werden. Der Enterprise Guide bietet auch die Möglichkeit, benutzerdefinierte Variablenattribute zu erstellen. Die Ausgabe kann von der Systemumgebung abhängen; die folgende Ausgabe stammt aus einer Windows-Betriebsumgebung.

1. Spalte: LIBNAME

„LIBNAME" ist ein Name für einen SAS Pfad („Libref') zu einem SAS Verzeichnis (SAS data library). Ein Libname gibt den konkreten Speicherort (Verzeichnis) der Variablen in der bzw. den aufgelisteten Datentabellen an. Derselbe Libname steht i. Allg. für denselben Speicherort, verschiedene Libnames dagegen für verschiedene Speicherorte. Der Libname ECLIB000 steht z.b. für die Speicherung auf dem Laufwerk C, also „C:\". Der Libname ECLIB000 wurde vom EG automatisch vergeben.

2. Spalte: MEMNAME

„MEMNAME" ist ein Name für ein Element (Member) eines Verzeichnisses. Member können sein: Datentabellen, Views, Kataloge u.v.a.m. Der Memname BULI2012 ist der Name der SAS Datentabelle buli2012.sas7bdat auf C:\.

3. Spalte: MEMLABEL

„MEMLABEL" ist ein Label für das geöffnete Element (Member). „MEMLABEL" ist leer, wenn der Datentabelle kein Label zugewiesen ist. Die geöffnete Datentabelle BULI2012 hat z.B. kein spezielles Label. Anstelle von „Written by SAS" könnten dort z.B. auch Leerzeichen stehen.

4. Spalte: TYPEMEM

„TYPEMEM" zeigt an, ob es sich um eine spezielle Datentabelle handelt. Ist diese Zelle leer, so ist kein spezieller Typ definiert.

5. Spalte: NAME

„NAME" ist der Name der Variable. Variablen werden per Voreinstellung in alphabetischer Reihenfolge ausgegeben. Pro Datentabelle darf ein Name nur einmal vergeben werden. Doppelt vorkommende Namen sind nicht erlaubt. In neueren SAS Versionen bleibt die Groß- und Kleinschreibung von Variablennamen auch in der Ausgabe erhalten. Ohne einen Namen können in einer SAS Datei keine Daten eingegeben, gesucht oder gefunden werden. Möchte man nicht die automatisch angelegten SAS Variablennamen (A, B, C, usw.) übernehmen, so können eigene Variablennamen vergeben werden. Es gibt bei der Vergabe von Namen einiges zu beachten (vgl. Schendera, 2012, 237–240): Variablennamen sollten z.B. mit einem Buchstaben („A", „B", „C", …, „Z") oder Unterstrich („_") beginnen, dürfen keine Leerzeichen oder Sonderzeichen (außer u.a. „_", „$", „#" oder „&") enthalten und reservierten Schlüsselwörtern wie z.B. _ERROR oder _N entsprechen. Mit der Option VALIDVARNAME ermöglicht SAS, Spalten und Daten in einem beinahe beliebig zu nennenden Format anzulegen. Sofern die Variablennamen keine speziellen Funktionen bezeichnen, sollten sie u.a. keine Sonderzeichen enthalten und nicht mit einem Dollarzeichen beginnen bzw. in einem Punkt enden. Variablennamen dürfen in neueren SAS Versionen die Länge von 32 Zeichen nicht überschreiten. Die Länge von Variablennamen ist letztlich u.a. auch abhängig von SAS Version und Rechnertechnologie. Sehr lange Variablennamen werden in der Ausgabe z.T. unschön umbrochen. Ältere SAS Versionen sind u.U. nicht in der Lage, längere Variablennamen neuerer SAS Versionen zu verarbeiten. Tipps für die Vergabe von Variablennamen:

- Verwenden Sie die *richtigen* Bezeichnungen (Namen) für die Inhalte von Variablen. So trivial dies klingt, habe ich in der Vergangenheit die interessante Erfahrung gemacht, dass selbst in klinischen Studien unschöne Fehler auftreten können: In einer Karzinom-Studie fielen z.B. zwei Variablen völlig aus dem Rahmen. Die Variable mit der Anzahl der gefundenen *positiven* Lymphknoten enthielt immer mehr Fälle als die Variable mit der Anzahl der *untersuchten* Lymphknoten (was nicht sein kann). Die Erklärung: Variablennamen und -label waren verwechselt worden. Wären diese Daten in Analysen eingeflossen worden, wären die formal richtigen Ergebnisse vor jeweils einem völlig falschen Hintergrund interpretiert worden. Ein Anpassen von Variablennamen und -label behob diesen subtilen Fehler (vgl. Schendera, 2007, 208).
- Bei übersichtlichen Datentabellen können Sie aussagekräftige Namen verwenden, z.B. „Platz" oder „Verein". Solche Variablennamen können in einer Datentabelle gleichzeitig als Label oder als Titel in der Ausgabe verwendet werden.
- Bei großen, zur Unübersichtlichkeit tendierenden Datentabellen können Sie z.B. Kodes verwenden, z.B. ITEM22, AWE123, usw. Diese Kodes können z.B. das 22. Item aus einer umfangreichen Item-Batterie bezeichnen oder die 123. Variable einer Datentabelle aus einer bestimmten Datenquelle, z.B. ein DWH mit dem Kürzel AWE. Im Prinzip sind Sie völlig frei bei der „Taufe" von Variablennamen, es gibt keine verbindlichen Konventionen.

- Um zu wissen, was welcher Variablenname v.a. bei umfangreichen Datenmengen bedeutet, ist für die Gewährleistung einer optimalen Daten- und Analysequalität ein sogenanntes Codebuch empfehlenswert. Mittels eines Codebuchs können Sie u.a. die Zuordnung zwischen Kode im Variablennamen und dem Label der Variablen kontrollieren. Weitere protokollierte Informationen sind u.a. Position, Typ, Anzeigeformat, Missings, Messniveau oder Wertelabels. Das Führen eines Codebuches ist nur vermeintlich zusätzlicher Aufwand. Ein Codebuch können Sie in SAS z.B. über PROC DATASETS, PROC CONTENTS, PROC FORMAT und den Zugriff auf diverse SAS Dictionaries mittels PROC SQL anfordern.

6. Spalte: TYPE

„TYPE" definiert den Datentyp für die vorliegende Variable. Eine Variable kann immer nur *einen* Typ besitzen; eine Variable kann nicht numerisch (Zahl) und String (Text) zugleich sein. Als Voreinstellung sind die Werte einer neuen Variablen als numerisch festgelegt. SAS unterscheidet standardmäßig zwischen alphanumerisch („character") und numerisch („numeric"). Der Eintrag 1 zeigt an, dass eine Variable vom Typ numerisch ist (z.B. „Differenz"), 2 zeigt an, dass eine Variable vom Typ String ist (z.B. „Verein").

Variablen vom Typ „numerisch" können über entsprechend zugewiesene Formate mittels Ziffern, Vorzeichen, vorauslaufendem Dollarzeichen und/oder Dezimalstellen angezeigt werden, Datumsvariablen u.a. mit einem Doppelpunkt bei Uhrzeiten (z.B. 20:15), Textvariablen (Strings) als Folge beliebiger Zeichen (z.B. Buchstaben) usw.

7. Spalte: LENGTH

„LENGTH" gibt die Länge einer Variablen wieder. Eine numerische Variable wird in einer SAS Tabelle in der voreingestellten Länge von 8 Bytes gespeichert, eine String-Variable entweder nach der Länge des längsten Eintrags oder nach benutzerseitigen Vorgaben. Die Variable „Platz" ist z.B. 3 Zeichen lang, die String-Variable „Verein" ist 28 Zeichen lang.

In die 8 Bytes einer numerischen Variable kann SAS eine Zahl mit 15 bis 16 Stellen ablegen, also z.B. Werte in der Größenordnung

8.888.888.888.888.888 (oder noch höher, vgl. UNIX). Numerische Werte werden intern als doppelt genaue Gleit-/Fließkommazahlen gespeichert. Bei Berechnungen arbeitet SAS mit bis zu 16 Nachkommastellen (Double Precision). Sprechen Speicherplatz oder Performanz nicht dagegen, so ist für die Analyse, Filterung und weitere Verarbeitung die größtmögliche Genauigkeit zu wählen, umso mehr bei lebenswichtigen bzw. geldwerten Daten (vgl. Schendera, 2012, 319–32). Die Längenreduktion durch das Zuweisen kürzerer Längen schneidet bei Dezimalwerten faktisch die gespeicherte Nachkommastelle ab und sollte nur dann vorgenommen werden, sofern die Nachkommastellen und die durch sie beeinflusste Präzision in Analysen und Berechnungen tatsächlich irrelevant sind. Die folgende Tabelle veranschaulicht den Zusammenhang zwischen Bytes, Stellen und größte exakt abgebildete Ganzzahl in einer numerischen SAS Variable (Beispiel: UNIX; Quelle: SAS Institute).

▶ Länge einer Variablen

Bytes, signifikante Stellen und exakt abgebildete Ganzzahl

Länge in Bytes	Signifikante Stellen beibehalten	Größte exakt abgebildete Ganzzahl
3	3	8.192
4	6	2.097.152
5	8	536.870.912
6	11	137.438.953.472
7	13	35.184.372.088.832
8	15	9.007.199.254.740.992

Die maximale Größe einer Zahl, ihre Länge in Bytes sowie die Anzahl der Stellen können je nach Betriebssystem unterschiedlich sein. Die Dokumentation des jeweiligen Betriebssystems gibt Aufschluss über eine Länge in Bytes und welche Zahlen sie exakt abbilden bzw. speichern kann.

8. Spalte: VARNUM

„VARNUM" gibt die Nummer der Position einer Variablen in einem SAS Datensatz zurück. „Platz" ist z.B. die 1. Spalte (ganz links) in buli2012.sas7bdat, „Quali" dagegen die 12. und letzte Spalte (ganz rechts).

9. Spalte: LABEL

„LABEL" ist ein Label, ein Etikett, mit dem eine Variable mit einer ausführlicheren Bezeichnung versehen werden kann. „LABEL" ist leer, wenn der Variablen kein Label zugewiesen ist. Variablenlabel berücksichtigen (im Gegensatz zu Variablennamen) beliebige Sonderzeichen, Leerstellen sowie Groß- und Kleinschreibung. Variablenlabel können bis zu 256 Zeichen lang sein. Variablenlabel sind also sinnvoll, weil Variablennamen aufgrund technisch bedingter Limitierungen (z.B. keine Leerstellen) keine orthographisch nuancierten Beschreibungen von Variableninhalten zu vermitteln erlauben.

- Der zentrale Unterschied zwischen Variablen*label* und Variablen*namen* ist, dass der Name für die Analysesoftware (z.B. Enterprise Guide) ist, aber das Label für Menschen. Während der EG auch kryptische Variablennamen problemlos verarbeiten kann, sind diese Informationen für den Menschen nur selten aussagekräftig. Um also Datenspalten um schnell und einfach erkennbare Informationen anzureichern, werden Variablen*namen* um Variablen*label* ergänzt.

- Variablenlabels werden also von Menschen gelesen. Dies bedeutet auch: Eine Mindestanforderung ist, Variablenlabel *richtig* zu schreiben. In Schendera (2007, 38) beschreibt der Verfasser, wie er in einer Datei u.a. *zehn* fehlerhafte Variationen des Wortes „Inanspruchnahme" vorfand.

- Verwenden Sie die richtigen Beschreibungen für Ihre Variablen. Achten Sie auf die korrekte Zuordnung Variablenlabel-Variablenname. Erinnern Sie sich noch an das Beispiel mit den verwechselten Variablenlabels aus der Erläuterung von Variablennamen? Oder stellen Sie sich eine Bundesligatabelle vor, in der die Spalten G, U und V mit den Labels „unentschieden", „verloren", „gewonnen" versehen wären. Desinformation und Chaos wären vorprogrammiert.

- Von einer vorschnellen vollen Ausschöpfung der Länge von Variablenlabels wird abgeraten: Über Testläufe wird empfohlen, zu prüfen, ob und wie SAS Prozeduren die Labels anzeigen, umbrechen oder evtl. abschneiden.

10. Spalte: FORMAT

„FORMAT" gibt das Format einer Variablen wieder. „FORMAT" ist leer, wenn der betreffenden Variablen kein Format zugewiesen ist. Der Eintrag „QUALI" in der Spalte „Format" bedeutet, dass der Variablen „Quali" das anwenderdefinierte Format mit dem Namen „QUALI" zugewiesen wurde. Die leeren Zellen bedeuten, dass die weiteren String- und numerischen Variablen die Standardformate besitzen (nach SAS Konvention „BEST12." für numerische und $w. für String-Variablen). Obwohl nicht explizit ausgewiesen, beeinflussen sie, wie der Enterprise Guide die Daten anzeigt. Variablen können über Formate u.a. angezeigt werden als:

- *Numerisches Standardformat:* für eine Variable, deren Ausprägungen Zahlen sind. Das Format ist zunächst standardmäßig „BEST12.".

- *Komma (bzw. Punkt):* eine numerische Variable, deren Werte mit Kommata (bzw. Punkt) als Tausender-Trennzeichen und Punkt (bzw. Komma) als Dezimaltrennzeichen angezeigt werden. Die Werte können rechts neben dem Dezimaltrennzeichen kein Komma bzw. Punkt enthalten.

- *Wissenschaftliche Notation:* eine numerische Variable, deren Werte mit einem E und einer Zehnerpotenz mit Vorzeichen angezeigt werden. Dem Exponenten kann z.B. ein E vorangestellt werden (z.B. 123: 1,23E2 oder 1,23E+2). Numerische, Komma- bzw. Punkt-Werte können im Standardformat oder auch in wissenschaftlicher Notation eingegeben werden.

- *Datum:* eine numerische Variable, deren Werte in einem Datums- oder Uhrzeitformat angezeigt werden. SAS bietet für diesen Zweck zahlreiche Formatvarianten an. Datums- und Zeitangaben gelten als besonders anfällig für Probleme. Die Datumsvariablen können z.B. uneinheitlich im europäischen (TT.MM.JJJJ) oder im amerikanischen Format (MM.TT.JJJJ) sein. Die Datumsvariablen sind uneinheitlich in den ausgegebenen Stellen, z.B. TT.MM.JJJJ oder TT.MM.JJ (vgl. Schendera, 2007, 62–77, 351–362).

- *Währungen (z.B.):* eine numerische Variable mit führendem €-Zeichen, deren Werte mit Kommata als Tausender-Trennzeichen und Punkt als Dezimaltrennzeichen angezeigt werden. Eine numerische Variable mit führendem Dollarzeichen ($), deren Werte mit Punkt als Tausender-Trennzeichen und Komma als Dezimaltrennzeichen angezeigt werden.

- *Dezimalstellen und Interpunktionen* können ebenfalls über die Formate nach Wunsch definiert werden. Die Einstellung der Anzahl von Dezimalzellen bezieht sich nur auf die Ausgabe. Entspricht die Anzahl der Nachkommastellen der eingegebenen Werte der vom Anwender definierten Anzahl, so werden die eingegebenen Werte (so wie sie sind) gemäß der vom Anwender definierten Anzahl an Nachkommastellen angezeigt. Übersteigt die Anzahl der Nachkommastellen der eingegebenen Werte die vom Anwender vorgegebene Anzahl, so wird auf die definierte Länge für die Anzeige gerundet. Der Wert „123456,78" (mit insgesamt 9 Stellen) würde gemäß dem Format 8.2 z.B. als „123456,8" *angezeigt* werden. Für die Anzeige wird der Nachkommateil 78 auf 8 gerundet werden. SAS rechnet jedoch mit dem intern gespeicherten *vollständigen* Wert weiter, also „123456,78".

- *String:* eine Variable, deren Ausprägungen beliebige Zeichen (einschließlich Zahlen) sein können. Groß- und Kleinbuchstaben werden als verschiedene Buchstaben interpretiert. Beim Sortieren werden z.B. Groß- und Kleinbuchstaben unterschiedlich verarbeitet. Großgeschriebene Strings (z.B. „SAS") werden vor kleingeschriebene Strings (z.B. „sas") sortiert. Dieser Datentyp wird auch als alphanumerisch oder Text bezeichnet.

Das Format „String" kann bei Zahlen(!) in den Zellen etwas heikel sein: Beim Einlesen oder der Migration von Daten kann es durchaus passieren, dass alle numerischen Werte, die im Quellsystem noch vom Typ „numerisch" waren, anschließend im Zielsystem ausschließlich das Format „String" aufweisen. Wenn also *alle* Werte tatsächlich vorher numerisch waren, kann der Typ einfach von String" auf „Numerisch" (bzw. die gewünschte Variante für numerische Einträge) angepasst werden. Dabei gehen keine Daten verloren. Sind jedoch nur einzelne Werte in Wirklichkeit vom Format „String", z.B. ein versehentlich eingegebenes großes O, so wird die Anpassung von „String" auf „Numerisch" (bzw. die gewünschte Variante) dazu führen, dass an der Stelle des O eine leere Zelle in der Datentabelle entsteht. Bei einem großen Anteil an (beliebigen) Zeichen an den Zahlen könnte der Datenverlust durchaus substantiell sein. Der Enterprise Guide meldet vor solchen Verlusten durch die Anzeige der Originaleinträge zurück, an welcher Stelle mit Datenverlusten zur rechnen ist, und erbittet vom Anwender eine ausdrückliche Bestätigung. Strings (Zeichenketten) können bis zu 32.767 Zeichen lang sein. Bei Strings sind nicht mehr Zeichen als die vorher definierte Länge möglich.

> 💡 **Tipp!**
> Über [Anwendungsroutinen →] Daten → „Format erstellen…" können Sie Formate für Daten vergeben, darunter u.a. Namen, Typ oder Labels (permanent, temporär). Haben Sie alle Eintragungen vorgenommen, erscheinen in den EG Ausgaben nicht mehr die (alpha)numerischen Kodes, sondern die ihnen zugeordneten Wertelabels. Über Daten → „Format aus Datei erstellen" können Sie komplette Listen von Formaten oder andere Eigenschaften von anderen Variablen übernehmen.

Durch einen Klick auf den Spaltenkopf und einen Klick auf „Breite…" kann auch die Breite der Spalte in der Anzeige eingestellt werden. Diese Einstellungen haben keinen Einfluss auf Werte oder Format der Variable bei Verarbeitung, Speicherung oder Ausgabe.

▶ Exkurs: Labels für Werte und Missings

Während Variablenlabels Labels für *Variablen* bereitstellen, liefern Wertelabels Labels für *Daten* (numerisch, String) und *Missings*. Auch hier kann man sich es so vorstellen, dass der Wert bzw. Kode für SAS ist, aber das dazugehörige Label für Menschen. Wertelabels dienen also dazu, Merkmalsausprägungen (also Werte oder Wertebereiche, die eine Variable annehmen kann) mit ausführlichen Textbeschreibungen zu versehen. Werte bzw. Kodes haben darüber hinaus den unschätzbaren Vorteil, dass längere Texte nicht mehr wiederholt Zeile für Zeile in eine SAS Datei eingegeben werden müssen, sondern dass deutlich kürzere Kodes als Platzhalter für ein längeres Label ausreichen. Der Gewinn an Speicherplatz und Performanz ist nicht unerheblich. Wertelabels berücksichtigen beliebige Sonderzeichen, Leerstellen sowie Groß- und Kleinschreibung. Wertelabels können bis zu 32.767 Bytes lang sein. Die Werte bzw. Kodes für Wertelabels können vom Typ „Numerisch" oder „String" sein. Es gelten mindestens alle Anforderungen an Variablenlabels:

- Wertelabels werden für Menschen geschrieben.
- Wertelabels sind richtig zu schreiben.
- Wertelabels sind den entsprechenden Werten bzw. Kodes richtig zuzuordnen.
- Wertelabels können auch Kodes für Missings (numerisch, String) zugewiesen werden.
- Das Zusammenspiel von Labels und Werten ist ausgesprochen anfällig für Fehler, z.B. wenn in verschiedenen Datensätzen unterschiedliche Werte und/oder Kodierungen verwendet werden. Ein Beispiel für einen klassischen Fehler ist, in einer ersten Datei für die Ausprägungen des biologischen Geschlechts die Kodes 1 und 2 für „männlich" und „weiblich" zu verwenden, in einer zweiten Datei dagegen die Ausprägungen 0 und 1 (vgl. Schendera, 2007, 2005).

Kodes für Daten (Wertelabels)

Haben Sie noch keine Wertelabels definiert, gehen Sie so vor: Öffnen Sie unter Anwendungsroutinen → Daten das Menü „Format erstellen…". Legen Sie unter „Optionen" den Namen des Formats an (z.B. MYFMT1) und ändern Sie einen möglicherweise automatisch voreingestellten *temporären* Speicherort für das zu erstellenden Format in einen *permanenten* Speicherort Ihrer Wahl. Klicken Sie unter „Formate definieren" in das Feld „Formatdefinition" und geben dort über „Neu" das gewünschte Label für eine erste Ausprägung an, z.B. „Ausprägung 1". Achten Sie darauf, dass die Beschriftung für das Label ein inhaltlich und orthographisch richtiger Text ist. Weisen Sie unter „Bereichsdefinitionen" einen theoretisch möglichen bzw. einen faktisch erhobenen Wert zu. Klicken sie anschließend auf „Hinzufügen". Wiederholen Sie die Schritte solange, bis Sie alle relevanten Werte und Labels einander zuweisen konnten. Klicken Sie abschließend auf „Ausführen".

Über „Codevorschau" (links unten) können Sie sich die Syntaxversion Ihrer Mausklicks ansehen. Bislang sind die Formate nur auf Ihrem Rechner abgelegt. Nun weisen Sie die Formate der oder auch den Variablen Ihrer Wahl zu. Dazu klicken Sie auf die betreffende Variable (vorausgesetzt, Sie haben die nötigen Rechte, einen möglicherweise gesetzten Schreibschutz aufzuheben). Nach einem Rechtsklick gehen Sie z.b. über Eigenschaften → Ausgabeformate → Kategorien, darin „Benutzerdefiniert". Aus den angezeigten benutzerdefinierten Formaten weisen Sie das gewünschte Format, z.b. MYFMT1, über einen Doppelklick der Variablen zu.

Kodes für fehlende Werte (Missings)

„Fehlende Werte" (Missings) sind Lücken in einem Datensatz. Während Einträge (Zahlen, Strings) die Anwesenheit einer Information anzeigen, repräsentieren Missings das Gegenteil, die Abwesenheit von Information. *Weil* Missings für das *Fehlen* von Information stehen, sind sie ähnlich relevant wie vorhandene Information, umso mehr, je größer der Anteil von Missings in einer Datentabelle ist. Missings können weitreichende Folgen haben, vom Bias bis zum massiven materiellen Schaden. Das Thema „Missings" ist ausgesprochen komplex und kann hier nicht in der erforderlichen Tiefe behandelt werden. Für eine erste Einführung wird auf eine frühere Veröffentlichung des Verfassers verwiesen (Schendera, 2007, 119–161). Die weiteren Ausführungen werden das Konzept von fehlenden Werten fokussieren:

SAS ist so voreingestellt, dass in *numerischen* Variablen leere Zellen einer Datentabelle automatisch als *systemdefinierte fehlende Werte* deklariert und aus visuellen und statistischen Analysen *ausgeschlossen* werden (Missings in alphanumerischen Variablen funktionieren anders, s.u.). Bei *systemdefinierten Missings* handelt es sich um nicht kontrollierte Missings. Wenn eine Zelle in einer Datenzelle leer ist, sind damit zwei Informationen nicht bekannt: Erstens, *warum* diese Zelle leer ist. Zweitens ist auch nicht bekannt, *ob* der Grund für das Fehlen des Kodes überprüft wurde. Gründe für das Fehlen können über *anwenderdefinierte Missings* (z.B. im Rahmen einer Fragebogenstudie) in einen Datensatz abgelegt werden:

► **Beispiel**

Kodes für anwenderdefinierte Missings:

Kodes (Beispiele)	Anwenderdefinierte Bedeutung	
.A, -1, „991"	„weiß Antwort nicht"	
.B, -2, „992"	„verweigert Antwort"	
.C, -3, „993"	„Antwort übersprungen"	
.D, -4, „994"	„Frage niemals gestellt"	
.E, -5, „995"	„complete drop-out"	usw.

Werden diese Gründe mittels Kodes in die Datentabelle eingegeben, ist damit in der Datentabelle nicht nur der Kode, sondern *auch* der Grund für die leere Zelle, also das Fehlen der Information abgelegt. Bei anwender*definierten Missings* handelt es sich um kontrollierte Missings. Die Information fehlt zwar immer noch, es ist nun aber in der Datentabelle hinterlegt, warum. Das (ideale) Ziel am Ende dieser Maßnahme ist eine 100% vollständige Datentabelle aus vorhandenen Werten *und*, falls diese nicht vollständig vorliegen, den Kodes für den Grund ihres Fehlens. Wären jedoch trotz dieser Maßnahme weiterhin einige leere Zellen in der Datentabelle, so könnte dies u.a. als ein Hinweis auf ein eher nachlässiges Arbeiten verstanden werden, das es zeitnah zu beheben gilt.

- Missings können mittels anwenderdefinierter Kodes direkt an den EG bzw. SAS übergeben werden, indem ein Underscore bzw. ein Buchstabe mit einem vorangehenden Punkt verwendet werden (z.B. .A oder ._ ; vgl. Schendera, 2012, 22–26). Anwenderdefinierte Werte bzw. Kodes werden analog zu systemdefinierten Werten aus den meisten visuellen und statistischen Analysen ausgeschlossen.
- Auch normale numerische Werte können als Kodes für möglicherweise fehlende Daten verwendet werden; mit diesen muss sorgfältig verfahren werden, es besteht sonst die Gefahr, dass sie als echte Werte in Visualisierungen und Analysen eingehen, und sie entsprechend verzerren (vgl. Schendera, 2007, 207–208).
- Empfehlenswert ist, dass Kodes für anwenderdefinierte Missings nicht im Range der beobachteten Messwerte liegen. Es sollte z.B. nicht der Kode „99" vergeben werden, wenn danach gefragt wird, wie viele Zigaretten jemand am Tag raucht. 99 Zigaretten wären da durchaus im Bereich des Möglichen.

346 Deskriptive Statistik

- Kodes für (alpha)numerische Missings können auch Wertelabels zugewiesen werden, die den Grund für das Fehlen des betreffenden Wertes herausheben (siehe oben).
- Formate können auch dann zugewiesen werden, wenn keine Werte bzw. Kodes für Missings in der betreffenden Datentabelle vorkommen (es könnte durchaus sein, dass die Tabelle 100% vollständig ist). Da jedoch keine Zelle in der Tabelle leer ist, wird auch kein Missing angezeigt werden.

String-Variablen mit Missings werden vom EG *anders* als numerische Variablen mit Missings behandelt. *Alle Einträge* einer String-Variablen werden zunächst als gültig betrachtet (und damit in eine Analyse eingeschlossen), einschließlich möglicherweise eingegebener Texte wie z.B. „Missing", „Fehlend" sowie „Leer". Und, ganz wichtig, auch *komplett leere Zellen* werden als gültige Einträge betrachtet. Anwender haben an dieser Stelle zwei Möglichkeiten:

- *Texte* können als Information zur Kontrolle (ggf. auch die Ursache des Fehlens von Werten benennen) direkt eingegeben werden. In der Bundesligatabelle könnten, z.B. im Falle fehlender Daten, die Texte „Fehlender Wert" oder „Missing" in einer String-Variablen eingegeben werden.
- *Kodes* können als Kurzinformation eingegeben werden. Eine Formatierung analog zu Wertelabels (siehe oben) unterstützt die Auswertung. In der Bundesligatabelle könnten z.B. die alphanumerischen Kodes „A", „B" oder „ " (als komplett leere Zelle) in einer String-Variablen im Falle fehlender Daten eingegeben werden.
- Texte und Kodes werden nicht automatisch aus den Analysen ausgeschlossen. Um Zeilen mit einer *leeren Zelle* (oder mehreren) vom Typ alphanumerisch aus Analysen auszuschließen, können die betreffenden Zeilen über entsprechende Filter zuvor (temporär) aus der SAS Datei ausgefiltert werden.

Bei der Definition von Kodes ist v.a. die Länge der String-Variablen entscheidend, um Labels für anwenderdefinierte Missings definieren bzw. anzeigen zu können. Die maximale Länge von String-Variablen und Wertelabels in SAS ist 32.767 Bytes bzw. Zeichen. Wird die Länge von String-Variablen verkürzt, werden längere Labels ggf. abgeschnitten.

> ✋ **Tipp!**
> Über das Ausführen von SAS (Makro) Syntax können Sie z.b. umfangreiche Listen von Formaten definieren oder anpassen (z.b. mittels des ATTRIB Statements oder der FORMAT Prozedur). Für die ordnungsgemäße Übernahme und Anzeige dieser Formate durch den Enterprise Guide ist ein korrekter Zugriff auf die Format-Bibliothek Voraussetzung: Standardmäßig sucht SAS mittels FMTSEARCH zunächst in den Bibliotheken WORK und LIBRARY nach Formaten. Werden Formate unter SASUSER bzw. WORK abgelegt, so greift der Enterprise Guide direkt darauf zu.

Beispiele: Die Kodierung hängt u.a. von Eigenschaften der Variablen (Datentyp, Messniveau) ab und sollte empirische Relationen abbilden können. Der Begriff des Messniveaus wird in den Abschnitten 2.2 und 2.3 eingeführt.

✋ Nominalskala

Sind die Ausprägungen Ihrer Werte gleichwertig, lassen sich also *nicht* in eine Rangordnung bringen, so befinden sich die Daten auf dem Nominalniveau. Daten auf Nominalniveau können Sie im Prinzip beliebig kodieren, solange Sie sie konsistent und systematisch auf diese Weise kodieren.

Kodes können auch vom Typ „String" sein: SAS unterscheidet dazu zwischen *Namen* und *Format* für eine Variable. Namen und Format einer Variablen können gleich lauten, sofern die Variable numerisch und ihr Name nicht zu lang sind (z.B. SEX). Handelt es sich um eine String-Variable, wird dem Namen des *Formats* ein $ vorangestellt (z.B. $SEX).

```
Format SEX: 1=„männlich", 2=„weiblich";
Format SEX: 985=„männlich", 363=„weiblich".
Format $SEX: „m"=„männlich", „w"=„weiblich".
Format $SEX: „fds" =„männlich", „pPc"=„weiblich".
```

Im ersten Beispiel werden den beiden numerischen Werten 1 bzw. 2 die Labels „männlich" bzw. „weiblich" zugewiesen und als numerisches Format SEX abgelegt. Im zweiten Beispiel werden den beiden numerischen Werten 985 bzw. 363 die Labels „männlich" bzw. „weiblich" zugewiesen. Im dritten Beispiel werden den beiden Strings „m" bzw. „w" die Labels „männlich" bzw. „weiblich" und als String-Format $SEX abgelegt. Im vierten Beispiel werden den beiden Strings „fds" bzw. „ppc" die Labels „männlich" bzw. „weiblich" zugewiesen.

✋ Tipp!

Dass Sie Daten auf Nominalniveau im Prinzip beliebig kodieren können, eröffnet Ihnen eine interessante Möglichkeit: SAS gibt in der Standardeinstellung der graphischen bzw. statistischen Analyse die Labels entsprechend der numerischen oder alphanumerischen Reihenfolge der verwendeten Kodes aus. Unter Berücksichtigung dieses Reihenfolgeeffekts können Sie die Kodes entsprechend der zunehmenden/abnehmenden Relevanz, Häufigkeit oder inhaltlichen Angemessenheit von Einträgen vergeben. Haben Sie diese Vorarbeit geleistet, werden die anschließend zugewiesenen Wertelabels in entsprechender ab-/zunehmenden Relevanz, Häufigkeit oder Angemessenheit in graphischen bzw. statistischen Analysen ausgegeben. Das Ersetzen von alphanumerischen Zeichen (-ketten) in numerische Kodes hat darüber hinaus den Vorteil, dass Analysesoftware kurze numerische Werte performanter als längere alphanumerische Zeichenketten verarbeiten kann.

✋ Ordinalskala

Repräsentieren die Ausprägungen Ihrer Werte eine *inhaltlich* systematische Rangfolge, z.B. von sportlichen Erfolgen bzw. Misserfolgen wie z.B. von der Champions-League-Teilnahme bis hinunter zum Abstieg aus der 1. Bundesliga, so befinden sich diese Daten auf dem Ordinalniveau. Ordinalniveau bedeutet, dass sich eine klare Rangordnung der Relevanz definieren lässt, dass z.B. eine Champions-League-Teilnahme wichtiger ist als eine CL-Qualifikation oder die Teilnahme am UEFA-Cup. Selbst eine „neutrale" Qualifikation (die zwar jeweils schlechter ist als die positiven Qualifikationen) ist immer noch besser als die Relegation oder sogar der Abstieg aus der 1. Bundesliga. Enthalten die Werte zwar inhaltlich eine Rangfolge, sind sie jedoch numerisch inkonsistent kodiert, z.B. mit der Wertfolge 6, 2, 4, 3, 5, 1, so können Sie die Werte über die [Anwendungsroutinen → Daten →] Abfrage erstellen → Berechnete Spalten → Neu kodierte Spalte → Neu berechnete Spalte in die geeignete Rangfolge bringen. Eine Abstufung wie z.b. 6=Champions League, 2= CL Quali, 4=UEFA Cup, 3=neutral, 5=Relegation, sowie 1=Abstieg würde nicht die korrekte Rangfolge (Ordinalrelation) aufeinanderfolgender Qualifikationsstufen in der 1. Bundesliga ausdrücken. Für inferenzstatistische Analysen, die z.b. eine korrekte Ordinalrelation voraussetzen, z.b. die Ordinale Regression, wären die Folgen verheerend.

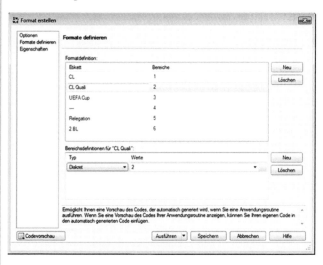

Abb. 52: EG: Ein Format auf Ordinalniveau zuweisen

Sind also die Daten auf Ordinalniveau, so *muss* die Abfolge der jeweiligen *numerischen* Werte bzw. Kodes (z.B. 1, 2, ...; im Screenshot rechts) der *inhaltlichen* Rangordnung der einzelnen Abstufungen (z.B. „CL", „CL Quali", „UEFA Cup", links) entsprechen. Unter „Codevorschau" zeigt der EG die Syntaxversion des zugewiesenen Formats an.

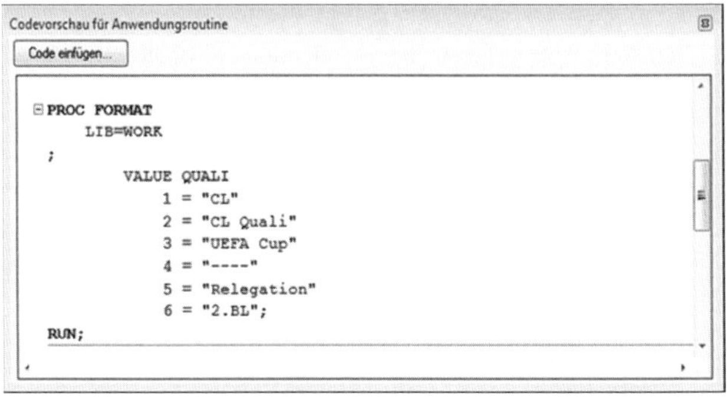

350 Deskriptive Statistik

```
Codevorschau für Anwendungsroutine

 Code einfügen...

PROC FORMAT
    LIB=WORK
;
    VALUE QUALI
        1 = "CL"
        2 = "CL Quali"
        3 = "UEFA Cup"
        4 = "----"
        5 = "Relegation"
        6 = "2.BL";
RUN;
```

Abb. 53: EG: Codevorschau für ein Format auf Ordinalniveau

✋ Intervallskala

Im Prinzip könnte jedem Wert einer Variablen, auch auf Intervallskalenniveau, ein eigenes Label zugewiesen werden. Abgesehen vom erhöhten Aufwand und höheren Messniveau entsprechen Logik und Vorgehensweise dem des Ordinalniveaus und werden auch dort erläutert.

Bevor Sie kodierte Werte analysieren, unabhängig vom Messniveau, prüfen Sie die Kodierungen auf Vollständigkeit (gibt es Lücken?), Systematik (gibt es eine Rangfolge?) sowie Konsistenz (gibt es Abweichungen?). Mit dem letzten Punkt ist gemeint: Wenn Sie mehrere Datentabellen zusammenfügen wollen, prüfen Sie zuvor, ob die Variablen in den Datentabellen dieselben Kodierungen und Wertelabels besitzen. Gerade aus dem letzten Grund ist es empfehlenswert, ein Kode- bzw. Arbeitsbuch anzulegen, mit dem Sie die Zuordnung Wert-Wertelabel kontrollieren können.

Eine weitere, unkomplizierte Möglichkeit, die Datentabelle auf ordnungsgemäß vergebene Labels zu überprüfen ist, indem Sie für die betreffenden Variablen z.B. Häufigkeitstabellen mit Labels *und* Kodes anfordern.

✋ Achtung!

Werden Formate (Wertelabels) in der ausgegebenen deskriptiven Statistik vom Enterprise Guide nicht wie erwartet angezeigt, kommen mehrere Ursachen infrage, die zu prüfen wären:

- Es sind gar keine Formate vorhanden.
- Es sind Wertelabels vorhanden, aber nicht oder nicht korrekt an den EG bzw. SAS übergeben.
- Es sind Wertelabels vorhanden, aber falsch, z.B. kann die Zuweisung zu den Einträgen im SAS Dataset nicht korrekt sein.
- Es sind Wertelabels vorhanden und richtig zugewiesen; in diesem Fall kann der EG aber vielleicht so eingestellt sein, dass die Einträge im Datensatz ohne Labels angezeigt werden sollen.

11. Spalte: FORMATD

„FORMATD" gibt die Anzahl der Dezimalwerte wieder, wenn das Format der Variablen zugewiesen wird. Der Wert ist 0, wenn keine Dezimalstellen spezifiziert wurden. Dies bedeutet jedoch nicht, dass die Variable keine Dezimalstellen aufweist (vgl. Spalte „Tore_pro_Spiel"), sondern nur, dass in der Formatanweisung keine Dezimalstellen spezifiziert worden waren.

12. Spalte: FORMATL

„FORMATL" gibt die Länge des zugewiesenen Formats wieder. Wurde in einem zugewiesenen Format auch eine Länge spezifiziert, entspricht dieser Wert dem Wert in FORMATL (z.B. wenn die Option FMTLEN verwendet wurde. Der Wert ist 0, wenn die Option FMTLEN nicht verwendet wurde.

13. Spalte: INFORMAT

„INFORMAT" gibt das *Informat* (Einleseformat) einer Variablen wieder. Damit wird festlegt, wie Daten in den EG bzw. nach SAS gelesen werden sollen. Das *Format* legt dagegen fest, wie Werte (String, numerisch, Datum) angezeigt bzw. geschrieben werden sollen. „Format" ist leer, wenn der betreffenden Variablen kein Informat zugewiesen ist.

14. Spalte: INFORMATD

„FORMATD" gibt die Anzahl der Dezimalwerte wieder, wenn das Informat der Variablen zugewiesen wird. Der Wert ist 0, wenn im Informat keine Dezimalstellen spezifiziert wurden.

15. Spalte: INFORML

„INFORML" gibt die Länge des zugewiesenen Informats wieder. Wurde in einem zugewiesenen Informat auch eine Länge spezifiziert, entspricht dieser Wert dem Wert in INFORML (z.B. wenn die Option FMTLEN verwendet wurde). Der Wert ist 0, wenn die Option FMTLEN nicht verwendet wurde.

16. Spalte: JUST

„JUST" gibt die Ausrichtung innerhalb der Spalte an. 0 steht für linksbündig, 1 für rechtsbündig. Strings werden standardmäßig linksbündig ausgerichtet, numerische Werte werden standardmäßig rechtsbündig ausgerichtet.

17. Spalte: NPOS

„NPOS" gibt die physikalische Position des ersten Zeichens der Variablen in der Datentabelle an.

18. Spalte: NOBS

„NOBS" gibt die Anzahl an Fällen (Beobachtungen) in der Datentabelle zurück.

19. Spalte: ENGINE

„ENGINE" gibt die Engine zum Lesen von und Schreiben in die Datentabelle zurück.

20. Spalte: CRDATE

„CRDATE" enthält das Datum, zu dem die Datentabelle angelegt wurde.

21. Spalte: MODATE

„MODATE" enthält das Datum, an dem Datentabelle zuletzt verändert (modifiziert) wurde.

22. Spalte: DELOBS

„DELOBS" enthält die Anzahl der Fälle (Beobachtungen), die in der Datentabelle zur Löschung markiert sind.

23. Spalte: IDXUSAGE

„IDXUSAGE" zeigt an, ob die betreffende Variable in einem Index verwendet wird (vgl. Schendera, 2012, 324–325): NONE: Die Variable ist nicht Teil eines Indexes. SIMPLE: Die Variable besitzt einen einfachen Index mit nur einer Variablen (syn.: Single-Index). COMPOSITE: Die Variable ist Teil eines Composite-Index (oder mehr) aus mehreren Variablen. BOTH: Die Variable besitzt einen Single-Index und ist auch Teil eines Composite-Index.

24. Spalte: MEMTYPE

„MEMTYPE" gibt den Typ eines Elements in einem Verzeichnis an (DATA, VIEW). Der zentrale Unterschied zwischen beiden Typen ist: *Tabellen* enthalten Daten (DATA) und benötigen dafür Speicherplatz. *Views* (VIEW) dagegen enthalten selbst *keine* Daten und benötigen deshalb auch keinen Speicherplatz (vgl. Schendera, 2011, 27–28).

25. Spalte: IDXCOUNT

„IDXCOUNT" zeigt die Anzahl der Indexe für die betreffende Datentabelle an.

26. Spalte: PROTECT

„PROTECT" zeigt an, ob und wie die Datentabelle geschützt ist: „A" [„alter"] bedeutet änderungsgeschützt, „R" [„read"] bedeutet lesegeschützt, „W" [„write"] bedeutet schreibgeschützt.

27. Spalte: FLAGS

„FLAGS" zeigt an, ob und wie Variablen in einer SQL View geschützt sind: „P" [„protected"] bedeutet, dass ein Wert einer Variablen angezeigt, aber nicht aktualisiert werden kann. „C" [„contribute"] bedeutet, dass die Variable zu einer abgeleiteten Variable beiträgt. „FLAGS" ist leer, wenn es sich um eine View handelt oder wenn P oder C nicht zutreffen.

28. Spalte: COMPRESS

„COMPRESS" zeigt an, ob die Datentabelle komprimiert ist (YES, NO).

29. Spalte: REUSE

„REUSE" zeigt an, ob Platz, der durch das Löschen von Beobachtungen freigemacht wurde, wiederverwendet werden sollte. REUSE hat den Wert NO, falls die Datentabelle nicht komprimiert ist.

30. Spalte: SORTED

„SORTED" gibt Art und Sortierung der Datentabelle an: . (Punkt): Nicht sortiert. 0: Sortiert, aber nicht validiert. 1: Sortiert und validiert.

31. Spalte: SORTEDBY

„SORTEDBY" zeigt die Rolle einer Variablen in der Sortierung einer Datentabelle an: . (Punkt): Variable wurde für Sortierung nicht verwendet. n (Zahl): Variable wurde für Sortierung verwendet. n gibt die Position in der Sortierung an (falls mit mehreren Variablen sortiert wurde). Standardmäßig ist eine aufsteigende Sortierung voreingestellt. Ein negatives Vorzeichen zeigt an, dass mit der bzw. den betreffenden Variablen absteigend sortiert wurde.

32. Spalte: CHARSET

„CHARSET" zeigt den Zeichensatz für die Sortierung der Datentabelle an: ASCII, EBCDIC oder PASCII. „CHARSET" ist leer, wenn keine Information über die Sortierung im Datensatz abgelegt ist.

33. Spalte: COLLATE

„COLLATE" gibt die Zeichenfolge für die Sortierung der Datentabelle zurück. „COLLATE" ist leer, wenn keine Information über die Sortiersequenz vorliegt.

34. Spalte: NODUPKEY

„NODUPKEY" zeigt an, ob die SAS Option NODUPKEY bei der Sortierung der Datentabelle mittels PROC SORT verwendet worden war.

35. Spalte: NODUPREC

„NODUPREC" zeigt an, ob die SAS Option NODUPREC bei der Sortierung der Datentabelle mittels PROC SORT verwendet worden war.

36. Spalte: ENCRYPT

„ENCRYPT" zeigt an, ob die Datentabelle verschlüsselt ist.

37. Spalte: POINTOBS

„POINTOBS" zeigt an, ob die Datentabelle durch Beobachtungen referenziert werden kann.

38. Spalte: GENMAX

„GENMAX" gibt die maximale Zahl an Sicherungskopien für Versionen einer SAS Datei an.

39. Spalte: GENNUM

„GENNUM" gibt die Versionsnummer von Sicherungskopien einer SAS Datei an. Positive Werte repräsentieren absolute Referenzen, negative Werte relative Referenzen. Eine neu angelegte SAS Datei hat 1 als absolute Referenz, und 0 als relative Referenz. Eine erste Sicherheitskopie dieser SAS Datei hat 1 als absolute Referenz, und -1 als relative Referenz; die aktualisierte Version hat 2 als absolute Referenz, und 0 als relative Referenz usw.

Exkurs ◀

8.2 IBM SPSS Statistics

IBM SPSS Statistics (kurz: „SPSS") ist ein umfassendes Programm zum Verwalten und zum statistischen Auswerten von Daten. Dazu gehört u.a. Daten erfassen, einlesen, prüfen oder bearbeiten, Kennzahlen berechnen und die Anwendung sowohl einfacher als auch komplexer statistischer Verfahren sowie das Erzeugen tabellarischer Berichte, Tabellen und Diagrammen.

8.2.1 Start von SPSS

Es gibt mindestens drei Möglichkeiten, SPSS zu starten:

356 Deskriptive Statistik

- *Desktop:* Klick auf ein auf dem Desktop abgelegtes Icon.
- *Windows Menüleiste:* Klicks in der Abfolge „Start" → „Programme" → „IBM SPSS Statistics" → „IBM SPSS Statistics 22". Diese Abfolge gilt für SPSS ab Version 22 (Standardinstallation vorausgesetzt).
- *SPSS Datei:* Doppelklick auf eine SPSS Datei, z.B. BuLi2012.sav

Nach dem Start des SPSS Programms öffnet sich der sogenannte SPSS Daten-Editor.

8.2.2 Fenster „Datenansicht"

Am Anfang ist der SPSS Daten-Editor

Abb. 54: SPSS: Fenster „Datenansicht" (leer)

Mit dem Start von SPSS öffnet sich (je nach Voreinstellung) der SPSS Daten-Editor.

Rechts neben dem Programmsymbol trägt er den langen Namen „Unbenannt 1 [DatenSet0] IBM SPSS StatisticsDaten-Editor" (sofern SPSS nicht mit dem Klick auf eine Datei gestartet wurde).

Wurde SPSS mit einem Doppelklick auf eine SPSS Datei gestartet, ist oben links auch der Name der aktuell geöffneten SPSS Datei angegeben, z.B. „BuLi2012.sav DatenSet1] IBM SPSS StatisticsDaten-Editor".

Dieser Editor ist in Form einer Matrix (Tabelle) aufgebaut, also in Zeilen und Spalten aufgeteilt, wie man es auch von anderen Tabellenkalkulationsprogrammen kennt, z.B. Microsoft Excel. Diese Matrix (Datenansicht) ist z.B. nützlich, um Daten in eine leere Datei einzugeben oder eine bereits abgespeicherte Datei in genau diese Matrix hineinzuladen. Der leere Daten-Editor ist wie folgt aufgebaut:

- Links unten sehen Sie die Etiketten zweier Registerkarten, „Datenansicht" und „Variablenansicht". Mit diesen beiden Registerkarten können Sie zwischen zwei verschiedenen Ansichten hin- und herwechseln (alternativ über „Ansicht" → „Variablen" bzw. „Daten", je nachdem, in welcher Ansicht Sie sich befinden). Es ändert sich nur die Ansicht. Die SPSS Menüleisten bleiben im Wesentlichen unverändert.

- Die „Datenansicht" zeigt Ihnen (Überraschung!) die *Daten*, den Inhalt einer Datentabelle. Eine leere „Datenansicht" ist nur in Zeilen und Spalten aufgeteilt und enthält ausschließlich leere Zellen.

- Die „Variablenansicht" zeigt Ihnen die *Eigenschaften* (Attribute) der Variablen. Weil diese Attribute die Daten definieren, finden Sie hier vom Anwender *definierte* und damit *definierende* Eigenschaften von Daten, z.B. Labels (Variablen, Werte), Präzision (Nachkommastellen), Kodes, Missings usw.

Nun, im Moment sehen Sie nur eine leere Datentabelle. Da ist nicht viel zu sehen. Das ist frustrierend. Das muss nicht sein. Lassen Sie sich von SPSS einen Datensatz anzeigen.

Der nächste Schritt zeigt, wie eine SPSS Datei in den Daten-Editor geladen wird. An dieser SPSS Datei werden weitere Merkmale erläutert.

Öffnen einer SPSS Datei

✋ **Minimalanforderungen**
- Sie wissen, wie die Datei heißt.
- Sie wissen, wo die Datei gespeichert ist (Speicherort, Pfad).

Sie können eine SPSS Datei auf zwei Wegen öffnen:

- *Falls SPSS bereits geöffnet ist:* Laden Sie einen beliebigen Datensatz über „Datei" → „Öffnen" → „Daten". Klicken Sie sich zum Speicherort durch und doppelklicken Sie auf die Datei oder markieren Sie sie und klicken Sie dann auf „Öffnen".
- *Falls SPSS noch nicht geöffnet ist:* Suchen Sie die gewünschte Datei auf Ihrem Rechner und doppelklicken Sie auf die gewünschte Datei. SPSS wird mitgestartet.

Auf beiden Wegen gelangen Sie in das Fenster „Datenansicht" der gewünschten SPSS Datei.

	Platz	Verein	Spiele	G	U	V	Tore_1	Tore_2	Differenz	Punkte	Tor_Spiel	Quali
1	1.	Borussia Dortmund	34	25	6	3	80	25	55	81	2.35	CL
2	2.	FC Bayern München	34	23	4	7	77	22	55	73	2.26	CL
3	3.	FC Schalke 04	34	20	4	10	74	44	30	64	2.18	CL
4	4.	Borussia Mönchengladbach	34	17	9	8	49	24	25	60	1.44	CL Quali
5	5.	Bayer 04 Leverkusen	34	15	9	10	52	44	8	54	1.53	UEFA Cup
6	6.	VfB Stuttgart	34	15	8	11	63	46	17	53	1.85	UEFA Cup
7	7.	Hannover 96	34	12	12	10	41	45	-4	48	1.21	....
8	8.	VfL Wolfsburg	34	13	5	16	47	60	-13	44	1.38	....
9	9.	SV Werder Bremen	34	11	9	14	49	58	-9	42	1.44	....
10	10.	1 FC Nürnberg	34	12	6	16	38	49	-11	42	1.12	....
11	11.	1899 Hoffenheim	34	10	11	13	41	47	-6	41	1.21	....
12	12.	SC Freiburg	34	10	10	14	45	61	-16	40	1.32	....
13	13.	1.FSV Mainz 05	34	9	12	13	47	51	-4	39	1.38	....
14	14.	FC Augsburg	34	8	14	12	36	49	-13	38	1.06	....
15	15.	Hamburger SV	34	8	12	14	35	57	-22	36	1.03	....
16	16.	Hertha BSC Berlin	34	7	10	17	38	64	-26	31	1.12	Relegation
17	17.	1.FC Köln	34	8	6	20	39	75	-36	30	1.15	2.BL
18	18.	1.FC Kaiserslautern	34	4	11	19	24	54	-30	23	0.71	2.BL

Abb. 55: SPSS: Datenansicht von „BuLi2012.sav"

In der Voreinstellung öffnet sich der Daten-Editor im Fenster „Datenansicht". Die Zeilen entsprechen den Fällen, idealerweise über einen Schlüssel gesondert gekennzeichnet. Die Variablen (Spalten) dieser SPSS Datei (z.B. „BuLi2012.sav") entsprechen den

Themen, die der geöffnete Datensatz enthält, nämlich „Platz", „Verein", „Spiele", „G", „U", „V", „Tore_1", „Tore_2", „Differenz", „Punkte", „Tor_Spiel" sowie „Quali". Zusammengenommen ergeben Zeilen und Spalten, dass für die vorliegenden Fälle definierte Informationen vorliegen, für die Daten (Werte) vorhanden sind.

Wenn Sie eine Datei öffnen, wird sie komplett geöffnet. Finden Sie also in einem geöffneten Datensatz bestimmte Zeilen oder Spalten *nicht*, obwohl sie vorhanden sein müssten, ist das kein gutes Zeichen, sondern ein Hinweis auf einen möglichen Datenverlust, dem nachgegangen werden müsste.

Wenn Sie nun mit den Laufbalken über die Datentabelle „BuLi2012.sav" scrollen, erkennen Sie Zellen mit numerischen Einträgen und Zellen mit Texten. Ist die Datei groß und/oder der Computer langsam, kann es sein, dass SPSS nicht schnell genug die Datenansicht aufbauen kann, um Ihrem Scrollen folgen zu können. Bis die Daten aktualisiert sind, sehen Sie Fragezeichen, die allmählich durch den Inhalt der Zellen ersetzt werden.

Zusammenfassung

- Eine Tabelle enthält i. Allg. in den Spalten die Variablen und in den Zeilen die Fälle.
- Eine Tabelle enthält pro Zelle nur eine eineindeutige Information.
- Eine leere Zelle sollte zur Kontrolle und ggf. Analyse von Missings explizit kodiert werden.
- Einen weiteren Punkt finden Sie im Abschnitt zur „Variablenansicht".

8.2.3 Fenster „Variablenansicht"

Sie können auf zwei Wegen in die Variablenansicht wechseln. Entweder über die Registerkarte unten links oder über einen Doppelklick auf einen Namen einer Variable, z.B. „Platz" oder „Verein".

Was fällt beim ersten Betrachten auf? Die Namen der Variablen stehen nun in den Zeilen einer Tabelle und ihre Eigenschaften in den Spalten. Wir kommen jetzt zu einem weiteren zentralen Punkt: Die Information in einer Zelle (egal, ob Zahl oder Text) hat auch bestimmte *Eigenschaften* (Attribute). Die Variablenansicht stellt nun diese Eigenschaften in einer eigenen Tabelle zusammen. Um einem Missverständnis vorzubeugen: Diese Tabelle gibt *nicht* die *Fälle* und ihre *Struktur* wieder, sondern ist eine systematische *Ansicht* der Zuordnung von *Eigenschaften* zu *Spalten*.

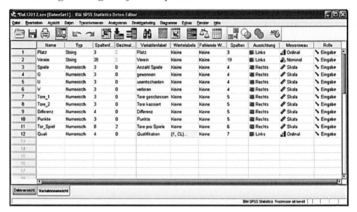

Abb. 56: SPSS: Variablenansicht von „BuLi2012.sav"

Beispiel

- In der Datenansicht sehen Sie die reinen Daten: Die Fälle (z.B. die Vereine) und die Namen der Variablen, zu denen (keine) Werte vorliegen.
- In der Variablenansicht sehen Sie zwar ebenfalls die Namen der Variablen, dazu aber die jeweiligen Eigenschaften.
- Ex negativo: In der Variablenansicht sehen Sie keine Fälle, in der Datenansicht sehen Sie keine Variableneigenschaften. Außer denen, die mit bloßem Auge erkennbar sind. Und dies kann täuschen, da z.B. „Zahlen" durchaus nicht die Eigenschaft „numerisch", sondern „Text" haben können. Dazu später mehr.

Wechseln Sie in die Variablenansicht. Wie Sie sehen, besitzt eine Variable (und damit auch die darin enthaltenen Werte) mehrere Eigenschaften gleichzeitig. Die Variable mit dem Namen TOR_SPIEL hat z.B. das Label (Etikett) „Tore pro Spiel", ist vom Typ „Numerisch", besitzt die Länge 8 bzw. das Format 8.2. „8.2." bedeutet: Die Variable ist max. 8 Zeichen lang, davon entfallen maximal 3 auf Komma- und Nachkommastellen.

Attribute und ihre Bedeutung

Sind diese Attribute wichtig? Ja. Sehr sogar. Sie können nach dem Öffnen eines Datensatzes nicht sofort losrechnen. Für die deskriptive Statistik oder auch für Operationen des Datenmanagement *müssen* Sie diese Attribute kennen.

Für die (bereits) deskriptive Analyse von SPSS Dateien sind z.B. Typ, Messniveau und Präzision (Format) relevant. Für die Beurteilung der Datenqualität sind u.a. Missings und ihre Kodierung relevant (z.B. Schendera, für SAS: 2011, 258–263; für SPSS: 2007, 320–321):

- *Typ:* Die Variablen sind vom geeigneten Typ: Nur weil eine Spalte so aussieht, als ob sie ausschließlich numerische Werte enthalte, kann es durchaus sein, dass sie (un-)absichtlich die Eigenschaft „Text" zugewiesen bekam. Und aus Buchstaben im Format „Text" lassen sich nun mal keine Mittelwerte bilden.

- *Präzision (Format):* Die maximale Größe einer Zahl, ihre Länge in Bytes sowie die Anzahl der Stellen kann vom Anwender eingestellt werden. Je mehr Nachkommastellen bei Gleitkommazahlen abgeschnitten werden, desto höher ist der Präzisionsverlust. Sprechen Speicherplatz oder Performanz nicht dagegen, so ist für die Analyse, Filterung und weitere Verarbeitung die größtmögliche Genauigkeit zu wählen, umso mehr bei lebenswichtigen bzw. geldwerten Daten. Die Längenreduktion durch das Zuweisen kürzerer Längen schneidet bei Dezimalwerten faktisch die gespeicherte Nachkommastelle ab und sollte also nur dann vorgenommen werden, sofern die Nachkommastellen und die durch sie beeinflusste Präzision in Analysen und Berechnungen tatsächlich irrelevant sind (z.B. Schendera, für SAS: 2012, 319–322).

- *Messniveau:* SPSS bietet die Möglichkeit, den Werten einer Variable ein bestimmtes Messniveau zuzuweisen. Dies hat einerseits den Vorteil, dass für die Analyse gleich das richtige Messniveau voreingestellt ist, z.B. „Skala" (Intervallskalierung) für die Berechnung eines Mittelwerts. Diese Festlegung hat andererseits jedoch den Nachteil, dass Daten mit dem Messniveau „Skala" nicht auf einem niedrigeren Messniveau analysiert werden können, z.B. „Nominal". Wenn Sie also in SPSS einmal intervallskalierte Daten nicht auf Nominalniveau deskriptiv auswerten können, ist womöglich diese Voreinstellung die Ursache.

Für das Zusammenfügen von SPSS Dateien sind u.a. folgende formale Kriterien zu prüfen, um auszuschließen, dass Datenfehler durch ein fehlerhaftes Zusammenfügen verursacht werden. All diese Informationen können Sie der Variablen- und Datenansicht entnehmen (z.b. Schendera, für SAS: 2011, 258–263; für SPSS: 2007, 320–321):

- Die Datensätze weisen dieselbe Struktur und dasselbe Format (z.B. *.sav) auf.
- Die Datensätze enthalten die benötigte(n) Key-Variable(n).
- Alle Key-Variable(n) sind idealerweise einheitlich (Variablenname, -label und -format).
- Enthalten alle oder mehrere Datensätze mehrere gleiche Variablen, so müssen Name, Label und Format identisch sein, was besonders für Gruppierungs- und Datumsvariablen wichtig ist.

Wollen Sie z.B. eine Aktion ausführen, wozu die Variablen nicht die geeigneten Attribute mitbringen (z.B. bei Operationen des Datenmanagements), dann wird SPSS bestenfalls streiken und Ihnen einen Fehler zurückmelden. Im schlimmsten Fall unterläuft Ihnen ein Fehler, den Sie nicht bemerken. Ein solcher klassischer Fehler ist, wenn in Ihrer Datentabelle ordinalskalierte Daten abgelegt sind, z.B. die Variable QUALI, und SPSS Ihnen z.B. daraus einen Mittelwert berechnet, obwohl dies mathematisch und inhaltlich Unfug ist. Nur weil etwas berechnet werden kann, bedeutet dies nicht, dass dies zulässig und richtig ist.

Die folgenden Abschnitte erläutern die einzelnen Eigenschaften von Spalte zu Spalte. Für die Weiterbewegung in der Variablenansicht können die TAB-Taste, Pfeiltasten oder die Maus benutzt werden. Es besteht auch die Möglichkeit, benutzerdefinierte Variablenattribute zu erstellen.

1. Spalte: Name

„Name" ist der Name der Variable. Pro Datentabelle darf ein Name nur einmal vergeben werden. Doppelt vorkommende Namen sind nicht erlaubt. In neueren SPSS Versionen bleibt die Groß- und Kleinschreibung von Variablennamen auch in der Ausgabe erhalten. Ohne einen Namen können in einer SPSS Datei keine Daten eingegeben, gesucht oder gefunden werden. Möchte man nicht die automatisch angelegten SPSS Variablennamen

(VAR00001, VAR00002 usw.) übernehmen, so können eigene Variablennamen vergeben werden. Es gibt bei der Vergabe von Namen einiges zu beachten: Variablennamen sollten z.b. mit einem Buchstaben beginnen, dürfen keine Leerzeichen enthalten und reservierten Schlüsselwörter wie z.B. AND oder NOT entsprechen. Sofern die Variablennamen keine speziellen Funktionen bezeichnen, sollten sie u.a. keine Sonderzeichen enthalten und nicht mit einem Punkt oder Unterstrich enden. Variablennamen dürfen in neueren SPSS Versionen die Länge von 64 Byte nicht überschreiten. 64 Byte entsprechen in Single-Byte-Sprachen (z. B. Deutsch, Englisch, Französisch) üblicherweise 64 Zeichen, in Double-Byte-Sprachen (z. B. Chinesisch) 32 Zeichen. Die Länge von Variablennamen ist letztlich u.a. auch abhängig von SPSS Version und Rechnertechnologie. Sehr lange Variablennamen werden in der Ausgabe z.T. unschön umgebrochen. Ältere SPSS Versionen sind u.U. nicht in der Lage, längere Variablennamen neuerer SPSS Versionen zu verarbeiten. Tipps für die Vergabe von Variablennamen:

- Verwenden Sie die *richtigen* Bezeichnungen (Namen) für die Inhalte von Variablen. So trivial dies klingt, habe ich in der Vergangenheit die interessante Erfahrung gemacht, dass selbst in klinischen Studien unschöne Fehler auftreten können: In einer Karzinom-Studie fielen z.b. zwei Variablen völlig aus dem Rahmen. Die Variable mit der Anzahl der gefundenen *positiven* Lymphknoten enthielt immer mehr Fälle als die Variable mit der Anzahl der *untersuchten* Lymphknoten (was nicht sein kann). Die Erklärung: Variablennamen und -label waren verwechselt worden. Wären diese Daten in Analysen eingeflossen worden, wären die formal richtigen Ergebnisse vor jeweils einem völlig falschen Hintergrund interpretiert worden. Ein Anpassen von Variablennamen und -label behob diesen subtilen Fehler (vgl. Schendera, 2007, 208).
- Bei übersichtlichen Datentabellen können Sie aussagekräftige Namen verwenden, z.B. „Platz" oder „Verein". Solche Variablennamen können in einer Datentabelle gleichzeitig als Label oder als Titel in der Ausgabe verwendet werden.
- Bei großen, zur Unübersichtlichkeit tendierenden Datentabellen können Sie z.B. Kodes verwenden, z.B. ITEM22, AWE123, usw. Diese Kodes können z.B. das 22. Item aus einer umfangreichen Item-Batterie bezeichnen oder die 123. Variable einer Datentabelle aus einer bestimmten Datenquelle, z.B. ein DWH

mit dem Kürzel AWE. Im Prinzip sind Sie völlig frei bei der „Taufe" von Variablennamen, es gibt keine verbindlichen Konventionen.

- Um zu wissen, was welcher Variablenname v.a. bei umfangreichen Datenmengen bedeutet, ist für die Gewährleistung einer optimalen Daten- und Analysequalität ein sogenanntes Codebuch empfehlenswert. Mittels eines Codebuchs können Sie u.a. die Zuordnung zwischen Kode im Variablennamen und dem Label der Variablen kontrollieren. Weitere protokollierte Informationen sind u.a. Position, Typ, Anzeigeformat, Missings, Messniveau oder Wertelabels. Das Führen eines Codebuches ist nur vermeintlich zusätzlicher Aufwand. Ein Codebuch können Sie in SPSS über „Analysieren" → „Berichte" → „Codebuch" anfordern.

2. Spalte: Typ

„Typ" definiert den Datentyp für die vorliegende Variable. Eine Variable kann immer nur *einen* Typ besitzen; eine Variable kann nicht numerisch (Zahl) und String (Text) zugleich sein. Als Voreinstellung sind die Werte einer neuen Variablen als numerisch festgelegt. Numerische Variablen können mittels Ziffern, Vorzeichen, vorauslaufendem Dollarzeichen und/oder Dezimalstellen angezeigt werden, Textvariablen (Strings) als Folge beliebiger Zeichen (z.B. Buchstaben), Datumsvariablen u.a. mit einem Doppelpunkt bei Uhrzeiten (z.B. 20:15) usw. Variablen können jedoch u.a. sein:

- *Numerisch:* für eine Variable, deren Ausprägungen Zahlen sind. Das Format ist zunächst standardmäßig F8.2.

- *Komma (bzw. Punkt):* eine numerische Variable, deren Werte mit Kommata (bzw. Punkt) als Tausender-Trennzeichen und Punkt (bzw. Komma) als Dezimaltrennzeichen angezeigt werden. Numerische Werte für Kommavariablen können im Daten-Editor mit oder ohne Kommata oder in wissenschaftlicher Notation eingegeben werden. Die Werte können rechts neben dem Dezimaltrennzeichen kein Komma bzw. Punkt enthalten.

- *Eingeschränkt numerisch:* eine numerische Variable, deren Ausprägungen auf nicht negative Ganzzahlen beschränkt sind. Die Werte werden bis zur maximalen Variablenbreite mit führenden Nullen aufgefüllt. Würde z.B. der Datentyp „Numerisch" der Spalte „Differenz" in der Bundesligatabelle auf „Eingeschränkt numerisch" geändert, so würden z.B. die Werte 55, 30 oder 25 in 0055, 0030 oder 0025 umgewandelt werden. Die Werte -4, -13 bzw. -11 bleiben jedoch im Wesentlichen als -4,0, -13,0 bzw. -11,0 erhalten. Der Wert 0 würde in 0000 umgewandelt werden. (Eingeschränkt) Numerische, Komma- bzw. Punkt-Werte können im Standardformat oder auch in wissenschaftlicher Notation eingegeben werden.

- *Wissenschaftliche Notation:* eine numerische Variable, deren Werte mit einem E und einer Zehnerpotenz mit Vorzeichen angezeigt werden. Dem Exponenten kann z.B. ein E vorangestellt werden (z.B. 123: 1,23E2 oder 1,23E+2).
- *Datum:* eine numerische Variable, deren Werte in einem Datums- oder Uhrzeitformat angezeigt werden. SPSS bietet für diesen Zweck zahlreiche Formatvarianten an. Datums- und Zeitangaben gelten als besonders anfällig für Probleme. Die Datumsvariablen können z.B. uneinheitlich im europäischen (TT.MM.JJJJ) oder im amerikanischen Format (MM.TT.JJJJ) sein. Die Datumsvariablen sind uneinheitlich in den ausgegebenen Stellen, z.B. TT.MM.JJJJ oder TT.MM.JJ (vgl. Schendera, 2007, 62–77, 351–362).
- *Dollar:* eine numerische Variable mit führendem Dollarzeichen ($), deren Werte mit Kommata als Tausender-Trennzeichen und Punkt als Dezimaltrennzeichen angezeigt werden. Mittels der Registerkarte „Währung" sind auch benutzerdefinierte Formate möglich, die nicht auf Währungen beschränkt sind, sondern auch klinische Einheiten zu definieren erlauben (vgl. Schendera, 2007, 83).
- *String:* eine Variable, deren Ausprägungen beliebige Zeichen (einschließlich Zahlen) sein können. Groß- und Kleinbuchstaben werden als verschiedene Buchstaben interpretiert. Beim Sortieren werden z.B. Groß- und Kleinbuchstaben unterschiedlich verarbeitet. Kleingeschriebene Strings (z.B. „spss") werden vor großgeschriebene Strings (z.B. „SPSS") sortiert. Dieser Datentyp wird auch als alphanumerisch oder Text bezeichnet.

Das Format „String" kann bei Zahlen(!) in den Zellen etwas heikel sein: Beim Einlesen oder der Migration von Daten kann es durchaus passieren, dass alle numerischen Werte, die im Quellsystem noch vom Typ numerisch waren, anschließend im Zielsystem ausschließlich das Format „String" aufweisen. Wenn also *alle* Werte tatsächlich vorher numerisch waren, kann der Typ einfach von String" auf „Numerisch" (bzw. die gewünschte Variante für numerische Einträge) angepasst werden. Dabei gehen keine Daten verloren. Sind jedoch nur einzelne Werte in Wirklichkeit vom Format „String", z.B. ein versehentlich eingegebenes großes O, so wird die Anpassung von „String" auf „Numerisch" (bzw. die gewünschte Variante) dazu führen, dass an der Stelle des O eine leere Zelle in der Datentabelle entsteht. Bei einem großen Anteil an (beliebigen) Zeichen an den Zahlen kann der Datenverlust durchaus substantiell sein.

Strings (Zeichenketten) können ab SPSS v13 bis zu 32.767 Zeichen lang sein (vorher: 255 Zeichen). Bei Strings sind nicht mehr Zeichen als die vorher definierte Länge möglich.

Zum numerischen Datentyp (außer Datum) gehört auch die Breite (Spaltenformat) und die Anzahl von Dezimalstellen für die Anzeige in der Datenansicht. Diese Einstellungen haben keinen Einfluss auf Werte oder Format der Variable bei Verarbeitung, Speicherung oder Ausgabe. Die Standardeinstellung für numerische Datentypen beträgt 8 Zeichen Breite (max. 40), davon sind 2 Dezimalstellen (max. 16). Zusammen ergibt dies das numerische Standardformat „F8.2". Standardmäßig werden Zahlen also von -9999,99 bis 99999,99 dargestellt. Die Einstellung der Anzahl von Dezimalzellen bezieht sich nur auf die Anzeige. Numerische Werte werden intern als doppelt genaue Gleit-/Fließkommazahlen gespeichert. Bei Berechnungen arbeitet SPSS mit bis zu 16 Nachkommastellen (Double Precision). Breite (Spaltenformat) und Dezimalstellen können auch in den Spalten 3 und 4 eingesehen und ggf. angepasst werden. Der Begriff „Breite" ist leider etwas ungenau; beim Spaltenformat (vgl. Spalte 3) meint er die Länge der Anzeige von Werten, bei „Spalte" (vgl. Spalte 8) dagegen die Breite der Datenspalte.

3. Spalte: Spaltenformat (Breite von Werten)

„Spaltenformat" definiert die maximale Breite der Anzeige der eingegebenen Werte. Nicht, wie man meinen könnte, die Breite einer Spalte in einem SPSS Datensatz. Bei einer numerischen Variablen können Sie dadurch festlegen, wie die Ziffern im Datenfenster bzw. in der Ergebnisausgabe angezeigt werden sollen (Anzahl von Vor-, Nachkomma- und Dezimalstelle).

Werkzeuge: Einführung in EG und SPSS 367

- Bei Werten ohne Nachkommastellen lässt sich das am einfachsten beschreiben: Liegt die Breite der eingegebenen Werte unter der vom Anwender definierten Breite, so werden sie in der vom Anwender vorgegebenen Breite angezeigt. Übersteigt die Breite der eingegebenen Werte die vom Anwender definierte Breite, so werden sie in der Breite der eingegebenen Werte angezeigt.
- Bei Werten mit Nachkommastellen wird es nur ein wenig komplizierter: Eine maximale Breite ist bei numerischen Daten als Summe von Vor-, Nachkomma- und Dezimalstellen definiert. Das Standardformat „8.2" bedeutet z.B., dass die betreffende Variable in maximal 8 Zeichen angezeigt wird. Davon entfallen 5 auf die Vorkomma-, 1 auf die Komma- und 2 auf die Nachkommastelle (z.B. „12345,67").
- Übersteigt nun die Breite der eingegebenen Werte die vom Anwender definierte Breite *und* es sind Nachkommastellen definiert (z.B. als F8.2), so werden die Nachkommastellen gerundet wiedergegeben. Der Wert „123456,78" würde z.B. als „123456,8" angezeigt werden. Übersteigt die Breite des Wertes ihre vorgegebene Länge und es sind *keine* Nachkommastellen definiert (z.B. als F8.0), so wird die Zahl in wissenschaftlicher Notation wiedergegeben. Die Zahl „123456789" würde z.B. als „1,2E+008" angezeigt werden.

Übersteigt die Breite eines Werts die Breite seiner Spalte (anders ausgedrückt: Ist die Spalte zu schmal für den darin enthaltenen Wert), so werden in der Datenansicht nur Sternchen angezeigt. In diesem Fall kann über die 8. Spalte („Spalte") die Breite der *Spalte* der Breite der Werte darin angepasst werden. Das Spaltenformat kann in der Variablenansicht auch über „Typ" und darin unter „Variablentyp definieren" geändert werden.

4. Spalte: Dezimalstellen

„Dezimalstellen" legt die Anzahl der angezeigten Nachkommastellen für die Werte fest.

- Entspricht die Anzahl der Nachkommastellen der eingegebenen Werte der vom Anwender definierten Anzahl, so werden die eingegebenen Werte (so wie sie sind) gemäß der vom Anwender definierten Anzahl an Nachkommastellen angezeigt.

368 Deskriptive Statistik

- Übersteigt die Anzahl der Nachkommastellen der eingegebenen Werte die vom Anwender vorgegebene Anzahl, so wird auf die definierte Länge für die Anzeige gerundet. Der Wert „123456,78" (mit insgesamt 9 Stellen) würde gemäß dem Standardformat F8.2 z.b. als „123456,8" angezeigt werden. Für die Anzeige wird der Nachkommateil 78 auf 8 gerundet werden. SPSS rechnet jedoch mit dem intern gespeicherten *vollständigen* Wert weiter, also „123456,78".
- Die Anzahl der Dezimalstellen kann nicht größer sein als die maximale Breite der Werte.

Die Anzahl der Dezimalstellen kann in der Variablenansicht auch über „Typ" und darin unter „Variablentyp definieren" verändert werden.

5. Spalte: Variablenlabel

Ein „Variablenlabel" ist ein Etikett, mit dem eine Variable mit einer ausführlicheren Bezeichnung versehen werden kann. Variablenlabel berücksichtigen (im Gegensatz zu Variablennamen) beliebige Sonderzeichen, Leerstellen sowie Groß- und Kleinschreibung. Variablenlabel können bis zu 256 Zeichen lang sein. Variablenlabel sind also sinnvoll, weil Variablennamen aufgrund technisch bedingter Limitierungen (z.B. keine Leerstellen) keine orthographisch nuancierten Beschreibungen von Variableninhalten zu vermitteln erlauben.

- Der zentrale Unterschied zwischen Variablen*label* und Variablen*namen* ist, dass der Name für die Analysesoftware (z.B. SPSS) ist, aber das Label für Menschen. Während SPSS auch kryptische Variablennamen problemlos verarbeiten kann, sind diese Informationen für den Menschen nur selten aussagekräftig. Um also Datenspalten um schnell und einfach erkennbare Informationen anzureichern, werden Variablen*namen* um Variablen*label* ergänzt.
- Variablenlabels werden also von Menschen gelesen. Dies bedeutet auch: Eine Mindestanforderung ist: Variablenlabel sind *richtig* zu schreiben. In Schendera (2007, 38) beschreibt der Verfasser, wie er in einer Datei u.a. *zehn* fehlerhafte Variationen des Wortes „Inanspruchnahme" vorfand.

Werkzeuge: Einführung in EG und SPSS 369

- Verwenden Sie die richtigen Beschreibungen für Ihre Variablen. Achten Sie auf die korrekte Zuordnung Variablenlabel-Variablenname. Erinnern Sie sich noch an das Beispiel mit den verwechselten Variablenlabels aus der Erläuterung von Variablennamen? Oder stellen Sie sich eine Bundesligatabelle vor, in der die Spalten G, U und V mit den Labels „unentschieden", „verloren", „gewonnen" versehen wären. Desinformation und Chaos wären vorprogrammiert.
- Über einen Rechtsklick auf die Spalte „Variablenlabel" erscheint das Kontextmenü „Rechtschreibung" und ermöglicht die Rechtschreibprüfung von Variablenlabels.
- Von einer vorschnellen vollen Ausschöpfung der Länge von Variablenlabels wird abgeraten: Diverse SPSS Prozeduren zeigen weniger als 256 Zeichen an. In diesem Fall würden die Labels abgeschnitten, mindestens unschön umgebrochen. 40 Zeichen können als Richtgröße empfohlen werden. Alle SPSS Statistik-Prozeduren zeigen mindestens 40 Zeichen an. Testläufe sind empfehlenswert.

6. Spalte: Wertelabels

Während Variablenlabels Labels für *Variablen* bereitstellen, liefern Wertelabels Labels für *Daten* (numerisch, String) und *Missings*. Auch hier kann man sich es so vorstellen, dass der Wert bzw. Kode für SPSS ist, aber das dazugehörige Label für Menschen. Wertelabels dienen also dazu, Merkmalsausprägungen (also Werte oder Wertebereiche, die eine Variable annehmen kann) mit ausführlichen Textbeschreibungen zu versehen. Werte bzw. Kodes haben darüber hinaus den unschätzbaren Vorteil, dass längere Texte nicht mehr wiederholt Zeile für Zeile in eine SPSS Datei eingegeben werden müssen, sondern, dass deutlich kürzere Kodes als Platzhalter für ein längeres Label ausreichen. Der Gewinn an Speicherplatz und Performanz ist nicht unerheblich. Wertelabels berücksichtigen beliebige Sonderzeichen, Leerstellen sowie Groß- und Kleinschreibung. Wertelabels können bis zu 120 Byte lang sein. Die Werte bzw. Kodes für Wertelabels können vom Typ „Numerisch" oder „String" sein. Es gelten mindestens alle Anforderungen an Variablenlabels:

- Wertelabels werden für Menschen geschrieben.
- Wertelabels sind richtig zu schreiben.

- Wertelabels sind den entsprechenden Werten bzw. Kodes richtig zuzuordnen.
- Wertelabels können auch Kodes für Missings (numerisch, String) zugewiesen werden.
- Das Zusammenspiel von Labels und Werten ist ausgesprochen anfällig für Fehler, z.B. wenn in verschiedenen Datensätzen unterschiedliche Werte und/oder Kodierungen verwendet werden. Ein Beispiel für einen klassischen Fehler ist, in einer ersten Datei für die Ausprägungen des biologischen Geschlechts die Kodes 1 und 2 für „männlich" und „weiblich" zu verwenden, in einer zweiten Datei dagegen die Ausprägungen 0 und 1 (vgl. Schendera, 2007, 2005).
- Haben Sie noch keine Wertelabels definiert, gehen Sie so vor: Aktivieren Sie für die gewünschte Variable die Zelle „Wertelabel". Klicken Sie dort auf die Punkte. Geben Sie unter „Wert:" einen theoretisch möglichen bzw. einen faktisch erhobenen Wert ein; geben Sie unter „Beschriftung:" einen inhaltlich und orthographisch richtigen Text für ein Label ein. Klicken Sie anschließend auf „Hinzufügen". Wiederholen Sie die Schritte solange, bis Sie alle für relevanten Werte bzw. Labels die dazugehörigen Labels bzw. Werte zuweisen konnten. Klicken Sie abschließend auf „OK". Über einen Klick auf den Button „Rechtschreibung" können Sie die Rechtschreibprüfung der eingegebenen Wertelabels starten.

> **Tipp!**
> Über „Daten" → „Variableneigenschaften definieren" können Sie über „Kopieren von Variableneigenschaften" komplette Listen von Wertelabels oder andere Variableneigenschaften von anderen Variablen übernehmen.

- Möchten Sie Wertelabels anpassen, gehen Sie so vor: Aktivieren Sie für die gewünschte Variable die Zelle „Wertelabel" und klicken Sie auf die Punkte. Klicken Sie im Übersichtsfenster auf die interessierende Wert-Label-Zuordnung. Wenn Sie das Label ändern wollen, passen Sie unter „Beschriftung:" den Text an. Klicken Sie auf Ändern". Wenn Sie den Wert ändern wollen, passen Sie unter „Wert:" den Text an. Klicken Sie auf Ändern".

Möchten Sie einen völlig neuen Wert bzw. Kode verwenden, müssen Sie diesen zuvor über „Umkodieren in dieselben Variablen" anlegen.

Beispiele: Die Kodierung hängt u.a. von Eigenschaften der Variablen (Datentyp, Messniveau) ab und sollte empirische Relationen abbilden können. Der Begriff des Messniveaus wird in den Abschnitten 2.2 und 2.3 eingeführt.

✋ Nominalskala

Sind die Ausprägungen Ihrer Werte gleichwertig, lassen sich also *nicht* in eine Rangordnung bringen, so befinden sich die Daten auf dem Nominalniveau. Daten auf Nominalniveau können Sie im Prinzip beliebig kodieren, solange Sie sie konsistent und systematisch auf diese Weise kodieren. Kodes können auch vom Typ „String" sein:

```
GESCHLECHT: 1=„männlich", 2=„weiblich".
GESCHLECHT: 985 =„männlich", 363=„weiblich".
GESCHLECHT: „m"=„männlich", „w"=„weiblich".
GESCHLECHT: „fds" =„männlich", „pPc"=„weiblich".
```

Im ersten Beispiel für GESCHLECHT werden den beiden numerischen Werten 1 bzw. 2 die Labels „männlich" bzw. „weiblich" zugewiesen. Im zweiten Beispiel werden den beiden numerischen Werten 985 bzw. 363 die Labels „männlich" bzw. „weiblich" zugewiesen. Im dritten Beispiel werden den beiden Strings „m" bzw. „w" die Labels „männlich" bzw. „weiblich" zugewiesen. Im vierten Beispiel werden den beiden Strings „fds" bzw. „pPc" die Labels „männlich" bzw. „weiblich" zugewiesen.

✋ Tipp!

Dass Sie Daten auf Nominalniveau im Prinzip beliebig kodieren können, eröffnet Ihnen eine interessante Möglichkeit: SPSS gibt in der der Standardeinstellung der graphischen bzw. statistischen Analyse die Labels entsprechend der numerischen oder alphanumerischen Reihenfolge der verwendeten Kodes aus. Unter Berücksichtigung dieses Reihenfolgeeffekts können Sie die Kodes entsprechend der zunehmende/abnehmenden Relevanz, Häufigkeit oder inhaltlichen

Angemessenheit von Einträgen vergeben. Haben Sie diese Vorarbeit geleistet, werden die anschließend zugewiesenen Wertelabels in entsprechender ab-/zunehmenden Relevanz, Häufigkeit oder Angemessenheit in graphischen bzw. statistischen Analysen ausgegeben. Die Originalkodes können Sie in SPSS u.a. unter „Transformieren" über die Dialogfelder „Umkodieren in dieselben Variablen" und „Umkodieren in andere Variablen" an die eigenen Anforderungen anpassen. Diese Transformation von alphanumerischen Zeichen(-ketten) in numerische Kodes hat darüber hinaus den Vorteil, dass Analysesoftware kurze numerische Werte performanter als längere alphanumerischen Zeichenketten verarbeiten kann.

✋ Ordinalskala

Repräsentieren die Ausprägungen Ihrer Werte eine *inhaltlich* systematische Rangfolge, z.B. von sportlichen Erfolgen bzw. Misserfolgen wie z.B. von der Champions-League-Teilnahme bis hinunter zum Abstieg aus der 1. Bundesliga, so befinden sich diese Daten auf dem Ordinalniveau. Ordinalniveau bedeutet, dass sich eine klare Rangordnung der Relevanz definieren lässt, dass z.B. eine Champions-League-Teilnahme wichtiger ist als eine CL-Qualifikation oder die Teilnahme am UEFA-Cup. Selbst eine „neutrale" Qualifikation (die zwar jeweils schlechter ist als die positiven Qualifikationen) ist immer noch besser als die Relegation oder sogar der Abstieg aus der 1. Bundesliga. Enthalten die Werte zwar inhaltlich eine Rangfolge, sind sie jedoch numerisch inkonsistent kodiert, z.B. mit der Wertfolge 6, 2, 4, 3, 5, 1, so sind die Werte über die Transformationen „Umkodieren in dieselben Variablen" bzw. „Umkodieren in andere Variablen" in die geeignete Rangfolge zu bringen. Eine Abstufung wie z.B. 6=Champions League, 2= CL Quali, 4=UEFA Cup, 3=neutral, 5=Relegation sowie 1=Abstieg würde nicht die korrekte Rangfolge (Ordinalrelation) aufeinanderfolgender Qualifikationsstufen in der 1. Bundesliga ausdrücken. Für inferenzstatistische Analysen, die z.B. eine korrekte Ordinalrelation voraussetzen, z.B. die Ordinale Regression, wären die Folgen verheerend.

Werkzeuge: Einführung in EG und SPSS 373

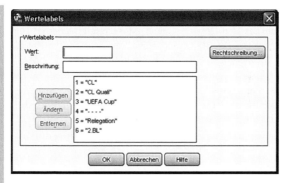

Abb. 57: SPSS: Zuweisen von Formaten auf Ordinalniveau

Sind also die Daten auf Ordinalniveau, so *muss* die Abfolge der jeweiligen *numerischen* Werte bzw. Kodes (z.B. 1, 2, ...; im Screenshot links vom Gleichheitszeichen) der *inhaltlichen* Rangordnung der einzelnen Abstufungen (z.B. „CL", „CL Quali", „UEFA Cup", ...; im Screenshot rechts vom Gleichheitszeichen) entsprechen.

Intervallskalenniveau

Im Prinzip könnte jedem Wert einer Variablen, auch auf Intervallskalenniveau, ein eigenes Label zugewiesen werden. Abgesehen vom erhöhten Aufwand und höheren Messniveau entsprechen Logik und Vorgehensweise dem des Ordinalniveaus und werden auch dort erläutert.

Tipp!

Über einen Rechtsklick auf die Spalte „Wertelabels" erscheint das Kontextmenü „Rechtschreibung" und ermöglicht die Rechtschreibprüfung von Wertelabels.

Bevor Sie kodierte Werte analysieren, unabhängig vom Messniveau, prüfen Sie die Kodierungen auf Vollständigkeit (gibt es Lücken?), Systematik (gibt es eine Rangfolge?) sowie Konsistenz (gibt es Abweichungen?). Mit dem letzten Punkt ist gemeint: Wenn Sie mehrere Datentabellen zusammenfügen wollen, prüfen Sie zuvor, ob die Variablen in den Datentabellen dieselben Kodierungen und Wertelabels besitzen. Gerade aus dem letzten Grund ist es empfehlenswert, ein Kode- bzw. Arbeitsbuch anzulegen, mit dem Sie die Zuordnung Wert-Wertelabel kontrollieren können.

Eine weitere, unkomplizierte Möglichkeit, die Datentabelle auf ordnungsgemäß vergebene Labels zu überprüfen ist, indem Sie für die betreffenden Variablen z.B. Häufigkeitstabellen mit Labels *und* Kodes anfordern.

✋ Achtung!

Werden Wertelabels in der ausgegebenen deskriptiven Statistik von SPSS nicht wie erwartet angezeigt, kommen mehrere Ursachen infrage, die zu prüfen wären:

- Es sind keine gar keine Wertelabels vorhanden.
- Es sind Wertelabels vorhanden, aber falsche, z.B. kann die Zuweisung zu den Einträgen im Datensatz nicht korrekt sein.
- Es sind Wertelabels vorhanden und richtig zugewiesen; in diesem Fall kann SPSS möglicherweise so eingestellt sein, dass die Einträge im Datensatz ohne Labels angezeigt werden sollen.

7. Spalte: Fehlende Werte

„Fehlende Werte" (Missings) sind Lücken in einem Datensatz. Während Einträge (Zahlen, Strings) die Anwesenheit einer Information anzeigen, repräsentieren Missings das Gegenteil, die Abwesenheit von Information. *Weil* Missings für das *Fehlen* von Information stehen, sind sie ähnlich relevant wie vorhandene Information, umso mehr, je größer der Anteil von Missings in einer Datentabelle ist. Missings können weitreichende Folgen haben, vom Bias bis zum massiven materiellen Schaden. Das Thema „Missings" ist ausgesprochen komplex und kann hier nicht in der erforderlichen Tiefe behandelt werden. Für eine erste Einführung wird auf eine frühere Veröffentlichung des Verfassers verwiesen (Schendera, 2007, 119–161). Die weiteren Ausführungen werden den Kontext der Spalte „Fehlende Werte" fokussieren:

SPSS ist so voreingestellt, dass leere Zellen einer Datentabelle automatisch als *systemdefinierte fehlende Werte* deklariert und aus visuellen und statistischen Analysen *ausgeschlossen* werden. Bei *systemdefi-*

nierten Missings handelt es sich um nicht kontrollierte Missings. Wenn eine Zelle in einer Datenzelle leer ist, sind damit zwei Informationen nicht bekannt: Erstens, *warum* diese Zelle leer ist. Gründe für das Fehlen können über *anwenderdefinierte Missings* (z.B. im Rahmen einer Fragebogenstudie) in einen Datensatz abgelegt werden:

✋ Beispiel

Kodes für anwenderdefinierte Missings:

Kodes (Beispiele)	Anwenderdefinierte Bedeutung
„991", -1	„weiß Antwort nicht"
„992", -2	„verweigert Antwort"
„993", -3	„Antwort übersprungen"
„994", -4	„Frage niemals gestellt"
„995", -5	„complete drop-out"
	usw.

Zweitens ist auch nicht bekannt, *ob* der Grund für das Fehlen des Kodes überprüft wurde.

Werden diese Gründe mittels Kodes in die Datentabelle eingegeben, ist damit in der Datentabelle nicht nur der Kode, sondern *auch* der Grund für die leere Zelle, also das Fehlen der Information abgelegt. Bei anwender*definierten Missings* handelt es sich um kontrollierte Missings. Die Information fehlt zwar immer noch, es ist nun aber in der Datentabelle hinterlegt, warum. Das (ideale) Ziel am Ende dieser Maßnahme ist eine 100 % vollständige Datentabelle aus vorhandenen Werten *und*, falls diese nicht vollständig vorliegen, den Kodes für den Grund ihres Fehlens. Wären jedoch trotz dieser Maßnahme weiterhin einige leere Zellen in der Datentabelle, so könnte dies u.a. als ein Hinweis auf ein eher nachlässiges Arbeiten verstanden werden, das es zeitnah zu beheben gilt.

Abb. 58: SPSS: Übergeben von numerischen Werten als Kodes für Missings

Die Spalte „Fehlende Werte" ist also für die Definition von Werten oder Kodes für anwenderdefinierte Missings gedacht. In der Dialogbox „Fehlende Werte definieren" können dazu bis zu drei verschiedene fehlende Einzelwerte, ein Bereich fehlender Werte oder ein Bereich und ein einzelner fehlender Wert deklariert werden.

- Voraussetzung ist *nicht*, dass die Werte bzw. Kodes für anwenderdefinierte Missings in der konkreten Datentabelle vorkommen. Es kann durchaus sein, dass die Tabelle 100% vollständig ist und dadurch gar kein Grund und damit Kode für das Fehlen von Angaben angegeben werden braucht.
- Eine wichtige Voraussetzung ist jedoch, dass die Kodes für anwenderdefinierte Missings nicht im Range der normalen Messwerte liegen. Es sollte z.B. nicht der Kode „99" vergeben werden, wenn danach gefragt wird, wie viele Zigaretten jemand am Tag raucht. 99 Zigaretten wären da durchaus im Bereich des Möglichen.
- Die Kodes und Werte für anwenderdefinierte Missings *müssen* ausdrücklich an SPSS übergeben werden; ansonsten gehen sie als echte Werte in Visualisierungen und Analysen ein, und verzerren sie entsprechend (vgl. Schendera, 2007, 207–208). Anwenderdefinierte Werte bzw. Kodes werden analog zu systemdefinierten Werten aus den meisten visuellen und statistischen Analysen ausgeschlossen.

String-Variablen mit Missings werden anders als numerische Variablen mit Missings behandelt. *Alle Einträge* einer String-Variablen werden zunächst als gültig betrachtet (und damit in eine Analyse eingeschlossen), einschließlich möglicherweise eingegebener Texte wie z.B. „Missing", „Fehlend" sowie „Leer". Und, ganz wichtig, auch komplett leere Zellen werden als gültige Einträge betrachtet und in eine Analyse einbezogen.

Bei der Definition von Kodes ist die Länge der String-Variablen als anwenderdefiniert fehlend entscheidend: Kodes in String-Variablen mit mehr als 8 Zeichen Länge können nicht als anwenderdefinierte fehlende Werte definiert werden. Konkret: Die String-Variable selbst darf länger sein als 8 Zeichen, allerdings nicht der Kode für die fehlenden Werte. In der Bundesligatabelle könnte z.B. für die String-Variable VEREIN der Kode „Missing" problemlos für den Fall möglicherweise fehlender String-Variablen definiert werden, weil „Missing" kürzer als 8 Zeichen ist. Um komplett leere Zellen mit maximal 8 Zeichen Länge aus Analysen auszuschließen, sind diese analog zu numerischen Missings explizit als „fehlend" an SPSS zu übergeben. Komplett leere Zellen können als anwenderdefinierte Missings definiert werden, indem in der Dialogbox „Wertelabels" in „Einzelne fehlende Werte" eine Leerstelle (Blank, einmal SPACE-Taste drücken) in ein Feld eingegeben wird (vgl. das mittlere Feld). Komplett leere Zellen können alternativ durch eine Leerstelle in der Dialogbox „Wertelabels" definiert werden.

Abb. 59: SPSS: Übergeben von Strings als Kodes für Missings

Alle weiteren Textkodes wie z.B. „Missing", „Fehlend" oder „Leer" mit bis zu 8 Zeichen Länge können als anwenderdefinierte Missings definiert werden, indem ihre Texte unter „Einzelne fehlende Werte" eingegeben werden (vgl. die Felder links und rechts). String-

Missings können nicht anhand des Feldes „Bereiche" definiert werden.

8. Spalte: Spalten (Spaltenbreite)

„Spalten" definiert die maximale Breite der Spalte zur Anzeige von Werten in der Datenansicht. Idealerweise sollte der Wert von „Spalte" gleich oder größer als der Wert von „Spaltenformat" sein (vgl. dazu auch die Hinweise zur 3. Spalte „Spaltenformat"). Ist der Wert von „Spalte" jedoch kleiner als der Wert von „Spaltenformat", übersteigt also die Breite eines Werts die Breite seiner Spalte (anders ausgedrückt: ist die Spalte zu schmal für den darin enthaltenen Wert), so werden Einträge in der Datenansicht als Sternchen „***...", gerundet oder in wissenschaftlicher Notation angezeigt. Nach einer Verbreiterung der Datenspalte werden die Werte wieder ganz angezeigt. Über „Spalten" wird nicht die Länge einer Variablen definiert. Änderungen der Spaltenbreite in der *Ansicht* beeinflussen daher auch nicht die Länge von Werten im *Datensatz*.

9. Spalte: Ausrichtung

„Ausrichtung" richtet Daten, Strings und Wertelabels in der Datenansicht aus.

- *Numerische Werte:* Einträge in numerischen Variablen werden in der Datenansicht standardmäßig rechtsbündig ausgerichtet.
- *Wertelabels:* Wertelabels werden in der Datenansicht standardmäßig linksbündig ausgerichtet, unabhängig davon, ob es Wertelabels für numerische oder String-Variablen sind.
- *Anzeige von Texten:* Einträge in String-Variablen werden standardmäßig in der Datenansicht linksbündig ausgerichtet.

Neben diesen Möglichkeiten der Ausrichtung bietet SPSS eine mittige Ausrichtung an. Diese Einstellung gilt nur für die Anzeige in der Datenansicht.

10. Spalte: Messniveau

„Messniveau" legt für die jeweilige Variable *ein* Skalenniveau fest. Der Begriff des Messniveaus (syn.: Skalenniveau) wird in den Abschnitten 2.2 und 2.3 eingeführt. Zur Auswahl stehen folgende (vom niedrigsten zum nächsthöheren geordnet) Messniveaus einschließlich ihrer SPSS Symbole:

Nominal: Zwischen den Werten (numerisch, Text) besteht *nur* eine Gleich-Ungleich-Beziehung.

Ordinal: Zwischen den Werten (numerisch, Text) besteht *zusätzlich* eine Rangordnung. Die Abstände zwischen den einzelnen Rängen müssen nicht notwendigerweise gleich sein (Äquidistanz). Text-Rangfolgen sind auf mögliche Sortierfehler zu prüfen, z.B. Bewertungen wie „schwach", „mittel" oder „stark" (inkonsistente Rangreihe: s > m < s).

Numerisch: Zwischen den Werten (numerisch) besteht *zusätzlich* eine Äquidistanz zwischen den einzelnen Rängen (was z.B. die gleichen Abstände zwischen den Sprossen im Leiter-Symbol auszudrücken versuchen).

Diese Festlegung des Skalenniveaus in der Variablenansicht hat durchaus Vorteile:

- Es ist in der Variablenansicht unkompliziert erkennbar, welches Skalenniveau einer Variablen zugewiesen wurde.
- SPSS eröffnet damit die Möglichkeit, dass das richtige Messniveau für die Analyse voreingestellt ist, z.B. „Skala" (Intervallskalierung) für die Berechnung eines Mittelwerts.

Der Nachteil der Festlegung auf *ein* Messniveau ist jedoch, dass Daten auf einem höheren Messniveau (z.B. „Skala") nicht ohne Weiteres auf einem niedrigeren Messniveau (z.B. „Nominal") analysiert werden können, obwohl messtheoretisch das niedrigere immer im höheren Messniveau enthalten sein sollte. Diese Festlegung auf ein Skalenniveau kann im Einzelfall also dazu führen, dass sie eine flexible Analyse sogar erschwert und gegebenenfalls wiederholt angepasst werden muss. Sollten Sie also in SPSS einmal intervallskalierte Daten nicht auf Nominalniveau deskriptiv auswerten können, ist womöglich diese Voreinstellung die Ursache.

✋ Tipp!
Unter „Datei" → „Datendatei-Informationen anzeigen" können Sie die Informationen *aller* Variablen als Komplettdokument (als Alternative zur Variablenansicht) einsehen.

> Unter „Extras" → „Variablen..." können Sie die Eigenschaften *einzelner* Variablen anzeigen lassen.
>
> Über „Daten" → „Variableneigenschaften definieren..." können Sie sich von SPSS ein Messniveau vorschlagen und dies auch begründen lassen (dem Umgang mit Missings sollte dabei besondere Aufmerksamkeit gewidmet werden).

11. Spalte: Rolle

„Rolle" unterstützt Mauslenker in Dialogfeldern, die mit Variablenrollen (kurz: Rollen) operieren. Rollen sind nichts anderes als festgelegte Funktionen von Variablen. SPSS bietet derzeit an:

- *Eingabe:* Die Variable wird als Input, Einflussvariable bzw. unabhängige Variable verwendet.
- *Ziel:* Die Variable wird als Output, Response- bzw. abhängige Variable verwendet.
- *Beide:* Die Variable wird sowohl als Eingabe, als auch als Ziel verwendet.
- *Keine:* Der Variablen ist keine besondere Rolle zugewiesen.
- *Partitionieren:* Die Variable wird verwendet, um Daten zu partitionieren.
- *Splitten:* Die Variable wird im IBM SPSS Modeler verwendet, um Daten aufzuteilen (zu splitten).

Die Zuweisung von Variablenrollen betrifft nur die Menüführung; sie hat keine Auswirkungen auf die Programmierung mit SPSS Syntax.

Ihre Meinung zu diesem Buch

Das Anliegen war, dieses Buch so umfassend, verständlich, fehlerfrei und aktuell wie möglich abzufassen, dennoch kann sich sicher die eine oder andere Ungenauigkeit oder Missverständlichkeit den zahlreichen Kontrollen entzogen haben. In vielleicht zukünftigen Auflagen sollten die entdeckten Fehler und Ungenauigkeiten idealerweise behoben sein. Auch SAS oder SPSS haben sicher technische oder statistisch-analytische Weiterentwicklungen durchgemacht, die vielleicht berücksichtigt werden sollten.

Ich möchte Ihnen an dieser Stelle die Möglichkeit anbieten mitzuhelfen, dieses Buch zur deskriptiven Statistik noch besser zu machen. Sollten Sie Vorschläge zur Ergänzung oder Verbesserung dieses Buches haben, möchte ich Sie bitten, eine *E-Mail* an folgende Adresse zu senden:

✉ DeskStat@method-consult.de

im „Betreff" das Stichwort „Feedback Deskriptive Statistik" anzugeben und mindestens folgende Angaben zu machen:

[1] Auflage
[2] Seite
[3] Stichwort (z.B. ‚Tippfehler')
[4] Beschreibung (z.B. bei statistischen Analysen)
    Programmcode bitte kommentieren.

Herzlichen Dank!
Christian FG Schendera

Über den Autor

Dr. Schendera ist zertifizierter Data Scientist und Statistical Analyst und betreut seit über zwei Jahrzehnten große und kleine Projekte im Zusammenhang mit der Verarbeitung, Analyse, Visualisierung und Kommunikation von Daten.

Dr. Schenderas Hauptinteresse gilt der rationalen (Re-)Konstruktion von Wissen, also des Einflusses von (nicht) wissenschaftlichen (Forschungs-)Methoden (u.a. Statistik) jeder Art auf die Konstruktion, Kommunikation und Rezeption von Wissen.

Der Kompetenzbereich von Dr. Schendera umfasst u.a. Wissenskonstruktion, Forschungsmethoden und Statistik, Advanced Analytics, Data Mining, Business/Decision Intelligence, Data Quality, Data/Business Process Reengineering, Visualisierung und Präsentation, Projekt Management, Anwendungsentwicklung (Programmierung komplexer Berechnungen, Hochrechnungen und ETL Prozesse) sowie Big Data: Aktueller persönlicher Rekord: Ca. 5,5+ Milliarden Datenzeilen. Bevorzugte Systeme: SAS und SPSS einschließlich Programmierung (BASE, STAT, Macro etc.). Zu den Kunden von Dr. Schendera gehören namhafte Unternehmen (u.a. Banken und Versicherungen) und regierungsnahe Einrichtungen aus Deutschland, Österreich und der Schweiz.

Umfangreiche Veröffentlichungen zu Datenanalyse, Datenqualität, SAS und SPSS. Weitere Informationen finden Sie auf:

www.method-consult.ch

Dr. Schendera arbeitet auch gerne mit Ihnen zusammen.

Literatur

Altman, Douglas G. & Bland, John Martin (2005). Statistics Notes: Standard deviations and standard errors, BMJ, 331, 903.

APA (*kurz für*: Publication Manual of the American Psychological Association) (2010[6]). London, Covent Garden: American Psychological Association.

Behrens, John T. (1997). Principles and procedures of exploratory data analysis, Psychological Methods, 2, 2, 131–160.

Bishop, Yvonne M.M.; Fienberg, Stephen E.; Holland, Paul W. (2007). Discrete Multivariate Analysis: Theory and Practice. Cambridge, MA: M.I.T. Press.

Böhning, Dankmar (1998). Allgemeine Epidemiologie und ihre methodischen Grundlagen. München: Oldenbourg Verlag.

Bretting, Ralf (2014). Spiel auf Sieg, Business Impact, 03, 26–29.

Chatterjee, Samprit & Price, Bertram (1995[2]). Praxis der Regressionsanalyse. München: Oldenbourg Verlag.

CNN Money (2013). "Damn Excel! How the 'most important software application of all time' is ruining the world" by Stephen Gandel (senior editor) on April 17, 2013: 2:46 PM ET

Cochran, William G. (1972). Stichprobenverfahren. Berlin: Walter de Gruyter.

Cohen, Jacob et al. (2003[3]). Applied Multiple Regression/Correlation Analysis for the Behavioral Sciences. Mahwah NJ: Lawrence Erlbaum Ass.

Dubben, Hans-Hermann & Beck-Bornholdt, Hans-Peter (2005). Mit an Wahrscheinlichkeit grenzender Sicherheit: Logisches Denken und Zufall. Reinbek bei Hamburg: rororo science.

Ehrenberg, Andrew S.C. (1986) Statistik oder der Umgang mit Daten. Weinheim: VCH Verlagsgesellschaft.

Elpelt, Bärbel & Hartung, Joachim (1992[2]). Grundkurs Statistik. München: Oldenbourg Verlag.

Few, Stephen (2012[2]). Show Me the Numbers: Designing Tables and Graphs to Enlighten. Oakland, CA: Analytics Press.

Few, Stephen (2009). Now You See It: Simple Visualization Techniques for Quantitative Analysis. Oakland, CA: Analytics Press.

Gabler, Siegfried; Hoffmeyer-Zlotnik, Jürgen H. P.; Krebs, Dagmar (1994). Gewichtung in der Umfragepraxis. Opladen: Westdeutscher Verlag.

Gigerenzer, Gerd (1999). Über den mechanischen Umgang mit statistischen Methoden, 607–618. In: Roth, Erwin & Heidenreich, Klaus (Hrsg.). Sozialwissenschaftliche Methoden: Lehr- und Handbuch für Forschung und Praxis. München: Oldenbourg.

Gigerenzer, Gerd (1981). Messung und Modellbildung in der Psychologie. München: UTB Reinhardt.

Gisler, Omar (2013). Das große Buch der Fußball-Rekorde: Superlative, Kuriositäten, Sensationen. München: Stiebner.

Harms, Volker (1998). Biomathematik, Statistik, und Dokumentation. Kiel-Mönkeberg: Harms Verlag.

Hartung, Joachim (1999[12]). Statistik. München Wien: Oldenbourg Verlag.

Hartung, Joachim & Elpelt, Bärbel (1999[6]). Multivariate Statistik: Lehr- und Handbuch der angewandten Statistik. München: Oldenbourg Verlag.

Heeringa, Steven G.; West, Brady T.; Berglund, Patricia A. (2010). Applied Survey Data Analysis. Boca Raton: Chapman Hall/CRC.

Heinze, Thomas (2001). Qualitative Sozialforschung. München: Oldenbourg Verlag.

Heske, Henning (2010). Der Ball hat kein Gedächtnis: Leben mit Fortuna Düsseldorf. Books on Demand.

Hill, Russell A. & Barton, Robert A. (2005). Psychology: Red enhances human performance in contests. Nature, 435 (7040), 293. doi:10.1038/435293a.

Lohr, Sharon L. (2010[2]). Sampling: Design and Analysis. Boston MA: Brooks/Cole.

Kalton, Graham (1983). Models in the practice of survey sampling. International Statistical Review, 51, 175–188.

Kammerer, Paul (1919). Das Gesetz der Serie: Eine Lehre von den Wiederholungen im Lebens- und Weltgeschehen. Stuttgart/Berlin: Deutsche Verlags-Anstalt.

Kirsch, Werner (2004). essay: Europa, nachgerechnet. DIE ZEIT ONLINE, 25, Aktualisiert 9. Juni 2004.

Kish, Leslie (1990). Weighting: Why, When and How? A Survey for Surveys. Proceedings of the Survey Research Methods Section, American Statistical Association, 121–130.

Kish, Leslie (1965). Survey sampling. New York: Wiley.

Kuper, Simon & Szymanski, Stefan (2009[6]). Soccernomics. Philadelphia: Nation Books.

Lienert, Gustav A. (1977). Verteilungsfreie Methoden in der Biostatistik, Band 1: Verlag Anton Hain, Meisenheim am Glan.

Jütting, Dieter H. (2004). (Hrsg.). Die lokal-globale Fußballkultur – wissenschaftlich beobachtet. Münster: Waxmann. Edition lokalglobale Sportkultur, Band 12.

Krämer, Walter (2004). Qualitätsvergleiche bei Kreditausfallprognosen, Technical Report. Universität Dortmund: SFB 475 Komplexitätsreduktion in Multivariaten Datenstrukturen, No. 2004, 07.

Nachtigall, Christof & Wirtz, Markus (2008). Deskriptive Statistik: Statistische Methoden für Psychologen 1. Weinheim: Juventa Beltz (5.A.).

Lorenz, Rolf J. (1992[3]). Grundbegriffe der Biometrie. Stuttgart: Gustav Fischer Verlag.

Marinell, Gerhard & Steckel-Berger, Gabriele (2001[3]). Einführung in die Bayes-Statistik. München: Oldenbourg-Verlag.

McCandless, David (2009). Information is Beautiful. London: Collins.

Memmert, Daniel; Strauss, Bernd; Theleweit, Daniel (2013). Der Fußball – Die Wahrheit. München: Süddeutsche Zeitung Edition.

Mosler, Karl C. & Schmid, Friedrich (2003). Wahrscheinlichkeitsrechnung und schließende Statistik. Heidelberg: Springer-Verlag.

Orth, Bernhard (1974). Einführung in die Theorie des Messens. Stuttgart: Kohlhammer.

Prein, Gerald; Kluge, Susann; Kelle, Udo (1994²). Strategien zur Sicherung von Repräsentativität und Stichprobenvalidität bei kleinen Samples. Universität Bremen: Sonderforschungsbereich 186 – Bereich Methoden und EDV.

Redman, Thomas C. (2004). Data: An Unfolding Quality Disaster. DM Review Magazine, August, 57, 22–23.

Reynolds, Garr (2010). Presentation Zen Design. Berkeley: New Riders.

Roth, Erwin, Heidenreich, Klaus, und Holling, Heinz (Hsg.) (19995). Sozialwissenschaftliche Methoden: Lehr und Handbuch für Forschung und Praxis. München: Oldenbourg Verlag.

Rothman, Kenneth J. & Greenland, Sander (1998²). Modern Epidemiology. Philadelphia: Lippincott Williams & Wilkins.

Rubin, Donald B. (1988). An Overview of Multiple Imputation. Proceedings of the Survey Research Methods Section of the American Statistical Association, 79–84.

SAP News (2014). DFB: Big Data zur Fußball-WM. URL: http://de.news-sap.com/2014/03/11/cebit-2014-merkel-bierhoff-sap/

Särndal, Carl-Erik & DeVille, Jean-Claude (1992). Calibration estimators for survey sampling, Journal of the American Statistical Association, 87, 14, 376–382.

Särndal, Carl-Erik; Swensson, Bengt; Wretman, Jan (1992). Model Assisted Survey Sampling. New York: Springer.

Schaffrath, Michael (2013²). „Fußball ist Fußball": Die besten Fußballsprüche von Herberger bis heute. Berlin-Münster: LIT Verlag.

Schendera, Christian FG (2014²). Regressionsanalyse mit SPSS. München: deGruyter (2.Auflage).

Schendera, Christian FG (2012). SQL mit SAS. Band 2: SQL für Fortgeschrittene. München: Oldenbourg.

Schendera, Christian FG (2011). SQL mit SAS. Band 1: SQL für Einsteiger. München: Oldenbourg.

Schendera, Christian FG (2010). Clusteranalyse mit SPSS. München: Oldenbourg.

Schendera, Christian FG (2008). Regressionsanalyse mit SPSS. München: Oldenbourg (1.Auflage).

Schendera, Christian FG (2008). Vertrauen ist gut, Kontrolle ist besser: Die Qualität von Daten in Unternehmen auf dem Prüfstand, Economag, 5, 96, 1–6.

Schendera, Christian FG (2007). Datenqualität mit SPSS. München: Oldenbourg.

Schendera, Christian FG (2006) Analyse einer Hochschulevaluation: Der Studentenspiegel 2004 – Die Qualität von Studie, Daten und Ergebnissen. Zeitschrift für Empirische Pädagogik, 20(4), 421–437.

Schendera, Christian FG (2005). Datenmanagement mit SPSS. Heidelberg: Springer.

Schendera, Christian FG (2004). Datenmanagement und Datenanalyse mit SAS. München: Oldenbourg.

Schlittgen, Rainer & Streitberg, Bernd H.J. (2001^9). Zeitreihenanalyse. München: Oldenbourg Verlag.

Schlittgen, Rainer (2001). Angewandte Zeitreihenanalyse. München: Oldenbourg Verlag.

Schnell, Rainer, Hill, Paul B. und Esser, Elke (1999^6). Methoden der empirischen Sozialforschung. München Wien: Oldenbourg Verlag.

Schulze, Peter M. (2007). Beschreibende Statistik. München: Oldenbourg (6. Auflage).

Schümer, Dirk (1998). Gott ist rund: Die Kultur des Fußballs. Frankfurt/M.: Suhrkamp.

Siegle, Malte; Geisel, Moritz; Lames, Martin (2012). Zur Aussagekraft von Positions- und Geschwindigkeitsdaten im Fußball, Deutsche Zeitschrift für Sportmedizin, 63, 278–282.

Simpson, Edward H. (1951). The interpretation of interaction in contingency tables, Journal of the Royal Statistical Society, Series B, 13, 2, 238–241.

Skinner, Chris (1999). Nonresponse errors, 25–39. In: Davies, Pam & Smith, Paul (eds.). Model Quality Report in Business Statistics – Vol. 1: Theory and Methods for Quality Evaluation. UK Office for National Statistics. London.

SPSS (2013). IBM SPSS Statistics 22 Command Syntax Reference. IBM Corporation.

STERN (2012). „Die wichtigste Zahl der Welt", 2012, 33, 59–64.

Stier, Markus (2014). Abschied von Lehmanns Zettel, Business Impact, 02, 68–73.

Strauß, Bernd & Höfer, Eberhard (2001). Der Heimvorteil existiert, aber die Ursache sind nicht die Zuschauer (93–95); in: Seiler, Roland; Birrer, Daniel; Schmid, Jürg; Valkanover, Stefan (Hrsg.). Sportpsychologie. Anforderungen – Anwendungen – Auswirkungen. Köln: bps-Verlerlag. Reihe: Psychologie und Sport, 39.

Tukey, John W. (1980). We need both exploratory and confirmatory. The American Statistician, 34, 1, 23–25.

Tukey, John W. (1977). Exploratory Data Analysis. Reading, MA: Addison-Wesley.

Tufte, Edward R. (2001^2). The Visual Display of Quantitative Information. Cheshire, Conn.: Graphics Press.

Tufte, Edward R. (1997). Visual and statistical thinking: Displays of evidence for making decisions. Cheshire, Conn.: Graphics Press.

Velleman, Paul F. & Wilkinson, Leland (1993). Nominal, Ordinal, Interval, and Ratio Typologies are Misleading. American Statistician, 47, 1, 65–72.

von der Lippe, Peter (2006). Deskriptive Statistik: Formeln, Aufgaben, Klausurtraining. München: Oldenbourg (7. Aufl.).

Wilcox, Rand R. (1998). How many discoveries have been lost by ignoring modern statistical methods? American Psychologist, 53, 3, 300–314.

Wilkinson, Leland (2005). The grammar of graphics. New York: Springer.

Woolridge, Jeffrey M. (2003^2). Introductory econometrics: A modern approach. Mason, Ohio: South Western.

Yaffee, Robert & McGee, Monnie (2000). Times Series Analysis and Forecasting. Orlando/Fl.: Academic Press.

Zweig, Mark H. & Campbell, Gregory (1993). Receiver-operating characteristic (ROC) plots: a fundamental evaluation tool in clinical medicine. Clinical Chemistry, April, 39, 4, 561–577.

Index

100%-Problem 252
Absolutskala 56
Accuracy 148
ALLBUS (Allgemeine
  Bevölkerungsumfrage der
  Sozialwissenschaften) 309
Amtliche Statistik 307
Analysesoftware 61
Animationen 23
Annahmen 70
Anteile 115, 185, 289
Anwendungsroutinen 184
Anzahl 117
Arbeitsmappen 101
Ausfälle 73
Ausreißer 91, 276, 285
Ausrichtung 378
Auswahlwahrscheinlichkeit 80

Balkendiagramm 232, 248
  gestapelt 242, 243, 244, 247
Bar Chart 242, 243, 244, 247, 248
Beschreiben 20
Beschreibung 192
Bias 288
Blasendiagramm 263
blinder Fleck 29
Bot-Plot 252
Box-Plot 237
Bruchzahl 34
Bubble-Plot 263
Butterfly-Plot 261

CHARSET 354
Cluster 78

COLLATE 354
COMPRESS 353
CRDATE 352

Daten 23
  selbstgewichtete 295
Datenanalyse 22
Datengrundlage 117
Datenhaltung 67
Datenpunkte 240
Datenqualität 24, 27, 265
Datenreduktion 19
Datentabellen 101
DELOBS 352
Design-Gewichte 296
deskriptive Statistik 17, 19
Dezimalstellen 367
Doppelte 88, 93, 271, 285
Dot-Plot 241, 246, 249, 251
Doubletten 271

Eindeutigkeit 63
Einheitlichkeit 89, 92, 269, 284
ENCRYPT 355
ENGINE 352
Ergebnistabelle 208
Erhebung 24
  Teil- 71
  Voll- 71
Erhebungsgesamtheit 72
Error Rate 148
Exzess 134

fehlende Werte 273, 374
Fehlerbalkendiagramm 251

FLAGS 353
Fleck, blinder 29
FORMAT 340
FORMATD 351
FORMATL 351
Formeln 319
Formmaße 133, 186, 190

Ganzzahl 32
Genauigkeit 35, 63
GENMAX 355
GENNUM 355
geometrisches Mittel 112, 162
Gesamtheit
　Erhebungs- 72
　Grund- 71
　Ziel- 71
Gesamtmengen 119
Gesamtsumme 226
Gewichte 25, 287, 288, 292
　Design- 296
　Nonresponse- 303
Glättung 172, 174
　exponentielle 170
Glättungsmethoden 171
Grafik 231
Grafiken 23, 190
Grenzen 135
Grundbegriffe 32
Grundgesamtheit 71
Grundlegen 20
Güte 66, 144

Häufigkeit 118, 224
　absolute 118
　kumulierte absolute 123
　kumulierte relative 123
　relative 120
Häufigkeiten 289
Häufigkeitstabelle 218

Heatmap 260
Herausheben 20
Histogramm 235, 250, 262

IDXCOUNT 353
IDXUSAGE 353
Inferenzstatistik 22
INFORMATD 351
Informationsverlust 42
INFORML 352
Interquartilsabstand 130
Intervallskala 52
intervallskalierte Variablen 228

jumping to conclusions 28
JUST 352

Kacheldiagramm 238
Kategorialvariablen 215
Kennziffern 19
Keys 98
Klassifikationstabelle 148
Kodes
　für Daten 343
　für fehlende Werte 344
Kommunikation von Vertrauen 22
Konvenienz 82
Korrektheit 89
Kreisdiagramm 233
Kreuztabelle 221, 224
kumulierte absolute Häufigkeit 123
kumulierte Prozente 206, 214
kumulierte relative Häufigkeit 123

LABEL 339
Labels 342

Lagemaße 113, 124, 185, 188, 290
LENGTH 337
LIBNAME 335
LIBOR 128
Line-Plot 258
Liniendiagramm 236

Maße
  Form- 133, 186, 190
  Lage- 113, 124, 185, 188, 290
  robuste 186
  Streu- 129, 186, 189, 290
  Streuungs- 113
Maßzahlen 22, 145
Median 126, 252, 290
MEMLABEL 335
MEMNAME 335
MEMTYPE 353
Mengen 115, 185, 289
  Gesamt- 119
  Teil- 119
Merkmalsträger 70, 72
Messniveau 24, 39, 40, 62, 378
Messwertpaare 256
Methode der exponentiellen Glättung 170
Methoden 19
metrische Variablen 219
Mittelwerttabellen 219
Missings 88, 89, 91, 104, 215, 273, 285, 342, 344
Mittel, geometrisches 112, 162
Mittelwert 112, 127, 251, 290
Mittelwerttabellen 219
MODATE 352
Modus 112, 115, 125, 290
Mosaik-Plot 259
Multivariat 220

Name 362
NAME 335
NOBS 352
NODUPKEY 354
NODUPREC 355
Nominalniveau 203
Nominalskala 43, 204
Nonresponse-Gewichte 303
NPOS 352
Nullpunkt 55

Objektivität 63, 65
Ordinalniveau 208
Ordinalskala 47

Pie Chart 245
Pipe Chart 181
Pipelines 177
Plausibilität 88, 89, 90, 93, 280, 285
PNV 150
POINTOBS 355
PPV 150
Prävalenz 150
Präzision 35
Prognosen 167
Projektionsfläche 27
Prozent 206
Prozente 289
  kumulierte 206, 214

Quantile 112, 136, 137
Quartile 140, 252

Randprozent 226
Randsummen 226
Rangfolge 208
Ranginformationen 208
Ranking Scales 49
Rating 49

Regressionsanalyse 166
Regressionsfunktion 163, 165
Reliabilität 65, 144
REUSE 354
Rim Efficiency (RE) 293
robuste Maße 186
ROC-Kurve 153, 154, 155
Rolle 380

Sampling Frame 73
Sampling Units 72
SAS 184, 323
Scatter-Plot 257
Schätzkurven 250
Schiefe 134
Schließen 21
Schlüssel 98
Screening 21
selbstgewichtete Daten 295
Sensitivität 150
Sicherheit 27
SI-Konvention 316
Simpson 226
Skalenbegriffe 58
Skalenniveau 61, 111, 115
SOEP (Sozio-oekonomisches Panel) 309
SORTED 354
SORTEDBY 354
Spalten 96, 378
Spaltenbreite 378
Spaltenformat 366
Spaltenprozent 225
Spannweite R 129, 290
Spezifität 150
SPSS 184, 187, 355
Standardabweichung 131, 140, 251, 291
Standardfehler 142
Statistik
   Amtliche - 307
Statistik, deskriptive 17, 19
Stichproben 80
Strata 78
Streudiagramm 234, 257
Streudiagramme 256
Streumaße 129, 186, 189, 290
Streuungsmaße 113
Strukturieren 20
Strukturierung 192
Summen 116
Symbole 317
   und ihre Schreibweise 318

Tabelle 95
   Ergebnis- 208
   Häufigkeits- 218
   Klassifikations- 148
   Kreuz- 221, 224
Tabellen 22, 190, 191, 192
   Daten- 101
   Mittelwert- 219
   Verschachtelung (Dimensionalität) von - 195
Tabellenanalyse 193
Tabellenkonstruktion 193
Teilerhebung 71
Teilmengen 119
Temperaturen 55
Tortendiagramm 245
Transponieren 100
Trendkomponente 172, 174
Trendmodelle 169
Trends 167
Typ 364
TYPE 337
TYPEMEM 335

Umkodieren 211
Undercoverage 105

univariat 240

Validität 64, 65, 144
  externe 64
  interne 64
Variable 39
  diskrete 59
  qualitative 58
  quantitative 59
  stetige 60
Variablen
  intervallskalierte 228
  metrische 219
Variablenlabel 368
Varianz 130, 291
Variationskoeffizient 132, 291
VARNUM 339
Verallgemeinern,
  hemmungsloses 28
Verhältnisskala 54
Verschachtelung
  (Dimensionalität) von
  Tabellen 195

Verwechslung 26
Vollerhebung 71
Vollständigkeit 24, 88, 90, 267, 284

Wahrscheinlichkeit 17
Werte 37, 342
  fehlende 273, 374
Wertelabels 343, 369

Zahlen 32, 312
Zeilen 96
Zeilenprozent 225
Zeitreihen 167
Zellen 97, 98
Zellenprozent 225
Zielgesamtheit 71
Ziffern 35
Zockers Irrtum 145
Zufallsprinzip 73, 82
Zusammenfassen 19
Zusammenfassung 192

Grundlagen mit Aufgaben

Andreas Behr, Götz Rohwer
Wirtschafts- und Bevölkerungsstatistik
1. Auflage
2012, 348 Seiten, flexibler Einband
ISBN 978-3-8252-3679-3

Sinkende Geburtenrate, steigende Lebenserwartung und eine wachsende Zuwanderung: All das hat großen Einfluss auf die Wirtschaftsstatistik. Dieses Lehrbuch behandelt daher systematisch bevölkerungsstatistische Methoden, um anschließend die Wirtschaftsstatistik zu vermitteln. Der Stoff wird durch statistisches Datenmaterial zu Deutschland und durch zahlreiche Beispiele illustriert. Am Ende jeden Kapitels finden sich Aufgaben, die das Verständnis vertiefen.

Themen des Buches sind unter anderem

- demographische Prozesse und Projektionen,
- Lebensdauern und Sterbetafeln,
- Geburtenstatistiken,
- Marktpreise und Preisstatistiken,
- Input-Output-Analysen,
- die Volkswirtschaftliche Gesamtrechnung.

Das Lehrbuch richtet sich an Studierende der Wirtschafts- und der Sozialwissenschaften im Bachelor- und Masterstudium.

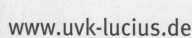

Management konkret
Kompaktes Wissen für (angehende) Führungskräfte

Mit den kompakten Taschenbüchern aus der Reihe **Management konkret** treffen Sie die richtige Wahl. Alles, was Sie im Arbeitsalltag wissen müssen, finden Sie hier übersichtlich und verständlich erklärt. Anschauliche Beispiele und Übersichten helfen dabei, sich das Wissen auf einfache Weise anzueignen und umzusetzen.

Die Bücher bieten einen perfekten Einstieg in die Themen
- Management und Mitarbeiterführung
- Controlling und Rechnungswesen
- Planung und Steuerung von Unternehmen
- Marketing und Vertrieb
- Internet und Kommunikationskompetenz

Dank des handlichen Formats sind die Taschenbücher der ideale Begleiter im Berufsalltag.

Alle Bücher auf einen Blick finden Sie unter:
www.management-konkret.de